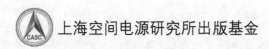上海空间电源研究所出版基金

# 钠离子电池原理及关键材料

解晶莹 著

科学出版社
北 京

## 内 容 简 介

随着现代社会快速、绿色的发展，锂离子电池在全球储能市场的占有率越来越高，而锂资源短缺的问题日益凸显。钠离子电池和锂离子电池的工作原理相似但是成本更低，因此具有成为下一代大规模能量存储设备和电动车电源的潜力。在钠离子电池的研究过程中，对正极、负极材料和电解质的探索尤为重要。本书主要介绍了钠离子电池的正极材料、负极材料、有机电极材料、钠离子电池电解质的相关设计原理、制备方法以及近期研究成果，同时也对市场化进程中的钠离子电池进行了展望。

本书可供从事钠离子电池研究与工程开发的科技工作者使用，也可以作为相关专业学生的教学参考书。

---

图书在版编目(CIP)数据

钠离子电池原理及关键材料／解晶莹著. —北京：科学出版社，2021.9
ISBN 978-7-03-068518-6

Ⅰ.①钠… Ⅱ.①解… Ⅲ.①钠离子—电池 Ⅳ.①TM912

中国版本图书馆 CIP 数据核字(2021)第 059374 号

责任编辑：胡文治／责任校对：谭宏宇
责任印制：黄晓鸣／封面设计：殷 靓

科 学 出 版 社 出版
北京东黄城根北街 16 号
邮政编码：100717
http://www.sciencep.com

南京展望文化发展有限公司排版
广东虎彩云印刷有限公司印刷
科学出版社发行 各地新华书店经销

\*

2021 年 9 月第 一 版　开本：B5(720×1000)
2023 年 5 月第十次印刷　印张：20 1/2
字数：335 000

**定价：180.00 元**
(如有印装质量问题，我社负责调换)

# 序 | Preface

随着可再生能源利用领域的不断扩张以及大规模储能需求的持续增长，碱金属二次电池，如锂离子电池、钠离子电池等，已经成为重要的储能技术，其重要性日益显现。温室气体排放导致的气候变化和全球变暖已经成为人类社会面临的重要挑战，国际社会在控制碳排放和降低二氧化碳浓度方面已经取得了相当强烈的共识。我国也提出"要把碳达峰、碳中和纳入生态文明建设整体布局，拿出抓铁有痕的劲头，如期实现2030年前碳达峰、2060年前碳中和的目标。"为了实现上述目标，需要大幅提升太阳能、风能等可再生能源的利用比例，因此也需要大力发展大规模储能技术，以适应可再生能源利用过程中对储能的巨大需求。

相比于锂离子电池，钠离子电池具有很多独特的优势。虽然锂离子电池经过三十多年的发展，已经在储能市场的很多领域取得了主导地位。但是，随着电动汽车以及大型储能装置等新兴储能市场的发展，锂离子电池受到锂、钴等多种资源短缺的影响，其颓势已经初显。近年来，锂离子电池相关原材料的价格呈逐年上升趋势，以此推算，锂离子电池在大规模储能方面的推广应用将面临巨大的成本劣势。从资源方面考虑，地球上钠元素的储量是锂元素储量的440倍之多，具有明显的资源优势；其次，钠元素与锂元素属于同一主族元素，具有相似的电化学性能与反应历程，因此可以借鉴锂离子电池的材料设计思想和器件组装工艺发展钠离子电池技术；材料合成方法及电池生产技术也可以借鉴到钠离子电池上，这为发展钠离子电池提供了更加有利的条件。

本书作者致力于将钠离子电池这一"新兴"技术进行系统地分析和介绍，从钠离子电池的发展历史出发，详细介绍了这一重要储能技术的发展历程，进而阐述了钠离子电池的最新进展情况。分别从正极材料、负极材料、有机电极材料、钠金属电池、电解质材料等方面，详细介绍了钠离子电池的关键材料与技术。对很多钠离子电池的材料结构和储能机理也进行了深入细致的讨论分析。最后，本书还对钠离子电池的市场发展做了相应的展望和分析。

总之，本书是对钠离子电池技术的系统介绍，对从事钠离子电池研究和生产的老师、学生、工程师等都具有很好的参考价值，不仅可以作为能源相关专业的教学书籍，也可以作为企业相关技术人员的参考书。

2021 年 2 月

# 前言 | Foreword

钠离子电池是可持续发展的必然产物。近些年,钠离子电池及关键材料呈井喷式发展,人们也期待在技术上取得更多的突破以推动产业化进程。我们认为,广大读者迫切需要有一本涵盖钠离子电池基本原理和关键材料的图书,以更好地了解和研究钠离子电池。

作者近年来主要从事锂离子电池及相关材料的研究,对照锂系电池的研究成果,也与课题组成员共同开展了钠离子电池正极材料、负极材料、钠空气电池、新型钠电池、钠离子电池反应机理等基础研究和探索,对钠系电池的认识从模糊到逐步清晰。从有机自由基材料的调控过程中认知钠离子电池正极材料的多样性;从回收合成高性能碳负极材料的进程中感受到嵌钠体系及其可持续发展;从硫化物材料的研究中发现并对比锂电池和钠电池的相似性;从氟化碳材料在钠电池中的可逆性深思锂电池与钠电池的差异性;以及采用新型原位表征分析探索钠电池的基本原理等,这些都引导和激发了作者对钠离子电池的热爱。本书是综合作者从事钠离子电池相关的研究工作、科研经验及国内外最新研究成果,参考大量的文献资料,对钠离子电池的关键材料和基本原理系统梳理后归纳、分类编写而成的。

本书涉及化学、物理、材料、电化学、结构化学等多个学科。本书编写的主要目的是激发更多的科研人员参与钠离子电池的研制,加快钠离子电池的商业化进程,维持可持续发展,尽快使钠离子电池能够在我国的民用和军用领域发挥应有的作用。

本书共七章,主要介绍了钠离子电池正极材料、钠离子电池负极材料、有机电极材料、金属钠电池、钠离子电池电解质和市场化进程中的钠离子电池。全书的编排由解晶莹负责,其中,第 1 章由刘雯、杨炜婧完成;第 2 章由王勇、刘雯完成;第 3 章由刘雯、王勇、孙毅完成;第 4 章由王勇、张懋慧完成;

第5章由刘雯完成；第6章由王勇、孙毅、万冰芯完成；第7章由刘雯完成。全书由解晶莹统稿，刘雯、孙毅校稿。在作者的团队中先后有数十位研究生参与了本书文献资料的收集，特别值得提及的有郭满毅、党国举、杨旸、韩督昭、付诗意等，作者对他们的辛勤劳动表示诚挚的感谢！

在本书的编写过程中，作者参阅了大量的文献资料，许多关于钠离子电池的最新成果都包含在本书中，相关的资料都作为参考文献列于每章的正文之后。在此，对书中被引用文献的作者表示感谢，是他们的研究工作启发了作者，最终完成了本书的撰写。在编写过程中，对于这本书的章节结构，进行了反复的优化。作者克服了所有的困难，期望本书能够在相关领域做出重要的贡献。

由于作者水平有限，书中不足之处在所难免，诚恳期望读者批评指正。

作　者

2021年2月

# 目录 | Contents

序
前言

**第1章　绪论** ·································································· 1
  1.1　钠离子电池的渊源 ················································ 1
  1.2　钠离子电池的特点 ················································ 2
  1.3　钠离子电池的发展史 ·············································· 3
  参考文献 ·································································· 4

**第2章　钠离子电池正极材料** ············································ 6
  2.1　层状过渡金属氧化物 ·············································· 6
    2.1.1　O3型层状过渡金属氧化物 ································ 6
    2.1.2　P2型层状过渡金属氧化物 ································ 9
    2.1.3　三维层状过渡金属氧化物 ································ 11
    2.1.4　层状过渡金属氧化物优化与改性策略 ···················· 13
  2.2　聚阴离子型材料 ···················································· 19
    2.2.1　聚阴离子电极材料结构通性 ······························ 19
    2.2.2　橄榄石和磷铁钠矿相磷酸盐材料 $NaMPO_4$($M=Fe$、$Mn$) ······································ 19
    2.2.3　NASICON型电极材料 ···································· 23
    2.2.4　其他聚阴离子电极材料 ···································· 32
  2.3　普鲁士蓝及其衍生物 ·············································· 46

2.3.1 普鲁士蓝及其衍生物结构和工作原理 … 46
2.3.2 单金属中心普鲁士蓝化合物 … 48
2.3.3 多金属中心普鲁士蓝化合物 … 55
2.3.4 水系钠离子电池中普鲁士蓝化合物的应用 … 56
2.3.5 普鲁士蓝类材料的应用优势、缺陷及挑战 … 59
2.4 非金属/金属氟化物正极 … 61
2.4.1 氟化铁 … 62
2.4.2 氟化碳 … 68
参考文献 … 72

# 第3章 钠离子电池负极材料 … 89
3.1 碳材料 … 89
3.1.1 硬碳及其储钠机理 … 90
3.1.2 硬碳材料 … 94
3.1.3 软碳材料 … 98
3.2 第五主族化合物 … 99
3.2.1 红磷 … 101
3.2.2 黑磷 … 106
3.2.3 金属磷化物 … 107
3.3 第六主族化合物 … 116
3.3.1 金属氧化物 … 116
3.3.2 金属硫化物 … 124
3.3.3 金属硒化物 … 138
3.4 金属负极 … 154
3.4.1 Sn … 156
3.4.2 Sb … 161
3.4.3 Ge … 168
3.4.4 多元金属合金负极 … 170
参考文献 … 173

## 第 4 章 有机电极材料 ·197

### 4.1 小分子有机电极材料 ·197
- 4.1.1 羰基衍生物有机电极材料 ·197
- 4.1.2 席夫碱(Schiff-base)有机电极材料 ·201
- 4.1.3 偶/叠氮衍生物有机电极材料 ·202

### 4.2 聚合物有机电极材料 ·202
- 4.2.1 共轭导电聚合物 ·202
- 4.2.2 共价有机框架(covalent organic frameworks, COFs) ·204
- 4.2.3 有机自由基聚合物 ·205
- 4.2.4 有机金属聚合物及金属有机框架(metal-organic frameworks, MOFs) ·206

### 4.3 有机电极材料的设计优化 ·207
- 4.3.1 官能团定向设计 ·207
- 4.3.2 形貌调控 ·208
- 4.3.3 有机无机复合 ·209

参考文献 ·209

## 第 5 章 钠金属电池 ·211

### 5.1 钠金属负极 ·211
- 5.1.1 钠枝晶 ·212
- 5.1.2 钠枝晶抑制策略 ·213

### 5.2 钠空气/氧气电池 ·227
- 5.2.1 工作原理 ·228
- 5.2.2 放电产物 ·229
- 5.2.3 充放电机理 ·232
- 5.2.4 空气正极侧的副反应 ·233
- 5.2.5 研究现状 ·234

### 5.3 室温钠硫电池 ·250
- 5.3.1 正极材料 ·252
- 5.3.2 隔膜 ·255

5.3.3 电解液 ········ 256
5.4 钠硒二次电池 ········ 258
5.5 钠碳氧化物电池 ········ 261
参考文献 ········ 265

# 第6章 钠离子电池电解质 ········ 278
6.1 有机电解液 ········ 278
  6.1.1 钠盐 ········ 279
  6.1.2 溶剂 ········ 280
  6.1.3 添加剂 ········ 284
6.2 固体电解质 ········ 288
  6.2.1 无机固体电解质 ········ 289
  6.2.2 聚合物固态电解质 ········ 301
参考文献 ········ 304

# 第7章 市场化进程中的钠离子电池 ········ 313
7.1 水系钠离子电池 ········ 313
7.2 有机系钠离子电池 ········ 314
参考文献 ········ 317

# 第1章 绪　　论

为应对日益严峻的环境问题，缓解新型绿色能源从产生到使用之间的存储和释放问题，碱金属二次电池作为电化学储能家族里最受关注的一类，凭借众多独一无二的特性在市场上占据越来越重的份额。其中，由于钠离子电池/钠电池的低成本、与锂离子电池相近的比能量以及钠本身资源的分布丰度与广度等优点，钠离子电池/钠电池逐渐从实验室走到应用端。

## 1.1　钠离子电池的渊源

由温室效应导致的气候变化以及自然能源的枯竭，都迫使我们减少对化石燃料的消耗。几十年来，核能被认为是未来电力生产的解决方法，但是由于核能技术发展过程中的安全问题，世界上许多国家都有限制核电站发展的趋势。安全地产生电能是人类追求的目标。

在过去的 15 年里，随着便携式电子设备（笔记本电脑、手机、平板电脑等）的发展，锂离子电池在世界上变得越来越重要。最近，由于使用内燃机汽车及其二氧化碳排放带来的污染问题，混合动力和电动汽车的发展得到了推动，亟需具有高重量和体积能量密度的电池。此外，目前大规模储能方面有三种方式比较常见，分别为抽水蓄能、电池中的电化学储能以及通过制氢存储。其中电化学储能多使用钠硫电池（日本）和锂离子电池。因此，全球都在大量生产和应用锂离子电池。与此同时，锂离子电池也在逐渐优化，以满足电动汽车、储能电站对其容量、寿命、安全性和价格的要求。尽管这些要求可以通过科学技术手段实现，但是地壳中锂的储量有限，必将导致锂离子电池及相关产品的价格大幅上涨。这将是一个很现实的问题，也将限制锂离子电池在电子产品、电动车和储能系统中的应用。

在实际应用场合中，电池必须要考虑的参数主要有价格（美元$\cdot W \cdot h^{-1} \cdot$

$kg^{-1}$)、寿命(年;循环次数)、能量特性($W \cdot h \cdot kg^{-1}$)和功率特性($W \cdot kg^{-1}$)。在价格方面,如要降低电池的成本,就要求原材料价格低、储量高。尤其在大规模的电化学储能领域,更需要考虑储能电池的成本因素。因此发展资源丰富和价格低廉的新型储能体系已经成为当前的研究热点。在目前得到关注的二次电池体系中,钠离子电池被认为是下一代电池的有力竞争者。钠与锂同属碱金属,具有与锂相似的性质(表1.1),但是其在自然界中储量丰富(约占地壳储总重量的2.74%,是锂的440倍),且分布广泛。此外,与锂不同,钠和铝在低电位下不会发生合金化反应,因此可以用较为便宜的铝箔代替铜箔作为钠离子电池负极的集流体,从而进一步降低生产成本。因而钠离子电池在未来大规模的储能系统中具有非常好的发展潜力与应用前景。

表1.1 钠元素与锂元素的化学性质对比

| 性 质 | Na | Li |
| --- | --- | --- |
| 原子量/($g \cdot mol^{-1}$) | 22.29 | 6.94 |
| 离子半径/Å | 1.02 | 0.76 |
| 标准电极电位/(V vs. SHE) | -2.71 | -3.04 |
| 第一电离能/($kJ \cdot mol^{-1}$) | 495.8 | 520.2 |
| 熔点/℃ | 97.7 | 180.5 |
| 地壳中的丰度/($mg \cdot kg^{-1}$) | $23.6 \times 10^3$ | 20 |
| 分布 | 全球 | 70%在南美 |
| 碳酸盐的价格/(美元$\cdot t^{-1}$) | 250~300 | 5 800 |
| 理论比容量/($mA \cdot h \cdot g^{-1}$) | 1 166 | 3 681 |

## 1.2 钠离子电池的特点

在二十世纪七八十年代,钠离子电池的发展与锂离子电池并驾齐驱。有日本公司在八十年代曾开发了P2 - $Na_xCoO_2$为正极,Na - Pb合金为负极的钠离子电池。其具有超过300次的循环寿命,但是平均放电电压低于3.0 V[1]。与此同时锂离子电池发展迅速,以$LiCoO_2$为正极,石墨为负极的体系平均放电电压为3.7 V,在能量密度、循环寿命和安全性上具有优势,并且在1991年商业化后快速主导了二次电池市场。此外,由于钠金属的活性较强,相关电极材料和电解液对环境要求较高,在当时的条件下也难以对钠离子电池的性能进行有效表征和观测。因此钠离子电池的研究在相当长的时间内发展缓慢。2010年开始,随着研究者在"后锂离子电池"时代对新型储能电池体系的开发,以及各种纳米工程技术和先进表征技术的兴起与普及,钠离子电池的研究开始快速复兴。对相关反应机理研究愈加深入,各种新兴的电极材料、电解质和应用技术也不断涌现。如今钠离子电池已经被公认为是下一代新电池的首选。

钠离子电池的工作原理与锂离子电池相似,其可逆的充放电是通过$Na^+$在正极、负极之间的迁移实现的,也是一种"摇椅"电池。但是,$Na^+$比$Li^+$大,且重,导致其扩散动力学缓慢,倍率性能不理想。而且,$Na^+$的嵌入过程往往会导致电极材料产生较大的体积膨胀,有时甚至会诱发不可逆的相变,导致容量下降。此外,$Na/Na^+$的电位比$Li/Li^+$的高,会降低全电池的平均工作电压和能量密度。钠离子电池中的这三个缺点使得难以找到具有快速、稳定和有效钠离子嵌入/脱出的钠离子电池电极材料。因此,开发具有高能量密度、功率密度、优异的循环寿命的电极材料是发展钠离子电池的关键。

## 1.3 钠离子电池的发展史

钠离子电池的发展是从固态电池转向液态电池的,也是从金属钠电池转向钠离子电池的。

在20世纪30年代被发现的$\beta-Al_2O_3$是一种非化学计量比的化合物[2]。这种电解质在20世纪60年代被用在福特公司设计的用于电动汽车的高温钠硫(Na/S)电池中。这种电池在高温下(300~350℃)工作,负极为金属钠。钠硫电池中的一个主要的问题是需要烧结出在高温下长期稳定的$\beta-Al_2O_3$陶瓷管,这一度成为该技术的瓶颈。这项技术被卖给日本的NGK公司后,成功开发出静态储能系统,至今仍在使用。使用$\beta-Al_2O_3$的另一个分支技术为ZEBRA(ZEolite Battery Research Africa)电池,使用$NiCl_2$替代正极硫。ZEBRA电池电压(2.6 V)高于钠硫电池(2.0 V)。

继$\beta-Al_2O_3$发展之后,大量的研究工作集中在优化这种电解质和电池,并不断开发具有更高离子电导率的电解质。具有隧道结构(空心石)[3]、层状结构(层状氧化物和钙钛矿[4,5]或隧道结构[6])的所有材料都有被研究。其中,以Goodenough和Hong开发的NASICON(Na super ionic conductor,钠超离子导体)结构的 $NaZr_2(PO_4)_3$ 最为著名[7,8]。

在固态电解质不断更新的同时,20 世纪 70 年代,一些研究者开发出适用于可逆锂电池的非质子液体电解液,并实现了锂离子在层状材料中的嵌入。至此,"摇椅"电池出现,虽然目前只是用于研制金属锂电池。而钠电池中,仅有 $TiS_2$ 和 $WO_3$ 能进行钠的嵌入。

随后,在 20 世纪 60 年代末,层状氧化物 $LiMO_2$ 和 $NaMO_2$(M = 3d 元素)被发现[9-13]。此外,NASICON 结构的 $Na_3M_2(PO_4)_3$(M = Ti、V、Cr、Fe)固态电解质在还原态下是一种有潜力的正极材料[14],致使磷酸盐在 1987 年第一次成为钠电池的正极材料。

1989 年,索尼公司商业化了以碳为负极的锂离子电池。在 20 世纪末,Dahn 发现硬碳材料可以作为钠离子电池的负极材料[15]。2000~2008 年钠离子电池的文章在缓慢增加,直至 2010 年后迎来了研究的爆发。目前,其正极材料主要有层状氧化物、3D 聚阴离子氧化物、有机材料等。负极材料主要有碳材料、钛氧化物、合金等,相关研究将在本书中详细介绍。

## 参考文献

[1] Shishikura T, Takeuchi M. Secondary batteries [M]. Japan: ShowaDenko K. K. Hitachi, Ltd, 1987.

[2] Bragg F L, Gottfried C, West J, et al. The structure of β alumina [J]. Crystalline Materials, 1931, 77: 255-274.

[3] Singer J, Kautz M E, Fielder W L, et al. Fast ion transport in solids (Ed: W. Van Gool) [M]. Amsterdam: North Holland, 1973.

[4] Delmas C, Fouassier C, Reau J M, et al. Sur de nouveaux conducteurs ioniques a structure lamellaire [J]. Materials Research Bulletin, 1976, 11(9): 1081-1086.

[5] Trichet L, Rouxel J. Les conducteurs ioniques $Na_xIn_xZr_{1-x}S_2$ [J]. Materials Research Bulletin, 1977, 12(4): 345-354.

[6] Reau J M, Lucat C, Campet G, et al. Application du tracé des diagrammes d'impédance complexe à la détermination de la conductivité ionique des solutions solides $Ca_{1-x}Y_xF_{2+x}$: Corrélations entre propriétés electriques et structurales [J]. Journal of Solid State Chemistry, 1976, 17(1-2): 123-129.

[7] Hagman L O, Kierkegaard P. The crystal structure of $NaMe_2^{IV}(PO_4)_3$; $Me^{IV}$ = Ge, Ti, Zr [J]. Acta Chemica Scandinavica, 1968, 22: 1822-1832.

[ 8 ] Goodenough J B, Hong H Y P, Kafalas J A. Fast $Na^+$-ion transport in skeleton structures[J]. Materials Research Bulletin, 1976, 11(2): 203-220.

[ 9 ] Delmas C, Braconnier J J, Fouassier C, et al. Electrochemical intercalation of sodium in $Na_xCoO_2$ bronzes[J]. Solid State Ionics, 1981, 3-4: 165-169.

[10] Braconnier J J, Delmas C, Hagenmuller P. Etude par desintercalation electrochimique des systemes $Na_xCrO_2$ et $Na_xNiO_2$[J]. Materials Research Bulletin, 1982, 17(8): 993-1000.

[11] Delmas C, Braconnier J J, Mazaaz A, et al. Soft chemistry in $A_xMO_2$ sheet oxides[J]. Revue de Chimie Minerale, 1982, 1(19): 343-351.

[12] Maazaz A, Delmas C, Hagenmuller P. A study of the $Na_xTiO_2$ system by electrochemical deintercalation[J]. Journal of Inclusion Phenomena, 1983, 1(1): 45-51.

[13] Mendiboure A, Delmas C, Hagenmuller P. Electrochemical intercalation and deintercalation of $Na_xMnO_2$ bronzes[J]. Journal of Solid State Chemistry, 1985, 57(3): 323-331.

[14] 宋维鑫,侯红帅,纪效波.磷酸钒钠 $Na_3V_2(PO_4)_3$ 电化学储能研究进展[J].物理化学学报,2017,33(1): 103-129.

[15] Stevens D A, Dahn J R. High capacity anode materials for rechargeable sodium-ion batteries[J]. Journal of the Electrochemical Society, 2000, 147(4): 1271-1273.

# 第 2 章 钠离子电池正极材料

正极材料作为钠离子电池中活性钠离子的来源,对电池容量的表现起着至关重要的作用。根据反应机理和结构的不同,现有的钠离子电池电极材料可分为层状过渡金属氧化物、聚阴离子材料、合金类材料以及有机正极材料等。每一类材料又可根据其结构特性的差别进一步做出分类。本章将对几类主要的钠离子电池正极材料进行介绍。

## 2.1 层状过渡金属氧化物

层状过渡金属氧化物材料的通式一般写作 $Na_xM_yO_z$,其中,$x$、$y$、$z$ 为常数,一般 $x \leqslant 1$,$y=1$,$z=2$;M 为单一或多元过渡金属的组合。层状过渡金属氧化物的结构如图 2.1 所示,根据钠离子在层间所占据位置的不同,可以将层状过渡金属氧化物分为 O 型和 P 型。O 型结构中,钠离子在由氧原子所构成的八面体位点中;在 P 型结构中,钠离子在由氧原子所构成的三棱柱位点中。进一步地,根据单个晶胞内单元的层数,可以将 O 型和 P 型材料分为 O2、O3、P2 和 P3 型。在 O2 和 P2 型结构中,单一晶胞内单元层数为 2 层,即晶体结构为 ABACABAC……在 O3 和 P3 型结构中,单一晶胞内单元层数为 3 层,即晶体结构为 ABCABC……伴随着钠离子在层间的嵌入/脱出,O 型结构和 P 型结构可以相互转化[1]。

### 2.1.1 O3 型层状过渡金属氧化物

O3 型 $NaMO_2$ 由氧原子的六方最密堆积(hexagonal closest packed,HCP)阵列为基础,钠离子和过渡金属离子根据其离子半径的差异分别位于不同的八面体空隙中。在 O3 结构中,共边的 $MO_6$ 结构和 $NaO_6$ 结构分别形成了

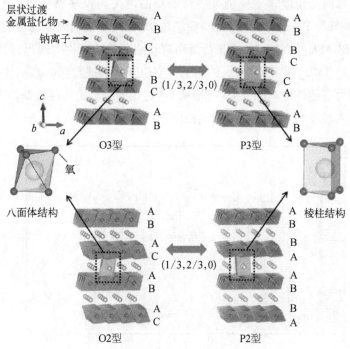

**图 2.1　层状过渡金属氧化物结构示意图**[1]

$MO_2$ 和 $NaO_2$ 层,而后由 $NaO_6$ 堆积形成了三层不同的 $MO_2$ 层结构,即 AB、CA 和 BC,钠离子就位于这些 $MO_2$ 层形成的八面体空隙中。一些典型的 O3 材料的电化学性能如表 2.1 所示。

表 2.1　典型 O3 材料电化学性能

| 材　料 | 工作电压区间/V | 首圈放电比容量/ $(mA \cdot h \cdot g^{-1})$ | 循　环　性　能 |
| --- | --- | --- | --- |
| $NaNiO_2$[2] | 1.25~3.75 | 125(0.10 C) | 85%(第 5 次循环) |
| $NaTiO_2$[3] | 0.60~1.60 | 152(0.10 C) | 98%(第 60 次循环) |
| $NaFeO_2$[4] | 1.50~3.60 | 82(0.10 C) | 75%(第 30 次循环) |
| $NaCoO_2$[5] | 2.00~3.80 | 116(0.10 C) | 80%(第 10 次循环) |
| $NaMnO_2$[6] | 2.00~3.80 | 187(0.10 C) | 70%(第 20 次循环) |
| $NaCrO_2$[7] | 2.00~2.60 | 112(0.10 C) | 90%(第 300 次循环) |

典型的 O3 型过渡金属氧化物的反应机理经历了 O3-P3 的结构演变过程。$NaNi_{0.5}Mn_{0.2}Ti_{0.3}O_2$ 材料在充放电过程中结构变化如图 2.2 所示,当钠离子从结构中脱出时,O3 结构开始向 P3 结构转变,同时在 XRD 图谱上表现为

主要特征峰向低角度移动伴随某些特征峰的消失与某些特征峰的形成,如 O3-(104)峰与P3-(113)峰。在 O3 结构中,钠离子最初处于稳定的氧原子构成的 ABCABC 中的八面体间隙,而伴随着钠离子从结构中脱出,过渡金属氧所形成的 TMO$_2$ 层开始滑动,钠离子的空位开始形成。同时八面体的间隙逐渐转变为三棱柱的间隙,结构特征从 O3 经由 O3-P3 共存转变为 P3。钠离子的嵌入过程与上述过程可逆地相反[8]。

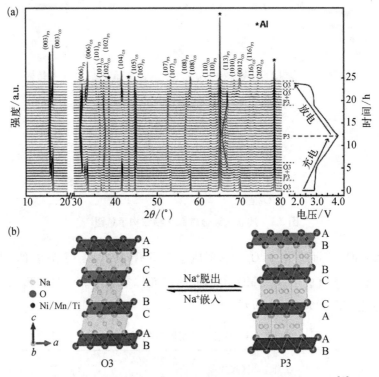

图 2.2　O3-NaNi$_{0.5}$Mn$_{0.2}$Ti$_{0.3}$O$_2$ 材料充放电结构变化示意图[8]

不同 O3 结构过渡金属氧化物的结构变化都大同小异,其工作电压区间与充放电的氧化还原电对主要取决于其结构中过渡金属离子的氧化还原电对的电势。例如,α-NaFeO$_2$ 是一种典型的 O3 型正极材料,可以通过简单的固相反应制备[4]。单相的 α-NaFeO$_2$ 材料在各个不同的截止电压的比容量如图 2.3 所示,Na$^+$ 从晶格中脱出量随着电压的升高而增加,材料所释放的容量也不断增大,不论充电的截止电位如何,曲线均会在 3.3 V 处出现一个连续的平台,这个平台对应着 Fe$^{2+}$/Fe$^{3+}$ 的氧化还原电对[9]。

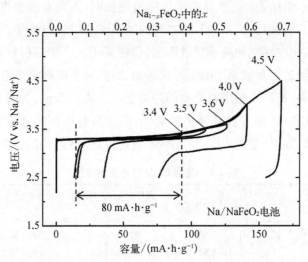

图 2.3 NaFeO$_2$ 正极材料在不同截止电压下比容量-电压曲线[9]

在 O3 型材料中，材料的循环稳定性一般会随着充电电压的升高而变差。针对这个问题，Komaba 团队提出了 LiCo$_x$Fe$_{1-x}$O$_2$ 模型阐述该类材料中钠离子的嵌入/脱出机理，并说明了其在高充电电压下的稳定性变差的原因：当钠离子从晶格中脱出后，在共边的 FeO$_6$ 八面体中就形成了四面体空隙。而三价铁离子在四面体空隙中从能量角度上来说更为稳定，因此铁离子容易迁移至共面点。在充电电压升高时，钠离子的固态扩散容易受到四面体空隙上铁离子的干扰，因此使得 O3 型 $\alpha$ - NaFeO$_2$ 材料发挥的容量随着放电过程的进行而不断地减少。相应地，研究者们通过各类不同的改性方法对 O3 型结构材料进行优化改性，稳定其在高电压区间的循环稳定性[9]，这一部分将在后续章节中做出讨论。

## 2.1.2 P2 型层状过渡金属氧化物

与 O3 型过渡金属氧化物不同，在 P2 型过渡金属氧化物中 MO$_6$ 八面体结构以 ABABAB 的形式堆积，而钠离子位于 MO$_2$ 层所形成的三棱柱空隙中，其最小重复单元中过渡金属的层数为两层。与 O3 结构不同，从分子式来看 P2 结构的材料中的钠含量小于 1，为贫钠态。因此大多数具有 P2 结构的材料在半电池中的首圈充电容量都会小于放电容量，表现出首次库伦效率大于 100% 的现象。典型 P2 结构材料的电化学性能如表 2.2 所示。对 O3 和 P2 两种晶型来说,其在 $MO_2$ 层上的平面电子传递机理相同,因此有猜想指出 P2 类材料容量的增大是由于不同 $MO_2$ 层之间的钠离子可以进行传递。对于 P2 型材料,由于结构中存在钠离子扩散通道,即钠离子从一个三棱柱位迁移至毗邻的位置时经过四个氧原子的矩形狭通道,因此其在钠离子扩散时较 O3 相有更低的能垒,在嵌入脱出时受到的阻力更小。进一步地,具有相同组成的 P2 相材料较之 O3 相其自身分子量更低,因此具有更高的理论比容量。除此之外,在相似的化学组成时 P2 结构的导电性比 O3 结构的也更好[10]。

**表 2.2 典型 P2 材料电化学性能**

| 材料 | 工作电压区间/V | 首圈放电比容量/($mA·h·g^{-1}$) | 循环性能 |
| --- | --- | --- | --- |
| $Na_{1/2}VO_2$[11] | 1.50~3.60 | 82(0.10 C) | 70%(第 30 次循环) |
| $Na_{1/2}CoO_2$[12] | 2.00~3.80 | 116(0.10 C) | 90%(第 20 次循环) |
| $Na_{2/3}MnO_2$[13] | 1.40~4.30 | 190(0.10 C) | 95%(第 5 次循环) |
| $Na_{1/2}CrO_2$[10] | 2.00~2.60 | 112(0.10 C) | 80%(第 10 次循环) |

典型的 P2 型过渡金属氧化物的充放电反应会经历 P2－O2 的相变过程。如图 2.4 所示,随着钠离子的脱出,三棱柱位置的钠离子数量减少,随之产生了较多的钠离子空位。此时结构中剩余的钠离子倾向于排列在更为稳定的八面体间隙中,而这一结构特征的最小重复单元不再是 3 层氧排列的空间矩阵,而是 2 层排列,即命名为 O2 结构。在钠离子嵌入过程中的结构变化则可逆地相反[14]。

但是,由于 P2－O2 相变过程中往往伴随着不可逆的结构坍塌与相应的容量损失,这一结构演变过程往往被认为是不理想的,因此研究者们常通过抑制 P2－O2 的结构变化来维持其结构的稳定性从而提高材料的循环性能。具有 P2 型结构的锰基正极材料在研究中最受关注。相对来说其具有较高的工作电位和较高的比容量,但相应地,在钠离子嵌入脱出过程中容易发生结构重组,从而导致比容量衰减和可逆性降低。与传统的 P2－O2 相变过程不同,通过某些结构的稳定策略,可以限制充电过程中剩余的钠离子仍保持在三棱柱位点,减少层间结构的变化,从而抑制结构的塌陷,提高整体层间结构的稳定性,从而改善材料的循环性能(图 2.4)。在这一设计中,$Zn^{2+}$、$Mg^{2+}$、$Cu^{2+}$ 以及 $Ti^{4+}$ 离子凭借其非电化学活性的稳定能力可以在三棱柱位点实现更多的稳定钠离子存储而备受瞩目和青睐。针对 P2 结构材料的具体改性策略将在后文中进一步地讨论和描述[14]。预测 P2 相和 O3 相构型的

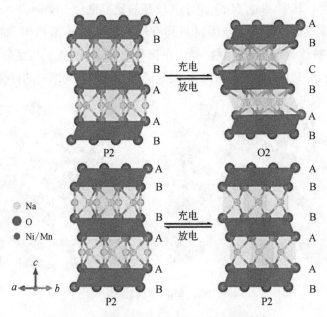

**图 2.4 理想 P2 稳定结构演变示意图**[14]

方法最近由中国科学院物理研究所胡勇胜课题组所报道。一般而言 O3 结构中的钠层层间距较小。早期该课题组发现材料中的原子尺寸会影响结构形成,即 O3 和 P2 两种结构的 Na 层层间距和过渡金属层层间距的比值有一个临界值 1.62,在高于此临界值时通常形成 P2 相,低于此临界值时易形成 O3 相。进一步的研究还发现,使用不同价态、相同过渡金属,或者相同价态、不同过渡金属元素会得到不同的结构。这表明离子所携带的电荷数也是影响结构的重要因素之一。从衡量氢氧化物碱性的物理量"离子势"为基础,该课题组定义了一个新的物理量"阳离子势",其将元素价态、半径以及不同原子之间的相互作用引入其中。通过计算已报道材料的阳离子势并进行统计,发现此物理量能够很好地预测和区分 O3 和 P2 两种结构,这对低成本、高性能钠离子电池层状氧化物正极材料的设计与合成具有重要的指导意义[15]。

## 2.1.3 三维层状过渡金属氧化物

缺钠或无钠过渡金属氧化物(如 $Na_{0.2}MnO_2$、$Na_{0.4}MnO_2$、$\alpha\text{-}V_2O_5$ 和 $\beta\text{-}Na_xV_2O_5$ 等)通常具有开放结构,由于其能够可逆地脱嵌钠离子而引起人们的关注。对于 Na-Mn-O 三元正极材料而言,较低的钠/锰比组成导致其形成三维结构。其中，$Na_{0.44}MnO_2$由于其较高的比容量（约 120 mA·h·g$^{-1}$）和长循环寿命成为研究热点。该类材料具有较大的 S 形孔道结构，如图 2.5 所示，因此又被称为"Tunnel"型材料。在该类材料中，钠离子与锰分别在晶格中占据 3 个和 5 个不同的空间位置，决定了该类材料空间结构的特殊性[16,17]。

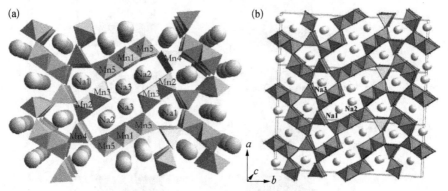

图 2.5 $Na_{0.44}MnO_2$材料结构[16,17]

Tunnel 型 $Na_{0.44}MnO_2$材料的充放电曲线较为复杂，表现在 CV 曲线上时具有 5 对明显的氧化还原电对。其稳定的隧道结构保证了其具有非常好的循环稳定性，同时，其一维的隧道结构确保了钠离子可以在结构中进行快速的嵌入脱出，具有非常优异的倍率性能。因此，该类材料具有较大的潜力作为功率型钠离子正极材料应用[18]。对材料进行钛掺杂可以进一步改善电化学性能，如图 2.6 所示。钛取代可调节电荷的有序性，优化嵌入脱出反应的历程和路径，从而起到平滑充放电曲线以及降低平均电压等作用[19]。除了有机体系之外，Li 等将 $Na_{0.44}MnO_2$ 与 $NaTi_2(PO_4)_3$ 负极进行匹配，构筑的水系钠离子电池也表现出极为优秀的循环性能与倍率性能[20]。

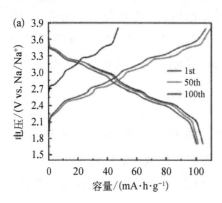
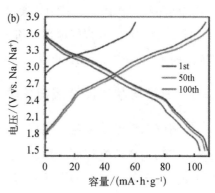

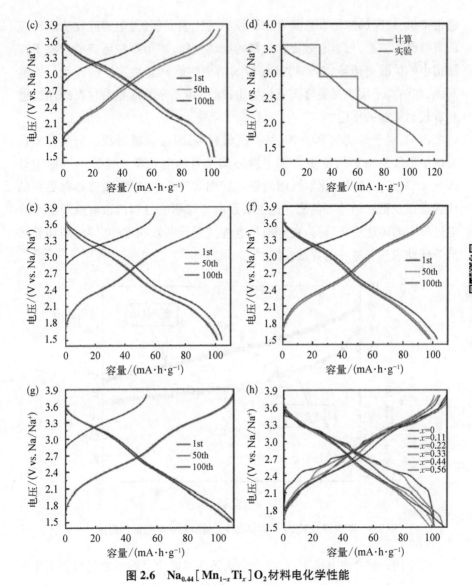

图 2.6 Na$_{0.44}$[Mn$_{1-x}$Ti$_x$]O$_2$ 材料电化学性能

(a) Na$_{0.44}$MnO$_2$;(b) Na$_{0.44}$[Mn$_{0.89}$Ti$_{0.11}$]O$_2$;(c) Na$_{0.44}$[Mn$_{0.78}$Ti$_{0.22}$]O$_2$;(d) Na$_{0.44}$[Mn$_{0.67}$Ti$_{0.33}$]O$_2$;(e) Na$_{0.44}$[Mn$_{0.56}$Ti$_{0.44}$]O$_2$;(f) Na$_{0.44}$[Mn$_{0.44}$Ti$_{0.56}$]O$_2$;(g) Na$_x$[Mn$_{0.44}$Ti$_{0.56}$]O$_2$ 电极的 DFT 计算得出的电压曲线与实验值的对比;(h) Na$_{0.44}$[Mn$_{1-x}$Ti$_x$]O$_2$ 的第二次充放电曲线对比[19]

## 2.1.4 层状过渡金属氧化物优化与改性策略

**1. 材料合成优化**

在锂离子电池正极材料中,球形颗粒常被认为是"最理想的"材料形貌。

通常来说,致密的球形颗粒具有相对较小的比表面积,与电解液发生副反应的有效面积较小,可以有效提升材料的循环性能;球形颗粒还有助于离子在结构中的扩散与传导,对于提升材料的倍率性能具有决定性的作用。无独有偶,在钠离子层状过渡金属氧化物中,球形和无序的形貌对材料的性能也有着较为关键的作用[21]。

例如,对于传统的 P2 - $Na_xMnO_{2+z}$ 材料来说,在合成过程中定向合成具有球形形貌的材料可能更有利于发挥其优秀的电化学性能。不同形貌对 P2 - $Na_xMnO_{2+z}$ 材料电化学性能的影响如图 2.7 所示,球形颗粒具有更高的比容量以及更好的循环性能。这主要是由于球形的材料可以有效缓解充放电过程中的体积变化、可以更好地与电解液进行高效润湿、与导电剂和黏结剂等辅助剂具有更好的界面性能[22]。

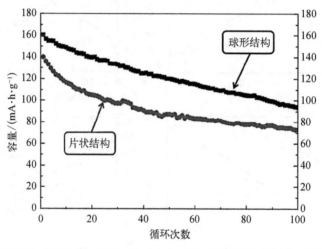

图 2.7　不同形貌对 P2 - $Na_xMnO_{2+z}$ 材料电化学性能的影响[22]

对于同一种合成方法而言,寻找合成条件与电化学性能之间的关系非常关键。前期对于 $Na_{1+x}(Fe_{y/2}Ni_{y/2}Mn_{1-y})_{1-x}O_2$($x=0.1\sim0.5$)材料的研究发现,不同的钠过量比例对于材料的比容量具有非常明显的影响,其主要来自烧成产物的结晶度不同[图 2.8(a)]。此外,不同的烧结温度也会影响材料的循环性能[图 2.8(b)]。作者课题组也针对固相法合成 O3 型 $Na(NiCoMn)_{1/3}O_2$ 的最佳工艺条件进行了探索,从烧结原料、烧结时间以及烧结温度等方面进行了系统性的研究。结果发现,不同价态的氧化物原料对于最终产物的结构有不同的作用,使用 NiO、$Co_2O_3$、$MnO_2$ 为原料时可以得到最佳结晶性能的 O3

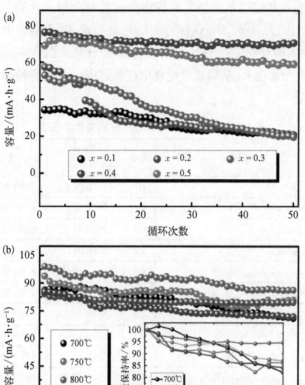

**图 2.8 烧结条件对材料性能的影响**

(a) 不同过量比的材料循环性能;(b) 不同烧结温度的材料循环性能[23]

型 Na(NiCoMn)$_{1/3}$O$_2$ 材料,而使用 NiO、Co$_2$O$_3$、Mn$_2$O$_3$ 或者 NiO、CoO、MnO$_2$ 为原料得到的产物除了具有 O3 结构的特征峰外,均具有氧化物原料的峰出现。此外,针对烧结时间和温度的正交实验进行分析后,发现特定的烧结时间与温度对于得到最佳性能的材料具有决定性的意义[23]。

2. 元素组成优化

在层状氧化物材料的改性中,掺杂是一类常用的手段,通过某些具有特定特性的金属离子的引入,可以有效地提高材料的电化学性能。为提高 O3 型过渡金属氧化物的比容量或改善其循环稳定性,研究者常通过在原有配比的基础上引入其他过渡金属元素构建多元过渡金属氧化物。如表 2.3 所示,对于 O3 型二元 $NaFe_xMn_yO_2(x+y=1)$ 材料而言,随着结构中锰元素比例的升高,材料的循环稳定性和比容量均得到了一定的提升。这在某种程度上反映出 Mn 元素在 Fe 系层状氧化物中能够起到一定的容量提升和结构稳定的作用。

表 2.3　层状氧化物掺杂改性材料电化学性能

| | 材　料 | 类型 | 比容量(倍率)/ $(mA·h·g^{-1})$ | 循　环　性　能 |
|---|---|---|---|---|
| 二元 | $NaMn_{2/3}Fe_{1/3}O_2$[24] | O3 | 135(0.01 C) | 96%(第 10 次循环) |
| | $Na_{0.67}Mn_{2/3}Fe_{1/3}O_2$[24] | P2 | 152(0.01 C) | 92%(第 10 次循环) |
| | $NaFe_{1/2}Mn_{1/2}O_2$[25] | O3 | 125(0.05 C) | 60%(第 30 次循环) |
| | $Na_xFe_{1/2}Mn_{1/2}O_2$[25] | P2 | 190(0.05 C) | 79%(第 30 次循环) |
| 三元 | $Na(Ni_{0.6}Co_{0.05}Mn_{0.35})O_2$[26] | O3 | 157(0.10 C) | 84%(第 100 次循环) |
| | $Na_{0.45}Ni_{0.22}Co_{0.11}Mn_{0.66}O_2$[27] | P2 | 134(0.10 C) | 82%(第 100 次循环) |
| | $Na[Ni_{0.25}Fe_{0.5}Mn_{0.25}]O_2$[28] | O3 | 140(0.10 C) | 94%(第 50 次循环) |
| 四元 | $NaNi_{0.25}Fe_{0.25}Co_{0.25}Mn_{0.25}O_2$[29] | O3 | 183(0.10 C) | 88%(第 20 次循环) |
| | $NaNi_{0.4}Fe_{0.2}Mn_{0.25}Ti_{0.2}O_2$[30] | O3 | 145(0.10 C) | 84%(第 200 次循环) |
| 五元 | $NaNi_{0.25}Fe_{0.25}Co_{0.25}Mn_{0.125}Ti_{0.125}O_2$[31] | O3 | 128(0.10 C) | 98%(第 100 次循环) |

在铁锰二元材料的基础上,保持锰元素的比例不变,通过引入镍元素和调节铁镍元素比例可以调节材料的比容量,而进一步调控结构中钠元素的比例可以同步实现材料比容量和循环稳定性的提升,如图 2.9 所示。镍含量的多少会对工作电位有显著影响,但是改变 Ni/Fe 比对于材料比容量的影响较为轻微。此外,过渡金属层中 Ni 含量的增加可以提高充放电过程中的能量效率,同时减少 Mn 元素的溶解损失,实现更好的循环性能[32]。

此外,掺杂 Ti、Mg、Zn 等非电化学活性元素有利于稳定充放电时材料的结构变化,从而减小由于材料的结构坍塌而导致的不可逆容量损失。此外对于含锰化合物而言,这些非活性元素掺杂也能够较好地抑制锰离子的 Jahn-Teller 效应。例如,通过 Mg 元素的引入,可以多方面提升 $NaMn_{0.5}Ni_{0.2}Fe_{0.3}O_2$ 材料的电化学性能。掺杂于 Mn 位的 Mg 元素可以增加晶格层间间距,增强 $Na^+$ 的扩散速率,同时减轻其嵌入/脱嵌所引起的晶格应变,并且抑制循环过程中不可逆的相变。此外,Mg 的引入可以引起晶格中 TM—O 键和 $TMO_2$ 层的收缩,从而增强层状结构的稳定性。进一步地,用低价的 $Mg^{2+}$ 替代 $Mn^{3+}$ 可以降低

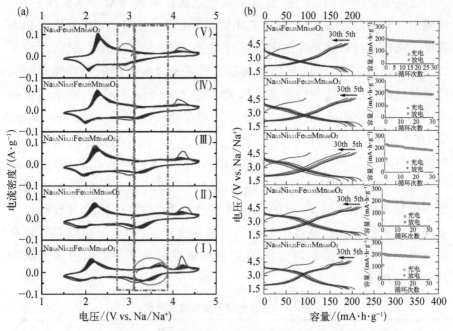

图2.9 不同钠、镍、铁元素配比的 $Na_xMO_2$（M=Ni、Fe、Mn）性能[32]

材料中三价 Mn 离子的数量，使得 Jahn-Teller 效应最小化。无独有偶，Mg 元素掺杂也可以有效改善 P2 型材料的电化学性能。如 P2-$Na_{0.67}MnO_2$ 正极材料具有 175 mA·h·$g^{-1}$（1.5~4 V，12 mA·$g^{-1}$）的比容量，但是循环稳定性较差。人们通过引入与层状结构中八面体位点更强结合力的 Mg 元素来稳定 P2 相结构，减小材料在充放电过程中的极化，同时提升材料的循环稳定性。如先前报道中，P. G. Bruce 课题组通过研究不同 Mg 掺杂量的 P2-$Na_{0.67}MnO_2$ 材料设计合成的了一系列 $Na_{0.67}[Mn_{1-x}Mg_x]O_2$（0≤x≤0.2）材料，并研究不同的冷却方式对于材料性能的影响。结果表明，Mg 元素引入后材料的充放电曲线变得更加平滑。这一现象在淬火处理的材料中更加明显，这可能是由于在结构中一个 $Mg^{2+}$ 和 $Mn^{4+}$ 的组合替代了结构中的两个 $Mn^{3+}$，从而削弱了材料中由于 $Mn^{3+}$ 存在而引起的 Jahn-Teller 效应。而随着 Mg 元素含量的升高，对于材料性能的影响主要表现为初始放电容量的降低和循环后容量保持率的提升。这是由结构中惰性 Mg 的引入以及随之提高的 $Mn^{4+}$ 含量所共同造成的[33,34]。

**3. 表面包覆**

表面包覆是指在活性材料表面制备一个保护层以隔绝电解液和电极

材料之间的直接作用,是锂/钠离子电池电极材料较为常用的改性方法。包覆的材料通常是碳材料、金属氧化物和导电聚合物等。包覆可以在很大程度上降低材料和电解液之间的副反应,包括减缓过渡金属的析出、改善SEI 层以及降低氧原子的析出等问题。目前通过包覆层的形成和形貌可以将常见的包覆方法分为三类:核壳结构(Core-Shell)构建、原子层沉积(atomic layer deposition, ALD)或化学气相沉积(chemical vapor deposition, CVD)等沉积技术包覆以及化学分解包覆。Core-Shell 构建主要是通过在电极材料表面构建一层更稳定的壳层,一般可通过两步共沉淀法制备;ALD 或 CVD 等沉积技术包覆主要通过化学气相沉积在目标材料表面沉积一层较薄的保护层,形成的保护层连续且厚度可控;化学分解包覆主要通过碳源前驱体在高温下的分解形成一层碳层,形成的碳层具有较高的导电性。对这三类包覆方法的主要优缺点如表 2.4 主要包覆方法原理及特点所示。

表 2.4 主要包覆方法原理及特点

| 类型 | 示意图 | 制备途径 | 优点 | 缺点 |
| --- | --- | --- | --- | --- |
| Core-Shell | | 两步共沉淀法 | 可以构建高稳定的壳层和高容量的核层的组合 | 包覆层较厚、制备困难、包覆层难以连续 |
| ALD 或 CVD | | ALD/CVD 法 | 连续、可控厚度、可纳米化、厚度较薄不会影响离子传输 | 沉积源较少 |
| 化学分解包覆 | | 共沉淀;球磨法 | 简易可行 | 形成的包覆层不连续、不均匀 |

Liu 等通过湿化学法在 P2-$Na_{2/3}[Ni_{1/3}Mn_{2/3}]O_2$ 上进行 $Al_2O_3$ 包覆,包覆后的材料在 2.5~4.3 V 的电压范围内循环 300 次后能够保持 72% 的容量,显著提升了其在高电压下的循环稳定性[35]。与之类似,Hwang 等合成了致密 $Al_2O_3$ 包覆的 O3-$Na[Ni_{0.6}Co_{0.2}Mn_{0.2}]O_2$ 材料。将其与硬碳负极匹配后组成的全电池有 130 W·h·$kg^{-1}$ 的能量密度,循环 300 次后容量保持率为 75%[36]。$Al_2O_3$ 包覆不仅减缓了电极材料表面副反应的发生,保护其免受 HF 的侵蚀,还有利于钠离子的迁移输运。此外,也有报道表明 $NaPO_3$ 包覆能够抑制 $Na_{2/3}Ni_{1/3}Mn_{2/3}O_2$ 在高电压下的氧析出,从而避免循环过程中材料结构的劣化,有助于电化学性能的提高[37]。

## 2.2 聚阴离子型材料

常见聚阴离子电极材料的化学通式为 $Na_xM_y(XO_4)_n$($X=S$、P、Si、As、Mo、W,M 为过渡金属),其具有一系列四面体阴离子单元 $(XO_4)^{n-}$ 及其衍生物 $(X_mO_{3m+1})^{n-}$,其中 $MO_x$ 多面体中存在强共价键。聚阴离子导电性好、稳定性佳、工作电压高、循环性能好,受到了研究者们的广泛关注。

### 2.2.1 聚阴离子电极材料结构通性

一般来说,聚阴离子电极材料都具有以下几个特征:① 高氧化还原电位。通常认为,聚阴离子型正极材料的高氧化还原电势是由独特的感应效应引起的。根据分子轨道原理,M 和 O 之间的共价相互作用导致分子轨道的分裂,以及键合轨道和反键合轨道的形成。当 M—O 之间的共价性变得更强时,反键和键合轨道之间的分裂能会更高,并且电子趋向于填充反键轨道,使得反键轨道与真空之间的能量差(Δ)变小,因此将导致较低的氧化还原电势。但是,当引入另一个强电负性原子 X 形成 M—O—X 键时,M—O 中的共价键会被削弱,从而导致 Δ 增大,氧化还原电势上升。为了进一步提高氧化还原电压,可引入电负性更强的基团(如 F、OH)以增强感应效果,如氟化磷酸盐。② 较好的热稳定性。聚阴离子型晶体结构中氧原子通过强共价键连接。因此,聚阴离子型材料比层状过渡金属氧化物具有更高的热稳定性,从而确保了它们在大规模应用中具有更好的安全性。③ 低电子电导率。聚阴离子型电极材料具有固有的低电导率。此缺点是由于其独特的结构,该结构涉及 $XO_4$ 阴离子单元在反应过程中的电子相互作用。以 $Na_3V_2(PO_4)_3$ 为例,$VO_6$ 八面体之间不共享氧原子,而 $PO_4$ 四面体中却共享氧原子。这使电子传递遵循 V—O—P—O—V 模式,而不是更快的 V—O—V 模式。

### 2.2.2 橄榄石和磷铁钠矿相磷酸盐材料 $NaMPO_4$(M=Fe、Mn)

自 $LiFePO_4$ 材料被在锂离子电池中广泛地研究和应用之后,$NaFePO_4$ 材料很快地进入研究者的视线。在磷酸盐钠离子电极材料中,$NaFePO_4$ 和 $NaMnPO_4$ 均具有橄榄石(olivine)型和磷铁钠矿(maricite)型两种晶相,如

图 2.10 所示[38]，因此在本节中单独列出，而本节将以 NaFePO$_4$ 材料为例说明这类材料的结构特征和研究现状[39-43]。

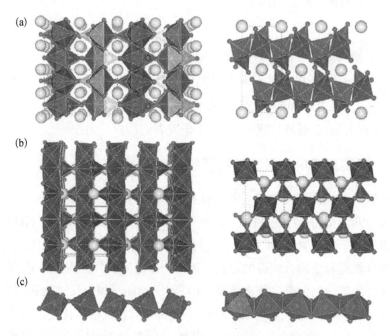

**图 2.10 橄榄石、磷铁钠矿以及 MO$_6$ 的晶格**

（a）橄榄石；（b）磷铁钠矿；（c）MO$_6$；FeO$_6$ 八面体（绿色），PO$_4$ 四面体（蓝色），钠原子（黄色）[38]

这两种多晶型物的骨架都是由稍微扭曲的 MO$_6$ 八面体和 PO$_4$ 四面体构成的。在橄榄石相中，MO$_6$ 单元与 PO$_4$ 共角连接，沿 $b$ 轴构建了一个一维的钠迁移通道[图 2.10(a)]。在磷铁钠矿相中，相邻的 FeO$_6$ 单元共边相连，然后以共角的方式与 PO$_4$ 连接[图 2.10(b) 和 (c)]。显然，在磷铁钠矿 NaMPO$_4$ 中没有钠扩散通道，因此被认为是电化学惰性的。但是，其热力学稳定性相较于橄榄石相更佳。

橄榄石和磷铁钠矿相的 NaFePO$_4$ 在一定温度时可以进行转化。如图 2.11(a)，当温度高于 500℃ 时，橄榄石相的 NaFePO$_4$ 会转化成磷铁钠矿相[39]。由于这种相变化的复杂性以及合成过程较为繁琐，一般来说橄榄石相 NaFePO$_4$ 的合成多采用与 LiFePO$_4$ 进行离子交换的方法。与 LiFePO$_4$ 中锂离子的嵌入/脱出行为不同，FePO$_4$（橄榄石 $Pnma$）中的钠交换反应表现出两个和钠离子有序度相关的不同阶段。两个阶段可以通过电位进行区分，如

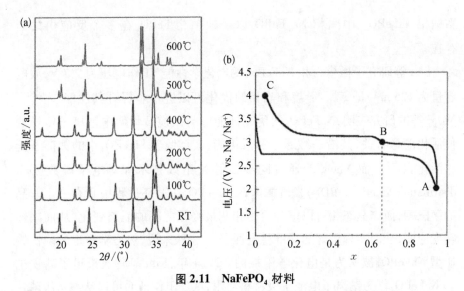

**图 2.11 NaFePO$_4$ 材料**

(a) NaFePO$_4$ 材料随温度变化 XRD 图; (b) NaFePO$_4$ 交换制备电化学曲线[40]

图 2.11(b) 所示,中间相为 Na$_{0.7}$FePO$_4$[40,44,45]。

橄榄石 NaFePO$_4$ 作为钠离子电池正极材料时,其循环过程中的相变如图 2.12 所示[46]。Cabanas 等系统性地研究了橄榄石 NaFePO$_4$ 的相变过程,发现中间相 Na$_{2/3}$FePO$_4$ 的出现是因为从 NaFePO$_4$ 到 FePO$_4$ 相具有很大的体积变化(17.58%)。密度泛函理论(density functional theory,DFT)的计算结果表明,Na$_x$FePO$_4$ 在 $x=2/3$ 时的稳定存在会导致电压增加 0.16 V。

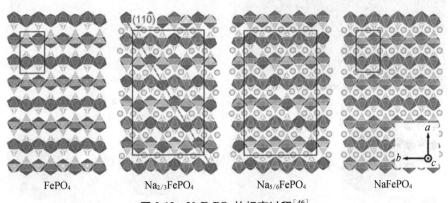

**图 2.12 NaFePO$_4$ 的相变过程[46]**

橄榄石 NaFePO$_4$ 的典型不对称电压曲线来自不同的反应路径(图 2.12)。在脱钠/嵌钠过程中,单相反应和多相反应并存让整个体系变得十分复杂。

富钠相 $NaFePO_4$、中间相 $Na_xFePO_4$ 以及缺钠相 $FePO_4$ 在多个反应内共同存在[46-48]。

Sun 等研究了橄榄石相 $NaFePO_4$ 的电化学性能,工作电压为 2.7 V,放电容量为 125 $mA·h·g^{-1}$。形貌和晶相的优化可以进一步提升其性能[45,49,50]。Nazar 等的研究表明,$NaFePO_4$ 的优越性能应与橄榄石骨架中钠离子传导的低活化能垒有关,其沿一维通道的活化能,甚至低于 $LiFePO_4$ 中的锂离子迁移活化能[51]。而 Xiang 等通过同步辐射 X 射线技术和对电子函数(pair distribution function,PDF)发现橄榄石 $NaFePO_4$ 在循环过程中具有一个非晶的第三相,而非晶态相可以缓冲原始相和最终相之间的晶格变化,从而减轻转变应变,从而实现更好的循环稳定性[52]。一般来说,热力学稳定的磷铁钠矿型 $NaFePO_4$ 被认为是电化学惰性的。2014 年,Kim 等首次报道了磷铁钠矿 $NaFePO_4$ 作为钠离子电池正极材料使用,这项工作证明可以从纳米级磷铁钠矿 $NaFePO_4$ 中脱出 Na 离子转化为非晶态 $FePO_4$[图 2.13(a)],其具有高达

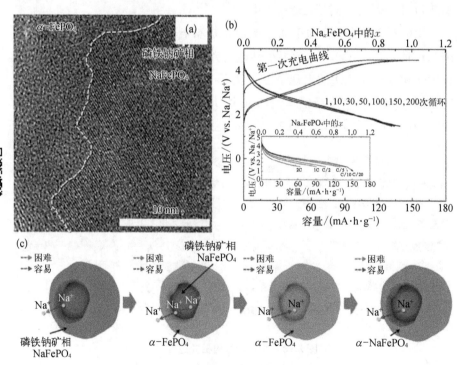

图 2.13 磷铁钠矿相 $NaFePO_4$ 材料

(a) 电化学性能;(b) 相变 TEM;(c) 结构变化示意图[53]

142 mA·h·g$^{-1}$的比容量,在 200 次循环后容量保持率达 95%[图 2.13(b)]$^{[53]}$。其充电/放电过程中的电化学机理如图 2.13(c)所示。量子力学计算表明,钠离子在磷铁钠矿骨架中的扩散具有相对较高的能垒,这使得钠在室温下的扩散相当困难。在 $\alpha$-FePO$_4$ 相中,钠离子扩散的活化能低于 0.73 eV,约为磷铁钠矿 NaFePO$_4$ 的能垒的四分之一。中空纳米球形貌磷铁钠矿 NaFePO$_4$ 的合成以及和碳类材料复合等策略可以进一步提升磷铁钠矿 NaFePO$_4$ 材料的性能$^{[49,54]}$。

实际上在发现纳米级非晶 NaFePO$_4$ 具有电化学活性之前,非晶态 FePO$_4$ 已经作为正极材料在锂/钠离子电池中进行研究,并表现出优异的电化学性能。与晶态材料相比,非晶态的 FePO$_4$ 在钠离子嵌入/脱出时晶格畸变较小,有利于长期循环过程中保持结构的稳定性$^{[55-59]}$。Mathew 等合成了多孔非晶态 FePO$_4$ 作为 Li、Na 和 K 离子的主体。所获得的材料在 10 mA·g$^{-1}$ 的电流密度下可提供 179 mA·h·g$^{-1}$ 的比容量。在钠的嵌入/脱出过程中存在无定形到晶体的转变$^{[60]}$。由于 FePO$_4$ 电子电导不高,而高温又会诱导非晶相 FePO$_4$ 部分转变为晶相,因此难以用常规高温碳化的方法将 FePO$_4$ 和导电碳进行复合处理。Hu 等通过水热法制备了与单壁碳纳米管结合的多孔 FePO$_4$ 纳米粒子,经过 300 次循环后容量保持率达到 75.8%$^{[61]}$。Pan 等将无定形的 FePO$_4$ 薄片与炭黑结合在一起,获得的材料具有 168.9 mA·h·g$^{-1}$ 的高可逆容量,在 0.1 C 下保持良好的循环稳定性,经过 1 000 次循环后容量保持率为 92.3%$^{[62]}$。此外,FePO$_4$ 是不含 Na 的正极材料,在构筑电池时负极必须是钠金属或者需要提前对 FePO$_4$ 进行预嵌钠,难以进行实际应用。因此将来应进一步探索含钠的非晶相材料。

相比 NaFePO$_4$ 材料,对 NaMnPO$_4$ 材料的研究报道还较少。在橄榄石相中,含 Na 八面体共边连接并沿 $b$ 轴形成锯齿形链,用于钠离子的扩散,然而橄榄石相没有显示出令人满意的电化学性能。为了充分了解 NaMnPO$_4$ 的电化学性质,仍需优化性能并结合其结构进行研究$^{[42,43,45]}$。

### 2.2.3 NASICON 型电极材料

根据最初由 Goodenough 团队$^{[53]}$ 提出的 NASICON 型固态电解质材料的结构特点,现习惯将具有与此类材料相似结构的正极材料称为 NASICON 型材料。NASICON 型电极材料的化学通式为 Na$_x$M$_2$(XO$_4$)$_3$(X 为 S、P、Si、Se、

Mo 等,M 为过渡金属)。结构中每个 $MO_6$ 八面体都与三个四面体 $XO_4$ 单元相连,形成一个"灯笼"单元,从而进一步构建了具有大间隙的三维框架。阳离子 M 和阴离子 X 均可在此结构中进行调节和更换,为材料的设计和调整提供了极大的灵活性。由于具有较大的 Na 迁移通道结构,NASICON 型电极材料通常具有非常好的倍率性能和循环稳定性。目前常见的 NASICON 型钠离子电池正极材料主要有 $Na_3V_2(PO_4)_3$ 及其衍生物。下文将根据结构通式中 M 的种类对 NASICON 型电极材料进行介绍。

### 2.2.3.1 $Na_3V_2(PO_4)_3$ 材料

$Na_3V_2(PO_4)_3$(NVP)材料具有 $R\bar{3}c$ 空间群的菱面体结构,其中 $VO_6$ 八面体和 $PO_4$ 四面体以共角方式相互连接,建立了具有两个不同 Na 晶体学位点的三维框架,如图 2.14 所示[63]。具有六重配位的 Na1 位点(6b)被一个 Na 离子占据,而其他具有八重配位的 Na2 位点(18e)被两个 Na 离子占据。从结构中只能提取位于 Na2 位点的 $Na^+$,理论比容量为 117 $mA·h·g^{-1}$,并且电压平台位于 3.3 V 处[64-67]。

除了菱面体相,NVP 在 -30 ~ 210℃ 温度之间可呈现四种不同的晶体结构,如图 2.15(a)所示。高温 $\gamma$-NVP 呈现经典的菱形 $R\bar{3}c$ 相,而低温 $\alpha$-NVP 相为单斜 $C2/c$ 相,并且在室温附近会发现两个不相称的单斜结构($\beta$、$\beta'$ 相)[图 2.15(b)]。据报道,在 178℃ 以下 $\gamma$-NVP 会经历一次单斜变形。这些对材料相的研究是电化学性能的基础[63]。

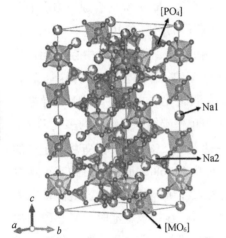

**图 2.14 NASICON 型电极材料的典型结构**

$VO_6$ 八面体(蓝色),$PO_4$ 四面体(绿色),Na 原子(橙色)[63]

由于钒离子的价态较多,NVP 既可以用作正极材料,也可以用作负极材料,其在不同电压范围内都具有较好的储钠性能(图 2.16)[68]。Pivko 等使用 X 射线吸收光谱法证实 3.3 V 的电压平台源自 $V^{3+}/V^{4+}$ 氧化还原电对。扩展 X 射线吸收精细结构光谱(extended X-ray absorption fine structure, EXAFS)分析结果表明在循环过程中,钒和氧原子之间的平均键长只有很小的变化,

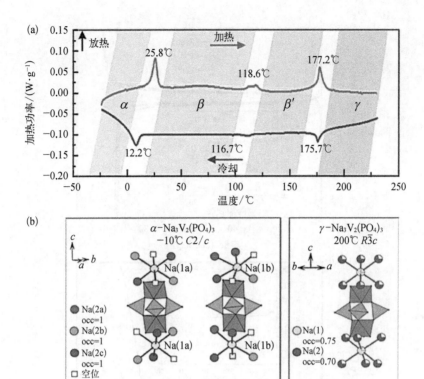

**图 2.15　$Na_3V_2(PO_4)_3$ 在不同温度下的晶体结构变化**

(a) $Na_3V_2(PO_4)_3$ 在 $-30\sim225$℃ 区间的 DSC 曲线,红色曲线为加热曲线,10℃·$min^{-1}$,蓝色曲线为降温曲线,10℃·$min^{-1}$;(b) $\alpha-Na_3V_2(PO_4)_3$(左)和 $\gamma-Na_3V_2(PO_4)_3$(右)晶胞投影[63]

这证明 NVP 具有刚性和稳定的结构。但是目前仍难以实现 $V^{5+}/V^{4+}$ 氧化还原对相对应的电化学反应,以及 Na1 位点 $Na^+$ 的可逆嵌入/脱出。但是,当放电截止电压低于 1.5 V 时,可以在 Na2 位置插入额外的钠离子,并且由于 $V^{3+}/V^{2+}$ 的氧化还原而在 1.6 V 处出现另一个平台[图 2.16(b)][68-70]。

Chen 等利用环形明场扫描透射电子显微成像技术(annular-bright-filed scanning transmission electron microscopy,ABF-STEM)研究了 NVP 在原子水平上的结构和动力学。通过实验,他们发现 NVP 拥有稳定的骨架,在钠离子脱出后无任何明显的结构变化。通过核磁共振(nuclear magnetic resonance,NMR)分析的结果进一步证实,Na1 位点中的钠离子是固定的,仅在 Na2 位点上具有活性。这表明钠离子的移动方式遵循 Na2-Na2 迁移模式[71]。Song 等对 NVP 中的 Na 离子迁移行为进行了探索。通过 DFT 计算,他们发现钠离子的迁移包括沿 $x$ 和 $y$ 方向的两个路径以及一个可能的 Na 迁移弯

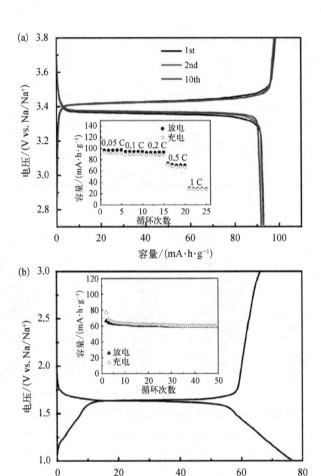

**图 2.16 $Na_3V_2(PO_4)_3$/C 材料在不同电压范围内的充放电曲线**

(a) 2.7~3.8 V, 0.05 C; (b) 1.0~3.0 V, 0.025 C[68]

曲路径[图 2.17(a)][72]。最近,Wang 等还提出了另一种钠离子的迁移途径,其中 Na1 和 Na2 处的钠离子都参与了迁移[图 2.17(b)][73]。Chen 等通过原位 XRD 手段观测到 $Na_3V_2(PO_4)_3$ 和 $NaV_2(PO_4)_3$ 之间的双相反应,充放电过程中材料的总体积变化约为 8.26%,与 $LiFePO_4$ 相当。Mai 等发现在循环伏安高扫描速率或低温下,NVP 的相演化过程为单相固溶反应,而不是传统的两相反应。这些前期的工作为了解 NVP 相变过程并指导各种工作条件下的电池设计提供了理论依据[65,70-72]。

基于以上对充放电机制的研究,研究者们开展了 NVP 材料的性能优化。由于 NASICON 型材料本征电子电导较差的特性,提升 NVP 材料性能的主要

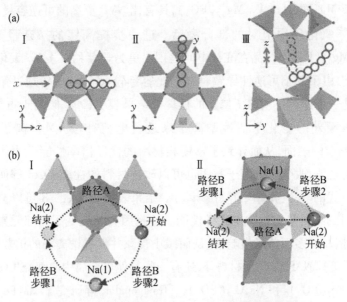

**图 2.17  Na$^+$在 Na$_3$V$_2$(PO$_4$)$_3$ 中迁移路径示意图**

(a) 钠离子在 Na$_3$V$_2$(PO$_4$)$_3$ 中沿着（Ⅰ）$x$、（Ⅱ）$y$ 和（Ⅲ）$z$ 方向的可能的迁移路径[72]；(b) Na 迁移的直接扩散路径（路径 A）和逐步离子交换路径（路径 B）示意图，（Ⅰ）顶视图和（Ⅱ）侧视图[73]

出发点就是提高其导电率。在各种策略中，碳包覆被认为是一种有效的方法。Jian 等用糖作为碳源成功地在 NVP 表面包覆了 6 nm 的碳层。包覆后的 NVP 材料具有 93 mA·h·g$^{-1}$ 的可逆容量，并表现出良好的循环稳定性[73]。除此之外，构造纳米功能结构在解决电子电导问题时非常有效。结构设计的主要原理可以概括为① 减小粒径以缩短钠离子的扩散距离；② 将材料与导电网络相结合实现快速的电子传输，并缓冲因钠离子嵌入/脱出引起的体积变化。例如，Yu 等将碳包覆的纳米 NVP 颗粒均匀地嵌入多孔碳基质，实现了对 NVP 的双碳层包覆。复合材料具有比 LiFePO$_4$ 更高的倍率特性，可以在 200 C 的超高电流密度下在 6 s 内进行充电/放电，并具有 44 mA·h·g$^{-1}$ 的比容量。除此之外，他们还设计了类似的复合结构，即将 NVP 纳米颗粒由非晶态碳包覆后，再进行还原氧化石墨烯纳米片包裹。以该材料作为正极的电池也具有极为出色的倍率能力和优异的循环稳定性（100 C 电流密度下比容量 86 mA·h·g$^{-1}$，10 000 次循环后容量保持率 64%）[74,75]。

金属离子掺杂是提高 NVP 电化学性能的另一种有效方法。Tirado 等系统地研究了 Fe$^{2+}$、Mn$^{2+}$、Al$^{3+}$ 和 Cr$^{3+}$ 掺杂对 NVP 的影响[76-79]。Inoishi 等

发现掺杂 $Mg^{2+}$ 的 $Na_{3.2}V_{1.8}Mg_{0.2}(PO_4)_3$ 具有比 NVP 更高的可逆容量,这归因于 $V^{5+}/V^{4+}$ 氧化还原电对的部分激活。进一步提高镁的掺杂量,制备的 $Na_{3.5}V_{1.5}Mg_{0.5}(PO_4)_3$ 样品在充放电时表现出更为显著的 $V^{5+}/V^{4+}$ 氧化还原特性。但是,由于其不可逆性导致材料的比容量较低。Meng 等通过第一性原理计算进一步探讨了阳离子掺杂的机理。结果表明,$Mg^{2+}$ 倾向于占据 V 位,然后引入额外的电化学活性钠离子来进行电荷补偿。$Mg^{2+}$ 离子分布在 NVP/C 颗粒的表面,从而导致了富镁相材料的优异倍率性能[80,81]。除了阳离子掺杂之外,改变聚阴离子基团也可以改善材料的性能。Cui 等研究了一系列 B 取代的 $Na_3V_2P_{3-x}B_xO_{12}(0<x<1)$。结果表明,掺入的 B 可以显著增强 NVP 材料的结构稳定性和电化学性能。这是因为其改变了局部元素的化合价,导致相邻的多面体发生畸变,从而减小带隙并促进钠离子的扩散[82]。

除了钒基 NASICON 型材料外,还有一些其他单金属中心 NASICON 材料,例如 $Na_3Fe_2(PO_4)_3$ 和 $Na_3Cr_2(PO_4)_3$。Rajagopalan 等研究了 $Na_3Fe_2(PO_4)_3$ 中 $Fe^{4+}/Fe^{3+}$ 氧化还原对的可逆性。其放电容量为 109 $mA·h·g^{-1}$,但是平均工作电势较低(<3.0 V),在实际应用时不利于电池能量密度的提高。Yamada 等考察了 $Na_3Cr_2(PO_4)_3$ 的电化学性能。其电化学过程是基于 $Cr^{4+}/Cr^{3+}$ 的氧化还原反应,在 4.5 V 时表现出平坦的电压平台。这几乎是钠离子电池正极材料中的最高值。但是 $Na_3Cr_2(PO_4)_3$ 的容量有限(可逆容量约为 80 $mA·h·g^{-1}$)且循环衰减快,需要进一步的优化[83-85]。

#### 2.2.3.2 多金属中心 NASICON 材料

**1. 基于 V 基的多金属中心 NASICON 材料**

由于 V 元素有毒性且对环境不友好,因此研究者尝试通过其他过渡金属元素取代部分 V 来构造低 V、甚至无 V 的多金属中心 NASICON 材料。Mason 等首次用钛取代了 NVP 中 50% 的钒,并成功合成了 $Na_2VTi(PO_4)_3$[86]。$Na_2VTi(PO_4)_3$ 表现出极佳的循环稳定性,在 10 C 倍率下循环 1 000 次后容量保持率为 70%。由于钛原子的极化作用和/或较低的氧化还原电势,钛取代可以防止 NVP 晶体结构劣化和钒溶解,从而降低了副反应发生的可能。Wang 等发现 $Na_2VTi(PO_4)_3$ 可以在 1.5~4.5 V 的电压范围内提供 147 $mA·h·g^{-1}$ 的高比容量。如图 2.18(a)所示,$Na_2VTi(PO_4)_3$ 在 3.4 V、2.1 V 和 1.6 V 的电压平台分别对应于 $V^{4+}/V^{3+}$、$Ti^{4+}/Ti^{3+}$ 和 $V^{3+}/V^{2+}$ 的氧化还原反应。基于此材料的对称全电池展示了高达 20 C 的超高倍率能力和超过 10 000 次循环的超长寿命[87]。Masquelier 等通过原位 XRD 研究了 $Na_2VTi(PO_4)_3$ 充放电过程中的结构变化,发生在 3.33 V 的 $Na_2VTi(PO_4)_3$ 和 $NaVTi(PO_4)_3$ 之间的两相转变是一种高度可逆的机制[图 2.18(b)]。从 $Na_2VTi(PO_4)_3$ 还原为 $Na_4VTi(PO_4)_3$ 则较为复杂,其中包括几个连续的两相和单相步骤,分别对应于 $Ti^{3+}/Ti^{2+}$ 和 $V^{3+}/V^{2+}$ 的还原。此外,在反应过程中形成了中间相 $Na_3VTi(PO_4)_3$[图 2.18(c)]。由于存在高低不同的电压平台,因此 $Na_2VTi(PO_4)_3$ 既可以用作正极材料,也可以用作负极材料[88]。

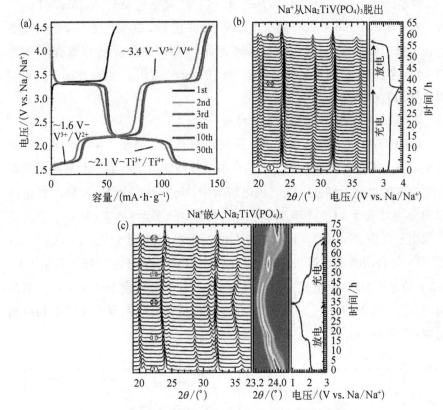

图 2.18 $Na_2VTi(PO_4)_3$ 充放电过程中结构表征

(a) $Na_2VTi(PO_4)_3$ 在 1.5~4.5 V 区间的充放电曲线[87];(b) $Na_2TiV(PO_4)_3$ 的原位 XRD,$V^{4+}/V^{3+}$ 电位;(c) $Na_2TiV(PO_4)_3$ 的原位 XRD,$Ti^{4+}/Ti^{3+}$ 和 $V^{3+}/V^{2+}$ 电位[88]

除了 Ti 元素的引入取代 V 之外,研究者还尝试采用 Mn、Fe 和 Ni 等元素取代 V 合成多金属中心 NASICON 材料。Goodenough 等通过 Mn、Fe 和 Ni

元素取代合成了一系列 NASICON-$Na_xMV(PO_4)_3$($M = Fe、Mn、Ni$)材料。Rietveld 精修计算结果表明,从统计角度看八面体过渡金属位点被 V 和 M 均等占据。$Na_4MnV(PO_4)_3$ 为 $R\bar{c}$ 结构,其中两种类型的独立 Na 离子位于骨架的间隙空间中,一个为 6 配位(Na1),另一个为 10 配位(Na2)[89]。$Na_3FeV(PO_4)_3$ 材料的结构与其他材料存在一些微小的差异,由于 $FeO_6$ 八面体的协同畸变,使晶体结构扭曲为单斜结构。$Na_3FeV(PO_4)_3$ 提供了两个位于 3.3 V 和 2.5 V 左右的电压平台,分别对应于 $V^{4+}/V^{3+}$ 和 $Fe^{3+}/Fe^{2+}$ 的氧化还原反应。该材料还表现出出色的倍率能力和循环稳定性,在 1 C 电流密度下 1 000 次循环后具有 95% 的容量保持率。基于 $Mn^{3+}/Mn^{2+}$ 和 $V^{4+}/V^{3+}$ 氧化还原对,$Na_4MnV(PO_4)_3$ 分别在 3.6 V 和 3.3 V 具有两个电压平台,并在 1 C 电流密度下表现出较高的比容量(101 $mA·h·g^{-1}$)和长循环寿命(1 000 次循环后容量保持率为 89%)。这表明 $V^{4+}$ 的存在能够抑制 $Mn^{3+}$ 的 Jahn-Teller 效应,在循环过程中保持结构的稳定性。

**2. 其他多金属中心 NASICON 材料**

$Na_3MnTi(PO_4)_3$ 同样具有 $R\bar{3}c$ 空间群的菱面体晶格。Goodenough 的研究小组首先报道了 $Na_3MnTi(PO_4)_3$ 在水系对称钠离子电池以及有机系钠离子电池中的电化学性质。在有机电解液中,$Mn^{3+}/Mn^{2+}$ 和 $Mn^{4+}/Mn^{3+}$ 氧化还原对分别对应着 3.6 V 和 4.1 V 左右出现的电压平台[图 2.19(a)][90]。基于双电子反应,$Na_3MnTi(PO_4)_3$ 的理论容量可以达到 117 $mA·h·g^{-1}$。最近,Mai 等利用喷雾干燥法合成了 $Na_3MnTi(PO_4)_3$/C 中空微球。其于 1.5~4.2 V 的电压窗口内,通过三电子反应在 0.2 C 时可提供 160 $mA·h·g^{-1}$ 的高可逆容量[图 2.19(b)]。原位 XRD 显示材料在反应期间涉及固溶和两相反应[图 2.19(c)][91]。

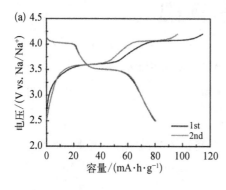
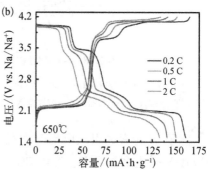

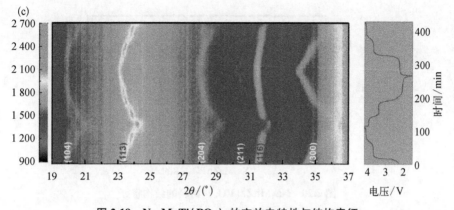

**图 2.19　Na₃MnTi(PO₄)₃ 的充放电特性与结构表征**

(a) Na₃MnTi(PO₄)₃ 在 2.5~4.2 V 区间的充放电曲线[90]；(b) Na₃MnTi(PO₄)₃ 在 1.5~4.2 V 区间的充放电曲线；(c) Na₃MnTi(PO₄)₃ 材料在充放电过程中的结构变化[91]

最近，Gao 等合成了 Na₃MnZr(PO₄)₃ 材料并用作高压钠离子电池正极材料。其晶格中间隙位点可以容纳三种不同类型的钠离子：六重配位的 Na1 位点、八配位的 Na2 位点和四配位的 Na3 位点。与 Na₃MnTi(PO₄)₃ 类似，Na₃MnZr(PO₄)₃ 的充放电曲线也在 4.0 V 和 3.5 V 左右显示出电压平台，并具有 105 mA·h·g⁻¹ 的可逆容量。在循环过程中材料发生可逆的两相转变，而且在整个过程中体积变化很小（5.5%），有助于材料的长期循环结构稳定性 [图 2.20(a) 和 (b)]。值得注意的是，结构分析和密度泛函理论计算证明，尽管 MnO₆ 位点在局部范围内发生了畸变，但以 Mn³⁺ 为中心的协同 Jahn-

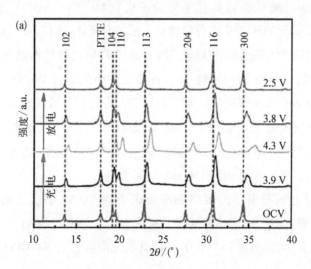

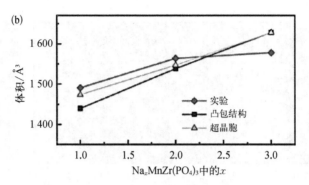

图 2.20 Na₃MnZr(PO₄)₃ 材料的结构特征

(a) Na₃MnZr(PO₄)₃ 在不同充放电态下的 XRD 图谱;(b) Na₃MnZr(PO₄)₃ 的体积变化[92]

Teller 畸变被缺乏长程有序的 Na2 位点所抑制,因此 Na₃MnZr(PO₄)₃ 具有较好的循环稳定性。由此结果可能会激发对新型 Mn 基 NASICON 材料的继续探索[92]。

### 2.2.4 其他聚阴离子电极材料

#### 2.2.4.1 层状磷酸盐材料

层状材料具有较大的层间空间有利于钠离子的扩散,因此二维层状结构被认为会表现出更好的钠存储性能。最近,有多种基于 V 的层状磷酸盐被研究和报道。在锂电池中,VOPO₄ 由于其高工作电位和高理论容量(165 mA·h·g$^{-1}$)被认为是具有潜力的正极材料[93-95]。VOPO₄ 具有各种结构,其中只有 $\alpha_1$-VOPO₄ 具有分层结构。$\alpha_1$-VOPO₄ 具有 $P4/n$ 对称性的四边形结构,其中 PO₄ 和变形的 VO₅ 多面体通过共角交替排列以在 $ab$ 平面中形成 VOPO₄ 层,并沿 $c$ 方向堆叠[96]。直接合成纯的 $\alpha_1$-VOPO₄ 材料具有很大的难度。Manthiram 等通过对 $\alpha_1$-LiVOPO₄ 进行化学脱锂成功制备了 $\alpha_1$-VOPO₄,并首次报道了其电化学性能[图 2.21(a)][97]。在钠离子电池中应用时,其可以提供 110 mA·h·g$^{-1}$ 的比容量。而通过还原性氧化石墨烯优化后,比容量可以进一步增加到 150 mA·h·g$^{-1}$。

Cao 等通过一种简单的溶剂热法合成了 NaVOPO₄ 层状结构材料。NaI 被用作还原剂,将 V$^{5+}$ 离子还原为 V$^{4+}$ 离子,并提供 Na$^+$ 代替 VOPO₄·2H₂O 中的晶格水分子,从而形成 NaVOPO₄。与其他先前报道的 NaVOPO₄ 不同,通过

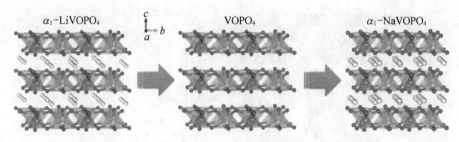

图 2.21 LiVOPO$_4$、VOPO$_4$ 和 NaVOPO$_4$ 的结构示意图[96]

此方法制备的 NaVOPO$_4$ 是三斜晶格结构[97]。NaVOPO$_4$ 在钠离子脱/嵌过程中具有多相反应,在 0.05 C 时具有 144 mA·h·g$^{-1}$ 的可逆容量,沿 $c$ 轴的层间距在充放电过程中扩展了 8.8%。Kim 等报道了具有单斜 $C2/c$ 空间群的 Na$_3$V(PO$_4$)$_2$ 层状结构材料。VO$_6$ 八面体与 PO$_4$ 四面体沿 $ab$ 平面共角连接形成平面,进一步形成了二维框架。Na$_3$V(PO$_4$)$_2$ 表现出 90 mA·h·g$^{-1}$ 的放电容量和优异的倍率性能,在 15 C 下容量保持率为 79%[98]。Yang 等所制备的 Na$_3$V$_3$(PO$_4$)$_4$ 也具有二维框架,在对其结构、动力学和电化学性能进行了深入研究后发现其具有三维钠离子扩散途径。虽然 Na$_3$V$_3$(PO$_4$)$_4$ 具有 3.9 V 的高电压平台,但是由于其高分子量导致放电容量小于 45 mA·h·g$^{-1}$,难以被实际应用[99]。

#### 2.2.4.2 焦磷酸盐材料

在 500~550℃ 的温度范围内,磷酸盐结构中氧的损失会导致磷酸盐单元形成了焦磷酸盐[P$_2$O$_7$ 或 (PO$_{4-x}$)$_2$] 单元。因此,也可以认为焦磷酸根阴离子在高温下比磷酸根阴离子在能量上更为稳定[100]。自 2010 年钠离子电池重新成为研究的热点后,焦磷酸盐材料也进入了人们的视线。2012 年,Yamada 等首次提出将 Na$_2$FeP$_2$O$_7$ 用作钠离子电池正极材料。其在晶体学上呈现为三斜晶系的 $P\bar{1}$ 相,由 [Fe$_2$O$_{11}$] 二聚体构建而成的[101]。这些二聚体是由 [FeO$_6$] 八面体和 [P$_2$O$_7$] 通过共边和共角连接形成了三维框架,沿着 [011] 方向具有较大的通道便于钠离子迁移,也预留了较大的间隙以容纳钠的嵌入,在结构中一共有 8 个 Na 位点 [图 2.22(a)]。Na$_2$FeP$_2$O$_7$ 只能可逆地嵌入/脱出一个钠离子,提供约 90 mA·h·g$^{-1}$ 的容量[102]。

Kim 等仔细研究了 Na$_2$FeP$_2$O$_7$ 材料充放电的相行为,通过非原位 XRD

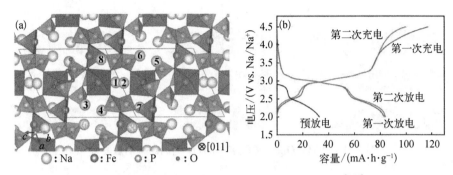

图 2.22 Na$_2$FeP$_2$O$_7$的结构(a)和充放电曲线(b)[102]

和 DFT 计算,其发现在 2.5 V 左右的低电位平台对应于单相反应,在此过程中,沿着[011]通道脱出了 Na1 位点的第一个钠离子。另一方面,以 3.0 V 为中心的高电位区与两相反应有关,其中其他 Na(Na3~Na8)可以通过 1D 或/和 2D 途径脱出[图 2.22(b)][102]。Yamada 等进一步研究了在 Na$_2$FeP$_2$O$_7$材料中钠离子的扩散行为。通过计算得出,沿 $a$ 轴、$b$ 轴和 $c$ 轴方向的迁移路径都具有小于 0.5 eV 的激活能。较低的能垒有利于钠离子在结构中的快速扩散,提升材料的倍率性能[103]。这一结论在后续 Chen 等的工作中得到了证实,其通过双重碳修饰策略将 Na$_2$FeP$_2$O$_7$的倍率放电能力提升到了 50 C[104]。Na$_2$FeP$_2$O$_7$复杂的电化学行为和结构信息让其充满潜力和挑战,但是从目前来看其作为钠离子电池正极材料使用时仍受制于比能量较低的缺点。

由于 Mn$^{3+}$/Mn$^{2+}$电对的氧化还原动力学缓慢,Li$_2$MnP$_2$O$_7$在室温环境下几乎没有电化学活性。与之相反,Na$_2$MnP$_2$O$_7$在室温下表现出异常的电化学活性[105]。Na$_2$MnP$_2$O$_7$为三斜结构,其空间群为 $P$。该结构包含共角 MnO$_6$-MnO$_5$二聚体[Mn$_2$O$_{10}$],后者又与 PO$_4$或 P$_2$O$_7$连接以构筑开放框架。在 1.5~4.5 V 的电压范围内,每个 Na$_2$MnP$_2$O$_7$可以脱出 0.9 个 Na 离子。Na$_2$MnP$_2$O$_7$出色的电化学活性来源于其特殊的结构:一方面,键的断裂和产生会为室温下的 Na 脱嵌产生很大的活化势垒;但是在反应过程中,共角连接的 Na$_2$MnP$_2$O$_7$没有显示任何明显的键变化。另一方面,共角连接的方式有助于其适应畸变并减轻 Jahn-Teller 效应。Na$_2$MnP$_2$O$_7$的理论容量与 Na$_2$FeP$_2$O$_7$的相等(97.5 mA·h·g$^{-1}$),但因为 Mn$^{3+}$/Mn$^{2+}$具有较高的氧化还原电位,使得其具有更高的能量密度。

$Na_2MnP_2O_7$ 的 CV 曲线显示了一个多步骤的钠(脱出)嵌入过程,这表示结构中的钠离子在此过程中进行了重排或有序整合。首先 Na1 位置中的一半钠离子脱出,然后 Na3 位置的所有钠离子脱出,最后脱出 Na4 位置中的一半[图 2.23(a)]。通过 DFT 计算和非原位 XRD 分析发现在 3.32 V 时发生的是单相反应,在 3.66 V、3.98 V 和 4.15 V 下发生的是三个连续的两相反应[图 2.23(b)和(c)]。沿 $a$ 轴、$b$ 轴和 $c$ 轴方向的钠离子迁移路径也具有 0.58 eV 的低活化能[105]。然而由于 $Na_2MnP_2O_7$ 的本征低电导率使得其倍率性能非常差。如果不和导电碳等材料复合,其几乎不具有应用的潜力。当通过减小粒径和石墨烯包覆进行改性时,$Na_2MnP_2O_7$ 的电化学活性可以得到显著改善[106]。

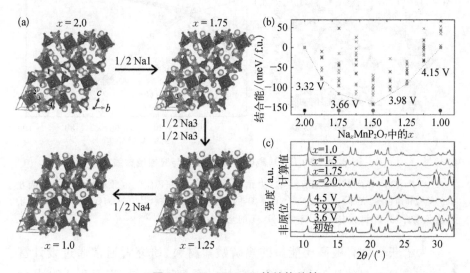

**图 2.23 $Na_2MnP_2O_7$ 的结构特性**

(a) $Na_2MnP_2O_7$ 材料中钠脱出生成 $NaMnP_2O_7$ 的结构示意图;(b) $Na_2MnP_2O_7$ 材料不同组分的生成能;(c) $Na_2MnP_2O_7$ 材料在不同电位下的非原位 XRD 图谱[105]

钒基焦磷酸盐被认为是另一种有吸引力的钠离子电池正极材料。$NaVP_2O_7$ 具有 $P21/c$ 的中心对称空间群。尽管通过微动弹性带(nudged elastic band,NEB)的计算结果表明 $NaVP_2O_7$ 中的钠离子迁移能垒低,但由于其固有的高电阻导致电化学活性有限[107]。Yamada 等合成了具有四边形结构的 $Na_2(VO)P_2O_7$ 材料(空间群 $P4bm$),该材料由 V—O—P 多面体层和沿 $c$ 方向的 Na 层构成。每个 V—O—P 多面体层都是由 $[VP_2O_{11}]$ 单元形成的,其包括以共角方式连接的一个 $(VO)O_4$ 方锥和四个独立的 $PO_4$ 四面体

[图2.24(a)]。基于$V^{5+}/V^{4+}$的氧化还原反应,$Na_2(VO)P_2O_7$具有3.8 V的高平均工作电压。该材料的放电容量约为80 mA·h·g$^{-1}$[图2.24(b)],是其理论容量(93.4 mA·h·g$^{-1}$)的85.7%[108]。Kang等合成了一种新型的$Na_7V_3(P_2O_7)_4$材料。其为单斜结构($C2/c$空间群),$VO_6$八面体与$P_2O_7$基团共角连接,从而形成了有利于钠离子三维扩散的较大隧道。该材料具有接近其理论值的容量(约80 mA·h·g$^{-1}$)和钒基聚阴离子化合物中最高的工作电压(约4.13 V)。X射线吸收近边缘结构(X-ray absorption near edge structure,XANES)光谱分析表明该电化学过程基于$V^{4+}/V^{3+}$氧化还原电对[109]。

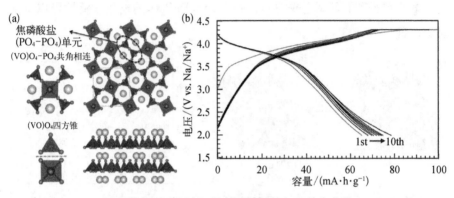

**图2.24 $Na_2(VO)P_2O_7$材料的结构与充放电曲线**

(a) $Na_2(VO)P_2O_7$结构示意图,左边:共角相连的$(VO)O_4$和$PO_4$单元(顶部)和$(VO)O_4$四方锥的侧视和顶视图(底部),右边:$Na_2(VO)P_2O_7$的三维3D框架结构,其中$(VO)O_4$和$PO_4$单元相互连接,钠原子均匀分散其中;(b) $Na_2(VO)P_2O_7$的充放电曲线,0.05 C[108]

为了获得具有更高比能量的焦磷酸盐材料,研究者通常通过设计富钠结构提高材料的比容量、改善材料的电子/离子电导,以及引入高电位的过渡金属元素等手段进行优化。Nazar等合成了一系列化学计量比为$Na_{4+\alpha}Fe_{2+\alpha/2}(P_2O_7)_2$($2/3 \leq \alpha \leq 7/8$)的材料并应用于钠离子电池。由于可逆钠离子数量的增加,材料的比容量比$Na_2FeP_2O_7$高。其中$Na_{3.12}Fe_{2.44}(P_2O_7)_2$的理论比容量可以达到117.6 mA·h·g$^{-1}$,对应于2.44个Na的嵌入/脱出[110]。为了获得更高的电压,通常向焦磷酸盐骨架中引入了其他具有高氧化还原电位的过渡金属元素。Barpanda等首先制备了正交晶系的$Na_2CoP_2O_7$($Pna2_1$空间群)。该材料具有层状结构,为Na离子的迁移提供了二维通道。但是$Na_2CoP_2O_7$显示出一个以3.0 V为中心的倾斜电压曲线,这与预期的高氧化还原电位有些差距[111]。Jung等通过控制钠的含量在$Na_2CoP_2O_7$引入钠空位诱导合成了稳定的 $Na_{2-x}CoP_2O_7$(三斜晶系, $P$ 空间群),并探索了其贫钠态由正交晶系转变为三斜晶系的规律。以这种材料制备的钠离子电池正极具有稳定的循环性能,平均工作电压为 4.3 V,比计量比正交晶系 $Na_2CoP_2O_7$ 的能量密度高 40%。这些结果表明了合适的晶体结构可以显著影响电极材料的电化学性能,并且非化学计量驱动的晶体结构控制策略可能对其他材料也具有启发性[112]。

#### 2.2.4.3 氟代磷酸盐

为了提高材料的能量密度,可以从提高比容量或者提高平均工作电压两个角度进行优化。对于聚阴离子材料而言,由于其固有的高摩尔质量,很难进一步提升其比容量,因此提高平均工作电压来提升聚阴离子正极材料的比能量是一种更为有效的途径。在材料中引入高电负性元素(如 F 元素)是一种有效的方法。由于感应效应,强电负性的 F 元素可以削弱金属与氧之间的共价键,导致反键轨道和空轨道间的能量差更大,从而提高氧化还原电对的电位。本小节中,将着重对氟代磷酸盐进行介绍。

Barker 等首先合成了具有四方结构(空间群 $I4/mmm$)的 $NaVPO_4F$,其平均放电电压为 3.7 V,初始容量为 82 mA·h·g$^{-1}$[113]。研究者还通过 Cr 掺杂优化了其电化学性能,使其在 20 个循环后仍可提供 83.3 mA·h·g$^{-1}$ 的可逆容量,容量保持率约 91.4%。但是,该容量发挥仍远远低于其理论值(143 mA·h·g$^{-1}$)[114]。为探寻材料比容量低的原因,研究者对材料的晶体结构和稳定性进行了研究。Zhao 等通过原位 XRD 和 DSC 结合的方式研究了合成过程中 $NaVPO_4F$ 材料的结构变化[115,116]。温度区域分为四个部分。在第一部分(低于 400℃),NaF 和 $VPO_4$ 的所有衍射峰都向低角度移动,这意味着原料之间开始发生反应。另外,在 XRD 谱图的 16.5°处出现的新峰标定为 $Na_3V_2(PO_4)_2F_3$ 的(002)晶面,表明 $Na_3V_2(PO_4)_2F_3$ 在 400℃附近开始形成。在第二部分(400~700℃)中,NaF 在 500℃时消失,剩下 $Na_3V_2(PO_4)_2F_3$ 和 $VPO_4$。在第三部分(700~850℃)中出现了一系列新峰,看起来像是单斜 $NaVPO_4F$ 的生成。但是结合 DSC 分析结果发现重量减轻(6.6%),从而排除了 $NaVPO_4F$ 的可能性。这些新峰应归因于 $Na_3V_2(PO_4)_3$(空间群 $R\bar{3}c$)的生成,而重量损失则归因于 $VF_3$ 气体的释放。综上,合成反应的过程可以由下面三个方程式表示:

$$3NaF+3VPO_4 \longrightarrow Na_3V_2(PO_4)_2F_3+VPO_4(>500℃) \tag{2.1}$$

$$Na_3V_2(PO_4)_2F_3 + VPO_4 \longrightarrow Na_3V_2(PO_4)_3 + VF_3 \uparrow (600 \sim 800 ℃) \quad (2.2)$$

$$2Na_3V_2(PO_4)_3 \longrightarrow 2(VO)_2P_2O_7 + Na_4P_2O_7 + AP(>800 ℃) \quad (2.3)$$

了解 $NaVPO_4F$ 制备过程中的相变有利于制备出性能更好的材料。但是 $NaVPO_4F$ 材料的本征电导率较低,因此大多数研究者致力于改善材料的电子传导从而改善材料的性能。Jiao 等通过静电纺丝的方法成功制备了 $NaVPO_4F/C$ 纳米纤维,其呈现出一对较小极化的氧化还原峰(3.66/3.42 V)。得益于电导率的改善和超细 $NaVPO_4F$ 纳米颗粒,所获得的材料表现出 126.3 mA·h·g$^{-1}$ 的高容量和出色的倍率性能(50 C 电流密度下为 61.2 mA·h·g$^{-1}$)[117,118]。目前尽管 $NaVPO_4F$ 的电化学性能在报道中已得到很大改善,但有关其结构和组成仍存在一些争议有待研究。

除了 $NaVPO_4F$ 外, $Na_3(VO_{1-x}PO_4)_2F_{1+2x}(0<x<1)$ 作为一类重要的氟代磷酸盐也受到研究者的关注和研究。其中钒的氧化态随着氟含量的变化而改变。当 $x$ 为 1 时,化合物分子式为 $Na_3V_2(PO_4)_2F_3$,其中 V 的化合价为+3。当 $x$ 为 0 时,化合物分子式为 $Na_3V_2O_2(PO_4)_2F$, V 的化合价为+4。材料的晶格参数和体积随着 F 含量的增加而上升。具有不同 F 含量的所有 $Na_3(VO_{1-x}PO_4)_2F_{1+2x}$ 电极均表现出相似的平均电压 3.8~3.9( V vs. Na/Na$^+$ )和 120~130 mA·h·g$^{-1}$ 的容量,其充放电曲线如图 2.25 所示[119]。

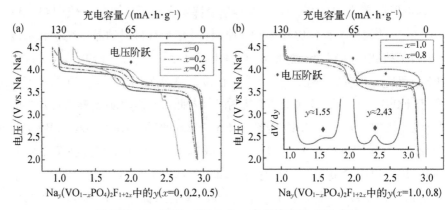

图 2.25 $Na_y(VO_{1-x}PO_4)F_{1+2x}$ 电极的电压-组分曲线

(a) $x=0.0$(蓝色), 0.2(红色), 0.5(绿色);(b) $x=0.8$(红色), 1.0(蓝色)。0.1 C, 2.0~4.5 V[119]

当 $x=1$ 时的 $Na_3V_2(PO_4)_2F_3$ 由于其较高的工作电压(>3.9 V)而受到广泛关注。Le Meins 等首先提出结构为 $P4_2/mnm$ 的空间群的 $Na_3V_2(PO_4)_2F_3$

材料,如图 2.26(a)所示[120,121]。Bianchini 等重新测定了 $Na_3V_2(PO_4)_2F_3$ 的结构,通过结合索引软件、电子衍射和晶体学等因素,认定 $Na_3V_2(PO_4)_2F_3$ 材料的晶体空间群为 $Amam$,其晶胞参数为 $a=9.02847$ Å, $b=9.04444$ Å, $c=10.74666$ Å。结构中的钠具有三个不同的晶体学位点($Na1_A$、$Na2_A$、$Na3_A$),如图 2.26(b)所示,其排列会显著影响材料的性能[122]。

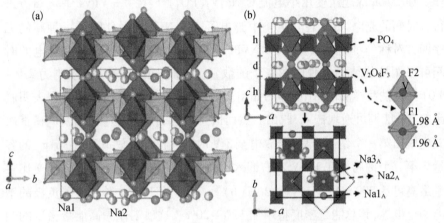

**图 2.26 $Na_3V_2(PO_4)_2F_3$ 材料结构示意图**

(a) $P4_2/mnm$ 的空间群 $Na_3V_2(PO_4)_2F_3$ 材料晶体结构[121];(b) $Amam$ 空间群 $Na_3V_2(PO_4)_2F_3$ 材料晶体结构[122]

Bianchini 等通过高角分辨率同步加速器辐射衍射技术对 $Na_3V_2(PO_4)_2F_3$ 由初始态脱钠至 $NaV_2(PO_4)_2F_3$ 进行了全面研究[122]。与先前报道的一步固溶反应不同,作者发现在形成 $NaV_2(PO_4)_2F_3$ 相之前有四个中间相,即 $Na_3V_2(PO_4)_2F_3$ 到 $Na_2V_2(PO_4)_2F_3$ 的过程中的相变,可以清晰地观察到两个中间相[$Na_{2.4}V_2(PO_4)_2F_3$ 和 $Na_{2.2}V_2(PO_4)_2F_3$]。此外,在由 $Na_3V_2(PO_4)_2F_3$ 形成至 $NaV_2(PO_4)_2F_3$ 的过程中还有从 1.8 至 1.3 Na 之间的固溶反应,结合材料的充放电曲线可以更为清楚地说明。Yang 和 Grey 等通过固态核磁共振(NMR)研究了 $Na_3V_2(PO_4)_2F_3$ 在脱钠过程中局部结构的变化。142 ppm*和 95 ppm 处的两个主要共振可分别归因于该结构中的 Na1 和部分占据的 Na2。在第一阶段(3.6~3.7 V)开始时,低于 50 ppm 的弱谐振迅速消失,同时 Na1 和 Na2 峰的强度降低。峰展宽归因于 Na 的提取和 Na 空位的形成,表明钠离子迁移率增加。在第一阶段后期发生了明显的结构变化,表明钒 $t_{2g}$

---

\* ppm:百万分比浓度,1 ppm=0.001‰。

轨道内未成对电子的重排。第二阶段(3.7~4.2 V)表示单相 Na 提取过程，在第三阶段(44.2 V)的开始出现一个新的峰值(87 ppm)，然后向低频移动，这涉及局部的电子或者结构变化[123]。让 $Na_3V_2(PO_4)_2F_3$ 材料中第三个钠离子能够可逆地脱嵌是增加其比容量的最有效方法。但是 DFT 计算结果表明第三个钠离子的脱出电位要高于 4.9 V，难以在现有的电解液体系中进行操作。Tarascon 课题组使用小电流对 $Na_3V_2(PO_4)_2F_3$ 在 4.8 V(vs. Na/$Na^+$)进行长时间的充电，成功在其结构中脱出了三个 $Na^+$，同时伴随着一种新的无序四方对称(空间群 $I4/mmm$)"NVPF"相形成。通过控制高电位充电的时间可以调控从结构中脱嵌钠离子的数量。当脱出的钠离子量限制为 2.0~3.0 时，脱钠后样品的 XRD 谱图如图 2.27(a)所示。随后的循环过程表明脱出的 $Na^+$ 能够可逆地嵌入/脱出。然而值得注意的是 $Na_3V_2(PO_4)_2F_3$ 在首次充电脱出第三个钠离子后，再放电至 3 V 时材料仅能释放 107 $mA·h·g^{-1}$ 的容量。第三个钠离子在 1.6 V 左右嵌入，从而使得 $Na_3V_2(PO_4)_2F_3$ 的可逆比容量最高可达 200 $mA·h·g^{-1}$[图 2.27(b)]。基于该正极材料和硬碳负极的钠离子全电池，其总能量密度将增加 10%~20%。这项工作为高能量密度的钠离子电池体系开发提供了新材料和新方法[124]。

除钒基氟磷酸盐外，其他类型的氟化磷酸盐($Na_2FePO_4F$、$Na_2CoPO_4F$ 和 $Na_2MnPO_4F$)也逐渐被研究者所关注。$Na_2FePO_4F$ 材料(正交晶系，空间群 $Pbcn$)最先由 Nazar 小组报道，其具有二维离子传输路径，在充放电过程中显示出与 $Na_{1.5}FePO_4F$ 和 $NaFePO_4F$ 有关的两个准固溶电化学行为[125]。随后研究者用原子模拟方法研究了 $Na_2FePO_4F$ 中钠离子的传导行为。发现该材料中钠离子的迁移速率要高于在平面二维网络中的传输速率。但是 $Na_2FePO_4F$ 材料具有两个不同的 Na 位点，其中仅 Na2 位点具有电化学活性，而 Na1 位点是惰性的，因此其理论容量为 124 $mA·h·g^{-1}$[126]。$Na_2CoPO_4F$ 作为钠离子电池高压正极材料于 2010 年被首次报道。其高压电势接近 4.8 V，但是电化学可逆性较差。而后 Komaba 等对 $Na_2CoPO_4F$ 进行了碳包覆，其初始放电容量约为 100 $mA·h·g^{-1}$，放电中压为 4.3 V(vs. Na/$Na^+$)，但是其首圈具有非常大的不可逆容量(首次效率约 56%)，并且循环稳定性较差[127,128]。因此，虽然 $Na_2CoPO_4F$ 被认为是可用于钠离子电池的高压正极材料之一，但是仍需进一步提升其可逆性来满足实际应用需求。

具有 3D 隧道结构的 $Na_2MnPO_4F$(空间群 $P2_1/n$)被 Recham 等及 Ellis

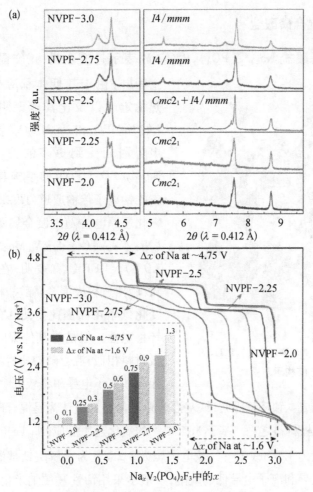

**图 2.27** $Na_xV_2(PO_4)_2F_3$ 材料特性

(a) 不同 $Na_xV_2(PO_4)_2F_3$ 的 XRD;(b) 充放电曲线[124]

等率先报道[127,129]。然而最初的研究结果认为 $Na_2MnPO_4F$ 并不具有电化学活性。后来 Kim 等通过实验和第一性原理计算系统地研究了 $Na_2MnPO_4F$ 的电化学性能[130]。其晶格中有四个 Na 位点,其中存在三种可能的 Na 离子扩散路径。相应的激活能势垒分别约为 600 meV、500 meV 和 400 meV。较高的活化势垒使得电化学动力学较低,导致材料的电化学性能表现不够理想。在常规电解质的电压范围内,$Na_2MnPO_4F$ 的比容量约为 120 mA·h·g$^{-1}$。然而充放电过程中的较大极化和不理想的电化学活性仍然阻碍了其实际应用。

### 2.2.4.4 混合磷酸盐

混合磷酸盐 $Na_4M_3(PO_4)_2P_2O_7$(M 表示过渡金属，正交晶系，$Pn2_1a$ 空间群)由于其低体积应变、优异的热稳定性以及比其他聚阴离子材料(如 $NaMPO_4$ 和 $Na_2MP_2O_7$)更高的工作电势因而受到更多的关注和研究。$Na_4M_3(PO_4)_2P_2O_7$ 的结构具有稳定的三维钠离子传输通道(图 2.28)[131]，其氧化还原电势随过渡金属不同而变化(Ni：4.9 V；Co：4.3 V；Mn：3.5 V；Fe：3.0 V)。DFT 计算表明，在钠离子嵌入/脱出过程中混合磷酸盐材料的体积变化低于 4%，因此使其具有良好的循环稳定性。但是与其他聚阴离子型正极材料相似，混合磷酸盐材料的电子电导率和离子电导率都较低[131-133]。

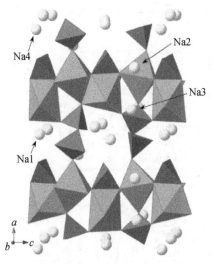

图 2.28 $Na_4M_3(PO_4)_2P_2O_7$ 的结构示意图[131]

考虑到成本和环境因素，铁基混合磷酸盐材料被认为是混合磷酸盐中最有希望的正极材料之一。基于 $Fe^{3+}/Fe^{2+}$ 的氧化还原反应，$Na_4Fe_3(PO_4)_2P_2O_7$ 的理论容量为 129 mA·h·g$^{-1}$，放电中压为 3.2 V。为了解决铁基混合磷酸盐材料电子电导和离子电导低的缺陷，一般多采用活性颗粒纳米化、导电碳包覆以及离子掺杂等改性策略。例如，Cao 等通过在 $Na_4Fe_3(PO_4)_2P_2O_7$ 表面进行石墨烯包覆，不仅减缓了循环过程中因体积变化带来的不利影响，而且还提升了材料的电导率，复合材料的倍率放电能力高达 200 C[134]。原位 XRD 证明了钠离子在 $Na_4Fe_3(PO_4)_2P_2O_7$ 材料中嵌入和脱出过程的可逆性[135]。此外，石墨烯修饰可增强电极的赝电容效应，即使在低温下也能够发挥优异的倍率容量[136]。三维电极构建技术可以进一步增强材料的导电性，Ma 等构筑了 $Na_4Fe_3(PO_4)_2P_2O_7/NaFePO_4$/碳的核壳结构，并实现了其在柔性基材——碳布上的负载。结构中的 $NaFePO_4$ 薄壳可以提高电化学活性，$Na_4Fe_3(PO_4)_2P_2O_7$ 核可以提供高氧化还原电压和高容量。此外，里层的碳布载体和外层的碳壳共同构建了 3D 导电网络保证更快的电子传输。因此复合材料具有优异的循环稳定性和倍率性能[137]。

$Na_4Co_3(PO_4)_2P_2O_7$材料因其高工作电压(4.5 V vs. $Na/Na^+$)和高比容量(127 $mA·h·g^{-1}$)而显示出广阔的应用前景[138]。理论上每个$Na_4Co_3(PO_4)_2P_2O_7$晶格中可以脱出三个钠离子,但是第一性原理计算表明,当$Co^{3+}$被氧化为$Co^{4+}$时,结构中有可能可以脱出第四个钠离子[139]。离子掺杂可以改善$Na_4Co_3(PO_4)_2P_2O_7$的离子电导率并降低循环过程中的晶格应变。例如,Al掺杂的$Na_4Co_3(PO_4)_2P_2O_7$正极材料在30 C的高电流密度下显示出优异的高压特性以及超长循环稳定性[140]。当组装成全电池时,输出电压可达4.36 V,具有非常大的应用潜力。但是由于Co元素价格昂贵,其应用的性价比不高。

另一种经典的混合聚阴离子材料是钒基正二磷酸钠$Na_7V_4(P_2O_7)_4PO_4$,平均放电电压为3.88 V,其三维的空间结构为钠离子嵌入脱出提供了通道[141]。但是,由于电导率很低导致其倍率性能不理想。因此,对$Na_7V_4(P_2O_7)_4PO_4$储钠的研究主要集中在提高其电导率上。除了各类的碳包覆手段外,有益的离子掺杂也有助于电导率的提升。Masquelier等采用Al部分取代了V,使得循环过程中V的价态变化部分变为$V^{4+}/V^{5+}$。这不仅增加了材料的容量,混合价态也有利于电导率的提升。但是$V^{4+}/V^{5+}$氧化还原对电化学可逆性有一定的负面影响[142]。

#### 2.2.4.5 硫酸盐及氟代硫酸盐

硫酸盐在设计高电压材料时具有重要意义,因为硫酸根具有比其他聚阴离子基团更强的电负性。可应用在钠离子电池中的硫酸盐通式可以写成$[Na_2M(SO_4)_2·nH_2O$(M为过渡金属Fe、Co、Ni、Cu、Cr、Mn;$n=0、2、4$)],目前有$Na_2Fe(SO_4)_2$、$Na_2Co(SO_4)_2$、$Na_2Mn(SO_4)_2$和$Na_2Mg(SO_4)_2$等硫酸盐被应用在钠离子电池中[143-146]。如$Na_2Fe(SO_4)_2$具有3.25 V($Fe^{2+}/Fe^{3+}$)的相对较高的工作电压,理论容量为91 $mA·h·g^{-1}$。DFT计算表明,$Na_2M(SO_4)_2$在循环过程中的体积变化通常低于5%,这意味着硫酸盐材料可能具有非常好的循环稳定性。但是这种稳定性也与结构中的水含量有关。例如,水含量不同会导致$Na_2Fe(SO_4)_2$和$Na_2Fe(SO_4)_2·2H_2O$发生不同的相变反应,从而具有各异的循环性能[147,148]。通常而言,形成水合物会使得硫酸盐正极的晶体结构和电化学性能发生劣化。Pan等通过固相法制备了高稳定的

$Na_2Fe(SO_4)_2$ 正极材料。XRD 结果显示该正极在高达 580℃ 的温度下仍具有出色的热稳定性,并且暴露在自然环境中两个月也没有形成水合物[143]。$Na_2Fe(SO_4)_2$ 的储钠反应是基于 $Fe^{2+}/Fe^{3+}$ 可逆氧化还原电对,这限制了其工作电压以及比容量。在铁基硫酸盐中,$Na_2Fe_2(SO_4)_3$ 中 Fe—Fe 的键长最短,因而具有更高的输出电压。Chen 等合成了 $Na_2Fe_2(SO_4)_3$@C@GO 材料,以该材料制备的储钠电极具有令人印象深刻的高电压平台。其在钠嵌入/脱出过程中发生单相转变,平均工作电压为 3.8 V,相应的能量密度超过 400 W·h·$kg^{-1}$[149]。为了促进材料层间和整体的稳定性,Liu 等合成了化学计量比为 $Na_{2+2x}Fe_{2x}(SO_4)_3$ 的材料,$SO_4$ 四面体将 Fe—Fe 键的长度缩短到 0.32 nm 左右,平均工作电压可以进一步提升至 4.08 V。电化学测试结果表明,与石墨烯复合的 $Na_{2+2x}Fe_{2x}(SO_4)_3$ 电极在室温下的可逆容量为 106 mA·h·$g^{-1}$,并表现出优异的低温性能,在 0℃ 循环 700 次后容量保持率高达 98%[150]。

综上所述,基于过渡金属为变价中心的硫酸盐由于低成本和丰富的原料资源而得到了许多关注。但是其低热稳定性(通常高于 400℃ 时硫酸根分解产生 $SO_2$ 气体)、高湿敏性和低电子传导等一些不利因素阻碍了它们的开发和应用,通过结构设计、离子掺杂以及导电碳包覆的方法可以改善硫酸盐的性能,但是要实现商业应用还有很长的路要走。

在众多改性技术中,氟化技术是较受青睐的。Tarascon 等成功地将 $LiFeSO_4F$ 引入锂离子电池研究者的视线中。这种材料在 3.6 V 具有电压平台,高于 $LiFePO_4$ 的 3.3 V[151]。研究者受到这一成果的启发,在钠离子电池中也设计了类似材料。Barpanda 等研究了 $NaMSO_4F$(M = Fe、Co、Ni)在钠离子电池中的应用。这类材料属于单斜晶系,仅 $NaFeSO_4F$ 具有电化学活性[152]。Nazar 等通过原子建模的方法研究了 $LiFeSO_4F$ 和 $NaFeSO_4F$ 中碱金属离子的迁移行为。结果表明 $LiFeSO_4F$ 是三维锂离子导体,具有低活化能(0.4 eV),有助于实现锂离子的快速迁移。而 $NaFeSO_4F$ 是一维钠离子导体,钠离子只能沿[101]方向进行扩散,且活化能更高(0.6 eV)[153]。通常可以通过碱金属氟化物与 $FeSO_4·H_2O$ 反应获得 $AFeSO_4F$(A = 碱金属离子,Li、Na 等)材料。该过程中同时发生两个反应:① $FeSO_4·H_2O$ 中的水分流失;② 在其结构中插入碱金属氟化物(NaF、LiF)[154]。然而,由于其热力学稳定性低且对水分敏感,合成纯相的 $NaMSO_4F$ 仍然是一个挑战。较少的可用材料种类和较大的合成难度都阻碍了氟硫酸盐进入钠离子电池应用的候选者行列。

### 2.2.4.6 硅酸盐

与其他类型的聚阴离子正极材料相比,硅酸盐材料 $Na_2MSiO_4$( M = Mn、Fe、Co 和 Ni)通常具有更高的比容量,每个分子都可提供 2 个电子转移的比容量。$Na_2MSiO_4$ 晶胞中的主要构成是 $NaO_4$、$MO_4$ 和 $SiO_4$ 四面体,稳定性的顺序为 $NaO_4$<$MO_4$<$SiO_4$[155,156]。由于 Na、Fe、Si 元素在地壳丰度上都占有绝对优势,因此从成本考虑在硅酸盐材料中最受关注的是 $Na_2FeSiO_4$。通过双电子反应,$Na_2FeSiO_4$ 具有 276 mA·h·g$^{-1}$ 的高理论容量。然而在实际测试中,由于其本征电导率较低,两电子的转移过程难以完全进行[157]。从 XRD 图谱上可以看到类似于零应变电极材料,$Na_2FeSiO_4$ 在其充放电过程中没有发生相变,而且峰的位移可忽略不计。这对于长寿命电极的设计和开发非常具有吸引力。当从开路电压( open circuit voltage,OCV)充电至 4.1 V 时,$Fe^{2+}$ 被完全氧化为 $Fe^{3+}$,充电至 4.5 V 时检测到 $Fe^{4+}$;当随后放电至 1.5 V 时,Fe2p 的结合能返回到初始能量区域,表明 $Fe^{2+}$/$Fe^{3+}$/$Fe^{4+}$ 氧化还原对具有出色的循环可逆性。Ali 等合成了 $Na_2FeSiO_4$@CNT 复合材料以提高电子电导率,其在 0.5~20 C 的电流密度下具有优异的倍率性能[158]。

此外,$Na_2MnSiO_4$ 因具有高理论容量(278 mA·h·g$^{-1}$)和相比 $Na_2FeSiO_4$ 更高的氧化还原电位而受到人们的关注[159]。在充电过程中,Mn 的价态在 +2 到 +4 之间进行变化,每个分子中可脱出 1.5 个钠离子。非原位 XRD 表明,$Na_2MnSiO_4$ 的特征峰在充电的高电压阶段逐渐消失。而在完全放电后可以再次检测到其特征衍射峰(图 2.29),表明其结构的可逆性[160]。然而,在循环过程中 $Mn^{2+}$ 会溶解到电解质中导致不可逆的容量衰减。为了解决这个问题,Law 等在电解液中添加 VC 以抑制 Mn 的溶解。当 VC 的浓度在 0~5 vol.% 时,可以在材料表面形成保护层从而改善放电容量。但是较高的 VC 浓度将增大电极/电解液的界面电阻,影响材料比容量的发挥[161]。最近,Renman 等将 $Na_2Mn_2Si_2O_7$ 加入了钠离子电池 Mn 基硅酸盐正极材料体系,为设计新的硅酸盐材料提供了一定的指导[162]。除了 Fe、Mn 基硅酸盐电极外,$Na_2CoSiO_4$ 正极材料也有被研究者所报道,该材料具有 272 mA·h·g$^{-1}$ 的理论比容量[163]。即使硅酸盐材料在成本和环境方面具有竞争力,但在商业应用之前还有一些不足需要改进。例如,需要精细控制反应条件和反应过程避免形成杂质相。此外,未来还需要对材料结构进行纳米工程设计,并优

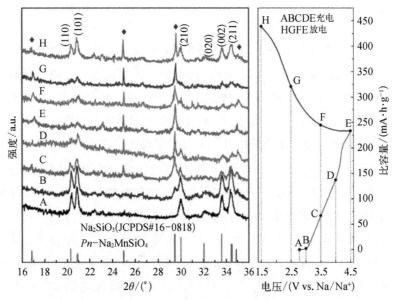

图 2.29 Na$_2$MnSiO$_4$/C 在不同荷电态下的非原位 XRD 图谱[160]

化电解液配方以克服其动力学不良、副反应较多的问题[164]。

## 2.3 普鲁士蓝及其衍生物

普鲁士蓝(Prussian blue，PB)最初是在 Johann Conrad Dippel 的实验室中意外获得的。直到 1724 年 John Woodward 才首度披露其合成过程中的细节。随后,普鲁士蓝在 18 和 19 世纪被用作颜料和染料。近年来,研究者发现了普鲁士蓝在储能领域的潜力并进行了深入的研究。普鲁士蓝可在不改变其整体框架结构的前提下通过调节其组成中金属元素的种类进行改性。对普鲁士蓝进行取代和间隙改性所得到的一系列新化合物,通常称为普鲁士蓝类化合物(PBAs)。PBAs 具有开放的骨架结构,丰富的氧化还原活性位和良好的结构稳定性。由于其低廉的材料成本、结构稳定性和电化学特性,特别是基于 Fe 和 Mn 的 PB 可以作为商业化钠离子电池电极开发使用。

### 2.3.1 普鲁士蓝及其衍生物结构和工作原理

普鲁士蓝类化合物代表着一大批具有钙钛矿型、面心立方结构(空间群

$Fmm$)的六氰合铁酸盐金属,其通式为 $A_xM1_y[M2(CN)_6]_z \cdot H_2O$,其中 M1、M2 通常为过渡金属元素,A 通常为 Li、Na、K,应用在钠离子电池中时 A 一般为 Na。M1 和 M2 可以是相同的金属元素,但是 M2 一般为 Fe,也有少数报道 M2 为 Mn。常见的普鲁士蓝类材料具有一个或多个充放电平台,理论比容量可以达到 170 mA·h·g$^{-1}$以上。

当 M2 的金属中心为 Fe 时,根据 M1 金属种类的不同可以形成不同的结构,常见典型的以 Fe 为 M2 金属中心的普鲁士蓝结构如表 2.5 所示,在典型的普鲁士蓝结构中,M1 和 M2 分别与 N 和 C 形成 M1N$_6$以及 M2C$_6$的八面体,并交替排布形成框架结构。但是当普鲁士蓝形成立方结构时,结构中就容易根据特定化合物的化学计量形成随机分布的 M2(CN)$_6$空位。此时,这些空位就较容易被水分子占据而难以脱出,即形成带结晶水的普鲁士蓝结构,如图 2.30 所示[165]。

**表 2.5　常见普鲁士蓝典型结构($A_xM1_y[Fe(CN)_6]_z$)**

| 空间群结构 | M1=Mn | M1=Fe | M1=Co | M1=Ni | M1=Cu | M1=Zn |
|---|---|---|---|---|---|---|
| 立方($Fmm$) | √ | √ | √ | √ | √ | √ |
| 菱形($R,Rc$) | √ |  |  |  | √ |  |
| 单斜($P21/n$) | √ | √ |  |  |  |  |

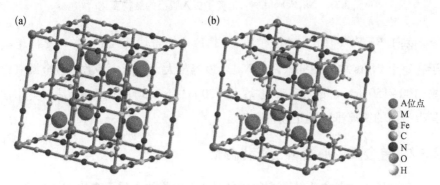

图 2.30　典型普鲁士蓝以及带结晶水结构示意图[165]

在这种立方晶格中,M1 与 CN 配体的氮原子六重配位,M2 与 CN 配体的碳原子八面体相邻,形成包含开放离子的 3D 刚性骨架通道和宽敞的间隙空间。这种结构特征和可调节的化学组成为有利于 Na$^+$在晶格中的嵌入。首先,与传统的过渡金属氧化物和磷酸盐的嵌入化合物不同,PBAs 晶格具有较大的间隙(直径约4.6 Å)和宽敞的通道(在<100>方向上直径为3.2 Å)。这意味着PBAs晶格中的离子传导率比传统的氧化物和磷酸盐正极材料高得多。显然,PBAs的这种大通道结构允许更快速、高效地存储和释放钠离子,从而实现快速电化学储能。

一般来说,PBAs化合物包含两个不同的氧化还原中心:M1和M2,它们都可以进行电化学氧化还原反应(当M2 = Fe、Mn等时),从而能够使两个钠离子可逆地嵌入脱出过程并实现电子转移。例如,当M2为Fe时,发生的电化学反应如下式所示,其空间结构变化如图2.31所示[166]:

$$Na_2M^{II}[Fe^{II}(CN)_6] \rightleftharpoons NaM^{III}[Fe^{II}(CN)_6] + Na^+ + e^- \quad (2.4)$$

$$NaM^{III}[Fe^{II}(CN)_6] \rightleftharpoons M^{III}[Fe^{III}(CN)_6] + Na^+ + e^- \quad (2.5)$$

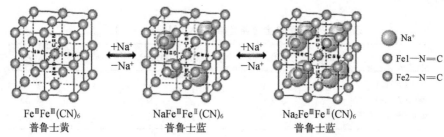

图 2.31 $Na_2FeFe[CN]_6$钠离子嵌入脱出的结构变化[166]

基于$Na_2FeFe[CN]_6$的摩尔质量,其理论容量约为170 mA·h·g$^{-1}$,相当于在每个PBAs单元中插入两个$Na^+$。该容量大大高于大多数过渡金属氧化物(100~150 mA·h·g$^{-1}$)和磷酸盐(约120 mA·h·g$^{-1}$)的比容量,是一类非常具有潜力的钠离子电池正极材料。

## 2.3.2 单金属中心普鲁士蓝化合物

单金属中心普鲁士蓝化合物指的是M1为单种金属元素组成的化合物。这类化合物在应用在钠离子电池中时,其电化学特性与金属M1息息相关,电化学平台由金属离子对应的氧化还原电位直接决定。例如,在Fe-PBAs材料中,将Fe替换成Ni时可以改善材料的循环稳定性,而将Fe替换成Co时可以提高材料的工作电压平台,如图2.32所示。常见的单金属中心普鲁士蓝化合物的电压平台如表2.6所示[165,167-169]。

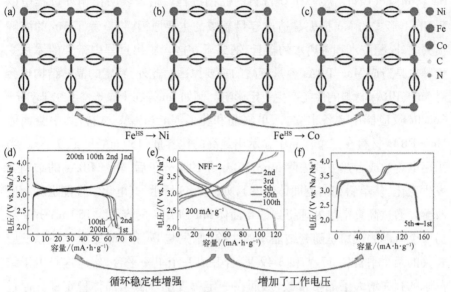

图 2.32 不同单金属中心普鲁士蓝结构和电化学性能图[167]

(a)、(d) NiHCF[168]；(b)、(e) FeHCF[169]；(c)、(f) CoHCF[165]

表 2.6 常见单金属中心普鲁士蓝钠离子电极材料电压平台 （单位：V）

|  | M1 = Mn | M1 = Fe | M1 = Co | M1 = Ni | M1 = Cu |
|---|---|---|---|---|---|
| 有机电解液 | 3.48~3.60(Mn) | 3.23~3.80(Fe) | 3.04~3.12(Co) | — | — |
|  | 3.26~3.40(Fe) | 2.60~2.89(Fe) | 3.73(Fe) | 2.95~3.33(Fe) | 3.32(Fe) |
| 水系电解液 | — | 0.90(Fe) | 0.63(Co) | — | — |
|  | — | 0.15(Fe) | 1.13(Fe) | 0.60(Fe) | 0.50(Fe) |

### 2.3.2.1 Mn-PBAs 钠离子电极材料

在单金属中心普鲁士蓝化合物中，Mn-PBAs 钠离子电极材料具有高比容量和高氧化还原平台。Wang 等利用钠代替 KMnFe(CN)$_6$ 中的钾，大大提高了钠存储容量，比容量达到 134 mA·h·g$^{-1}$[170]。自此之后，富含钠的高铁酸盐前驱体成为合成 PBAs 的首选前驱体之一。

与锂离子电池中的 Mn 基材料类似，Mn-PBAs 材料在循环过程中也会经历 Jahn-Teller 晶体畸变效应以及二价 Mn 的溶解，从而会对其循环寿命造成不利影响。Sottmann 等通过 X 射线衍射（X-ray diffraction，XRD）和 X 射线吸收光谱（X-ray absorption spectroscopy，XAS）研究了立方和单斜晶相

$Na_{1.32}Mn[Fe(CN)_6]_{0.83} \cdot zH_2O$ 材料的储钠过程。结果表明在循环过程中以 $NaMnCl_3$ 形式的 Mn 损失是造成容量衰减的主要原因[171]。除了 Mn 的溶解损失之外,配位水和游离水的含量、钠离子在嵌入脱出过程中带来的体积变化等也是造成 Mn-PBAs 容量衰减的重要原因。此外,特定的晶体结构也会对 Mn-PBAs 材料的性能产生一定影响。例如 Jin 等在干燥条件下在 Taylor-Couette 反应器中制备出立方、单斜晶和菱形 Mn-PBAs 材料,其中菱面体 Mn-PBAs 材料在三个样品中显示出最高的比容量($150 \ mA \cdot h \cdot g^{-1}$)[172]。当采用电化学或者热方式去除 Mn-PBAs 中的水分子后,Mn-PBAs 的结构会发生变化(从单斜相向菱面体转变),如图 2.33 所示,其电化学性能也会相应改善。通过高真空热处理得到的菱面体 Mn-PBAs 的容量为 $150 \ mA \cdot h \cdot g^{-1}$。另一个有趣的现象是随着结晶水的去除,原先与 Fe 和 Mn 的氧化还原反应相关的两个平台(3.17 V 和 3.49 V)合并成一个单一平台[173]。这是由于结晶水的存在增大了晶格常数,从而在一定程度上降低了晶体稳定性。通过调节结晶水的存在与否可以设计材料的电化学行为表现。

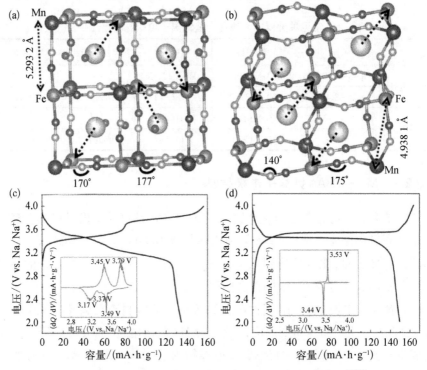

图 2.33 Mn-PBAs 水分子去除前后结构和电化学变化[173]

此外,Cui 等合成了 Na$_2$Mn[Mn(CN)$_6$]作为钠离子电池电极材料使用,将 Fe(CN)$_6$ 的金属中心 Fe 换成 Mn 元素。通过 Na$_3$Mn$^{II}$[Mn$^{I}$(CN)$_6$]到 Na$_0$Mn$^{III}$[Mn$^{III}$(CN)$_6$]的氧化过程,六氰基锰酸锰实现了三个钠离子的嵌入,因此在 0.2 C 时具有 209 mA·h·g$^{-1}$ 的高放电容量(理论上容量为 257.7 mA·h·g$^{-1}$)(图 2.34)。结合结构表征和电化学性能测试表明在循环过程中,Na$_2$Mn[Mn(CN)$_6$]的钠离子储存位点比通常的材料要多 50%。每个晶胞中八个间隙位点中的四个被两个 Na$^+$ 离子所占据。但是,由于该材料的平台较低,作为电极材料使用时电池的整体能量密度会受到影响[174]。

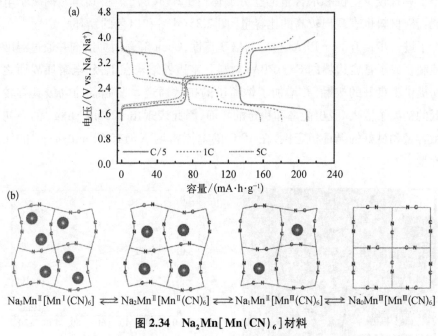

图 2.34 Na$_2$Mn[Mn(CN)$_6$]材料

(a)倍率性能电化学;(b)循环过程中结构变化示意图[174]

### 2.3.2.2 Fe-PBAs 钠离子电极材料

Fe-PBAs 是 PBAs 材料中研究最广泛的材料,理论容量为 170 mA·h·g$^{-1}$。Fe 以不同的价态参与钠存储的氧化还原反应,但是由于低自旋 Fe 中心的活性较低,导致 Fe-PBAs 放电电压较低。此外,Fe-PBAs 材料中由于存在晶格空位以及在 4 V 附近材料与电解质之间的副反应等原因导致其循环稳定性不高。

为了改善材料的循环性能,需要设计具有较少缺陷的 Fe-PBAs,同时尽可能地提高结构中的钠含量。Yang 等通过溶液沉淀法制备了单晶 Fe-PBAs 材料。如图 2.35(a) 和(b) 所示,具有近立方形态的单晶 Fe-PBAs 在 0.5 C 时可逆容量为 120 mA·h·g$^{-1}$,500 个循环后可保持 87% 的容量[166]。与之类似,Guo 等使用 $Na_4Fe(CN)_6$ 作为单一铁源前驱体合成了 Fe-PBAs 材料。在酸性环境中,$[Fe(CN)_6]^{4-}$ 缓慢分解为 $Fe^{2+}$,由于其在环境空气中不稳定,随后氧化为 $Fe^{3+}$。然后,$Fe^{2+}/Fe^{3+}$ 与未分解的 $[Fe(CN)_6]^{4-}$ 反应形成高质量的 Fe-PBAs 纳米立方核。随着反应时间的延长,核逐渐生长最终制得了具有较少空位和水含量的立方晶体[图 2.35(c)]。将其作为钠离子电池正极材料也表现出较高的比容量[图 2.35(d)]和出色的循环稳定性[175]。为了进一步提升 Fe-PBAs 材料的倍率特性,Chen 等采用抑制剂并通过温度控制合成了富含边界的 Fe-PBAs 材料。富边界结构在电极-电解质界面之间提供了良好的接触,并增加了钠离子的扩散通道。所制备的电极具有较低的钠离子嵌入/脱出能垒和稳定的界面,因此表现出 120 mA·h·g$^{-1}$ 的高初始容量和良好的循环稳定性,在 10 C 的电流密度下仍有 60 mA·h·g$^{-1}$ 的比容量[176]。

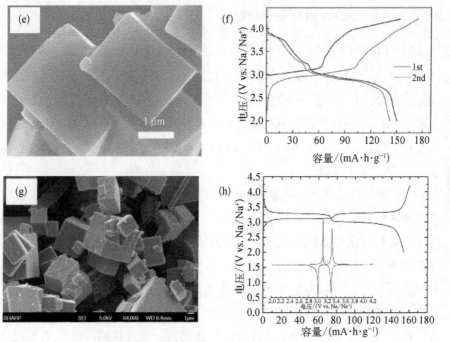

图 2.35 不同合成手段 Fe-PBAs 材料的形貌和性能

(a)、(b) 溶液沉淀法[166];(c)、(d) 单一铁源法[175];(e)、(f) 富钠型材料[177];(g)、(h) 水热法[178]

此外,合成含有钠离子的 Fe-PBAs 正极材料能够摆脱钠金属负极的束缚,与易实用化的负极,如硬碳材料进行匹配,从而提升其在全电池中实际应用的可能性。提高 Fe-PBAs 中的钠离子浓度有利于提高全电池的实际容量。通过氮气保护和采用还原剂维生素 C 可以保护 $Fe^{2+}/[Fe^{II}(CN)_6]^{4-}$ 不被氧化为 $Fe^{3+}/[Fe^{III}(CN)_6]^{3-}$。对合成过程的精确控制可以保证每 mol Fe-PBAs 分子具有 1.63 mol 的钠,而这种粒径为 2~3 μm 的富钠 Fe-PBAs 材料[图 2.35(e)]显示出 150 mA·h·g$^{-1}$ 的高容量[图 2.35(f)]和出色的循环性能,200 次循环后具有 90% 的容量保持率[177]。Wang 等使用水热法制备了具有菱面体结构、在空气中稳定的 $Na_{1.92}Fe[Fe(CN)_6]$,如图 2.35(g)所示。获得的含钠 Fe-PBAs 材料呈现不均匀的立方形态,每 mol 分子中具有 1.92 mol 钠离子。这是目前报道的 Fe-PBAs 材料中钠含量最高的。该 Fe-PBAs 材料在第一个循环中提供了约 160 mA·h g$^{-1}$ 的容量[图 2.35(h)][178]。

### 2.3.2.3 Ni-PBAs 钠离子电极材料

Ni-PBAs 通常以立方相的形式存在,在储钠过程中通常只有以 $[Fe(CN)_6]^{4-}/[Fe(CN)_6]^{3-}$ 存在的一对氧化还原电对,工作电压为 3.07 V(相对 $Na/Na^+$)。尽管 Ni 离子在 Ni-PBAs 中是电化学惰性的,但它能够起到稳定 PBAs 晶格的作用,其存在能够减少充放电过程中因结构劣化所导致的容量下降。一般而言,Ni-PBAs 材料具有 65 $mA \cdot h \cdot g^{-1}$ 的可逆容量,并显示出良好的倍率性能。

Guo 等研究了非水系电池中的 Ni-PBAs 材料储钠过程,并证实了其零应变特性。在循环过程中 Ni-PBAs 材料的体积变化可忽略不计,这不仅保持了其结构稳定性,而且还保证了钠离子在电极内有效而稳定的传输,如图 2.36 所示。这项开创性的工作也引起了人们对 Ni-PBAs 材料的广泛研究兴趣[168]。与其他 PBAs 材料需要改善充放电过程中的结构稳定性不同,提高储钠容量是 Ni-PBAs 材料面临的挑战。Mai 等通过可控的选择性蚀刻方法成功提高了 Ni-PBAs 材料的钠存储能力。通过从纳米球到纳米花结

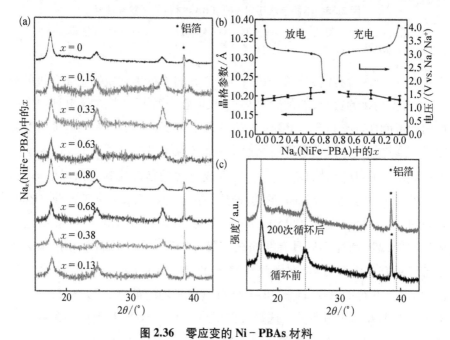

图 2.36 零应变的 Ni-PBAs 材料

(a)在不同充放电状态下的非原位 XRD 图谱;(b)晶格参数变化;(c)Ni-PBAs 极片在循环 200 次前后的 XRD 图谱[168]

构的缺陷诱导形态演化机制使其放电容量达到 90 mA·h·g$^{-1}$,这相当于材料中 Fe 活性中心氧化还原反应的全部容量[179]。

#### 2.3.2.4 其他单金属中心 PBAs 钠离子电极材料

由于 Co 高昂的价格和不宜工业化的成本劣势,Co-PBAs 材料被研究得相对较少。Yang 等提出了一种简便的柠檬酸盐辅助结晶方法来获得低缺陷的 Na$_2$CoFe(CN)$_6$,大大提高了 Na 储存能力和循环稳定性。在用于缓慢释放螯合剂的柠檬酸根离子存在下,反应时的结晶动力学显著降低(图 2.37)。在 200 个循环后,样品的可逆容量从 128 mA·h·g$^{-1}$ 略有下降保留有初始容量的 90%。与之形成鲜明对比的是,通过传统的共沉淀方法合成的对照样品表现出容量的快速衰减,在 200 次循环后仅保留了其初始容量的 30%[165]。

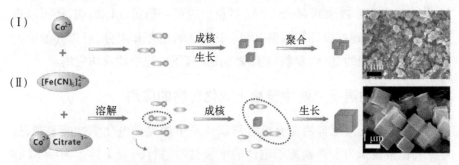

**图 2.37  Co-PBAs 材料的合成及形貌**[165]

对于 Cu-PBAs 而言,由于 Cu 的电化学惰性及其相对于 Ni-PBAs 稳定性较差,因此对在有机体系中使用的 Cu-PBAs 研究较少。Jiao 等制备的 Cu-PBAs 材料的容量仅为 44 mA·h·g$^{-1}$,经过 50 次循环后容量保留率为 57.1%。其不够理想的循环性能可能是由于结晶性不良所造成的。如果去除框架结构中的缺陷,该材料也能够实现其理论上的单电子氧化还原能力[180]。

Xie 等还合成了六氰合铁钛酸钠(Ti-PBAs),其具有 90 mA·h·g$^{-1}$ 的比容量和两对氧化还原电对,电位分别为 3.0/2.6 V 和 3.4/3.2 V。Ti 元素的引入也拓宽了 PBAs 框架中过渡金属的类别[181]。

### 2.3.3 多金属中心普鲁士蓝化合物

由于单金属中心的普鲁士蓝化合物常常受到相应金属特性的限制。如 Mn-PBAs 的循环性能会随着 Mn 元素的溶解以及 Jahn-Teller 的影响而逐渐变差;Ni-PBAs 的比容量会因为 Ni 离子不参与氧化还原反应而难以提高等。因此,多元金属中心的普鲁士蓝化合物应运而生。

可以通过杂原子掺杂或部分取代 M1$N_6$ 八面体中的 M1 离子(M = Mn、Fe、Co、Ni)来更改 PBAs 的特性,这一特性为定向设计 PBAs 材料提供了便利。例如,镍由于其在结构中呈电化学惰性而被广泛用于提高 PBAs 的稳定性。Fu 等发现镍掺杂可以激活 C 配位的 Fe 离子并促进钠离子在晶格内的扩散[182]。Xie 等制备了一系列具有不同镍钴比的 PBAs,其中 $Na_2Ni_{0.4}Co_{0.6}Fe(CN)_6$ 样品表现出最佳的电化学性能,初始放电容量为 90 mA·h·$g^{-1}$,100 次循环后可逆容量为 80 mA·h·$g^{-1}$[183]。

此外,镍掺杂也可以缓解 Mn-PBAs 材料中 Jahn-Teller 效应带来的不良影响[184,185],而用铁或钴代替镍元素会产生相似的效果而不会降低容量[185]。此外,Co 掺杂到 Mn-PBAs 材料中时可以稳定晶体结构,还可以提高电导率[186]。通过设计和调整 PBAs 中金属的组合和成分,可以高效定向地设计性能更佳的 PBAs 材料以实现其在钠离子电池中的成功应用。

### 2.3.4 水系钠离子电池中普鲁士蓝化合物的应用

鉴于普鲁士蓝化合物在有机电解质体系中的优秀电化学性能表现,近年来其也常被作为水系钠离子电池的电极材料进行研究。具有 M1 = Ni 和 Cu 的 PBA 框架 $Na_xM1[Fe(CN)_6]$ 只能进行单电子氧化还原反应,而具有氧化还原活性的 M1(例如 Co、Fe 和 Mn)的每个 PBA 框架可以嵌入/脱出 2 个钠离子,具有双电子氧化还原能力。因此,本小节将根据可逆嵌入/脱出钠离子的数量进行介绍。

1. 单钠离子反应 PBAs 材料

本小节将围绕在充放电过程中可逆嵌入/脱出一个钠离子的 PBAs 材料进行介绍。这类材料中被研究较多的有 $Ni^{2+}$、$Cu^{2+}$、$Zn^{2+}$ 所对应的 PBAs 材料。

Cui 等首先报道了从水溶液中自发沉淀而合成的 Ni-PBAs 材料,并将其用作电网规模储能设备的水系钠离子电池正极。该 Ni-PBAs 的化学分子式为 $K_{0.6}Ni_{1.2}Fe(CN)_6·3.6H_2O$,理论容量约为 85 mA·h·$g^{-1}$,在 0.83 C 的倍率下可实现 60 mA·h·$g^{-1}$ 的可逆容量。在浓度为 1 M 的 $NaNO_3$ 水系电解液中,具有 0.59 V(vs. SHE)的工作电压。此外如前文所提及的,由于 Ni 在循环过程中不进行氧化还原反应,因此充电/放电过程中的晶格应变较小

(0.18%),从而使得样品具有优秀的倍率性能以及循环性能。但是,较低的比容量和工作电压仍然限制了其实际应用[187]。高浓度电解质的引入可以增强钠离子的活性,从而提高电池的工作电位,而且由于抑制了副反应还可以提高初始库仑效率(99.3%)[188]。除此之外,铜元素的引入也可以改善Ni-PBAs材料的电化学性能。Cui 等合成了$Cu_xNi_{1-x}$-PBAs电极并研究了其在 1 mol·L$^{-1}$ NaNO$_3$水溶液中的电化学行为。随着铜含量的增加,固溶相组成的氧化还原电位从 0.6 V 上升至 1.0 V,而可逆容量保持相对稳定没有明显损失。其中 $Cu_{0.56}Ni_{0.44}$-PBAs框架表现出最佳的循环性能,在 2 000 个循环中保持了 100%的容量[189]。

尽管 Ni-PBAs 和 Cu/Ni-PBAs 材料显示出相当高的倍率性能和循环稳定性,但它们均处于缺钠态,无法与常规的无钠负极配对以构建实用的水系钠离子电池。Yang 等制备了富钠态的 $Na_2Ni[Fe(CN)_6]$ 和 $Na_2Cu[Fe(CN)_6]$,并在水系钠离子电池中考察其电化学性能。在 1 mol·L$^{-1}$ Na$_2$SO$_4$水溶液中,含钠 Ni-PBAs 在 1 C 电流密度下比容量为 65 mA·h·g$^{-1}$,与缺钠态材料的性能相近。在 500 个循环后几乎保持 100%的容量。类似地,含钠 Cu-PBAs 在 100 C 的极高倍率下显示出优异的倍率性能并有近 70%的容量保持率,在 5 C 电流密度下 500 次循环后具有 60 mA·h·g$^{-1}$ 的比容量[190,191]。Jiang 等使用 Cu-PBAs 正极和 $NaTi_2(PO_4)_3$ 负极设计构筑了一个完整的水系钠离子电池体系,该正极既具有高功率密度(3 006 W·kg$^{-1}$),又具有高能量密度(56 W·h·kg$^{-1}$)(图 2.38)。此外,他们还指出半径较大的钠离子扩散的最稳定路径是从面心位点(24d)到体心位点(8c)[192]。

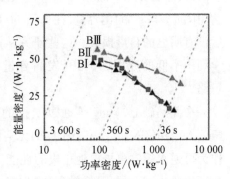

图 2.38 BI:CuHCF/Li$^+$+Na$^+$/TiP$_2$O$_7$;
BII:CuHCF/Li$^+$+K$^+$/TiP$_2$O$_7$;
BIII:CuHCF/Na$^+$+K$^+$/TiP$_2$O$_7$
的 Ragone 图[192]

2. 双钠离子反应 PBAs 材料

尽管上述的单离子反应 PBAs 材料具有循环稳定性好和倍率性能好的优点,但由于只有一个 $Fe^{2+}/Fe^{3+}$ 氧化还原电对,因此其应用时比容量被限制在约 60 mA·h·g$^{-1}$,难以满足储能市场应用的水系钠离子电池需求。从理论上讲,具有两个氧化还原活性中心的 PBAs 框架,例如 $Na_2M1Fe(CN)_6$(M1=

Fe、Co、Mn、V），应能够提供双电子氧化还原能力。但是起初使用具有两个氧化还原中心的PBAs材料时，其表现出的比容量却远低于理论值，归根究底其原因可能如下。首先，只有与C配位的Fe具有电化学活性，这意味着八个可用的位点中只有四个对总容量有贡献。其次，由常规共沉淀法合成的PBAs晶格通常包含了约30%的Fe(CN)$_6$空位。此外，PB结构中的大量配位水和沸石水会阻塞钠离子嵌入的活性位[165,168,193]。因此，为了使PBAs材料可以更好地应用于水系钠离子电池体系，需要合成低缺陷浓度的PBAs材料。基于此，Yang等合成了FeFe-PBAs纳米晶体，并研究了它们在水性电解质中的钠存储性能。得益于其低缺陷晶格结构和较低的水含量，所制得的材料比在相同条件下合成的水合FeFe-PBAs材料具有更高的比容量（约125 mA·h·g$^{-1}$）。这种高度结晶的FeFe-PBAs材料在20 C的高倍率下也保有102 mA·h·g$^{-1}$的比容量，在500个循环后具有83%的容量保持率[194]。Wu等也报道了类似的结果，他们使用Na$_4$Fe(CN)$_6$作为唯一的前驱体合成了高质量的FeFe-PBAs晶体（Na$_{1.29}$Fe[Fe(CN)$_6$]$_{0.91}$·□$_{0.09}$），其仅有9%的低空位含量。该FeFe-PBAs电极在0.5 A·g$^{-1}$的电流密度下表现出高达107 mA·h·g$^{-1}$的比容量，在0.5 mol·L$^{-1}$ Na$_2$SO$_4$水溶液中经过1100次循环后没有明显的容量损失。这些研究从晶格缺陷角度揭示了PBAs材料电化学利用率低的原因，并为开发高容量水系钠离子电池正极材料提供了新思路[195]。

在此基础上，Yang等通过受控的结晶反应进一步合成了化学成分为Na$_{1.85}$Co[Fe(CN)$_6$]$_{0.99}$·2.5H$_2$O的无空位CoFe-PBAs晶体，并测试了该材料作为可逆水系钠离子电池正极的性能。由于其晶格结构完整且具有两个氧化还原中心，该材料可提供高达130 mA·h·g$^{-1}$的比容量，相当于每个分子式可逆脱出1.7个Na$^+$。在0.92 V和0.4 V的两个平坦的充电/放电平台清楚地对应于Fe$^{2+}$/Fe$^{3+}$和Co$^{2+}$/Co$^{3+}$的氧化还原反应。该材料的可逆容量和工作电压是迄今为止报道的钠离子水系正极中最佳的。此外，CoFe-PBAs纳米晶体还显示出在20 C时的高倍率能力和出色的循环性能，在800次循环后仍有90%的容量保持率。因此，这种材料具有在水性钠离子电池中应用的巨大潜力[196]。

尽管前文介绍的PBAs材料有较高的比容量、较好的循环性能和倍率性能，但是水系钠离子电池较低的电压平台也限制了其进一步应用。因此在此基础上,需要尽可能地拓宽水系钠离子电池的电压区间,提升电池的能量密度。除了前文提及的 CoFe-PBAs 材料,MnFe-PBAs($Na_2MnFe(CN)_6$)也具有两个氧化还原对:$Fe^{2+}/Fe^{3+}$ 和 $Mn^{2+}/Mn^{3+}$。Okada 等通过简单的共沉淀法合成了化学成分为 $Na_{1.24}Mn[Fe(CN)_6]_{0.81} \cdot 1.28H_2O$ 的 MnFe-PBAs 样品,并研究了电解质浓度对该水溶液中 PBA 材料电化学性能的影响。在 1 $mol \cdot kg^{-1}$ $NaClO_4$ 水性电解液中,由于稀释电解质的狭窄电化学窗口(仅 1.9 V),电化学性能(包括可逆容量和循环稳定性)不尽如人意,导致了 MnFe-PBA 材料中金属元素的溶解以及水性电解液的碱化。但是当 $NaClO_4$ 的浓度增加到 17 $mol \cdot kg^{-1}$ 时,水性电解液的电化学窗口扩大到 2.8 V,而 MnFe-PBAs 正极材料也可以正常工作。其初始充电/放电容量为 124/116 $mA \cdot h \cdot g^{-1}$,对应的有 1.24 个 $Na^+$ 可逆地插入 MnFe-PBAs 晶格[197]。

除了常规的过渡金属离子外,钒(V)离子具有从+2 到+5 的多种氧化态,并且在水性电解液的电势窗口内具有电化学稳定性。因此,在 VFe-PBAs 晶格框架中,V 和 Fe 离子均具有氧化还原活性。Chung 等首先提出了一种 VFe-PBAs($V_3[Fe(CN)_6]_2$)作为水系钠离子电池正极材料使用。其在 110 $mA \cdot g^{-1}$ 的电流密度下具有 91 $mA \cdot h \cdot g^{-1}$ 的可逆容量。在 3 520 $mA \cdot g^{-1}$ 的极快充电/放电倍率下,由于其开放式结构和 3D 氢键网络,VFe-PBAs 仍可提供 54 $mA \cdot h \cdot g^{-1}$ 的放电容量[198]。因此,如何设计和协调 PBAs 内不同的过渡金属元素决定了材料的性能。通常来说,C 配位的 Fe 可以保留晶体结构,并具有出色的动力学和循环寿命。另一方面,弱 N 配位晶体场会导致结构变形,因此 N 配位的 Co 和 Mn 离子表现出较慢的动力学机制,但仍对材料的总容量有贡献。这些结果为后续设计合成出具有更高循环寿命和动力学特性的水系钠离子电池用普鲁士蓝类材料打下了一定的基础。

### 2.3.5 普鲁士蓝类材料的应用优势、缺陷及挑战

1. 普鲁士蓝材料的应用优势

基于前文的介绍,普鲁士蓝类材料具有成本低廉(较大应用了 Mn、Fe 等廉价金属)、比容量高(理论比容量为 170 $mA \cdot h \cdot g^{-1}$)、工作电压较高(约 3 V)等优势。除此之外,PBAs 化合物的另一个结构优势为 Fe 元素可以被许多氧化还原活性的过渡金属(例如 Co、Ni 和 Mn)部分或完全取代,而不会破坏原有的晶体结构。这种组成可控的特性使得对 PBAs 材料的电化学特

性进行有效调控成为可能。例如,当 Fe 元素完全被 Mn 元素取代时所得到的 $Na_2MnMn-PBAs$ 材料可以提供大于 200 $mA·h·g^{-1}$ 的比容量,这是少有报道的储钠高容量[174,199]。最重要的是,由于 PBAs 材料坚固且庞大的 3D 通道框架,它在钠离子的嵌入脱出过程中无论在结构和尺寸上都是稳定的,属于零应变材料。正如近年来所报道,许多高度结晶化的 PBAs 晶格,例如 $Na_2NiFe(CN)_6$、$Na_2CuFe(CN)_6$ 和 $Na_2CoFe(CN)_6$ 都具有 1 000 次以上的循环寿命,甚至在水性电解质中也具有大于 85% 的容量保持率[191,196,200]。

2. 普鲁士蓝材料的缺陷与挑战

在 PBAs 材料的早期开发中,通常通过简单的化学沉淀法制备 PBAs 样品,这会导致水合 PBAs 的晶格具有大量 $Fe(CN)_6$ 空位和配位水,从而严重破坏 PBAs 骨架的电化学性能。首先,$Fe(CN)_6$ 空位的增加会将更多的水分子引入 PB 框架与金属离子配合,因此减少了容纳钠离子的可用位点,导致了比容量的降低。其次,结晶水分子倾向于留在结构中与钠离子竞争占据间隙空间,可能会阻止钠离子进入晶格内部,从而降低 PB 骨架的容量利用率。此外,最初残留在晶格中的水分子在循环过程中可能会迁移至电解液内,随后发生电化学分解导致有机电解质变质,引发一系列影响循环以及安全性的问题。此外,随机分布的 $Fe(CN)_6$ 空位将破坏骨架的桥连,形成畸变有缺陷的晶格。该晶格在循环中结构不稳定,容易塌陷。

基于以上分析,普鲁士蓝材料要得到大规模的实际应用还面临一些不小的挑战。首先,需要减少其晶格结构中配位水或间隙水的含量。Goodenough 等通过将制得的样品在空气/真空中于 100℃ 干燥 30 h 来消除 $Na_2MnFe-PBAs$ 晶格中的间隙水,发现比容量和循环性能得到很大提高[173]。但是这种方法在工业化时的可行度较低,会耗费较多的能量。因此要想将普鲁士蓝类材料广泛应用,必须改进原有的水溶液沉淀法或开发新型合成方法。

目前报道的高性能 PBAs 材料主要是亚微米或微米级的立方体。实际上,尚不确定此类微立方体是否为材料性能发挥的最佳形态。最近,人们尝试开发大/中型 PBAs 颗粒,目的是通过减少其与电解液的反应来提高性能。除了尺寸和形态控制外,通过过渡金属离子掺杂调整其化学组成也是提高 PBAs 材料电化学性能(包括其比容量、倍率)的有效手段。由于这些金属离子的电化学行为及其在 PBAs 晶格中所发挥的作用各自不同,因此它们的可设计性和应用潜力都很高。

在储能电池的商业开发中,循环稳定性是衡量材料性能的重要指标。尽管目前的 PBAs 循环性能较好,但与目前商业化的锂离子正极材料(如 $LiCoO_2$ 和 $LiFePO_4$ 材料)相比,其循环寿命还有待进一步提升。除晶格缺陷引起的结构劣化外,过渡金属离子的溶解损失是导致 PBAs 材料长期循环性能差的不可忽略的因素。基于锂离子电池的经验,进行掺杂、包覆以及匹配合适的电解液等相应的方法是有效改善 PBAs 循环稳定性的主要方向。

此外,可能的氰化物释放所导致的潜在毒性是普鲁士蓝材料应用时不可忽略的安全问题。广泛的毒理学研究证明普鲁士蓝本身对环境和人类无害。然而在高温或强酸性条件下,它会分解形成有毒的游离氰化物 $CN^-$。因此,其作为商品化材料生产时需要格外注意环境问题。

## 2.4 非金属/金属氟化物正极

高比能量、长寿命电池是目前社会发展所急需的储能器件,也是研究者努力追求的目标。单纯从能量密度上看,选择元素周期表中左上角及右上角的元素/材料可以构建具有高比能量的电池[201]。理论上,$Li/F_2$ 体系具有接近 6 V 的电压和极高的比能量[202]。但是氟气非常不稳定,也十分危险,使得 $Li/F_2$ 体系不可能在现实中得以应用。而氟化物的出现让该体系的优异性能得以传承。氟化物在 2000 年左右被 Arai 等[203]和 Badway 等[204]用作锂电池正极材料,此后被广泛关注。在钠离子电池逐渐兴起之时,氟化物的研究也进行了相应拓展。但是由于钠离子的尺寸比锂离子大,用于钠离子电池正极材料的过渡金属氟化物的研究多集中在氟化铁上。

此外,在氟化物中,$CF_x$ 类材料具有适中的工作电压和放电比容量。$Li/CF_x$ 电池是固体电池中能量密度最高的电池体系,同时具有良好的高温低性能、平直的放电曲线和远高于其他电池的贮存性能。1973 年,日本 Matsushita Battery 有限公司已经将其商业化[205]。$Li/CF_x$ 电池优异的电化学性能使其在 TPBS 汽车胎压监测系统、RFID 电子射频识别系统、特种机床等使用环境苛刻的领域占有相当的市场。

自一次 $Li/CF_x$ 电池商业化以来,在其原有的优异电化学性能基础上,研究者重点着眼研究电池的放电机理、提高电池的放电平台、改善倍率性能、改善低温性能以及制备新型氟化碳材料等方面。但是对于 Li/$CF_x$ 电池的可逆性研究甚少。Yazami 和 Hamwi[206] 通过循环伏安(CV)对比了共价型和离子型 $CF_x$ 的电化学行为。在实验中为了避免溶剂的嵌入使用聚合物作为电解液,结果发现高温共价型 $CF_x$ 材料无电化学可逆性。相反,离子型 $CF_x$ 化合物的 CV 曲线在 3 V 附近出现两个很小的可逆峰,但是都没有给出实际的可逆容量。所以 Li/$CF_x$ 电池自发现至今,一直作为一次电池使用。2014 年,Liu 等首次发现并验证了发现室温下氟化石墨在钠电池中的可逆性[207,208],从而开启了 Na/$CF_x$ 二次电池的研究热潮。本节将从氟化物正极的角度来阐述其储钠特性和在钠离子电池中的应用。

### 2.4.1 氟化铁

$FeF_3$ 在 1997 年首次被用作为锂电池正极材料[203,204]。常见的 $FeF_3$ 具有钙钛矿型结构,Fe—F 键因氟的强电负性而呈离子性结合。由于具有高能带宽度和致密结构,$FeF_3$ 的电子和离子导电率都较差,在使用时出现极化大、不可逆容量高和容量衰减等现象。为了提高 $FeF_3$ 的电化学活性,一般将 $FeF_3$ 与导电性好的碳材料复合,制备出 $FeF_3$/C 纳米颗粒,提高离子、电子的传输能力。不同的碳材料均可以与 $FeF_3$ 复合,如石墨、乙炔黑、rGO、碳管、石墨烯等[209]。

Zhang 先通过化学法制备 Fe-MOFs(metal-organic framworks,金属有机框架材料),然后氧化成 $Fe_3O_4$/C,最后与 HF 反应生成 $FeF_3$/C 用作钠电池正极材料。制备出的 $FeF_3$/C 材料呈非晶态,形貌呈树枝状。在 1.25~4.5 V 区间内循环时 $FeF_3$ 发生两步反应:① 1.8 V 以上的嵌入反应,此时 $Fe^{3+}$ 被还原为 $Fe^{2+}$,释放出 237 mA·h·$g^{-1}$ 的比容量;② 低于 1.8 V 的转换反应,$Fe^{3+}$ 被还原为 $Fe^0$,释放出 712 mA·h·$g^{-1}$ 的比容量。在 1.5~4.5 V 进行倍率测试,非晶态的 $FeF_3$/C 在 15 mA·$g^{-1}$、30 mA·$g^{-1}$、150 mA·$g^{-1}$、300 mA·$g^{-1}$、750 mA·$g^{-1}$、1 500 mA·$g^{-1}$ 电流下,比容量分别为 302.2 mA·h·$g^{-1}$、213.1 mA·h·$g^{-1}$、146.1 mA·h·$g^{-1}$、124.4 mA·h·$g^{-1}$、93.4 mA·h·$g^{-1}$、73.2 mA·h·$g^{-1}$。75 mA·$g^{-1}$ 下循环 100 次后容量为 126.7 mA·h·$g^{-1}$。这种非晶材料结构中的高石墨化多孔碳结构,有利于电子和离子传输,也有利于反应动力学[210]。Bao 等通过一步化学沉淀法合成 $FeF_3$/石墨烯($FeF_3$/GNS)复合材料,然后通过与导电碳 printex C 球磨以获得更好的导电网络。$FeF_3$/GNS 的比表面积为 137 $m^2$·$g^{-1}$。在 1.5~4.2 V 区间内循环,$FeF_3$/GNS 首次放电、充电比容量分别为 206.4 mA·

h·g$^{-1}$和201.7 mA·h·g$^{-1}$,首效高达97.7%。循环10次后容量为167 mA·h·g$^{-1}$,50次后为105.8 mA·h·g$^{-1}$。该材料具有良好的倍率特性,在120 mA·g$^{-1}$、180 mA·g$^{-1}$、240 mA·g$^{-1}$电流下,比容量分别为181.9 mA·h·g$^{-1}$、161.1 mA·h·g$^{-1}$、144.0 mA·h·g$^{-1}$,平均放电电位分别为2.23 V、2.21 V、2.17 V[211]。

Guntlin等通过使用单一前驱体——三氟乙酸铁制备ReO$_3$结构的FeF$_3$,制备过程和材料的结构如图2.39所示。该材料在1.6~4.0 V内比容量约150~160 mA·h·g$^{-1}$,没有明显的充放电平台,平均工作电压约2.8 V。在5 A·g$^{-1}$电流下,循环100次后容量保持率为90%。同样用这种方法还可以制备FeF$_2$、CoF$_2$、MnF$_2$[212]。

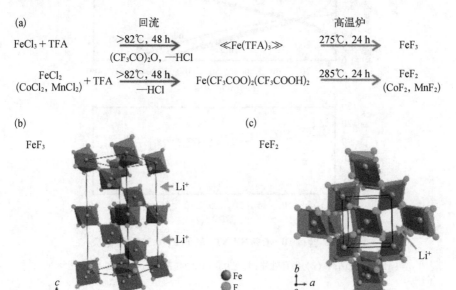

**图2.39 不同氟化物材料的制备及结构特性**

(a) FeF$_3$、FeF$_2$、CoF$_2$和MnF$_2$制备过程示意图;(b) ReO$_3$结构FeF$_3$的结构示意图;(c) 金红石结构FeF$_2$的结构示意图[212]

以上研究内容均围绕常规的ReO$_3$型FeF$_3$,但是这种结构本征低下的电子和离子导电率导致其在钠电池中的电化学性能也很差。除了ReO$_3$型的FeF$_3$,还有烧绿石相(pyrochlore)的FeF$_3$·0.5H$_2$O和六方钨青铜相(hexagonal tungsten bronze,HTB)的FeF$_3$·0.33H$_2$O。这两种结构中具有有利于储钠的、更为开放的通道结构。如Li等在离子液体环境中将FeF$_3$·3H$_2$O脱水,制备出FeF$_3$·0.33H$_2$O。其中离子液体作为脱水缓和剂起到了关键作用。在脱水过程中,$FeF_3·3H_2O$ 中的配位结晶水优先失去,使得其八面体链的极化减弱。由于在离子液体中脱水较慢,极化减弱的离散八面体链有充足的时间互相链接以构筑 HTB 相的特征六角边隧道,而不是 $ReO_3$ 相中更稳定的四角边通道。在合成之前,通过在离子液体中加入碳纳米管使得其与制备的 $FeF_3·0.33H_2O$ 分散结合,形成优化的导电网络。在 1.2~4.0 V 的区间内,电极在 0.1 C、0.5 C、1 C 倍率下的首次放电比容量,分别为 160 mA·h·g$^{-1}$、110 mA·h·g$^{-1}$、70 mA·h·g$^{-1}$。0.1 C 循环 50 次后比容量为 74 mA·h·g$^{-1}$,如图 2.40 所示[213,214]。

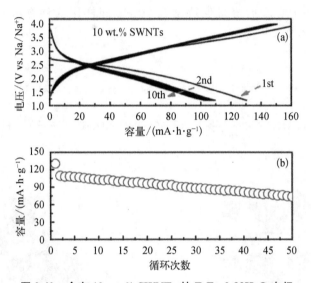

图 2.40 含有 10 wt.% SWNTs 的 $FeF_3·0.33H_2O$ 电极
(a) 充放电曲线;(b) 循环性能;电流为 0.1 C,电压范围为 1.2~4.0 V[213,214]

Wei 等通过溶剂热法制备具有开框架结构的 $FeF_3·0.33H_2O$,然后与乙炔黑混合球磨 5 h,在氩气氛围下 220℃热处理 4 h 后即制备出 $FeF_3·0.33H_2O/C$。该材料呈正交晶系,属于 *Cmcm* 空间群,如图 2.41 所示。颗粒的粒径约 1~5 μm,平均孔径为 16.5 nm。这些大的介孔结构不仅有利于电解液与电极之间的浸润,缩短钠离子的传输路径,也为循环过程中发生的体积膨胀做了缓冲。在 1.0~4.0 V 区间内,电极发生两步反应:1.2~4.0 V,$FeF_3+Na \longrightarrow NaFeF_3$;1.0~1.2 V,$NaFeF_3+2Na \longrightarrow Fe+3NaF$。材料在 1 C 下的首次放电比容量为 213.1 mA·h·g$^{-1}$,40 次循环后容量仅剩 104.8 mA·h·g$^{-1}$[215]。

Shen 等首次使用凝胶-溶胶法制备 $FeF_3·xH_2O$ 材料,该混合物中包含 $FeF_3·3H_2O$、烧绿石相的 $FeF_{2.5}·0.5H_2O$ 和 HTB 相的 $FeF_3·0.33H_2O$。该样

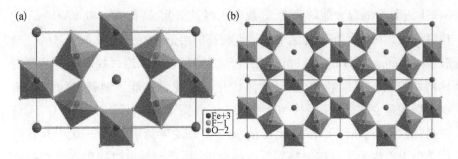

**图 2.41　$FeF_3·0.33H_2O$ 的结构示意图**

(a) 正交晶系的 $FeF_3·0.33H_2O$；(b) $FeF_3·0.33H_2O$ 的[001]晶面[215]

品具有介孔结构,平均孔径为 12.2 nm。电极在 1.0~4.0 V 区间内循环,0.1 C 倍率下首次不可逆容量高达 334 mA·h·g$^{-1}$。30 次循环后,容量仅为 101 mA·h·g$^{-1}$(图 2.42)[216]。

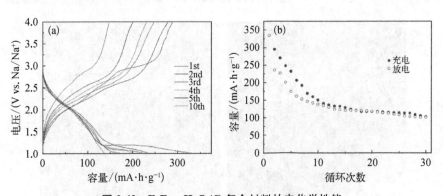

**图 2.42　$FeF_3·xH_2O/G$ 复合材料的电化学性能**

(a) 在 0.1 C 下,1~10 次的充放电曲线；(b) 0.1 C 下的循环性能[216]

$FeF_3·xH_2O$ 具有开框架的结构,有利于钠离子的传输,但是 $FeF_3·xH_2O$ 中没有钠源,属于贫钠态。钙钛矿结构的 $AMF_3$($A$ = Na、$NH_4$；$M$ = Fe、Mn、Ni)材料也具有开框架结构,可用作钠离子电池正极材料,改善钠电池的电化学性能。其中 $NaFeF_3$ 的理论比容量为 197 mA·h·g$^{-1}$。

Gocheva 等通过 NaF 与过渡金属氟化物 $MF_2$($M$ = Mn、Fe、Ni)在氩气氛围下球磨,制备 $NaMF_3$($M$ = Mn、Fe、Ni)。制备出的 $NaFeF_3$ 出现团聚现象,平均粒径约 6 μm。在 1.5~4.0 V 区间内,当电流为 0.2 mA·cm$^{-2}$ 时,电极的首次放电比容量为 128 mA·h·g$^{-1}$,平均放电电位为 2.7 V。随着球磨时间增加,$NaFeF_3$ 颗粒变小,电化学性能随之改善。而 $NaMnF_3$ 和 $NaNiF_3$ 因 Mn—F 和

Ni—F 键具有的较大能带宽度,其放电比容量很低,只有 $30 \sim 40 \text{ mA} \cdot \text{h} \cdot \text{g}^{-1}$ 的比容量[217]。随后,该课题组使用沸点较高的溶剂[油酸(oleic acid, OA)、油胺(oleylamine, OAm)]通过液相法合成 $NaFeF_3$,可以通过控制有机溶剂的比例调控 $NaFeF_3$ 颗粒的大小,从而优化其电化学性能。制备出的 $NaFeF_3$ 材料颗粒呈立方形,粒径约 $500 \sim 600 \text{ nm}$,如图 2.43 所示。在 0.01 C 下,该材料释放出 $247 \text{ mA} \cdot \text{h} \cdot \text{g}^{-1}$ 的比容量,高于其理论容量($197 \text{ mA} \cdot \text{h} \cdot \text{g}^{-1}$),这可能是由于首次循环存在一些副反应导致的,后续充放电过程中容量保持在 $170 \text{ mA} \cdot \text{h} \cdot \text{g}^{-1}$。相比该课题组前期通过机械球磨法制备的微米级 $NaFeF_3$ 粉末,用此方法获得的样品电化学性能更加优异。纳米级的活性物质可以有效缩短钠离子传输路径,从而加速充放电反应历程[218]。Okada 等通过机械球磨的方法制备一系列 $NaMF_3$($M = Mn$、$Fe$、$Co$、$Ni$、$Cu$),研究其电化学可逆性。其中除了 $NaCuF_3$ 是 $P-1(2)$ 空间群,其他均隶属于 $Pnma(62)$ 空间群。但是这些

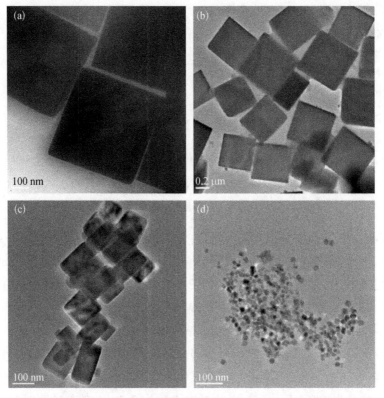

图 2.43 在不同 OA/OAm 比例的有机溶剂中制备出的 $NaFeF_3$ 颗粒的 TEM
(a)、(b) 20/0;(c) 13.3/6.7;(d) 10/10[218]

材料用作钠离子电池正极时,只有 NaFeF$_3$ 具有可逆性。原因如下:① 充电态下,只有 FeF$_3$ 是氟原子的接受体,而且性能最稳定;② 存在两个结构与 NaFeF$_3$ 相似的 FeF$_3$ 多形体,这使得 NaFeF$_3$ 的结构在脱钠过程中能够保持稳定[219]。

Kong 等通过一步热解的方法制备了具有 3D 开框架结构的钙钛矿型 NH$_4$FeF$_3$/CNS(carbon nanosheels,碳纳米片)。NH$_4$FeF$_3$ 隶属于 $Fm\text{-}3m$ 空间群,晶胞参数 $a=b=c=4.178$ Å,$\alpha=\beta=\gamma=90°$,粒径在 30~100 nm 之间。与 NH$_4$FeF$_3$ 复合的碳纳米片,厚度约 6 nm,在循环过程中可以阻止 NH$_4$FeF$_3$ 颗粒从集流体上剥离,也可以改善钠离子传输。在钠电池中,NH$_4$FeF$_3$/CNS 在 50 mA·g$^{-1}$ 电流下首次放电、充电容量分别为 789 mA·h·g$^{-1}$ 和 504 mA·h·g$^{-1}$;200 mA·g$^{-1}$ 和 500 mA·g$^{-1}$ 下,循环 100 次后容量分别为 175 mA·h·g$^{-1}$ 和 117 mA·h·g$^{-1}$(图 2.44)[220]。

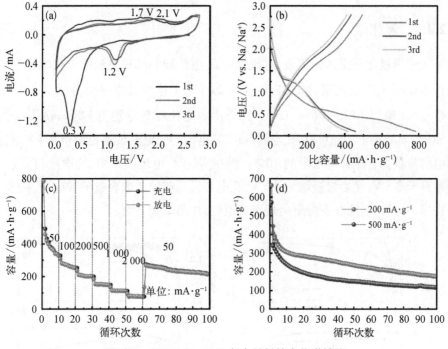

图 2.44 NH$_4$FeF$_3$/CNS 复合材料的电化学性能

(a) CV 曲线,电压范围:0.1~2.8 V,扫速:0.1 mV·s$^{-1}$;(b) 前三次充放电曲线;(c) 倍率性能;(d) 在 200 mA·g$^{-1}$ 和 500 mA·g$^{-1}$ 电流密度下的循环性能[220]

为了寻找具有更高电压的过渡金属氟化物,Nava-Avendaño 等还制备了基于 Mn(Ⅱ)和 Mn(Ⅲ)价态的 Na$_2$MnF$_5$、NaMnF$_3$ 和 NaMnF$_4$ 材料。三种材料的结构如下图(图2.45)所示。$Na_2MnF_5$和$NaMnF_3$经过球磨后,可释放出约70 mA·h·$g^{-1}$的比容量,循环20次后容量衰减至50 mA·h·$g^{-1}$,而且充电电位较高(均大于4 V),极化较大[221]。

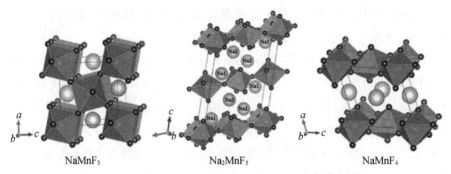

图2.45 $NaMnF_3$、$Na_2MnF_5$和$NaMnF_4$材料的晶体结构[221]

### 2.4.2 氟化碳

使用氟化石墨作为正极,对比Na/$CF_x$电池和Li/$CF_x$电池的电化学性能。在100 mA·$g^{-1}$电流下,Na/$CF_x$电池和Li/$CF_x$电池的放电平台分别约2.4 V (vs. Na/$Na^+$)和2.5 V(vs. Li/$Li^+$),首次放电比容量分别为1 061 mA·h·$g^{-1}$和950 mA·h·$g^{-1}$。但是在充电时,Li/$CF_x$电池的充电电位迅速增至4.4 V,充电容量仅为首次放电容量的10%。而在Na/$CF_x$电池体系中,充电电位先迅速升至3.6 V,然后慢慢增至4.4 V,充电容量是初始放电容量的89.6%,初步得出Na/$CF_x$电池在室温下呈现出可逆性,如图2.46所示[207]。

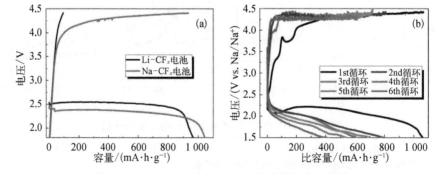

图2.46 Na/$CF_x$电池和Li/$CF_x$电池的充放电曲线

(a) 在100 mA·$g^{-1}$电流下,Na/$CF_x$电池和Li/$CF_x$电池的首次充放电曲线;(b) 在200 mA·$g^{-1}$电流下,Na/$CF_x$电池循环性能[207]

通过能斯特方程和一些热力学参数得到 NaF 的分解能量为 5.65 eV。放电过程中生成的 C 结构可以作为一个小型的反应场所,促进 NaF 转化为 $CF_x$。而 LiF 的分解能量为 6.1 eV,但是通过实验分析发现 LiF 在充电过程中不能被可逆分解。碳在电化学方面驱动 LiF 和 NaF 分解能力的差异很大。原因可能如下:

(1) $Li^+$ 的半径(0.076 nm)是 $Na^+$ 的半径(0.102 nm)的 74.5%,所以 LiF 中 Li—F 的键长要小于 NaF 中 Na—F 的键长,键能高于 Na—F 的键能,断裂所需能量较高。

(2) 从吉布斯自由能($\Delta G$)比较,LiF 的吉布斯自由能低于 NaF。说明 LiF 较 NaF 更容易生成,并稳定存在,且更难被分解。

(3) LiF 和 NaF 的离子电导率都较低,接近离子绝缘体。但是在相同温度下,NaF 的离子电导率高于 LiF,所以在动力学上较易被分解。

(4) 放电过程生成的 NaF(约 70 nm)比 LiF(约 150 nm)的颗粒小,所以在动力学上较易被分解。

(5) NaF 的解离能低于 LiF,从热力学角度上分解 NaF 的能量要低于分解 LiF 的能量。

但是,使用常规的氟化石墨作为正极的 $Na/CF_x$ 二次电池存在两个问题:① 极化很大(>2 V),导致电池的能量效率很低;② 循环过程中容量逐渐衰减[图 2.46(b)],暂时无法实用[222]。为了解决上述问题,研究者开展了一系列的工作,发现可通过氟化碳材料结构设计、电极结构设计和引入催化剂等方面对 $Na/CF_x$ 二次电池进行优化改性。

厦门大学杨勇教授课题组利用氟化碳纤维($CF_{0.75}$)研究钠/氟化碳纤维电池的反应机理[223]。发现在放电时,氟化碳纤维的表面上和体相内都会生成 NaF;在充电过程中,NaF 分解并重新生成氟化碳。但是首次充电过程中,只有部分的 NaF 分解继续参与后续循环,循环性能也较差。$Na/CF_{0.75}$ 电池的电化学性能如图 2.47 所示。

Liu 等使用氟化多壁碳纳米管(fluorinated multi-walled carbon nanotubes,F-MWCNTs),利用 MWCNTs 自身的管状结构、高电导率和高比表面积等优点,降低电池的极化至 1.6 V。由于 F-MWCNTs 中部分的 C—F 键在碳管的外部,首次放电后,多壁碳纳米管的内部和外部都会有放电产物 NaF 的生成。在充电过程中,多壁碳纳米管外部的 NaF 分解后会造成部分活性氟的流失,导

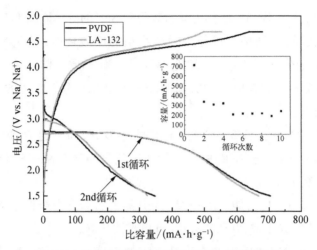

图 2.47 使用不同黏结剂的 $Na/CF_{0.75}$ 电池前两次充放电曲线,内插图为循环性能[223]

致容量衰减迅速。循环 3 次后容量衰减至仅剩约初始容量的 30%[224]。将氟化石墨置于 NMP 溶剂中在 90℃下维持 8 h 后,然后超声 30 min,制备出高度无序的、非晶态的氟化碳材料($d-CF_x$)。该材料在放电过程中会促进非晶态、超微颗粒的 NaF 生成(几微米),降低了分解 NaF 所需的能量,从而有效降低电池极化至 0.78 V。从另一方面,充电过程中 NaF 较易分解,也加速了活性 F 与非晶态碳骨架的重新生成 C—F 键的过程,从而降低了活性氟的损失。在 200 $mA·g^{-1}$ 电流下,电极循环 12 次后容量为 412.5 $mA·h·g^{-1}$ [225]。

在钠氟化碳二次电池中,充电时的极化主要取决于放电产物 NaF 分解的难易程度。Liu 等通过引入强电负性的 $FeF_3$、GO、Ag、氮掺杂石墨烯等作为催化剂降低 NaF 的键能,从而降低充电极化,提高库伦效率。其采用商业化氟化石墨作为电极材料,引入高比表面积的石墨烯(GNS)构建包覆层,同时引入强电负性的 $FeF_3$ 作为催化剂,削弱 NaF 的键能,降低充电极化(0.8 V)。循环 5 次后,放电比容量为 752 $mA·h·g^{-1}$,容量保持率为 73.4%[224]。相关课题组还将 $CF_x$、氧化石墨烯(graphene oxide, GO)、聚丙烯腈(polyacrylonitrile, PAN)制备成三明治结构的电极,其中 $CF_x$ 被包覆在 GO 层间。该电极循环 27 次后,容量保持率为 63.5%。由于 GO 层的电子密度的增加,放电产物 NaF 会向低结合能移动,降低 NaF 的分解电位,电池的极化降至 0.75 V[226]。此外,使用球形氟化中间相碳微球(fluorinated mesocarbon microbeads, F-MCMB)作为活性物质,制备三维膜电极,如图 2.48(a)、(b)所示,在 0.05 C

倍率下,极化为 0.8 V。但是在循环初期电池容量衰减较大,65 次循环后,容量保持率约 52%。当该电极中加入氮掺杂石墨烯后制备出改进的 MF-MCMB 极片,电池的极化明显降低,但是循环性能较差[227]。进一步地,通过化学还原反应在氟化石墨烯(fluorinated graphene, F-GNS)表面沉积纳米银作为催化剂,纳米银促进了非晶态的纳米 NaF 的生成,从而降低充电极化。引入银催化剂的钠/氟化石墨烯电池(Na/FGA)的平均充电电位为 3.12 V,如图 2.48(c)、(d)所示,充电电位比钠/氟化石墨烯电池低 480 mV[228]。

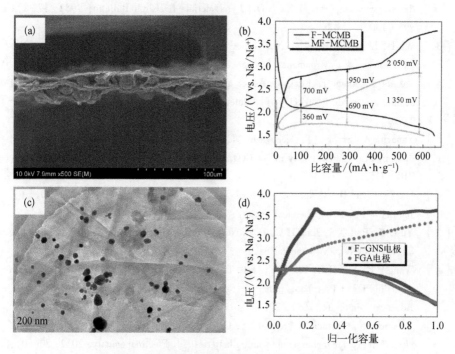

**图 2.48　不同改性手段制备的 Na/CF$_x$ 电池及性能**

(a) 自支撑 F-MCMB 薄膜电极的界面形貌;(b) Na/F-MCMB 电池与加入氮掺杂石墨烯的 F-MCMB 电池的首次充放电曲线[227];(c) 氟化石墨烯表面的纳米银催化剂;(d) Na/F-GNS 和 Na/FGA 电池的首次充放电曲线,已归一化[228]

Na/CF$_x$ 电池可有效发挥氟化碳高比能量的优异性能,针对该体系的高极化、容量衰减的问题,通过对氟化碳材料设计、电极结构设计和引入催化剂这些改性方法,在一定程度上改善了该体系的性能。但是目前 Na/CF$_x$ 电池仍没有实现能量效率与循环稳定性的协同提升,距离实际应用还需要很多的努力与研究。

## 参考文献

[1] Yabuuchi N, Komaba S. Recent research progress on iron-and manganese-based positive electrode materials for rechargeable sodium batteries [J]. Science and Technology of Advanced Materials, 2014, 15(4): 043501.

[2] Braconnier J J, Delmas C, Hagenmuller P. Etude par desintercalation electrochimique des systemes $Na_xCrO_2$ et $Na_xNiO_2$ [J]. Materials Research Bulletin, 1982, 17(8): 993 − 1000.

[3] Wu D, Li X, Xu B, et al. $NaTiO_2$: A layered anode material for sodium-ion batteries [J]. Energy & Environmental Science, 2015, 8(1): 195 − 202.

[4] Takeda Y, Akagi J, Edagawa A, et al. A preparation and polymorphic relations of sodium iron oxide ($NaFeO_2$) [J]. Materials Research Bulletin, 1980, 15(8): 1167 − 1172.

[5] Yanagita A, Shibata T, Kobayashi W, et al. Scaling relation between renormalized discharge rate and capacity in $Na_xCoO_2$ films [J]. Applied Materials, 2015, 3(10): 710 − 715.

[6] Ma X, Chen H, Ceder G. Electrochemical properties of monoclinic $NaMnO_2$ [J]. Journal of the Electrochemical Society, 2011, 158(12): A1307 − 1309.

[7] Yu C Y, Park J S, Jung H G, et al. $NaCrO_2$ cathode for high rate sodium-ion batteries [J]. Energy & Environmental Science, 2015, 8(7): 2019 − 2026.

[8] Wang P F, Yao H R, Liu X Y, et al. Ti-Substituted $NaNi_{0.5}Mn_{0.5-x}Ti_xO_2$ cathodes with reversible O3 − P3 phase transition for high-performance sodium-ion batteries [J]. Advanced Materials, 2017, 29(19): 1700210.

[9] Yabuuchi N, Yoshida H, Komaba S. Crystal structures and electrode performance of alpha-$NaFeO_2$ for rechargeable sodium batteries [J]. Electrochemistry, 2012, 80(10): 716 − 719.

[10] Xia X, Dahn J R. $NaCrO_2$ is a fundamentally safe positive electrode material for sodium-ion batteries with liquid electrolytes [J]. Electrochemical and Solid-State Letters, 2012, 15(1): A1 − 6.

[11] Guignard M, Didier C, Darriet J, et al. P2 − $Na_xVO_2$ system as electrodes for batteries and electron-correlated materials [J]. Nature Materials, 2013, 12(1): 74 − 80.

[12] Carlier D, Blangero M, Ménétrier M, et al. Sodium ion mobility in $Na_{(x)}CoO_2$ ($0.6<x<0.75$) cobaltites studied by Na MAS NMR [J]. Inorganic Chemistry, 2009, 48(15): 7018 − 7020.

[13] Lee D H, Xu J, Meng Y S. An advanced cathode for Na-ion batteries with high rate and excellent structural stability [J]. Physical Chemistry Chemical Physics, 2013,

15(9): 3304-3312.
[14] Wang P F, You Y, Yin Y X, et al. Suppressing the P2-O2 phase transition of $Na_{0.67}Mn_{0.67}Ni_{0.33}O_2$ by magnesium substitution for improved sodium-ion batteries[J]. Angewandte Chemie, 2016, 128: 7571-7575.
[15] Zhao C L, Yao Z P, Wang J L. Rational design of layered oxide materials for sodium-ion batteries[J]. Science, 2020, 307: 708-711.
[16] Doeff M M, Richardson T J, Hwang K T. Electrochemical and structural characterization of titanium-substituted manganese oxides based on $Na_{0.44}MnO_2$[J]. Journal of Power Sources, 2004,135: 240-248.
[17] Sauvage F, Laffont L, Tarascon J M, et al. Study of the insertion/deinsertion mechanism of sodium into $Na_{0.44}MnO_2$[J]. Chemical Society, 2007, 46: 3289-3294.
[18] Tekin B, Sevinc S, Morcrette M, et al. A new sodium based aqueous rechargeable battery system: The special case for $Na_{0.44}MnO_2$/dissolved sodium polysulfide[J]. Energy Technology, 2017, 5: 2182-2188.
[19] Wang Y S, Liu J, Lee B, et al. Ti-substituted tunnel-type $Na_{0.44}MnO_2$ oxide as a negative electrode for aqueous sodium-ion batteries[J]. Nature Communications, 2015, 6: 6401.
[20] Li Z, Smith K C, Dong Y, et al. Aqueous semi-solid flow cell: Demonstration and analysis[J]. Physical Chemistry Chemical Physics, 2013, 15(38): 15833-15839.
[21] Wang Y L, Ding Y, Ni J. Ground state phase diagram of $Na_xCoO_2$: Correlation of Na ordering with $CoO_2$ stacking sequences[J]. Journal of Physics-Condensed Matter, 2008, 21: 035401.
[22] Bucher N, Hartung S, Nagasubramanian A, et al. Layered $Na_xMnO_{2+z}$ in sodium ion batteries — influence of morphology on cycle performance[J]. ACS Applied Materials & Interfaces, 2014, 6(11): 8059-8065.
[23] Man X, Luo R, Lu J, et al. Synthesis-microstructure-performance relationship of layered transition metal oxides as cathode for rechargeable sodium batteries prepared by high-temperature calcination[J]. ACS Applied Materials & Interfaces, 2014, 6(19): 17176-17183.
[24] Su D, Ahn H J, Wang G. Hydrothermal synthesis of $\alpha-MnO_2$ and $\beta-MnO_2$ nanorods as high capacity cathode materials for sodium ion batteries[J]. Journal of Materials Chemistry A, 2013, 1(15): 4845-4850.
[25] Su D W, Dou S X, Wang G X. Hierarchical orthorhombic $V_2O_5$ hollow nanospheres as high performance cathode materials for sodium-ion batteries[J]. Journal of Materials Chemistry A, 2014, 2(29): 11185.
[26] Zhang E, Wang B, Yu X, et al. $\beta-FeOOH$ on carbon nanotubes as a cathode material for Na-ion batteries[J]. Energy Storage Materials, 2017, 8: 147-152.
[27] Cao D, Yin C, Shi D, et al. Cubic perovskite fluoride as open framework cathode for Na-ion batteries[J]. Advanced Functional Materials, 2017, 2(5): 85-94.

[28] Liu J, Chen Z, Chen S, et al. "Electron/Ion sponge"-like V-based polyoxometalate: Toward high-performance cathode for rechargeable sodium ion batteries[J]. ACS Nano, 2017, 11(7): 6911-6920.

[29] Wang L P, Yu L, Wang X, et al. Recent developments of electrode materials for sodium ion batteries[J]. Journal of Materials Chemistry A, 2015, 3(18): 9353-9378.

[30] Slater M D, Kim D, Lee E, et al. Sodium-ion batteries[J]. Advanced Functional Materials, 2013, 23(8): 947-958.

[31] 穆林沁, 戚兴国, 胡勇胜, 等. 新型 O3 - $NaCu_{1/9}Ni_{2/9}Fe_{1/3}Mn_{1/3}O_2$ 钠离子电池正极材料研究[J]. 储能科学与技术, 2016, 5(3): 324-328.

[32] Hasa I, Buchholz D, Passerini S, et al. A comparative study of layered transition metal oxide cathodes for application in sodium-ion battery[J]. ACS Applied Materials & Interfaces, 2015, 7(9): 5206-5212.

[33] Zhang C, Cheng R, Gao L, et al. New insights into the roles of Mg in improving the rate capability and cycling stability of O3 - $NaMn_{0.48}Ni_{0.2}Fe_{0.3}Mg_{0.02}O_2$ for sodium-ion batteries[J]. ACS Applied Materials & Interfaces, 2018, 10(13): 10819-10827.

[34] Billaud J, Singh G, Armstrong A R, et al. $Na_{0.67}Mn_{1-x}Mg_xO_2$ ($0 \leqslant x \leqslant 0.2$): A high capacity cathode for sodium-ion batteries[J]. Energy & Environmental Science, 2014, 7(4): 1387-1391.

[35] Liu Y, Fang X, Zhang A, et al. Layered P2 - $Na_{2/3}[Ni_{1/3}Mn_{2/3}]O_2$ as high-voltage cathode for sodium-ion batteries: The capacity decay mechanism and $Al_2O_3$ surface modification[J]. Nano Energy, 2016, 27: 27-34.

[36] Hwang J Y, Myung S T, Choi J U, et al. Resolving the degradation pathways of the O3 - type layered oxide cathode surface through the nano-scale aluminum oxide coating for high-energy density sodium-ion batteries[J]. Journal of Materials Chemistry A, 2017, 5(45): 23671-23680.

[37] Jo J H, Choi J U, Konarov A, et al. Sodium-ion batteries: Building effective layered cathode materials with long-term cycling by modifying the surface via sodium phosphate[J]. Advanced Functional Materials, 2018, 28(14): 1705968.

[38] Jin T, Li H, Zhu K, et al. Polyanion-type cathode materials for sodium-ion batteries[J]. Chemical Society Reviews, 2020, 49(8): 2342-2377.

[39] Avdeev M, Mohamed Z, Ling C D, et al. Magnetic structures of $NaFePO_4$ maricite and triphylite polymorphs for sodium-ion batteries[J]. Inorganic Chemistry, 2013, 52(15): 8685-8693.

[40] Moreau P, Guyomard D, Gaubicher J, et al. Structure and stability of sodium intercalated phases in olivine $FePO_4$[J]. Chemistry of Materials, 2010, 22(14): 4126-4128.

[41] Boyadzhieva T, Koleva V, Stoyanova R. Crystal chemistry of Mg substitution in $NaMnPO_4$ olivine: Concentration limit and cation distribution[J]. Physical Chemistry Chemical Physics, 2017, 19(20): 12730-12739.

[42] Lee K T, Ramesh T N, Nan F, et al. Topochemical synthesis of sodium metal phosphate olivines for sodium-ion batteries[J]. Chemistry of Materials, 2011, 23(16): 3593-3600.

[43] Koleva V, Boyadzhieva T, Zhecheva E, et al. Precursor-based methods for low-temperature synthesis of defectless $NaMnPO_4$ with an olivine-and maricite-type structure[J]. CrystEngComm, 2013, 15(44): 9080-9089.

[44] Oh S M, Myung S T, Hassoun J, et al. Reversible $NaFePO_4$ electrode for sodium secondary batteries[J]. Electrochemistry Communications, 2012, 22: 149-152.

[45] Galceran M, Roddatis V, Zúñiga F J, et al. Na-vacancy and charge ordering in $Na_{\sim 2/3}FePO_4$[J]. Chemistry of Materials, 2014, 26(10): 3289-3294.

[46] Saracibar A, Carrasco J, Saurel D, et al. Investigation of sodium insertion-extraction in olivine $Na_xFePO_4$($0 \leqslant x \leqslant 1$) using first-principles calculations[J]. Physical Chemistry Chemical Physics, 2016, 18(18): 13045-13051.

[47] Galceran M, Saurel D, Acebedo B, et al. The mechanism of $NaFePO_4$(de)sodiation determined by in situ X-ray diffraction[J]. Physical Chemistry Chemical Physics, 2014, 16(19): 8837-8842.

[48] Gaubicher J, Boucher F, Moreau P, et al. Abnormal operando structural behavior of sodium battery material: Influence of dynamic on phase diagram of $Na_xFePO_4$[J]. Electrochemistry Communications, 2014, 38: 104-106.

[49] Liu Y, Zhang N, Wang F, et al. Approaching the downsizing limit of maricite $NaFePO_4$ toward high-performance cathode for sodium-ion batteries[J]. Advanced Functional Materials, 2018, 28(30): 1801917.

[50] Fang Y, Liu Q, Xiao L, et al. High-performance olivine $NaFePO_4$ microsphere cathode synthesized by aqueous electrochemical displacement method for sodium ion batteries[J]. ACS Applied Materials & Interfaces, 2015, 7(32): 17977-17984.

[51] Tripathi R, Wood S M, Islam M S, et al. Na-ion mobility in layered $Na_2FePO_4F$ and olivine $Na[Fe, Mn]PO_4$[J]. Energy & Environmental Science, 2013, 6(8): 2257-2264.

[52] Xiang K, Xing W, Ravnsbæk D B, et al. Accommodating high transformation strains in battery electrodes via the formation of nanoscale intermediate phases: Operando investigation of olivine $NaFePO_4$[J]. Nano Letters, 2017, 17(3): 1696-1702.

[53] Kim J, Seo D H, Kim H, et al. Unexpected discovery of low-cost maricite $NaFePO_4$ as a high-performance electrode for Na-ion batteries[J]. Energy & Environmental Science, 2015, 8(2): 540-545.

[54] Tong D G. Retraction: Hollow amorphous $NaFePO_4$ nanospheres as a high-capacity and high-rate cathode for sodium-ion batteries[J]. Journal of Materials Chemistry A, 2019, 7(35): 20441-20441.

[55] Yin Y, Hu Y, Wu P, et al. A graphene-amorphous $FePO_4$ hollow nanosphere hybrid as a cathode material for lithium ion batteries[J]. Chemical Communications, 2012,

48(15): 2137-2139.

[56] Yun J L, Belcher A M. Nanostructure design of amorphous FePO$_4$ facilitated by a virus for 3 V lithium ion battery cathodes[J]. Journal of Materials Chemistry, 2011, 21(4): 1033-1039.

[57] Chen L, Zhang R, Mizuno F. Phase stability and its impact on the electrochemical performance of VOPO$_4$ and LiVOPO$_4$[J]. Journal of Materials Chemistry A, 2014, 2(31): 12330-12339.

[58] Minakshi M. Lithium intercalation into amorphous FePO$_4$ cathode in aqueous solutions [J]. Electrochimica Acta, 2010, 55(28): 9174-9178.

[59] Shiratsuchi T, Okada S, Yamaki J, et al. FePO$_4$ cathode properties for Li and Na secondary cells[J]. Journal of Power Sources, 2006, 159(1): 268-271.

[60] Mathew V, Kim S, Kang J, et al. Amorphous iron phosphate: Potential host for various charge carrier ions[J]. NPG Asia Materials, 2014, 6: e138.

[61] Liu Y, Xu Y, Han X, et al. Porous amorphous FePO$_4$ nanoparticles connected by single-wall carbon nanotubes for sodium ion battery cathodes[J]. Nano Letters, 2012, 12(11): 5664-5668.

[62] Liu T, Duan Y, Zhang G, et al. 2D amorphous iron phosphate nanosheets with high rate capability and ultra-long cycle life for sodium ion batteries[J]. Journal of Materials Chemistry A, 2016, 4(12): 4479-4484.

[63] Chotard J N, Rousse G, David R, et al. Discovery of a sodium-ordered form of Na$_3$V$_2$(PO$_4$)$_3$ below ambient temperature[J]. Chemistry of Materials, 2015, 27(17): 5982-5987.

[64] Jian Z, Zhao L, Pan H, et al. Carbon coated Na$_3$V$_2$(PO$_4$)$_3$ as novel electrode material for sodium ion batteries[J]. Electrochemistry Communications, 2012, 14(1): 86-89.

[65] Kajiyama S, Kai K, Okubo M, et al. Potentiometric study to reveal reaction entropy behavior of biphasic Na$_{1+2x}$V$_2$(PO$_4$)$_3$ electrodes[J]. Electrochemistry, 2016, 84(4): 234-237.

[66] Jiang Y, Yang Z, Li W, et al. Nanoconfined carbon-coated Na$_3$V$_2$(PO$_4$)$_3$ particles in mesoporous carbon enabling ultralong cycle life for sodium-ion batteries[J]. Advanced Energy Materials, 2015, 5(10): 1402104.

[67] Li S, Dong Y, Xu L, et al. Effect of carbon matrix dimensions on the electrochemical properties of Na$_3$V$_2$(PO$_4$)$_3$ nanograins for high-performance symmetric sodium-ion batteries[J]. Advanced Materials, 2014, 26(21): 3545-3553.

[68] Pivko M, Arcon I, Bele M, et al. A$_3$V$_2$(PO$_4$)$_3$(A=Na or Li) probed by in situ X-ray absorption spectroscopy[J]. Journal of Power Sources, 2012, 216: 145-151.

[69] Hu P, Wang X, Ma J, et al. NaV$_3$(PO$_4$)$_3$/C nanocomposite as novel anode material for Na-ion batteries with high stability[J]. Nano Energy, 2016, 26: 382-391.

[70] Jian Z, Yuan C, Han W, et al. Atomic structure and kinetics of NASICON Na$_x$V$_2$(PO$_4$)$_3$ cathode for sodium-ion batteries[J]. Advanced Functional Materials,

2014, 24(27): 4265-4272.

[71] Song W, Ji X, Wu Z, et al. First exploration of Na-ion migration pathways in the NASICON structure $Na_3V_2(PO_4)_3$ [J]. Journal of Materials Chemistry A, 2014, 2(15): 5358-5362.

[72] Wang Q, Zhang M, Zhou C, et al. Concerted ion-exchange mechanism for sodium diffusion and its promotion in $Na_3V_2(PO_4)_3$ framework [J]. The Journal of Physical Chemistry C, 2018, 122(29): 16649-16654.

[73] Jian Z, Han W, Lu X, et al. Superior electrochemical performance and storage mechanism of $Na_3V_2(PO_4)_3$ cathode for room-temperature sodium-ion batteries [J]. Advanced Energy Materials, 2013, 3(2): 156-160.

[74] Zhu C, Song K, van Aken P A, et al. Carbon-coated $Na_3V_2(PO_4)_3$ embedded in porous carbon matrix: An ultrafast Na-storage cathode with the potential of outperforming Li cathodes [J]. Nano letters, 2014, 14(4): 2175-2180.

[75] Rui X, Sun W, Wu C, et al. An advanced sodium-ion battery composed of carbon coated $Na_3V_2(PO_4)_3$ in a porous graphene network [J]. Advanced materials, 2015, 27(42): 6670-6676.

[76] Aragón M J, Lavela P, Ortiz G F, et al. Benefits of chromium substitution in $Na_3V_2(PO_4)_3$ as a potential candidate for sodium-ion batteries [J]. ChemElectroChem, 2015, 2(7): 995-1002.

[77] Aragón M J, Lavela P, Alcántara R, et al. Effect of aluminum doping on carbonloaded $Na_3V_2(PO_4)_3$ as cathode material for sodium-ion batteries [J]. Electrochimica Acta, 2015, 180: 824-830.

[78] Klee R, Lavela P, Aragón M J, et al. Enhanced high-rate performance of manganese substituted $Na_3V_2(PO_4)_3$/C as cathode for sodium-ion batteries [J]. Journal of Power Sources, 2016, 313: 73-80.

[79] Aragon M J, Lavela P, Ortiz G F, et al. Effect of iron substitution in the electrochemical performance of $Na_3V_2(PO_4)_3$ as cathode for Na-ion batteries [J]. Journal of The Electrochemical Society, 2015, 162(2): A3077-A3083.

[80] Inoishi A, Yoshioka Y, Zhao L, et al. Improvement in the Energy Density of $Na_3V_2(PO_4)_3$ by Mg Substitution [J]. ChemElectroChem, 2017, 4: 2755-2759.

[81] Li H, Tang H, Ma C, et al. Understanding the electrochemical mechanisms induced by gradient $Mg^{2+}$ distribution of Na-rich $Na_{3+x}V_{2-x}Mg_x(PO_4)_3$/C for sodium ion batteries [J]. Chemistry of Materials, 2018, 30: 2498-2505.

[82] Hu P, Wang X, Wang T, et al. Boron substituted $Na_3V_2(P_{1-x}B_xO_4)_3$ cathode materials with enhanced performance for sodium-ion batteries [J]. Advanced Science, 2016, 3(12): 1600112.

[83] Rajagopalan R, Chen B, Zhang Z, et al. Improved reversibility of $Fe^{3+}/Fe^{4+}$ redox couple in sodium super ion conductor type $Na_3Fe_2(PO_4)_3$ for sodium-ion batteries [J]. Advanced Materials, 2017, 29(12): 1605694.

[84] Yao L, Zhou Y, Zhang J, et al. Monoclinic phase $Na_3Fe_2(PO_4)_3$: Synthesis, structure, and electrochemical performance as cathode material in sodium-ion batteries [J]. ACS Sustainable Chemistry & Engineering, 2016, 5(2): 1306-1314.

[85] Kawai K, Zhao W, Nishimura S I, et al. High-voltage $Cr^{4+}/Cr^{3+}$ redox couple in polyanion compounds[J]. ACS Applied Energy Materials, 2018, 1(3): 928-931.

[86] Mason C W, Lange F. Aqueous ion battery systems using sodium vanadium phosphate stabilized by titanium substitution[J]. ECS Electrochemistry Letters, 2015, 4(8): A79-A82.

[87] Wang D, Bie X, Fu Q, et al. Sodium vanadium titanium phosphate electrode for symmetric sodium-ion batteries with high power and long lifespan [J]. Nature Communications, 2017, 8: 15888.

[88] Lalère F, Seznec V, Courty M, et al. Improving the energy density of $Na_3V_2(PO_4)_3$-based positive electrodes through V/Al substitution[J]. Journal of Materials Chemistry A, 2015, 3: 16198-16205.

[89] Zhou W D, Xue L G, Lü X J, et al. $Na_xMV(PO_4)_3$(M=Mn, Fe, Ni) structure and properties for sodium extraction[J]. Nano Letters, 2016, 12(16): 7836-7841.

[90] Gao H, Li Y, Park K, et al. Sodium extraction from NASICON-structured $Na_3MnTi(PO_4)_3$ through Mn(III)/Mn(II) and Mn(IV)/Mn(III) redox couples[J]. Chemistry of Materials, 2016, 28: 6553-6559.

[91] Zhu T, Hu P, Wang X, et al. Realizing three-electron redox reactions in NASICON-structured $Na_3MnTi(PO_4)_3$ for sodium-ion batteries[J]. Advanced Energy Materials, 2019, 9(9): 1803436.

[92] Gao H, Seymour I D, Xin S, et al. $Na_3MnZr(PO_4)_3$: A high-voltage cathode for sodium batteries[J]. Journal of the American Chemical Society, 2018, 140(51): 18192-18199.

[93] Kerr T A, Gaubicher J, Nazar L F. Highly reversible Li insertion at 4 V in $\varepsilon$-$VOPO_4/\alpha$-$LiVOPO_4$ Cathodes[J]. Electrochemical and Solid-State Letters, 1999, 3(10): 460-462.

[94] Dupré N, Gaubicher J, Mercier T L, et al. Positive electrode materials for lithium batteries based on $VOPO_4$[J]. Solid State Ionics, 2001, 140(3-4): 209-221.

[95] Azmi B M, Ishihara T, Nishiguchi H, et al. Vanadyl phosphates of $VOPO_4$ as a cathode of Li-ion rechargeable batteries[J]. Journal of Power Sources, 2003, 119(1): 273-277.

[96] He G, Wang H K, Manthiram A. A 3.4 V layered $VOPO_4$ cathode for Na-ion batteries [J]. Chemistry of Materials, 2016, 28(2): 682-688.

[97] Fang Y, Liu Q, Xiao L, et al. A fully sodiated $NaVOPO_4$ with layered structure for high-voltage and long-lifespan sodium-ion batteries[J]. Chem, 2018, 4(5): 1167-1180.

[98] Kim J, Yoon G, Kim H, et al. $Na_3V(PO_4)_2$: A new layered-type cathode material

with high water stability and power capability for Na-ion batteries[J]. Chemistry of Materials, 2018, 30(11): 3683-3689.

[99] Rui L, Liu H, Tian S, et al. Novel 3.9 V layered $Na_3V_3(PO_4)_4$ cathode material for sodium ion batteries[J]. ACS Applied Energy Materials, 2018, 1(8): 3603-3606.

[100] Uebou Y, Okada S, Yamaki J I. Electrochemical insertion of lithium and sodium into $(MoO_2)_2P_2O_7$[J]. Journal of Power Sources, 2003, 115(1): 119-124.

[101] Barpanda P, Ye T, Nishimura S, et al. Sodium iron pyrophosphate: A novel 3.0 V iron-based cathode for sodium-ion batteries[J]. Electrochemistry Communications, 2012, 24: 116-119.

[102] Kim H, Shakoor R A, Park C, et al. $Na_2FeP_2O_7$ as a promisingiron-based pyrophosphate cathode for sodium rechargeable batteries: A combined experimental and theoretical study[J]. Advanced Functional Materials, 2013, 23(9): 1147-1155.

[103] Clark J M, Barpanda P, Yamada A, et al. Sodium-ion battery cathodes $Na_2FeP_2O_7$ and $Na_2MnP_2O_7$: Diffusion behaviour for high rate performance[J]. Journal of Materials Chemistry A, 2014, 2(30): 11807-11812.

[104] Chen X, D Ke, Lai Y, et al. In-situ carbon-coated $Na_2FeP_2O_7$ anchored in three-dimensional reduced graphene oxide framework as a durable and high-rate sodium-ion battery cathode[J]. Journal of Power Sources, 2017, 357: 164-172.

[105] Chan S P, Kim H, Shakoor R A, et al. Anomalous manganese activation of a pyrophosphate cathode in sodium ion batteries: A combined experimental and theoretical study[J]. Journal of the American Chemical Society, 2013, 135(7): 2787-2792.

[106] Li H, Chen X, Jin T, et al. Robust graphene layer modified $Na_2MnP_2O_7$ as a durable high-rate and high energy cathode for Na-ion batteries[J]. Energy Storage Materials, 2019, 16: 383-390.

[107] Kee Y, Dimov N, Staikov A, et al. Insight into the limited electrochemical activity of $NaVP_2O_7$[J]. RSC Advances, 2015, 5(80): 64991-64996.

[108] Prabeer B, Liu G, Avdeev M, et al. t-$Na_2(VO)P_2O_7$: A 3.8 V pyrophosphate insertion material for sodium-ion batteries[J]. ChemElectroChem, 2014, 1(9): 1488-1491.

[109] Kim J, Park I, Kim H, et al. Tailoring a new 4 V-class cathode material for Na-ion batteries[J]. Advanced Energy Materials, 2016, 6(6): 1502147.

[110] Ha K H, Woo S H, Mok D, et al. Batteries: $Na_{4-\alpha}M_{2+\alpha/2}(P_2O_7)_2$ ($2/3 \leq \alpha \leq 7/8$, M=Fe, $Fe_{0.5}Mn_{0.5}$, Mn): A promising sodium ion cathode for Na-ion batteries[J]. Advanced Energy Materials, 2013, 3(6): 689-689.

[111] Barpanda P, Lu J, Ye T, et al. A layer-structured $Na_2CoP_2O_7$ pyrophosphate cathode for sodium-ion batteries[J]. RSC Advances, 2013, 3(12): 3857-3860.

[112] Kim H, Park C S, Choi J W, et al. Defect-controlled formation of triclinic $Na_2CoP_2O_7$ for 4 V sodium-ion batteries[J]. Angewandte Chemie, 2016, 55: 6662-6666.

[113] Barker J, Saidi M Y, Swoyer J L. A sodium-ion cell based on the fluorophosphate

compound NaVPO$_4$F[J]. Electrochemical and Solid-State Letters, 2003, 6(1): A1 – A4.

[114] Zhuo H, Wang X, Tang A, et al. The preparation of NaV$_{1-x}$Cr$_x$PO$_4$F cathode materials for sodium-ion battery[J]. Journal of Power Sources, 2006, 160(1): 698 – 703.

[115] Zhao J, He J, Ding X, et al. A novel sol-gel synthesis route to NaVPO$_4$F as cathode material for hybrid lithium ion batteries[J]. Journal of Power Sources, 2010, 195(19): 6854 – 6859.

[116] Li L, Xu Y, Sun X, et al. Fluorophosphates from solid-state synthesis and electrochemical ion exchange: NaVPO$_4$F or Na$_3$V$_2$(PO$_4$)$_2$F$_3$?[J]. Advanced Energy Materials, 2018, 8(24): 1801064 – 1801064.

[117] Jin T, Liu Y, Li Y, et al. C nanofibers as self-standing cathode material for ultralong cycle life Na-ion batteries[J]. Advanced Energy Materials, 2017, 7(15): 1700087.

[118] Lu Y, Zhang S, Li Y, et al. Preparation and characterization of carbon-coated NaVPO$_4$F as cathode material for rechargeable sodium-ion batteries[J]. Journal of Power Sources, 2014, 247: 770 – 777.

[119] Park Y U, Seo D H, Kim H, et al. A family of high-performance cathode materials for Na-ion batteries, Na$_3$(VO$_{1-x}$PO$_4$)$_2$F$_{1+2x}$(0≤x≤1): Combined first-principles and experimental study[J]. Advanced Functional Materials, 2014, 24(29): 4603 – 4614.

[120] Le Meins J M, Crosnier Lopez M P, Hemon Ribaud A, et al. Phase transitions in the Na$_3$M$_2$(PO$_4$)$_2$F$_3$ family (M = Al$^{3+}$, V$^{3+}$, Cr$^{3+}$, Fe$^{3+}$, Ga$^{3+}$): Synthesis, thermal, structural, and magnetic studies[J]. Journal of Solid State Chemistry, 1999, 148(2): 260 – 277.

[121] Bianchini M, Brisset N, Fauth F, et al. Na$_3$V$_2$(PO$_4$)$_2$F$_3$ revisited: A high-resolution diffraction study[J]. Chemistry of Materials, 2014, 26(14): 4238 – 4247.

[122] Bianchini M, Fauth F, Brisset N, et al. Comprehensive investigation of the Na$_3$V$_2$(PO$_4$)$_2$F$_3$–NaV$_2$(PO$_4$)$_2$F$_3$ system by operando high resolution synchrotron X-ray diffraction[J]. Chemistry of Materials, 2015, 27(8): 3009 – 3020.

[123] Liu Z, Hu Y Y, Dunstan M T, et al. Local structure and dynamics in the Na ion battery positive electrode material Na$_3$V$_2$(PO$_4$)$_2$F$_3$[J]. Chemistry of Materials, 2014, 45(28): 2513 – 2521.

[124] Yan G, Mariyappan S, Rousse G, et al. Higher energy and safer sodium ion batteries via an electrochemically made disordered Na$_3$V$_2$(PO$_4$)$_2$F$_3$ material[J]. Nature Communications, 2019, 10(1): 585.

[125] Ellis B L, Makahnouk W, Makimura Y, et al. A multifunctional 3.5 V iron-based phosphate cathode for rechargeable batteries[J]. Nature Materials, 2007, 6(10): 749 – 753.

[126] Li Q, Liu Z, Zheng F, et al. Identifying the structural evolution of the Na-ion battery NaFePOF Cathode[J]. Angewandte Chemie, 2018, 57: 11918 – 11923.

[127] Ellis B L, Makahnouk W, Rowan-Weetaluktuk W N, et al. Crystal structure and electrochemical properties of $A_2MPO_4F$ fluorophosphates ( A = Na, Li; M = Fe, Mn, Co, Ni)[J]. Chemistry of Materials, 2010, 22(3): 1059 – 1070.

[128] Kubota K, Yokoh K, Yabuuchi N, et al. $Na_2CoPO_4F$ as a high-voltage electrode material for Na-ion batteries[J]. Electrochemistry, 2014, 82(10): 909 – 911.

[129] Recham N, Chotard J N, Dupont L, et al. Ionothermal synthesis of sodium-based fluorophosphate cathode materials[J]. Journal of the Electrochemical Society, 2009, 156(12): A993 – A999.

[130] Kim S W, Seo D H, Kim H, et al. A comparative study on $Na_2MnPO_4F$ and $Li_2MnPO_4F$ for rechargeable battery cathodes [J]. Physical Chemistry Chemical Physics, 2012, 14: 3299 – 3303.

[131] Wood S M, Eames C, Kendrick E, et al. Sodium ion diffusion and voltage trends in phosphates $Na_4M_3(PO_4)_2P_2O_7$ (M = Fe, Mn, Co, Ni) for possible high-rate cathodes [J]. Journal of Physical Chemistry C, 2015, 119(28): 15935 – 15941.

[132] Kosova N V, Belotserkovsky V A. Sodium and mixed sodium/lithium iron ortho-pyrophosphates: Synthesis, structure and electrochemical properties[J]. Electrochimica Acta, 2018, 278: 182 – 195.

[133] Pu X, Wang H, Yuan T, et al. $Na_4Fe_3(PO_4)_2P_2O_7/C$ nanospheres as low-cost, high-performance cathode material for sodium-ion batteries [J]. Energy Storage Materials, 2019, 22: 330 – 336.

[134] Yuan T, Wang Y, Zhang J, et al. 3D graphene decorated $Na_4Fe_3(PO_4)_2(P_2O_7)$ microspheres as low-cost and high-performance cathode materials for sodium-ion batteries[J]. Nano Energy, 2019, 56: 160 – 168.

[135] Chen M, Hua W, Xiao J, et al. NASICON-type air-stable and all-climate cathode for sodium-ion batteries with low cost and high-power density[J]. Nature Communications, 2019, 10(1): 1480.

[136] Ma X, Wu X, Shen P K. Rational design of $Na_4Fe_3(PO_4)_2(P_2O_7)$ nanoparticles embedded in graphene: Toward fast sodium storage through the pseudocapacitive effect [J]. ACS Applied Energy Materials, 2018, 1: 6268 – 6278.

[137] Ma X, Pan Z, Wu X, et al. $Na_4Fe_3(PO_4)_2(P_2O_7)$@$NaFePO_4$@C core-double-shell architectures on carbon cloth: A high-rate, ultrastable, and flexible cathode for sodium ion batteries[J]. Chemical Engineering Journal, 2019, 365: 132 – 141.

[138] Zarrabeitia M, Ja'uregui M, Sharma N, et al. $Na_4Co_3(PO_4)_2P_2O_7$ through correlative operando X-ray diffraction and electrochemical impedance spectroscopy[J]. Chemistry of Materials, 2019, 31(14): 5152 – 5159.

[139] Moriwake H, Kuwabara A, Fisher C A, et al. Crystal and electronic structure changes during the charge-discharge process of $Na_4Co_3(PO_4)_2P_2O_7$[J]. Journal of Power Sources, 2016, 326: 220 – 225.

[140] Liu X, Tang L, Li Z, et al. An Al-doped high voltage cathode of $Na_4Co_3(PO_4)_2P_2O_7$

enabling highly stable 4 V full sodium-ion batteries[J]. Journal of Materials Chemistry A, 2019, 7(32): 18940 – 18949.

[141] Zhang S, Deng C, Meng Y. Bicontinuous hierarchical $Na_7V_4(P_2O_7)_4(PO_4)/C$ nanorod-graphene composite with enhanced fast sodium and lithium ions intercalation chemistry[J]. Journal of Materials Chemistry A, 2014, 2(48): 20538 – 20544.

[142] Kovrugin V, Chotard J N, Fauth F, et al. Structural and electrochemical studies of novel $Na_7V_3Al(P_2O_7)_4(PO_4)$ and $Na_7V_2Al_2(P_2O_7)_4(PO_4)$ high-voltage cathode materials for Na-ion batteries[J]. Journal of Materials Chemistry A, 2017, 5: 14365 – 14376.

[143] Pan W, Guan W, Liu S, et al. $Na_2Fe(SO_4)_2$: An anhydrous 3.6 V, low-cost and good-safety cathode for a rechargeable sodium-ion battery[J]. Journal of Materials Chemistry A, 2019, 7(21): 13197 – 13204.

[144] Dwibedi D, Gond R, Dayamani A, et al. $Na_{2.32}Co_{1.84}(SO_4)_3$ as a new member of the alluaudite family of high-voltage sodium battery cathodes[J]. Dalton Transactions, 2017, 46(1): 55 – 63.

[145] Dwibedi D, Araujo R B, Chakraborty S, et al. $Na_{2.44}Mn_{1.79}(SO_4)_3$: A new member of the alluaudite family of insertion compounds for sodium ion batteries[J]. Journal of Materials Chemistry A, 2015, 3(36): 18564 – 18571.

[146] Bejaoui A, Souamti A, Kahlaoui M, et al. Spectroscopic investigations on vanthoffite ceramics partially doped with cobalt[J]. Ionics, 2018, 24: 2867 – 2875.

[147] Watcharatharapong T, T-Thienprasert J, Barpanda P, et al. Mechanistic study of Na-ion diffusion and small polaron formation in Krhnkite $Na_2Fe(SO_4)_2 \cdot 2H_2O$ based cathode materials[J]. Journal of Materials Chemistry A, 2017, 5(41): 21726 – 21739.

[148] Barpanda P, Oyama G, Ling C D, et al. Kröhnkite-type $Na_2Fe(SO_4)_2 \cdot 2H_2O$ as a Novel 3.25 V insertion compound for Na-ion batteries[J]. Chemistry of Materials, 2014, 26(3): 1297 – 1299.

[149] Chen M, Cortie D, Hu Z, et al. A novel graphene oxide wrapped $Na_2Fe_2(SO_4)_3/C$ cathode composite for long life and high energy density sodium-ion batteries[J]. Advanced Energy Materials, 2018, 8(27): 1800944.

[150] Liu Y, Rajagopalan R, Wang E, et al. Insight into the multi-role of graphene in preparation of high performance $Na_{2+2x}Fe_{2-x}(SO_4)_3$ cathodes[J]. ACS Sustainable Chemistry & Engineering, 2018, 6(12): 16105 – 16112.

[151] Recham N, Chotard J N, Dupont C, et al. A 3.6 V lithium-based fluorosulphate insertion positive electrode for lithium-ion batteries[J]. Nature Materials, 2010, 9(1): 68 – 74.

[152] Barpanda P, Chotard J N, Recham N, et al. Structural, transport, and electrochemical investigation of novel $AMSO_4F$ (A = Na, Li; M = Fe, Co, Ni, Mn) metal fluorosulphates prepared using low temperature synthesis routes[J]. Inorganic

Chemistry, 2010, 49(16): 7401-7413.

[153] Tripathi R, Gardiner G R, Islam M S, et al. Alkali-ion conduction paths in LiFeSO$_4$F and NaFeSO$_4$F tavorite-type cathode materials[J]. Chemistry of Materials, 2011, 23(8): 2278-2284.

[154] Rousse G, Tarascon J M. Sulfate-based polyanionic compounds for Li-ion batteries: Synthesis, crystal chemistry, and electrochemistry aspects[J]. Chemistry of Materials, 2014, 26(1): 394-406.

[155] Bianchini F, Fjellvåg H, Vajeeston P. First-principles study of the structural stability and electrochemical properties of Na$_2$MSiO$_4$(M = Mn, Fe, Co and Ni) polymorphs [J]. Physical Chemistry Chemical Physics, 2017, 19(22): 14462-14470.

[156] Yu S, Hu J Q, Hussain M B, et al. Structural stabilities and electrochemistry of Na$_2$FeSiO$_4$ polymorphs: First-principles calculations [J]. Journal of Solid State Electrochemistry, 2018, 22(7): 2237-2245.

[157] Zhu L, Zeng Y R, Wen J, et al. Structural and electrochemical properties of Na$_2$FeSiO$_4$ polymorphs for sodium-ion batteries[J]. Electrochimica Acta, 2018, 292: 190-198.

[158] Ali B, Ur-Rehman A, Ghafoor F, et al. Interconnected mesoporous Na$_2$FeSiO$_4$ nanospheres supported on carbon nanotubes as a highly stable and efficient cathode material for sodium-ion battery[J]. Journal of Power Sources, 2018, 396: 467-475.

[159] Kuganathan N, Chroneos A. Defects, dopants and sodium mobility in Na$_2$MnSiO$_4$[J]. Scientific reports, 2018, 8(1): 14669.

[160] Zhang D, Ding Z, Yang Y, et al. Fabricating 3D ordered marcoporous Na$_2$MnSiO$_4$/C with hierarchical pores for fast sodium storage[J]. Electrochimica Acta, 2018, 269: 694-699.

[161] Law M, Ramar V, Balaya P. Na$_2$MnSiO$_4$ as an attractive high capacity cathode material for sodium-ion battery[J]. Journal of Power Sources, 2017, 359: 277-284.

[162] Renman V, Valvo M, Tai C W, et al. Manganese pyrosilicates as novel positive electrode materials for Na-ion batteries [J]. Sustainable Energy & Fuels, 2018, 2(5): 941-945.

[163] Treacher J C, Wood S M, Islam M S, et al. Na$_2$CoSiO$_4$ as a cathode material for sodium-ion batteries: Structure, electrochemistry and diffusion pathways[J]. Physical Chemistry Chemical Physics, 2016, 18(48): 32744-32752.

[164] Li H, Xu M, Gao C, et al. Highly efficient, fast and reversible multi-electron reaction of Na$_3$MnTi(PO$_4$)$_3$ cathode for sodium-ion batteries [J]. Energy Storage Materials, 2020, 26: 325-333.

[165] Wu X, Wu C, Wei C, et al. Highly crystallized Na$_2$CoFe(CN)$_6$ with suppressed lattice defects as superior cathode material for sodium-ion batteries[J]. ACS Applied Materials & Interfaces, 2016, 8(8): 5393-5399.

[166] Wu X, Deng W, Qian J, et al. Single-crystal FeFe(CN)$_6$ nanoparticles: A high

capacity and high rate cathode for Na-ion batteries[J]. Journal of Materials Chemistry A, 2013, 1(35): 10130-10134.

[167] Wang B, Han Y, Wang X, et al. Prussian blue analogs for rechargeable batteries[J]. iScience, 2018, 3: 110-133.

[168] You Y, Wu X L, Yin Y X, et al. A zero-strain insertion cathode material of nickel ferricyanide for sodium-ion batteries[J]. Journal of Materials Chemistry A, 2013, 1(45): 14061-14065.

[169] Liu Y, Qiao Y, Zhang W, et al. Sodium storage in Na-rich $Na_xFeFe(CN)_6$ nanocubes [J]. Nano Energy, 2015, 12: 386-393.

[170] Wang L, Lu Y, Liu J, et al. A superior low-cost cathode for a Na-ion battery[J]. Angewandte Chemie, 2013, 52(7): 1964-1967.

[171] Sottmann J, Bernal F L M, Yusenko K V, et al. In operando synchrotron XRD/XAS investigation of sodium insertion into the Prussian blue analogue cathode material $Na_{1.32}Mn[Fe(CN)_4]_{0.83} \cdot zH_2O$[J]. Electrochimica Acta, 2016, 200: 305-313.

[172] Jo I H, Lee S M, Kim H S, et al. Electrochemical properties of $Na_xMnFe(CN)_6 \cdot zH_2O$ synthesized in a Taylor-Couette reactor as a Na-ion battery cathode material[J]. Journal of Alloys and Compounds, 2017, 729: 590-596.

[173] Song J, Wang L, Lu Y, et al. Removal of interstitial $H_2O$ in hexacyanometallates for a superior cathode of a sodium-ion battery[J]. Journal of the American Chemical Society, 2015, 137(7): 2658-2664.

[174] Lee H W, Wang R Y, Pasta M, et al. Manganese hexacyanomanganate open framework as a high-capacity positive electrode material for sodium-ion batteries[J]. Nature communications, 2014, 5(1): 5280.

[175] You Y, Wu X L, Yin Y X, et al. High-quality Prussian blue crystals as superior cathode materials for room-temperature sodium-ion batteries[J]. Energy & Environmental Science, 2014, 7(5): 1643-1647.

[176] Huang Y, Xie M, Zhang J, et al. A novel border-rich Prussian blue synthetized by inhibitor control as cathode for sodium ion batteries[J]. Nano Energy, 2017, 39: 273-283.

[177] You Y, Yu X, Yin Y, et al. Sodium iron hexacyanoferrate with high Na content as a Na-rich cathode material for Na-ion batteries[J]. Nano research, 2015, 8(1): 117-128.

[178] Wang L, Song J, Qiao R, et al. Rhombohedral Prussian white as cathode for rechargeable sodium-ion batteries[J]. Journal of the American Chemical Society, 2015, 137(7): 2548-2554.

[179] Ren W, Qin M, Zhu Z, et al. Activation of sodium storage sites in Prussian blue analogues via surface etching[J]. Nano Letters, 2017, 17(8): 4713-4718.

[180] Jiao S, Tuo J, Xie H, et al. The electrochemical performance of $Cu_3[Fe(CN)_6]_2$ as a cathode material for sodium-ion batteries[J]. Materials Research Bulletin, 2017,

86: 194-200.

[181] Xie M, Huang Y, Xu M, et al. Sodium titanium hexacyanoferrate as an environmentally friendly and low-cost cathode material for sodium-ion batteries[J]. Journal of Power Sources, 2016, 302: 7-12.

[182] Fu H, Liu C, Zhang C, et al. Enhanced storage of sodium ions in Prussian blue cathode material through nickel doping[J]. Journal of Materials Chemistry A, 2017, 5(20): 9604-9610.

[183] Xie M, Xu M, Huang Y, et al. $Na_2Ni_xCo_{1-x}Fe(CN)_6$: A class of Prussian blue analogs with transition metal elements as cathode materials for sodium ion batteries[J]. Electrochemistry Communications, 2015, 59: 91-94.

[184] Yang D, Xu J, Liao X Z, et al. Structure optimization of Prussian blue analogue cathode materials for advanced sodium ion batteries[J]. Chemical Communications, 2014, 50(87): 13377-13380.

[185] Moritomo Y, Urase S, Shibata T. Enhanced battery performance in manganese hexacyanoferrate by partial substitution[J]. Electrochimica Acta, 2016, 210: 963-969.

[186] Jiang X, Liu H, Song J, et al. Hierarchical mesoporous octahedral $K_2Mn_{1-x}Co_xFe(CN)_6$ as a superior cathode material for sodium-ion batteries[J]. Journal of Materials Chemistry A, 2016, 4(41): 16205-16212.

[187] Wessells C D, Peddada S V, Huggins R A, et al. Nickel hexacyanoferrate nanoparticle electrodes for aqueous sodium and potassium ion batteries[J]. Nano Letters, 2011, 11(12): 5421-5425.

[188] Li W, Zhang F, Xiang X, et al. High-efficiency Na-storage performance of a nickel-based ferricyanide cathode in high-concentration electrolytes for aqueous sodium-ion batteries[J]. ChemElectroChem, 2017, 4(11): 2870-2876.

[189] Wessells C D, McDowell M T, Peddada S V, et al. Tunable reaction potentials in open framework nanoparticle battery electrodes for grid-scale energy storage[J]. ACS Nano, 2012, 6(2): 1688-1694.

[190] Wu X, Cao Y, Ai X, et al. A low-cost and environmentally benign aqueous rechargeable sodium-ion battery based on $NaTi_2(PO_4)_3$-$Na_2NiFe(CN)_6$ intercalation chemistry[J]. Electrochemistry Communications, 2013, 31: 145-148.

[191] Wu X Y, Sun M Y, Shen Y F, et al. Energetic aqueous rechargeable sodium-ion battery based on $Na_2CuFe(CN)_6$-$NaTi_2(PO_4)_3$ intercalation chemistry[J]. ChemSusChem, 2014, 7(2): 407-411.

[192] Jiang P, Shao H Z, Chen L, et al. Ion-selective copper hexacyanoferrate with an open-framework structure enables high-voltage aqueous mixed-ion batteries[J]. Journal of Materials Chemistry A, 2017, 5(32): 16740-16747.

[193] Buser H J, Schwarzenbach D, Petter W, et al. The crystal structure of Prussian blue: $Fe_4[Fe(CN)_6]_3 \cdot xH_2O$[J]. Inorganic chemistry, 1977, 16(11): 2704-2710.

[194] Wu X, Luo Y, Sun M, et al. Low-defect Prussian blue nanocubes as high capacity and long life cathodes for aqueous Na-ion batteries[J]. Nano Energy, 2015, 13: 117-123.

[195] Zhou L, Yang Z K, Li C Y, et al. Prussian blue as positive electrode material for aqueous sodium-ion capacitor with excellent performance[J]. RSC Advances, 2016, 6(111): 109340-109345.

[196] Wu X, Sun M, Guo S, et al. Vacancy-free Prussian blue nanocrystals with high capacity and superior cyclability for aqueous sodium-ion batteries[J]. ChemNanoMat, 2015, 1(3): 188-193.

[197] Nakamoto K, Sakamoto R, Ito M, et al. Effect of concentrated electrolyte on aqueous sodium-ion battery with sodium manganese hexacyanoferrate cathode [J]. Electrochemistry, 2017, 85(4): 179-185.

[198] Lee J H, Ali G, Kim D H, et al. Metal-organic framework cathodes based on a vanadium hexacyanoferrate Prussian blue analogue for high-performance aqueous rechargeable batteries[J]. Advanced Energy Materials, 2017, 7(2): 1601491.

[199] Asakura D, Okubo M, Mizuno Y, et al. Fabrication of a cyanide-bridged coordination polymer electrode for enhanced electrochemical ion storage ability[J]. The Journal of Physical Chemistry C, 2012, 116(15): 8364-8369.

[200] Wessells C D, Huggins R A, Cui Y. Copper hexacyanoferrate battery electrodes with long cycle life and high power[J]. Nature Communications, 2011, 2(1): 550.

[201] Wu F, Yushin G. Conversion cathodes for rechargeable lithium and lithium-ion batteries[J]. Energy & Environmental Science, 2017, 10(2): 435-459.

[202] Root M J, Dumas R, Yazami R, et al. The effect of carbon starting material on carbon fluoride synthesized at room temperature: Characterization and electrochemistry[J]. Journal of the Electrochemical Society, 2001, 148(4): A339-A345.

[203] Arai H, Okada S, Sakurai Y, et al. Cathode performance and voltage estimation of metal trihalides[J]. Journal of Power Sources, 1997, 68(2): 716-719.

[204] Badway F, Pereira N, Cosandey F, et al. Carbon-metal fluoride nanocomposites: Structure and electrochemistry of $FeF_3$: C[J]. Journal of the Electrochemical Society, 2003, 150(9): A1209-A1218.

[205] Fukuda M, Iijima T, Collins D H. Power Sources[M]. New York: Academic Press, 1975.

[206] Yazami R, Hamwi A. A new graphite fluoride compound as electrode material for lithium intercalation in solid state cells[J]. Solid State Ionics, 1988, 28: 1756-1761.

[207] Liu W, Li H, Xie J Y, et al. Rechargeable room-temperature $CF_x$-sodium battery[J]. ACS Applied Materials & Interfaces, 2014, 6(4): 2209-2212.

[208] Kim J, Kim H, Kang K. Conversion-based cathode materials for rechargeable sodium batteries[J]. Advanced Energy Materials, 2018, 8(17): 1702646.

[209] Rao F, Wang Z, Xu B, et al. First-principles study of lithium and sodium atoms intercalation in fluorinated graphite[J]. Engineering, 2015, 1(2): 243-246.

[210] Zhang L G, Ji S M, Yu L T, et al. Amorphous $FeF_3$/C nanocomposite cathode derived from metal-organic frameworks for sodium ion batteries[J]. RSC Advances, 2017, 7(39): 24004-24010.

[211] Bao T T, Zhong H, Zheng H Y, et al. One-pot synthesis of $FeF_3$/graphene composite for sodium secondary batteries[J]. Materials Letters, 2015, 158: 21-24.

[212] Guntlin C P, Zünd T, Kravchyk K V, et al. Nanocrystalline $FeF_3$ and $MF_2$(M=Fe, Co, and Mn) from metal trifluoroacetates and their Li(Na)-ion storage properties[J]. Journal of Materials Chemistry A, 2017, 5(16): 7383-7393.

[213] Li C L, Yin C L, Mu X K, et al. Top-down synthesis of open framework fluoride for lithium and sodium batteries[J]. Chemistry of Materials, 2013, 25(6): 962-969.

[214] 曹敦平,尹从岭,张金仓,等.钨青铜相和烧绿石相氟化铁作为锂/钠电池正极材料[J].科学通报,2017,62(9):897-907.

[215] Wei S Y, Wang X Y, Jiang M L, et al. The $FeF_3 \cdot 0.33H_2O$/C nanocomposite with open mesoporous structure as high-capacity cathode material for lithium/sodium ion batteries[J]. Journal of Alloys and Compounds, 2016, 689: 945-951.

[216] Shen Y Q, Wang X Y, Hu H, et al. A graphene loading heterogeneous hydrated forms iron based fluoride nanocomposite as novel and high-capacity cathode material for lithium/sodium ion batteries[J]. Journal of Power Sources, 2015, 283: 204-210.

[217] Gocheva I D, Nishijima M, Doi T, et al. Mechanochemical synthesis of $NaMF_3$(M=Fe, Mn, Ni) and their electrochemical properties as positive electrode materials for sodium batteries[J]. Journal of Power Sources, 2009, 187(1): 247-252.

[218] Yamada Y, Doi T, Tanaka I, et al. Liquid-phase synthesis of highly dispersed $NaFeF_3$ particles and their electrochemical properties for sodium-ion batteries[J]. Journal of Power Sources, 2011, 196(10): 4837-4841.

[219] Dimov N, Nishimura A, Chihara K, et al. Transition metal $NaMF_3$ compounds as model systems for studying the feasibility of ternary Li-MF and Na-MF single phases as cathodes for lithium-ion and sodium-ion batteries[J]. Electrochimica Acta, 2013, 110: 214-220.

[220] Kong M H, Liu K H, Ning J Y, et al. Perovskite framework $NH_4FeF_3$/carbon composite nanosheets as a potential anode material for Li and Na ion storage[J]. Journal of Materials Chemistry A, 2017, 5(36): 19280-19288.

[221] Nava-Avendaño J, Arroyo-de Dompablo M E, Frontera C, et al. Study of sodium manganese fluorides as positive electrodes for Na-ion batteries[J]. Solid State Ionics, 2015, 278: 106-113.

[222] 刘雯.室温钠/氟化碳二次电池的研究[D].上海:复旦大学,2015.

[223] Shao Y, Yue H, Qiao R, et al. Synthesis and reaction mechanism of novel fluorinated

carbon fiber as a high-voltage cathode material for rechargeable Na batteries[J]. Chemistry of Materials, 2016, 28(4): 1026-1033.

[224] Liu W, Shadike Z, Liu Z C, et al. Enhanced electrochemical activity of rechargeable carbon fluorides-sodium battery with catalysts[J]. Carbon, 2015, 93: 523-532.

[225] Liu W, Li Y, Zhan B X, et al. Amorphous, highly disordered carbon fluorides as a novel cathode for sodium secondary batteries[J]. The Journal of Physical Chemistry C, 2016, 120(44): 25203-25209.

[226] Liu W, Zhan B X, Shi B, et al. Sandwich-like structure of carbon fluoride/graphene oxide/polyacrylonitrile cathode for lithium and sodium batteries[J]. ChemElectroChem, 2017, 4(2): 436-440.

[227] Liu W, Wang Y, Li Y, et al. Long-life sodium/carbon fluoride batteries with flexible, binder-free fluorinated mesocarbon microbead film electrodes[J]. Chemical Communications, 2018, 54(19): 2341-2344.

[228] Liu W, Guo R, Wang Y, et al. A low-overpotential sodium/fluorinated graphene battery based on silver nanoparticles as catalyst[J]. Journal of Colloid and Interface Science, 2020, 565: 70-76.

# 第3章 钠离子电池负极材料

通常地,负极材料在钠离子电池中并不提供钠离子源,但是起着承载/释放来源于正极中的钠离子的作用。根据材料针对钠离子的存储和释放特性,负极材料常常可以分为嵌入/脱出型材料(碳类)、合金型材料(例如Sn基负极、P基负极)、转化型材料(硫化物)等。本章就已研究的应用于钠离子电池中的负极材料逐一做介绍。

## 3.1 碳材料

在已报道的钠离子电池负极材料中,碳材料由于资源丰富,成本低,稳定性好,无毒且安全性高,被认为是最有吸引力的候选材料之一。从自身晶格结构的有序度出发,可以将碳材料划分为石墨化碳和非石墨化碳。与锂离子电池不同,石墨负极在常用的碳酸酯类电解液中难以与钠离子形成一阶稳定的插层化合物,所以其储钠容量很低。虽然通过一些手段,如扩大层间距或者采用醚类电解液等可以有效提升石墨的储钠容量,但是综合考虑带来的负面效应,如充放电过程中过大的体积变化和电解液与正极的兼容性,仍不足以让石墨类材料在钠离子电池中实际应用。

目前已成功应用于钠离子电池负极的碳类材料主要是非石墨化碳材料,即硬碳和软碳。根据进一步石墨化的可能性,将可以在3 000℃时可转化为石墨的碳分类为软碳,将始终保持无序结构的碳分为硬碳。碳前驱体的性质对石墨化有重要影响,热解芳烃类前驱体往往会获得高石墨化度碳材料。而难石墨化的硬碳可以从热解生物质、糖类或者高分子聚合物中获得。在本节中,将对目前应用于钠离子电池的碳类材料进行总结和讨论,包括不同种类碳材料的钠存储性能以及相应的钠存储机理。表3.1为目前用作钠离子电池负极材料的碳类材料的性能对比。

表 3.1 不同碳种类研究现状

性能数据为：比能量/(mA·h·g$^{-1}$)；循环次数/次；电流密度/(mA·g$^{-1}$) [1-10]

| 材料种类 | 电解液 | 电压范围/V | 性能 | 参考文献 |
| --- | --- | --- | --- | --- |
| 天然石墨 | 1 M * NaPF$_6$/DEGDME(-) | 0.01~3.00 | 150/2 500/100 | [1] |
| 碳纳米片 | 1 M NaClO$_4$/(EC/DEC,1:1) | 0.01~3.00 | 255/210/100 | [2] |
| 软碳 | 1 M NaPF$_6$/(EC/DEC,1:1) | 0.01~2.00 | 114/300/1 000 | [3] |
| N-多孔碳 | 1 M NaClO$_4$/PC(-) | 0.01~3.00 | 243/100/50 | [4] |
| 空心碳纳米球 | 1 M NaClO$_4$/PC(-) | 0.01~3.00 | 160/100/100 | [5] |
| 硬碳微球 | 1 M NaClO$_4$/(EC/DEC,1:1) | 0.01~3.00 | 290/100/30 | [6] |
| 硬碳 | 1 M NaClO$_4$/(EC/DEC,1:1) | 0.01~2.5 | 196/200/100 | [7] |
| 软硬复合碳 | 1 M NaClO$_4$/(EC/DEC,1:1) | 0.01~2.5 | 191/100/150 | [8] |
| 硬碳微管 | 0.8 M NaPF$_6$/(EC/DMC,1:1) | 0.01~2.5 | 305/100/30 | [9] |
| 无定形碳 | 1 M NaPF$_6$/(EC/DMC,1:1) | 0.01~3.00 | 190/200/300 | [10] |

## 3.1.1 硬碳及其储钠机理

与石墨不同，典型的硬碳没有长程有序的结构。其内部主要包含三个典型区域，即随机分布的石墨化微区、扭曲的石墨烯片层和在这两个区域之间的纳米空隙。由于其前驱体的交联结构，在高温热解过程中出现的石墨片层会倾向形成湍流状的纳米微晶。这些区域的石墨烯片层数通常在 2~5 层，随着温度的升高堆叠的层数也会进一步上升。而这些随机分散和交联的石墨微区会抑制石墨化过程并保持硬碳的非晶结构。在 XRD 图谱中可以观察到位于 24.8°和 43.8°附近的两个宽峰，这与(002)和(100)的晶面有关。此外，在硬碳材料的拉曼光谱中，在约 1 350 cm$^{-1}$(D 带)和约 1 580 cm$^{-1}$(G 带)处有两个特征峰，它们分别与缺陷/无序和有序的石墨结构有关。D 带与 G 带的强度比($I_D/I_G$)可用于评估硬碳材料的无序度。

作为最具潜力的钠离子电池负极材料，硬碳的储钠机理还存在一定争议。其嵌/脱钠电化学曲线由高电位区域中的斜坡段和低电位区域中的平台区组成。2000 年，Dahn 和 Stevens 通过对热解葡萄糖所得到的硬碳材料进行研究，首次提出了嵌入-吸附的储钠机理[11]，如图 3.1(a)、(b)。基于硬碳在锂离子电池中的储锂机制，研究者建立了"纸牌屋"模型去描述储钠过程[图 3.1(c)]，即假设硬碳由许多微晶碳层组成，一部分碳层平行排列构成石墨微晶域，而其他碳层无序分散，形成纳米级微孔域。高电势范围内的斜坡和在低电势范围内的平台可以分别归因于 Na$^+$ 插入碳夹层中，以及 Na$^+$ 在随

---

\* M 即 mol/L。

机堆叠层之间的微孔中的吸附[图3.1(d)]。而后,他们使用原位X射线散射进一步探索了硬碳中的钠/锂存储行为,证实了$Na^+$和$Li^+$离子在碳层间的嵌入。随着离子的嵌入,碳层间距也在不断增大[12]。

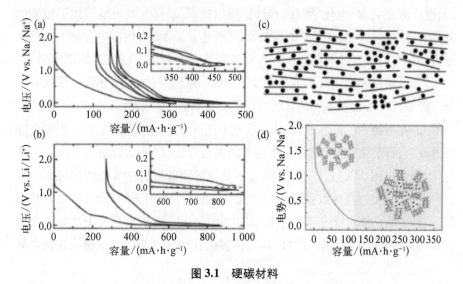

**图3.1 硬碳材料**

(a)储钠、(b)储锂电化学曲线;(c)纸牌屋机理模型;(d)硬碳嵌入-吸附机理[11,12]

但随着研究的继续深入,研究人员发现这种储钠机理有待进一步优化。例如,对于一些具有丰富微孔的硬碳,在平台区域观察到的容量较低,并且随着微孔体积的减小和石墨化程度的增加,平台容量会逐渐增加。这与嵌入-吸附机理在一定程度上是相悖的。因此,需要一种新的储钠机制来理解硬碳材料的储钠过程。

2012年,Cao等对热解聚苯胺获得的中空碳纳米线(hollow carbon nanowires, HCNW)的钠和锂储存行为进行研究[13]。他们发现HCNW在钠离子电池中的电化学行为与在锂离子电池中的电化学行为明显不同。HCNW在低电势区域的电化学储钠行为类似石墨的储锂过程,对应钠离子的嵌入;而高电压区域中的电化学反应则与石墨微区表面上的电荷转移有关。进一步,通过对碳层间的吸引力(范德华相互作用)与$Na^+$和碳之间的排斥作用进行平衡理论模拟后,表明$NaC_6$的平衡晶面间距为0.37 nm[图3.2(a)],$Na^+$插入石墨中间层的能量为0.12 eV,这比室温下的热波动能量(0.025 7 eV)大得多。因此,他们指出,放电曲线的斜坡区域对应钠离子在石墨微区表面的吸附,而平台区域则对应钠离子在纳米碳中间层中的插入,碳层的层间距至少为

0.37 nm 以容纳钠离子的嵌入。2017 年,为进一步了解钠的存储过程,Cao 等通过在 900℃、1 100℃、1 300℃和 1 500℃的温度下碳化纤维素前驱体,合成了一系列结构可控的硬碳材料[14]。结合原位 X 射线衍射,原位核磁共振,电子顺磁共振,电化学测试和计算模拟技术,研究者系统地评估了硬碳的电化学特性与结构演变之间的相关性,最终建立了 $Na^+$ 在硬碳中存储的"吸附-嵌入"机制[图 3.2(b)],并得到了大多数学者的公认。在最初的固溶阶段,$Na^+$ 分布吸附在硬碳内石墨微晶表面和边缘的缺陷部位,从而导致电压曲线倾斜。随后,$Na^+$ 将会插入到具有适当间距的石墨碳层中,以生成 $NaC_x$ 化合物,这类似 $Li^+$ 在石墨中的嵌入过程,从而在低电压区域产生平坦的平台。当碳化温度升高时,石墨化程度会提高,碳层间距也会降低,微孔的数量逐渐减少。从电化学曲线(图 3.2c)可以看出,高温下获得的硬碳材料在低电势区域具有较高的容量(温度过高导致碳层间距降低过多不利于钠离子的嵌入,导致容量下降),这表明平台区域应与 $Na^+$ 插入碳中间层有关,而不是对应于钠离子在微孔或纳米空隙中的存储。此外,具有许多微孔的活性炭的电压曲线在低电势

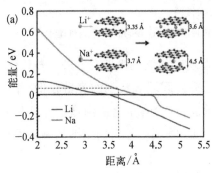

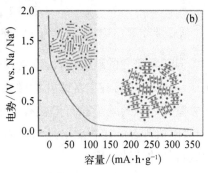

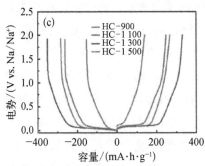

图 3.2 碳材料储钠与储锂形为研究

(a) 钠离子和锂离子嵌入碳层的理论能量计算[13];(b) 吸附-嵌入模型;(c) 不同温度热解的硬碳电化学曲线[14]

区域没有平台,也进一步证实了这种机制。最近,Sun 等发现随着热解温度的上升,具有不同石墨层间距范围的硬碳(0.36 nm 以下,0.36~0.4 nm 和 0.4 nm 以上)所对应的储钠机制有所不同,从而进一步完善了"吸附-嵌入"机制[15]。

Ghimbeu 等也报道了钠离子在硬碳中的存储机理以及与材料孔隙率,表面官能团结构和缺陷等特征的影响[16]。通过程序升温脱附结合质谱法,研究者对碳边缘缺陷有关的表面功能与活性面积进行了定量评估,表明氧基团的数量和活性表面积随着碳的减少而降低,而斜坡区域容量也随之下降。与此同时,他们也发现随着孔隙率的降低,平台区域的容量反而增加。除了孔隙率、表面官能团和缺陷等特征对硬碳的储钠行为有影响外,Ji 等深入研究了杂原子掺杂后的碳局部结构与容量性能之间的相关性。他们发现,同时掺杂 P 和 B 会产生更多的缺陷,在第一次嵌钠过程中增加斜坡区的储钠容量。而 S 和 P 掺杂均可增加石墨片之间的层间间距,并改善低电压区的储钠容量。计算结果进一步证明,与无缺陷的石墨烯材料相比,具有 P/B 掺杂和碳空位的碳材料与钠离子的结合能力更强,从而产生了相对较高的氧化电位[17]。

上述机理可以用来解释大多数硬碳的电化学行为,但是研究人员发现,在某些硬碳的储钠过程中,未观察到 $Na^+$ 嵌入碳中间层的行为。Tarascon 等系统地探索了硬碳纳米纤维(carbon nanofiber, CNF)的电化学储钠行为。这些碳纤维是通过在不同碳化温度(650~2 800℃)下热解聚丙烯腈(polyacrylonitrile PAN)纳米纤维所获得的。根据温度的变化,可以将碳化过程分为三个阶段:① 650~950℃,消除了杂原子和超微孔;② 1 000~2 000℃,石墨化微晶长大;③ 2 000~2 800℃,石墨化度明显提高,并形成微小介孔。三个过程的电化学行为如图 3.3(a)~(c)所示,其中 0.5 V 的平稳期归因于固体电解质界面(solid electrolyte interphase, SEI)膜的产生。对于阶段①的材料[图 3.3(a)],其电压曲线由高电位区域的准平台和中低电位区域的斜坡组成。高电势区域(>1.0 V)贡献了近 50%的充电容量。阶段②的材料电压曲线[图 3.3(b)]由一个倾斜区域(1.0~0.1 V)和一个平台区域(约 0.1 V)组成。对于具有高石墨化的阶段③材料(图 3.3),在首次电压曲线中看到两个分别位于 0.5 V 和 0.1 V 的长平台,而在随后的电压曲线中仅出现了一个长平台区[18]。通过考察相关硬碳材料的微观结构和对应的电化学行为,研究者提出 CNF 的储钠机理可分为三个阶段:① 钠离子吸附在引入杂原子所产生的缺陷上,这个过程发生在 1.0 V 以上;② 钠离子吸附在无序的石墨烯片层上,这与 1.0 V 和 0.1 V 之间的倾斜区域有关;③ 钠离子在介孔中的填充,这

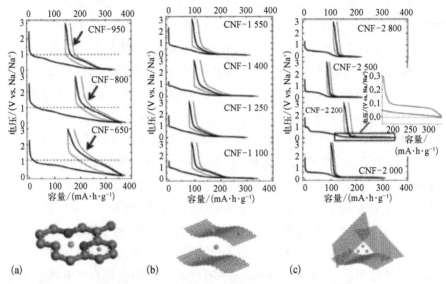

图 3.3　CNF 在三个阶段的电化学钠存储行为[18]

个过程发生在 0.1 V 左右。

如上所述,目前关于硬碳的储钠机理仍然存在一定争议,这可能是由于各异的前驱体与不同的合成条件造成其结构的多样性所导致的。但是硬碳的充放电曲线可划分为以电容主导和以扩散主导的两个不同区域,这一结论已得到了研究者的公认。因此,如何通过调控结构与形貌来构筑不同性能的硬碳材料是科研界与工业界研究的热点。

### 3.1.2　硬碳材料

硬碳作为钠离子电池中最具潜力的负极材料一直广受研究者的关注和研究。Doeff 小组于 1993 年首次报道了钠离子在非石墨碳内的储存性能,确认了 $Na^+$ 具有在硬碳中进行嵌入/脱出反应的能力,从而开辟了硬碳在钠离子电池中作负极材料的研究热潮[19]。2011 年,Fujiwara 等研究了 $Na^+$ 插入过程中硬碳的结构变化[20]。结果表明,当 $Na^+$ 连续插入电势低于 0.2 V 的硬碳中时,其结构的层间距会显著增加,同时伴随着 XRD 峰的位置移至更小的角度。此时多孔中空的结构逐渐成为硬碳研究的主流,其凭借内部更多的活性位点可以增加电极/电解质的接触面积,同时纳米级的薄壁也可以缩短 $Na^+$ 离子的扩散路径,有利于 $Na^+$ 的有效嵌入和脱出。2012 年,Tang 等通过使用聚苯乙烯乳胶和 D-葡萄糖作为碳前驱体制备了中空碳纳米球

(hollow carbon nanospheres, HCNSs)。在 50 mA·g$^{-1}$ 的电流密度下, HCNSs 电极具有 537 mA·h·g$^{-1}$ 和 223 mA·h·g$^{-1}$ 的首次放电和充电容量, 首次库伦效率为 41.5%, 在 5 A·g$^{-1}$ 和 10 A·g$^{-1}$ 的高电流密度下保持了 75 mA·h·g$^{-1}$ 和 50 mA·h·g$^{-1}$ 的可逆容量[5]。同年, Cao 等通过热解聚苯胺制备了空心纳米线(HCNWs), 并评估了其作为钠离子电池负极材料的电化学性能。在 50 mA·g$^{-1}$ 的电流密度下, HCNWs 电极的初始可逆容量为 251 mA·h·g$^{-1}$, 400 次循环后, 容量保持率可达到 82.2%[13]。

此外, 随着纳米技术的发展与应用, 也有一系列具有特殊结构的储钠碳材料被报道。Guo 等构造了类似三明治的分层多孔碳/石墨烯复合材料[G@HPC, 图 3.4(a)~(d)]以进一步提高非晶碳材料的钠储存性能[21]。该复合结构可以将层间间隔增大到约 0.42 nm, 同时保证多孔碳均匀地分散在石墨烯的两侧。夹层石墨烯可以作为快速的电子传输路径, 分层的多孔结构可以促进 Na$^+$ 的快速扩散, 而增大的层间距离有利于 Na$^+$ 离子的嵌入脱出[图 3.4(e)]。由于这些功能的协同作用, 该复合电极表现出出色的电化学钠存储性能[图 3.4(g)~(h)]。在 50 mA·g$^{-1}$ 的电流密度下具有 400 mA·h·g$^{-1}$ 的高可逆容量。

Ji 等设计了一种通过在高温下煅烧具有大量含氧官能团的碳量子点来制造 3D 多孔碳骨架(porous carbon framework, PCF)的新方法来制备钠离子电池负极材料。3D PCF 具有较大的比容量和超长的循环寿命。在 100 mA·g$^{-1}$ 的电流密度下 3D PCFs 电极的可逆容量为 356.1 mA·h·g$^{-1}$, 而在 10 000 mA·g$^{-1}$ 和 20 000 mA·g$^{-1}$ 的电流密度下仍保持 104 mA·h·g$^{-1}$ 和 90 mA·h·g$^{-1}$ 的容量[22]。Li 等通过一种简便的模板法在三维石墨烯泡沫(3D graphene nanowire, 3DGNW)上制备还原石墨烯纳米线, 由于 3DGNW 具有大量侧面暴露的边缘/孔, 扩大了石墨烯夹层间距以及石墨烯和石墨之间的快速钠离子扩散通道, 因此显示出优异的电化学性能。作为钠离子电池负极材料使用时, 3DGNW 电极可逆容量超过 301 mA·h·g$^{-1}$ [23]。

但是, 硬碳材料在作为钠离子电池负极的实用化过程中仍面临许多挑战, 其中主要包括: ① 纳米化设计的过大比表面积和结构缺陷会使得硬碳在循环过程中发生过多的副反应, 造成首次库伦效率下降, 循环性能衰减。首次库伦效率对于全电池是十分重要的参数, 因为全电池中活性钠离子的来源为含钠正极。负极低下的首次库伦效率会造成全电池中活性钠离子的损失, 从而降低电池的能量密度。② 不尽如人意的钠离子动力学行为使得

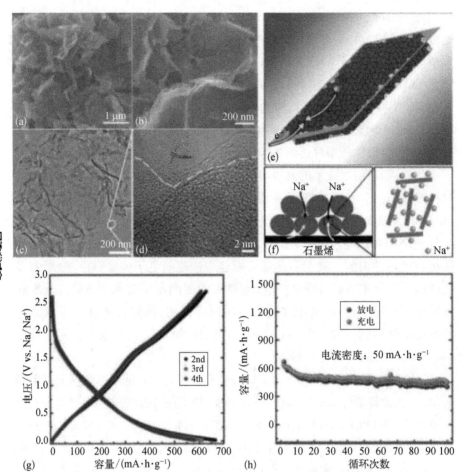

图 3.4 类似三明治的分层多孔碳/石墨烯复合材料[21]

其倍率性能受到了限制。相比锂离子,钠离子较大的半径使得其在材料中的迁移和输运受到限制。随着硬碳储钠机理研究的不断发展,人们发现可以通过调控其微观结构来改善硬碳材料的电化学性能。其基本原则为,在结构中引入更多的缺陷可以提升电化学曲线中的斜坡段容量在总容量中的占比,从而获得较好的倍率特性;而提升材料的有序度并减少缺陷,可以增加低电势平台段的容量占比,从而提高硬碳材料的首次库伦效率和总容量。

杂原子[例如氮(N)、硫(S)、磷(P)和硼(B)]掺杂,可以显著改善硬碳材料斜坡段的电化学性能表现,从而使材料表现出较好的倍率性能。研究表明,S 掺杂主要增加碳材料的层间距,B 掺杂主要提升石墨畴的面内缺陷,P 掺杂既可以提高层间距也可以提高缺陷浓度,N 掺杂可以产生本征缺陷和改变碳材料的固有电子态。在上述掺杂原子中,N、P 掺杂对于碳材料倍率性能的提升最为明显,因为它们能提供更多的 Na 离子吸附位点[17]。通常而言,掺杂的氮元素具有三种构型,分别为石墨型氮、吡咯氮和吡啶氮。后两种构型对 $Na^+$ 有更强的吸附作用且有利于碳材料电导率的提升,因而可以提升碳材料的储钠性能。Xie 课题组[24] 通过废旧电池回收的聚酰亚胺隔膜制备 N 掺杂的硬碳材料。由于材料中同时具有吡咯氮和吡啶氮,从而表现出优异的电化学性能。此外,有研究称掺 S 的硬碳材料具有很高的容量和极好的倍率性能。高容量源自 S 掺杂后的额外活性反应位置,提供了额外位置去吸收或者嵌入 Na 离子。改进的倍率性能归因于扩大的层间距离,这使 Na 离子更容易与碳结构进行嵌入/脱出[25]。但是需要注意的是,经由杂原子掺杂后的硬碳材料通常表现出较低的首次库伦效率,这主要是结构中缺陷过多所造成的副反应所导致的。因此,如何开发具有高倍率特性和低副反应的硬碳材料是十分具有挑战性的工作。

为了满足实际储能电池的需求,开发具有高首效和高稳定的硬碳材料也是研究的热点。减小硬碳材料的比表面积,降低其结构中的缺陷浓度以提升低电压的平台容量是有效的方法。Cao 等发现在前驱体热解过程中采用缓慢的升温速率($0.5℃ \cdot min^{-1}$)能够提升硬碳材料的结构有序度,从而获得高首次库伦效率(86.1%)和高可逆容量($360\ mA \cdot h \cdot g^{-1}$)[26]。此外,提高热解温度也能够增加硬碳结构中石墨微区的比例,从而改善有序度。但是过高的温度也会使得石墨微区过度生长,造成层间距的缩小,不利于钠离子的脱嵌。

针对硬碳材料的改性常常还通过电解液的调控来实现。调控电解液的配方可以减小材料表面的副反应,提高材料的库伦效率。例如,基于 EC 和 PC 溶剂的电解液(主盐为 1 M $NaClO_4$ 或 $NaPF_6$),由于 EC 可分解形成稳定的 SEI 层,从而使硬碳具有更好的容量保持率。而合适浓度的 DMC 会降低电解液的黏度,从而提高离子电导率,在循环后期时仍保持较低的电极极化[27,28]。此外对于负极而言,其表面的固体电解质界面(SEI)膜性质也会影响自身的性能。Li 等利用实验和理论相结合的方法研究了硬碳负极在锂离子和钠离子电池中所形成的 SEI 膜的不同特性[29]。结果表明,采用 10% 氟代碳酸亚乙酯(fluoroethylene carbonate,FEC)添加剂所形成的 SEI 膜对 $Li^+$ 的传输影响较小,但是对 $Na^+$ 在硬碳材料中的脱嵌有阻碍作用。因此,选择合适的溶剂、添加剂,以及获得稳定有效的 SEI 也是发挥硬碳材料电化学性能的重要因素。

### 3.1.3 软碳材料

另一种非石墨化碳——软碳主要来源于芳香族物质(如沥青、焦油)的热解。丰富易得的前驱体使得软碳具有成本优势。与硬碳相比,软碳结构中的石墨微区更为完整且石墨烯片层不易卷曲。随着热解温度上升,其整体结构向石墨化的有序结构进行转变。

软碳的储钠电化学曲线多呈现为一条斜线而不出现低电压的平台段[图 3.5(a)]。类比硬碳的储钠机理,曲线的斜坡段对应于钠离子的快速吸附/脱附,以电容性的容量贡献为主,因此软碳会表现出更为优异的倍率性能。Ji 等通过实验和理论模拟揭示了软碳的储钠机制,并通过原位 TEM 和 XRD 观察到其在储钠时的不可逆膨胀。软碳结构中区域缺陷较多,这解释了其整体的储钠电势比硬碳高。其次,钠离子插入软碳的石墨层域时,会发生局部的结构膨胀。这种膨胀是不可逆的,从而使一些钠离子被困在插入位置,形成"死钠"。首圈 0.55 V 的平台在随后的循环过程中消失[图 3.5(a)、(b)],其造成的不可逆容量也归因于钠离子嵌入膨胀而引起的不可逆结构破坏。原位选区电子衍射分析表明,在首次嵌钠之后软碳材料的(002)层间距由初始状态的 0.345 nm 扩展至 0.381 nm,但是在后续的脱钠过程中层间距没有变化,即使在第二次循环后仍是如此[图 3.6(a)~(e)][30]。

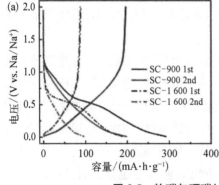
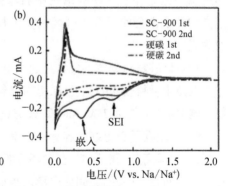

**图 3.5 软碳与硬碳材料的电化学储钠性能**

(a) 不同温度制备的软碳材料电化学曲线和(b) 软碳和硬碳材料的 CV 曲线

软碳的可逆容量取决于钠离子与区域缺陷的可逆结合。为了进一步提高软碳的储钠容量,未来研究应当重点着眼于增加区域缺陷数量,同时保持平均(002)层间距在一个合适的区间,避免因首次结构膨胀造成过多的不可

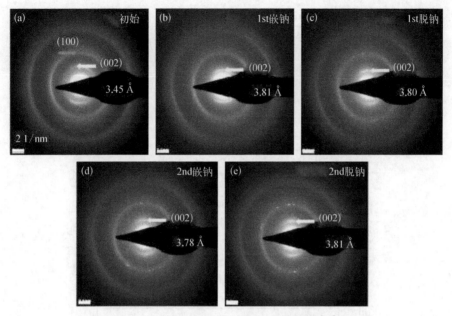

图 3.6 软碳材料原位 TEM、SAED 图谱[30]

逆损失。最近,Yao 等合成了具有高缺陷浓度的软碳纳米片,其(002)层间距为 0.35 nm。将其作为钠离子电池负极表现出高储钠容量(232 mA·h·g$^{-1}$)和优秀的倍率性能(1 A·g$^{-1}$电流密度下容量为 103 mA·h·g$^{-1}$)[31]。

## 3.2 第五主族化合物

在钠离子电池负极材料中,磷和磷化物因其储量丰富、成本低、环境友好和较高的比容量(2 596 mA·h·g$^{-1}$)而备受关注。单质磷包括白磷、红磷和黑磷等。白磷由于化学性质不稳定,在空气中易自燃,不宜用作电极材料。红磷稳定性优于白磷,作为负极材料,在锂离子电池和钠离子电池中已经受到广泛研究,但其电导率较低(1×10$^{-14}$ S·cm$^{-1}$),需要与其他材料复合来提升循环和倍率性能。黑磷是三种单质磷中最稳定的一种,且电导率高于红磷,但制备工艺复杂、成本高,不利于商品化。

目前单质磷的储钠机制仍不清楚,多认为是一个多步的反应过程[32]。Morris 课题组通过理论计算,采用从头随机结构搜索(ab initio random structure searching,AIRSS)算法证实了单质磷多步储钠的反应历程,如图 3.7 所示[33]。

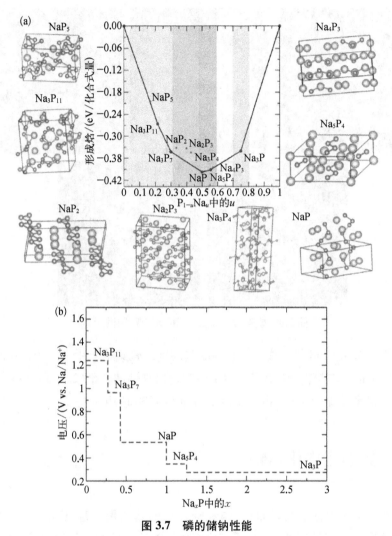

**图 3.7 磷的储钠性能**

(a) Na-P 化合物中的生成焓与钠浓度分数的关系；(b) 磷化钠的电位平台[33]

但是磷作为钠离子电池负极时，存在以下两个问题：① 磷基负极材料在与钠反应时存在很大的体积变化（约 400%），易导致材料颗粒的粉化和电极容量的快速衰减。磷基材料颗粒持续的膨胀会导致 P 颗粒表面产生裂缝，不断消耗电解液形成新的 SEI 膜，导致电极表面 SEI 膜不断增厚，进而降低库伦效率和电极的循环稳定性。② 磷基材料本征的电导率低，导致电极反应动力学缓慢，也降低了磷基材料的容量利用率。当 P 与金属形成金属磷化物，如 $NiP_3$、FeP、CoP 和 Sn-P，不仅可以提高电导率，也可以在一定程度上抑制材料的粉化。

目前对磷和磷化物的改性手段可以归纳为表面修饰、减小颗粒尺度、结构优化和其他改性材料。表面修饰可以改善磷化物的电化学性能,而减小颗粒尺度和结构优化可以加速电子和钠离子的传输,缓解体积膨胀。与其他材料复合,如碳材料,可以提供更多的电子传输通道和限制体积膨胀,从而提高循环和倍率性能。

### 3.2.1 红磷

红磷(red phosphorus, RP)除了具有单质磷作为钠离子电池负极的优点外,也存在一些问题阻碍了其发展。如较低的电导率($1\times10^{-14}$ S·cm$^{-1}$)和巨大的体积膨胀(约400%),这些问题导致 RP 的循环和倍率性能较差。最近的研究工作主要围绕如何改善其电子电导率和抑制电化学反应过程中的体积膨胀开展,主要解决策略为:① 通过将 RP 与不同的导电基体复合,提高电子电导率和抑制体积膨胀;② 减小 RP 的颗粒尺寸,缩短循环过程中的电子和离子传输路径。

#### 3.2.1.1 RP/C 复合材料

在研究初期,Li 等通过简单的手工研磨方法制备出了 RP/碳纳米管(RP/CNT)材料。但是由于制备出的 RP 颗粒呈微米级,表面包覆不均匀,导致容量衰减过快,10 次循环后,容量仅剩 76.6%[34]。

随着研究的深入,球磨法逐渐引起了科研工作者的关注。球磨法是制备 RP/C 复合材料的主要方法,该法简单、易操作、易大规模生产。通过大量研究发现,减小活性物质尺寸和使其均匀分散在导电添加剂中,均会提高 RP 的容量。因为小的颗粒可以缩短离子扩散路径,降低充放电过程中颗粒粉化的可能性。而均匀分散的导电添加剂则可以构建一个良好的导电网络,加速电极反应动力学。

在 2013 年,Oh 和 Yang 课题组均通过球磨法制备出非晶态的 RP/C 复合材料。Oh 等制备的 RP/C 粒径不均匀,从几百纳米到几个微米。在 143 mA·g$^{-1}$ 电流下,可逆容量为 1 890 mA·h·g$^{-1}$,30 次循环后容量衰减小于 7%[35]。Yang 等将 RP 与 SP(Super P)球磨制备非晶态的 RP/C,在 250 mA·g$^{-1}$ 电流下,首次放电、充电比容量分别为 2 015 mA·h·g$^{-1}$ 和 1 764 mA·h·g$^{-1}$,对应的初始库伦效率为 87%。循环 60 次后,容量保持 1 200 mA·h·g$^{-1}$。向电解液中加入

FEC 添加剂后，RP/C 的循环性能有所提升，循环 80 次时，容量还能保持 1 000 mA·h·g$^{-1}$[32]。

通过球磨法也可以制备红磷/石墨烯复合材料（RP/GNS），如图 3.8 所示。柔性的 GNS 与 RP 有良好的接触，形成导电网络，不仅可以提高 RP 的电导率，而且可以避免 RP 的团聚以及缓冲充放电过程中的体积膨胀。在 RP/GNS 中，RP 与 GNS 之间存在强作用的 P—O—C 键，不仅有利于保持体积膨胀过程中二者之间的电接触，也有利于维持 SEI 膜的稳定性。首次放电容量高达 2 077 mA·h·g$^{-1}$，循环 60 次后，仍保持 1 700 mA·h·g$^{-1}$ 的容量。在 0.05 C、0.2 C、0.5 C 和 1 C 下，分别放出 2 164 mA·h·g$^{-1}$、1 700 mA·h·g$^{-1}$、1 180 mA·h·g$^{-1}$ 和 750 mA·h·g$^{-1}$ 的容量[36]。

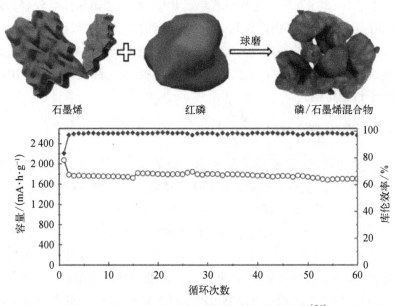

**图 3.8　RP/GNS 的制备示意图和循环性能曲线**[36]

但是球磨法是一种高能量消耗和破坏结构的过程，并且制备出的 RP 颗粒仍较大，也存在 RP 表面没有被碳完全包覆的现象。未被包覆的 RP 在循环过程中更易破裂，从而形成不稳定的 SEI 膜最终导致低的库伦效率和容量衰减。

蒸发-沉积法是制备 RP/C 材料的另一种方法，相比球磨法，该方法是一种不会破坏结构的制备方法，并且可以让 RP 均匀地分布在碳骨架上。首先将 RP 升温至其升华温度以上，形成 $P_4$ 气体，然后控制气压，让 $P_4$ 气体进入碳材料的内部孔中，随后随着温度降低沉积，最后 $P_4$ 再转化为 RP，即得到具有纳米结构的 RP/C 材料。目前为止，多种导电碳材料都被用作碳骨架，如碳纤维、CNT、石墨烯、介孔碳、多孔碳、金属有机框架(MOFs)等。

Wang 等通过改进的蒸发-沉积法制备 RP/单壁碳纳米管(RP/SWCNT)复合材料。作者研究发现，在温度高于 600℃ 和真空条件下，$P_4$ 更易于被 SWCNT 吸附。制备出的 RP/SWCNT 材料在 50 mA·$g^{-1}$ 电流下，比容量约为 700 mA·h·$g^{-1}$(基于复合材料的重量)，循环 5 000 次后，容量仍能保持 80%[37]。Zhang 等通过相转化法，制备出非晶态 RP/氮掺杂石墨烯(RP/N-GN)复合材料，RP 分散在 N-GN 片的层间，形成类似"面包-黄油"的结构，如图 3.9(a)所示。该结构有如下几个优点：① N-GN 纳米片的高电子电导率有利于提高 RP 的利用率，从而提高极片的比容量和倍率性能，N-GN 的高机械强度有利于提高循环过程中极片的稳定性；② N-GN 的层间空隙有利于缓解电极循环过程中的体积膨胀问题；③ 在 RP 和 N-GN 之间有强作用力的 P—C 键存在，可以有效防止循环过程中 RP 颗粒的脱落，加强了电极的稳定性。该电极在 800 mA·$g^{-1}$ 电流下，循环 350 次后，容量仍可以保持 85%，体现出该结构优异的循环稳定性[如图 3.9(b)所示]。在 1 500 mA·$g^{-1}$ 下，容量高达 809 mA·h·$g^{-1}$，倍率性能获得了极大的提升[38]。

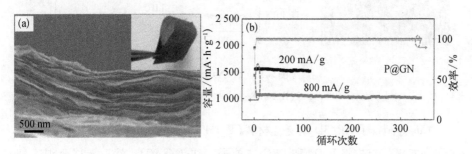

**图 3.9　RP/N-GN 材料**

(a) RP/N-GN 的截面微观形貌，内插图为电极的光学照片；(b) 在不同电流下的循环性能曲线[38]

在传统的蒸发-沉积法中，RP 的载量较低(低于 50%)。Guo 等采用改进的蒸发-再分布法制备了 C@RP/GNS 气凝胶材料。GNS 气凝胶具有大量的活性位点和 3D 多孔结构，为 RP 提供了沉积的位置和导电骨架。C@RP/GNS 气凝胶材料可以控制 RP 的分布，并提高了 RP 的载量。在 260 mA·$g^{-1}$ 电流下，循环 100 次后，容量为 1 867 mA·h·$g^{-1}$，且具有优异的倍率性能，可 2 C 放电[39]。

除了球磨法和蒸发-沉积法外，还有一些方法可以制备 RP/C 复合材料，如湿化学法和静电纺丝法。湿化学法又包括水热法、共沉淀法等。其中一个典型的例子就是通过水热法制备中空的 RP 纳米球(hollow red-phosphorous nanospheres, HPNs)。基于反应 $10NaN_3 + 2PCl_5 \longrightarrow 2P + 10NaCl + 15N_2$,当 $NaN_3$ 和 $PCl_5$ 反应时,RP 分散在 $N_2$ 气泡周围,当 $N_2$ 气泡与 $NaN_3$ 表面分离时,就生成了 HPNs,如图 3.10 所示。HPN 的尺寸约 300 nm,中空的部分可以缓解体积膨胀,减小扩散路径,加速反应历程。在 1 300 mA·$g^{-1}$ 电流下循环 80 次后,可逆容量为 1 500 mA·h·$g^{-1}$。1 C 下比容量为 969.8 mA·h·$g^{-1}$[40]。Liu 等在 RP 表面通过化学镀的方法镀上一层镍,然后在 HCl 溶液中腐蚀部分的 Ni,以调控 Ni-P 的壳层厚度,制备具有核壳结构的 RP@Ni-P 材料。在钠离子电池中,Ni-P 的壳层起到重要的作用,不仅改善了 RP 之间的接触,也提高了电导率,改善了循环过程中的体积膨胀,维持结构稳定性。在 260 mA·$g^{-1}$ 电流下,可逆容量为 1 256.2 mA·h·$g^{-1}$。在 409 mA·$g^{-1}$ 下可稳定循环 2 000 次[41]。

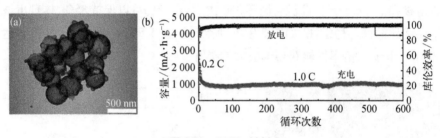

**图 3.10 HPNs 材料**

(a) 中空的 RP 纳米球(HPNs)的透射电镜照片;(b) 循环性能曲线[40]

Cui 等制备了 RP/3D 碳复合材料(P/C),制备时,$P_4O_{10}$ 和 PEG 分别作为 P 源和 C 源。首先将 $P_4O_{10}$ 和 PEG 在炉子中加热至 80 ℃,然后转移至刚玉舟中,加热至 900 ℃。在高温下,PEG 碳化形成碳骨架,$P_4O_{10}$ 则被还原成 RP。由于反应过程中,$P_4O_{10}$ 转化为 RP、PEG 碳化都伴随着体积的缩小,从而形成了空隙结构,有利于缓解循环过程中的体积变化。该材料在 200 mA·$g^{-1}$ 电流下循环 160 次后,可逆容量为 920 mA·h·$g^{-1}$[42]。Chen 等则将纳米的 RP 封装在石墨烯卷中。先将纳米 RP 与 GO 超声分散均匀,然后在液氮的作用下,GO 迅速卷曲,将 RP 封在卷内。然后通过还原 GO,制备 P-G 材料。如图 3.11 所示。P-G 材料中 P 含量为 52.2%,在 250 mA·$g^{-1}$ 电流下,第二次放电比容量为 2 355 mA·h·$g^{-1}$,循环 150 次后,容量保持率为 92.3%[43]。

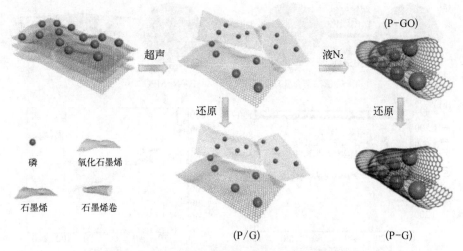

图 3.11　P-G 和 P/G 复合材料制备示意图[43]

静电纺丝也可以用于制备 RP/C 材料。Liu 等制备的 RP/C 纳米线在 2 A·g$^{-1}$ 的电流密度下,循环 2 000 次后,容量仍有 619 mA·h·g$^{-1}$[44]。Wang 等制备 P/氮掺杂碳纳米纤维(P/NCF),材料中磷含量约 27.5wt.%。在 100 mA·g$^{-1}$ 电流密度下循环 55 次后,容量为 731 mA·h·g$^{-1}$[45]。

### 3.2.1.2　纳米 RP

纳米结构的构建是一种改善 RP 结构稳定性的常用方法。小的颗粒缩短了钠离子的传输路径,增加了活性物质与电解液的接触,改善电极动力学。Zeng 等制备了 RP 量子点/rGO 纳米材料,其中 RP 粒径仅 4 nm 左右,与 rGO 表面紧密接触[46]。Fan 等将平均粒径为 97.7 nm 的 RP 封装在多孔的 N 掺杂碳纤维中,制备无黏结剂、无集流体的电极(RP@C)。RP@C 在 0.2 A·g$^{-1}$、5 A·g$^{-1}$、10 A·g$^{-1}$ 电流下,比容量分别为 1 308 mA·h·g$^{-1}$、637 mA·h·g$^{-1}$、343 mA·h·g$^{-1}$[44]。

Li 等将超细纳米非晶的 RP 封装在沸石咪唑骨架(zeolitic imidazolate framework-8, ZIF-8)的氮掺杂碳骨架中,制备出 P@N-MPC 复合材料。氮掺杂的微碳球骨架优化了电子传输路径,也为电解液和反应过程中的体积变化提供缓冲空间,因此该复合材料表现出良好的倍率特性和循环性能。在 0.15 A·g$^{-1}$ 电流下,循环 100 次后,容量为 600 mA·h·g$^{-1}$,容量保持率为 84.5%,如图 3.12 所示[47]。

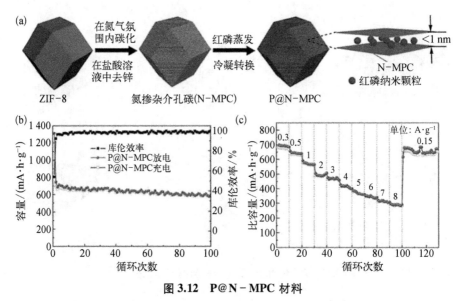

图 3.12 P@N-MPC 材料

(a) 制备示意图；(b) 循环性能；(c) 倍率性能[47]

### 3.2.2 黑磷

黑磷(black phosphorus，BP)具有类似石墨的层状结构,层间距较大,适合于钠离子的存储。虽然 BP 和 RP 的理论比容量相同,但是 BP 的电导率较高($10^2$ S·m$^{-1}$,RP 约 $10^{-14}$ S·m$^{-1}$),有利于电子传输;密度也较高(2.69 g·cm$^{-3}$,RP 约 2.36 g·cm$^{-3}$),有利于实现高的能量密度。纯的 BP 可以直接用作钠离子电极材料,但是 BP 的制备很复杂,阻碍了其发展。通常可以使用白磷、红磷通过高压合成、高温煅烧、在汞或者液态铋中再结晶等方式制备 BP。这些方法不仅费时或需要使用复杂的设备,还有可能会使用有毒的化学试剂。

**研究进展**

Komaba 等将 RP 封装在胶囊中,加压 4.5 GPa,然后常压下在 800℃下反应 1 h,即制备出 BP。将 BP 与乙炔黑球磨后,制备钠离子电池负极。在 125 mA·g$^{-1}$ 电流下,第一次和第二次的库伦效率分别为 72% 和 96.2%。电解液中添加 FEC 或者 VC 后,形成相对比较稳定的、更薄的 SEI 膜,库伦效率略有改善[48]。BP 作为钠离子电池负极材料,放电时发生两步反应,在 0.54~1.5 V 电压区间内发生钠离子嵌入反应,低于 0.54 V 发生合金化反应,并且伴随着接近 500% 的体积膨胀。将 BP 块状颗粒上剥离出磷烯(phosphorene),

与 GNS 复合制备出具有三明治结构的复合材料,GNS 不仅改善了复合材料的电导率,在体积变化时还作为缓冲层。2D 结构的磷烯纳米片缩短了钠离子和电子的传输路径,从而提高了电化学性能和倍率性能[49]。

同样也可以通过材料结构的设计与构筑来改善 BP 的电化学性能。Liu 等先将 BP 进行简单的表面修饰,然后再和 GO 一起水热反应,制备 BP/rGO 复合材料。材料中,BP 与 rGO 之间存在 P—C 或者 P—O—C 化学键,从而将 BP 封装在 rGO 中。在 0.1 $A \cdot g^{-1}$ 电流下循环 50 次后,比容量为 1 472 $mA \cdot h \cdot g^{-1}$。1 $A \cdot g^{-1}$ 电流下循环 200 次后,比容量为 650 $mA \cdot h \cdot g^{-1}$ [50]。Amine 课题组通过高能机械球磨(high-energy mechanical ball milling,HEMM)法制备 BP/科琴黑-多壁碳纳米管复合材料,在 1.3 $A \cdot g^{-1}$ 电流下循环 100 次后,比容量为 1 700 $mA \cdot h \cdot g^{-1}$(基于 BP 重量)[51]。

虽然 BP 具有优异的热力学稳定性、高的电子电导率和适合钠离子的层状结构,但是由于其制备方法复杂,不利于商业化发展。

### 3.2.3 金属磷化物

单质磷的电子电导率较低,与导电性较好的金属,如 Cu、Fe、Ni 等制备出金属磷化物可以改善材料的电导率。金属磷化物在充放电过程中会生成金属,可以作为电子传输通道,增加电极的电导率。此外,金属的加入,在一定程度上可以缓解充放电过程中的体积变化。相比单质 P,金属磷化物具有以下优势:① 在电化学嵌入和脱出钠过程中,因加入体积变化较小的元素,使得磷化物的体积膨胀效应变小;② 在嵌钠过程中,生成电导率高的金属,加速反应动力学;③ 振实密度大,提升体积能量密度和重量能量密度。

在金属磷化物中,由于金属的种类不同,根据金属与钠之间是否具有活性,又可以分为两类,金属活性(metal active)磷化物和金属惰性(metal inactive)磷化物。金属惰性磷化物主要有 Co-P(CoP)、Cu-P($CuP_2$、$Cu_3P$)、Fe-P(FeP、$FeP_4$)和 Ni-P($NiP_3$),这些磷化物中的金属起到提升材料电导率的作用,其容量主要由 P 贡献。金属活性磷化物主要有 Se-P、Sn-P 和 Ge-P,这些磷化物与钠是电化学活性的,贡献容量,相比金属惰性磷化物,其比容量更高。

#### 3.2.3.1 反应机理

由于金属磷化物分为金属惰性磷化物和金属活性磷化物,其反应机理也不一样。对于金属惰性磷化物，反应如式(3.1)：

$$M_xP_y + 3y\text{Na} \rightleftharpoons 4x\text{M} + y\text{Na}_3\text{P} \tag{3.1}$$

金属活性磷化物的反应如式(3.2)：

$$M_xP_y + (3y+z)\text{Na} \rightleftharpoons 4\text{Na}_zM_x + y\text{Na}_3\text{P} \tag{3.2}$$

通过计算得到金属磷化物的电压和比容量图如图 3.13 所示，其中包括了尚未在钠离子电池中应用的金属磷化物[52]。

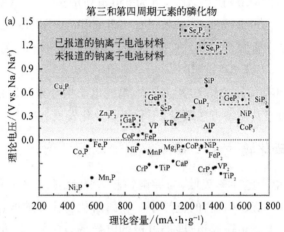

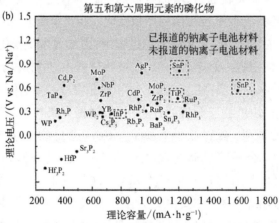

图 3.13 在钠电池中，所有磷化物的理论比容量和理论电压[52]

### 3.2.3.2 金属惰性磷化物

金属惰性磷化物中的金属对钠是非活性的，必然会造成其比容量较单质 P 有所降低,但是金属惰性磷化物的电导率较单质 P 高,而且充放电过程中体积膨胀小。

1. $Cu_xP$

目前被研究者开发出用于钠离子电池负极材料的 $Cu_xP$ 主要为 $Cu_3P$ 和 $CuP_2$。Yan 等在铜箔上生成 $Cu(OH)_2$ 纳米线,然后使用 $NaH_2PO_2$ 将其磷化。$NaH_2PO_2$ 可以在约 300℃ 左右将 $Cu(OH)_2$ 纳米线转化为 $Cu_3P$ 纳米线(CPNWs)。CPNWs 的一维结构和窄直径有利于电解液的渗透、电子传输和缓解体积膨胀。高电导的 CPNWs 可以直接用作电极,在 5 A·$g^{-1}$电流下,比容量为 137.8 mA·h·$g^{-1}$。在 1 A·$g^{-1}$电流下循环 260 次,平均每次循环容量衰减 0.12%。CPNWs 的颗粒越大,其容量衰减越严重[53]。

Kim 等通过高能机械球磨(HEMM)法制备 $CuP_2$/C 负极。直接将 Cu、P 和乙炔黑混合,氩气下球磨即可制备出粒径小于 10 μm 的 $CuP_2$/C 材料。其振实密度约 1.2 g·$cm^{-3}$。C 导电网络与 $CuP_2$ 之间存在 P—O—C 化学键,不仅可以稳定结构,提升机械稳定性,而且可以增加电导率,提高材料的倍率性能。在 50 mA·$g^{-1}$的电流下,首次放电比容量为 611 mA·h·$g^{-1}$,库伦效率为 65%。在 200 mA·$g^{-1}$下,100 次后容量保持率为 95%(相对第五次循环容量)。在更高倍率下,也体现出良好的容量保持率[54]。Matsumoto 等研究发现使用 Na[FSA]-[$C_3$C1pyrr][FSA][bis(fluorosulfonyl) amide anion,FSA;N-methyl-Npropylpyrrolidiniumcation,$C_3$C1pyrr]离子液体作为电解液,可以提升 $CuP_2$/C 的电化学性能。在 100 mA·$g^{-1}$的电流密度下,可逆容量为 595 mA·h·$g^{-1}$,在 8 000 mA·$g^{-1}$下仍保持 65% 的比容量(366 mA·h·$g^{-1}$)。500 mA·$g^{-1}$下循环 200 次后,容量保持率为 71%,库伦效率接近 99.5%,如图 3.14 所示[55]。

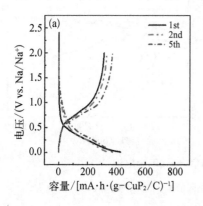
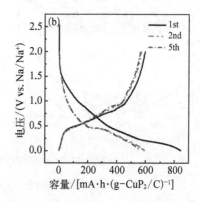

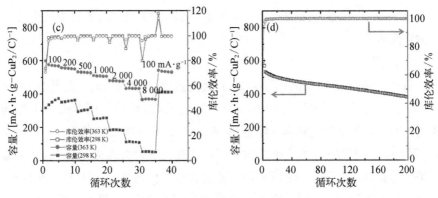

图 3.14 CuP$_2$/C 的充放电曲线

(a) 298 K;(b) 363 K,电流:100 mA·g$^{-1}$;(c) 倍率性能;(d) 循环性能,电流:500 mA·g$^{-1}$[55]

很多研究者使用 CuP$_2$ 作为负极,Na$_3$V$_2$(PO$_4$)$_2$F$_3$(C-NVPF)作为正极制备钠离子全电池已被研究。图 3.15 为 C-NVPF/CHCS-CuP$_2$ 全电池的性能曲线。Chen 等制备了中空碳层封装的 CuP$_2$ 纳米颗粒(cross-linking hollow carbon sheet CuP$_2$,CHCS-CuP$_2$)。在 80 mA·g$^{-1}$ 电流下,比容量为 451 mA·h·g$^{-1}$,200 次循环后,容量保持率为 91%,放电平台约 0.55 V。组装 C-NVPF/CHCS-CuP$_2$ 全电池,在 4.5~2.0 V 区间内循环,放电平台在 3.3 V,0.1 C 比容量为 111 mA·h·g$^{-1}$(基于正负极重量),首次效率为 87%。电池能量密度为 180 W·h·kg$^{-1}$(基于电极重量)。在 0.1 C 和 1 C 下循环 100 次后,容量保持率分别为 81.3% 和 94.2%[56],电池总的反应如式(3.3):

$$3C-Na_3V_2(PO_4)F_3+CHCS-CuP_2 \rightleftharpoons 3C-NaV_2(PO_4)F_3+CHCS-Cu+2Na_3P \quad (3.3)$$

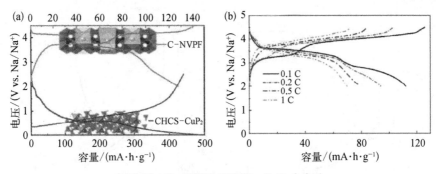

图 3.15 C-NVPF/CHCS-CuP$_2$ 全电池

(a) 正负极的充放电曲线;(b) 在不同倍率下的充放电曲线[56]

Duan 等利用 $CuCl_2$/壳聚糖作为整体进行磷化制备 $CuP_2$/C 材料,$CuP_2$ 纳米粒子均匀地分布在碳骨架中。在合成过程中,壳聚糖中的富电子基团与 $Cu^{2+}$ 之间的相互作用为形成均匀分散的 $CuP_2$ 起到重要作用,并且壳聚糖形成的 C 在制备过程中能够有效阻止 Cu 与 $CuP_2$ 颗粒的团聚。$CuP_2$/C 在 100 mA·$g^{-1}$ 的电流密度下的可逆容量为 630 mA·h·$g^{-1}$,循环 200 次后,容量保持率为 91%。NASICON 型 $Na_3V_2(PO_4)_3$(NVP)/($CuP_2$/C)全电池的工作电位约 2.6 V,循环 100 次后,容量保持率为 90.6%,效率接近 100%[57]。

2. $Ni_2P$

Wu 等报道了一种 3D 蛋黄核壳结构的 $Ni_2P$/多孔石墨烯负极(pGN)。图 3.16 为 $Ni_2P$/pGN 材料的制备方法及性能表征。其合成过程分为两步,首先将前驱体 $NiNH_4PO_4·H_2O$ 与 GO 自组装形成中间产物,然后在 $Ar/H_2$ 气氛下煅烧形成 $Ni_2P$/pGN。$NiNH_4PO_4·H_2O$ 不仅作为 $Ni_2P$ 的原料,还在 $Ni_2P$ 周围形成空隙,缓解体积膨胀。该材料在 0.2 A·$g^{-1}$ 电流下,首次放电比容量为 181 mA·h·$g^{-1}$,循环 100 次后,容量为 161 mA·h·$g^{-1}$,容量保持率为 89%[58]。

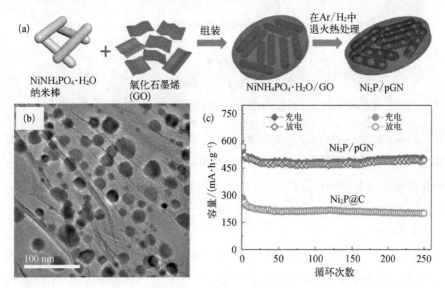

**图 3.16 $Ni_2P$/pGN 材料**

(a) $Ni_2P$/pGN 材料的合成示意图;(b) 微观形貌;(c) 循环性能曲线,电流:0.2 A·$g^{-1}$ [58]

Miao 等通过水热法先合成 $Ni(OH)_2$@PVP/石墨烯气凝胶[$Ni(OH)_2$@PVP/GA],然后通过 $NaH_2PO_2·H_2O$ 磷化制备 $Ni_2P$@C/GA,如图 3.17 所示。3D 的 GA 具有大量的开孔结构,缓解反应过程中的体积变化,并能存储电解液,加速钠离子的嵌入与脱出。$Ni_2P@C$ 具有核壳结构,均匀分布在 GA 纳米片上。在 1 A·$g^{-1}$ 电流下循环 2 000 次后容量为 124.5 mA·h·$g^{-1}$。在 0.1 A·$g^{-1}$、0.2 A·$g^{-1}$、0.5 A·$g^{-1}$、1 A·$g^{-1}$ 和 2 A·$g^{-1}$ 电流下,比容量分别为 385.8 mA·h·$g^{-1}$、301.9 mA·h·$g^{-1}$、227.3 mA·h·$g^{-1}$、172.1 mA·h·$g^{-1}$ 和 122.4 mA·h·$g^{-1}$[59]。

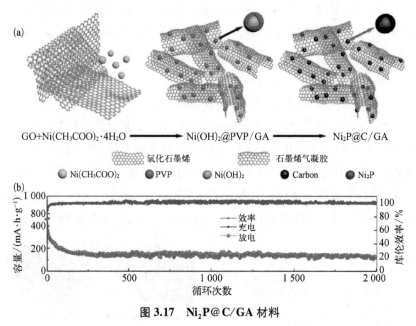

图 3.17 $Ni_2P@C/GA$ 材料

(a) $Ni_2P@C/GA$ 制备示意图;(b) 在 1 A·$g^{-1}$ 电流下的循环性能[59]

Zheng 则将 $Ni_2P$ 封装在碳的纳米八面体中,形成 $Ni_2P@C$ 材料。首先制备出 $NiS_2$ 八面体,然后表面包覆 PDA(polydiocetylene,聚丁二炔),最后热处理、磷化即制备出 $Ni_2P@C$ 材料。100 mA·$g^{-1}$ 电流下,首次放电比容量为 464 mA·h·$g^{-1}$,首次效率较低,为 67.5%,循环 100 次后,容量为 291.9 mA·h·$g^{-1}$[60]。

3. $Co_xP$

$Co_xP$ 中 CoP 和 $Co_2P$ 都可用作钠离子电池的负极材料。CoP 的理论比容量为 893.3 mA·h·$g^{-1}$。Li 等通过球磨法制备的 CoP 纳米颗粒呈非晶态,粒径约 10~20 nm。在 0~1.5 V 区间内循环,首次放电容量为 770 mA·h·$g^{-1}$,库伦效率为 65.2%。由于 SEI 膜电子电导率较低,导致 CoP 颗粒粉碎,使得比容量较低[61]。Yin 等合成了具有核壳结构的 CoP@C 多面体材料,并将 CoP@C 多面体均匀分布在 rGO 表面,如图 3.18 所示。该材料在 100 mA·$g^{-1}$ 的电流下,循环 100 次后,比容量为 473.1 mA·h·$g^{-1}$。

 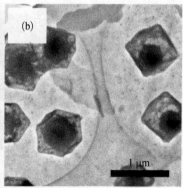

**图 3.18 CoP@C 材料的微观形貌**
(a) SEM；(b) TEM[62]

$Co_2P$ 因其理论比容量仅为 540 mA·h·g$^{-1}$，研究的较少。非晶态的 $Co_2P$ 与 N、B 掺杂的碳材料复合后，在 25 mA·g$^{-1}$ 的电流密度下可释放出 354.8 mA·h·g$^{-1}$ 的容量，循环 100 次后，容量保持率为 84.9%。非晶态的 $Co_2P$ 中无序的原子排布和大量的缺陷有利于电子和离子的传输，有利于提升 $Co_2P$ 的电化学性能[63]。

4. $Fe_xP$

因 Fe 价格低廉，$Fe_xP$ 也被认为是一种低成本的电极材料。Fe 可以和单质 P 形成多种化合物，如 $FeP$、$FeP_2$、$FeP_4$，其中 $FeP_2$ 在钠离子电池中没有电化学活性。Zhang 等通过球磨法制备的 $FeP_4$ 在 89 mA·g$^{-1}$ 电流下，首次放电容量为 1 137 mA·h·g$^{-1}$，库伦效率为 84%，可稳定循环 30 次。但是其放电机制至今仍不清楚[64]。Li 等也采用球磨法制备了 FeP 材料，颗粒粒径约 30~50 nm。该材料在 50 mA·g$^{-1}$ 的电流下，首次放电比容量为 764.7 mA·h·g$^{-1}$。在研究中发现，黏结剂会影响 FeP 的循环稳定性，使用 CMC/PAA 的 FeP 电极的容量衰减最小。此外，FEC 的加入能促进稳定的 SEI 膜的生成，改善 FeP 的循环性能[65]。Han 等通过构建具有特殊纳米结构的 FeP，制备出 CNT@FeP@C 复合材料，其中 FeP 呈现出非晶态、疏松的结构，如图 3.19 所示。CNT@FeP@C 的孔体积和比表面积分别为 0.36 cm$^3$·g$^{-1}$ 和 311 m$^2$·g$^{-1}$。非晶的、介孔结构的 FeP 与 CNT 连接，改善了 FeP 的电化学活性和机械稳定性。非晶态的 FeP 呈现各相同性，非晶态中晶界的消失降低了与钠离子反应的吉布斯自由能，提高了可逆性。CNT@FeP@C 中均匀的碳包覆层改善了活性材料的电子电导率，并且有利于形成稳定的 SEI 膜，这些都有利于 CNT@FeP@C 在

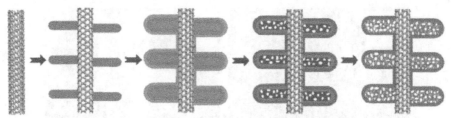

图 3.19　CNT@FeP@C 复合材料的制备示意图[66]

钠离子电池的中性能发挥。在 100 mA·g$^{-1}$ 下,比容量为 415 mA·h·g$^{-1}$。在 500 mA·g$^{-1}$ 下循环 500 次后,容量保持率为 90%[66]。

### 3.2.3.3　金属活性磷化物

1. Sn$_4$P$_3$

由于金属活性磷化物的理论比容量远高于金属惰性磷化物,所以被广泛研究,特别是 Sn$_4$P$_3$。合成 Sn$_4$P$_3$ 主要的方法是球磨法,也有原位低温液相磷化合成、水热法、低温磷化等。Sn$_4$P$_3$ 的体积理论比容量为 6 650 mA·h·cm$^{-3}$,甚至高于单质磷的比容量(5 710 mA·h·cm$^{-3}$)。电子电导率为 30.7 S·cm$^{-1}$,在钠离子电池中的氧化还原电位约 0.3 V。为了改善材料的电子电导以及放电过程中的体积变化,可从 Sn$_4$P$_3$ 的微观结构、工作电压、电解液等方面进行改性。

2014 年,Kim 首次采用球磨法制备 Sn$_4$P$_3$ 作为钠离子电池负极。在 100 mA·g$^{-1}$ 的电流密度下,可逆容量为 718 mA·h·g$^{-1}$。研究发现在电解液中添加 FEC 后,Sn$_4$P$_3$ 循环稳定性显著提高,循环 100 次,容量几乎没有衰减[67]。Qian 等也通过高速球磨法制备了 Sn$_4$P$_3$/C 材料,导电炭黑(30wt.%)的加入提高了 Sn$_4$P$_3$ 的性能。在 50 mA·g$^{-1}$ 电流下,可逆容量为 850 mA·h·g$^{-1}$,循环 150 次后,容量保持率为 86%。并且具有优异的倍率特性,在 1 000 mA·g$^{-1}$ 下,比容量为 349 mA·h·g$^{-1}$[68]。

Liu 等通过水热法制备 Sn$_4$P$_3$ 纳米颗粒,平均粒径约 15 nm,通过调控制备过程中的溶剂比可以调节 Sn$_4$P$_3$ 纳米颗粒的尺寸。在 50 mA·g$^{-1}$ 电流下,首次比容量为 1 225 mA·h·g$^{-1}$,但是循环 10 次后,容量就衰减至 305 mA·h·g$^{-1}$。这可能是因为 Sn$_4$P$_3$ 纳米颗粒不稳定,并在钠离子的嵌入和脱出过程中出现不可逆的体积变化,造成容量衰减迅速[69]。所以在 Sn$_4$P$_3$ 电极中,需要添加 C 材料作为骨架,或者构建特殊纳米结构,以改善电化学性能。Choi 等先通过

水热法制备 $SnO_2$-碳纳米球,然后再磷化制备粒径约 140 nm 的 $Sn_4P_3$-C 复合材料,其具有优异的比容量、循环稳定性和倍率特性。在 2 A·$g^{-1}$ 电流下循环 2 000 次后,容量为 420 mA·h·$g^{-1}$[70]。Li 等将平均粒径约 6 nm 的 $Sn_4P_3$ 与 rGO 复合,构建出具有介孔的 3D 结构复合材料。rGO 不仅改善了材料的电子电导率,还可以缓冲循环过程中的体积变化,从而改善其电化学性能。在 1 A·$g^{-1}$ 电流下循环 1 500 次,比容量为 362 mA·h·$g^{-1}$[71]。此外,在 $Sn_4P_3$ 复合材料中加入石墨烯,也可以提升材料的性能[72]。

近几年,随着纳米技术的发展,$Sn_4P_3$/C 的结构也越发多样化,对其电化学性能改善很有帮助。图 3.20 为合成出的 $Sn_4P_3$@C 纳米立方材料、$Sn_4P_3$@NPC 材料、空心 $Sn_4P_3$@C 纳米球的 TEM 图。$Sn_4P_3$@C 纳米立方盒子的边长约 120 nm,其中 $Sn_4P_3$ 的粒径约 65 nm,碳层厚度约 10 nm。在 0.01~2 V 区间内循环时,0.1 A·$g^{-1}$ 电流下首次放电比容量为 1 210 mA·h·$g^{-1}$,首次库伦效率为 63.7%,循环 50 次后,比容量为 701 mA·h·$g^{-1}$。在 1 A·$g^{-1}$ 和 2 A·$g^{-1}$ 下循环 500 次后,容量分别为 516 mA·h·$g^{-1}$、368 mA·h·$g^{-1}$。循环后,$Sn_4P_3$@C 纳米立方盒子的尺寸稍有变大,但是 $Sn_4P_3$ 均在碳盒里,体现出优异的结构稳定性[73]。Pan 等则是将 $Sn_4P_3$ 封装在具有沸石咪唑结构(ZIF-8)的氮掺杂多孔碳中(N-doped porous carbon,NPC),其中 $Sn_4P_3$ 质量占比为 58%。在 0.1 A·$g^{-1}$ 下,首次放电比容量为 622 mA·h·$g^{-1}$,首次库伦效率为 62%,100 次循环后,比容量为 319 mA·h·$g^{-1}$[74]。该课题组紧接着在氮气氛围、280℃ 的温度下,以 $NaH_2PO_2$ 磷化 $SnO_2$@C,制备出如图 3.20(c)所示的中空碳球包覆的 $Sn_4P_3$ 微球。$Sn_4P_3$ 微球粒径约 200 nm,均匀分布在中空碳球中,重量占 63%。碳球中的空隙缓冲 $Sn_4P_3$ 循环过程中的体积膨胀,碳球表面在循环过程中会形成一个稳定的 SEI 膜,并且在循环过程中结构稳定,没有坍塌。

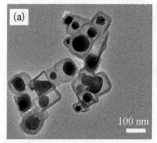  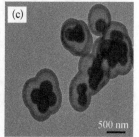

图 3.20　不同的 $Sn_4P_3$/C 材料

(a) $Sn_4P_3$/C 纳米立方材料[73];(b) $Sn_4P_3$@NPC 材料[74];(c) 空心 $Sn_4P_3$@C 纳米球[75]

在 0.2 A·g$^{-1}$ 的电流密度下,循环 300 次,比容量稳定在 420 mA·h·g$^{-1}$。并且倍率性能也很优异,在 0.5 A·g$^{-1}$、1 A·g$^{-1}$、2 A·g$^{-1}$、5 A·g$^{-1}$、10 A·g$^{-1}$ 下比容量分别为 310 mA·h·g$^{-1}$、253 mA·h·g$^{-1}$、175 mA·h·g$^{-1}$、111 mA·h·g$^{-1}$、78 mA·h·g$^{-1}$ 和 50 mA·h·g$^{-1}$。在 2 A·g$^{-1}$ 和 5 A·g$^{-1}$ 下可循环 4 000 次,比容量为 205 mA·h·g$^{-1}$ 和 103 mA·h·g$^{-1}$ [75]。

在 $Sn_4P_3$ 材料作为钠离子电池负极材料时,除了改善其结构,电池充放电电压区间、电解液组成等也有可能会影响其性能。Wang 等认为在循环过程中,Sn 的团聚是 $Sn_4P_3$ 材料容量衰减的主要原因,可通过加入 30wt.%TiC 抑制 Sn 的团聚,从而改善其循环稳定性[76]。Mogensen 等将充电电位降至 1.2 V,发现可以在颗粒表面形成稳定的 SEI 膜,$Sn_4P_3$ 材料的循环稳定性显著提升[77]。Usui 等通过研究发现使用离子液体作为电解液的 $Sn_4P_3$ 电极具有很好的电化学稳定性,电池的循环性能获得了一定的提升[78]。

2. $Se_4P_4$

与 $Sn_4P_3$ 一样,$Se_4P_4$ 在电化学储钠时,Se 和 P 两种元素都参与反应,将有 20 个钠离子参与反应,理论比容量很高(1 217 mA·h·g$^{-1}$)。反应过程包括:$Se_4P_4$ 先和 Na 反应生成非晶态的 $Na_xSe_4P_4$,然后随着钠离子的嵌入,生成 $Na_2Se$ 和单质 P,最后 P 与钠离子反应生成 $Na_3P$。Lu 等采用球磨法制备的 $Se_4P_4$ 在 0.05 C 下,首次放电比容量为 1 048 mA·h·g$^{-1}$,60 次循环后保持 804 mA·h·g$^{-1}$。3 C 比容量为 332 mA·h·g$^{-1}$。在钠离子嵌入过程中,P 抑制了 $Na_2Se$ 的团聚,此时 $Na_2Se$ 就形成了一个导电网络,加速 P 的反应,使得材料具有良好的循环稳定性[79]。

3. $GeP_5$

$GeP_5$ 理论比容量为 1 888 mA·h·g$^{-1}$,其中 P 元素贡献为 1 770 mA·h·g$^{-1}$,Ge 贡献了 118 mA·h·g$^{-1}$。通过球磨的方法制备 $GeP_5$/C,在 0.005~3 V 区间内循环,电流为 150 mA·g$^{-1}$ 时,首次放电比容量为 1 368 mA·h·g$^{-1}$,首次库伦效率为 88.3%。但是在循环中容量衰减迅速,这是因为在循环中仍存在体积膨胀,造成活性物质粉化。并且放电产物 $Na_3P$ 活性较高,会引发电解液的分解[80]。

## 3.3 第六主族化合物

### 3.3.1 金属氧化物

金属氧化物作为钠离子电池负极材料也被研究了数年,按照钠离子嵌入/脱出反应机理,金属氧化物分为两类:基于转换反应的过渡金属氧化物和基于合金反应的金属氧化物。基于转换反应的过渡金属氧化物中的过渡金属可以是 Fe、Co、Nb、Cu 等,这些金属对钠均是电化学惰性的,所以这类金属氧化物与钠离子反应只有一步转换反应。而基于合金反应的金属氧化物中的金属对钠是电化学活性的,在与钠离子进行转换反应后,还会继续参与合金化反应,这类金属主要有 Sn 和 Sb。

金属氧化物作为钠离子电池负极材料,参与的是转换反应,同样也会遇到转换反应本身带来的问题,例如,转换反应涉及多种固相结构的重组与转变,反应过程中需要克服较高的反应能垒并伴随着较大的体积膨胀和收缩,反应受动力学控制,材料的倍率性能和循环性能较差。并且金属氧化物和反应产物 $Na_2O$ 的电子电导都很差,导致材料的可逆性较差[81]。一般采用材料纳米化,并增加导电性,将有利于提高材料的界面活性,改善转换反应的动力学特性。

### 3.3.1.1 基于转换反应的过渡金属氧化物

在 2013 年,Klein 系统地研究了可以进行转换反应的电极材料的热力学性能,如电压、容量和能量密度。经计算得出金属氧化物在钠电池中的电位约为 0.96 V,低于其在锂电池中的电位,这就使得使用金属氧化物作为负极的钠电池能达到相对更高的能量密度。接下来就对几种过渡金属氧化物的研究进展进行介绍。

1. CuO

通常认为 CuO 与钠离子反应时,第一次放电在 1.15 V 和 0.35 V 分别有两个平台,对应着 SEI 膜的形成和 CuO 的反应。在后续放电时,则在 1.76 V、0.74 V 和 0.2 V 出现三个放电平台,分别对应 $Cu_{1-x}Cu_xO_{1-x/2}$、$Cu_2O$、Cu 和 $Na_2O$ 的生成。但是在充电时,并没有完全生成 CuO/Na,而是生成了 $Cu_2O$,并且在充电过程中会有 $Na_2O_2$ 生成[82,83]。

Chen 课题组采用喷雾热解的方法制备了不同粒径的 CuO/C 球状材料,粒径为 10 nm 的 CuO/C 在 200 mA·h·$g^{-1}$ 电流下循环 600 次后仍保持 402 mA·h·$g^{-1}$,甚至在 2 000 mA·$g^{-1}$ 电流下仍有 304 mA·h·$g^{-1}$。而当 CuO 颗粒粒径变成 40 nm 时,循环 50 次后容量仅有 217 mA·h·$g^{-1}$。这是因为 CuO 颗粒变大后,在循环过程中结构和形貌发生改变,造成性能下降[84]。若将 CuO 颗粒尺寸继续减小至 2 nm 的 CuO 量子点,并且嵌在碳纳米纤维上,其具有优异的循环稳定性和倍率性能。在 500 mA·g$^{-1}$ 电流下循环 500 次后,容量为 401 mA·h·g$^{-1}$;在 5 000 mA·g$^{-1}$ 电池下,容量为 250 mA·h·g$^{-1}$[85]。

2. $FeO_x$

铁的氧化物中,$Fe_3O_4$ 和 $Fe_2O_3$ 在钠离子电池中都具有电化学活性。$Fe_3O_4$ 完全参与反应生成 Fe 单质和 $Na_2O$ 时,其理论比容量为 926 mA·h·g$^{-1}$。$Fe_3O_4$ 和 $\alpha-Fe_2O_3$ 首次在钠离子电池中作为电极材料均是被 Komaba 课题组报道。粒径约为 10 nm 的 $Fe_3O_4$ 在 1.5~4.0 V 区间内循环,发生嵌入脱出反应,首次放电比容量为 160 mA·h·g$^{-1}$[86]。在 1.2~4.0 V 区间内,20 mA·g$^{-1}$ 电流下,$\alpha-Fe_2O_3$(粒径约 10 nm)的可逆比容量约为 170 mA·h·g$^{-1}$,循环 30 次容量几乎无衰减[87]。在这个电压区间内,$Fe_3O_4$ 和 $\alpha-Fe_2O_3$ 都没有发生转换反应,比容量较低,相比钠离子其他正极材料并没有优势。当将 $Fe_3O_4$ 的充放电电位区间拓展到 0.05~2.8 V[88] 或者 0.04~3.0 V[89] 时,$Fe_3O_4$ 释放出更高的比容量,首次放电比容量为 643 mA·h·g$^{-1}$,但是首次库伦效率仅 57%,10 次循环后,容量保持率仅为 65%[89]。这是因为即使在完全充电后,也存在部分的 Fe 单质和 $Na_2O$ 没有被氧化成 $Fe_3O_4$。研究者后续就如何改善 $Fe_3O_4$ 的可逆性和循环稳定性做了很多的工作。

将粒径约 5 nm 的 3D 多孔 $\gamma-Fe_2O_3$ 纳米颗粒均匀地嵌入在多孔碳骨架中,该结构中的碳包覆层可以缓冲体积变化和改善电荷传递,细小的 $Fe_2O_3$ 纳米颗粒缩短了钠离子的扩散路径,增加了活性位点,这些都将改善 $Fe_2O_3$ 纳米颗粒的循环稳定性。该复合材料在 200 mA·g$^{-1}$ 的电流密度下循环 200 次后,比容量为 740 mA·h·g$^{-1}$。当电流增加至 2 A·g$^{-1}$ 时,循环 1 400 次后,仍保持 358 mA·h·g$^{-1}$ 的比容量[90]。继续减小颗粒粒径,将 $Fe_3O_4$ 的尺寸降低至量子点尺度,并嵌入在氮掺杂的石墨烯中,形成类似覆盆子形貌的 3D 碳包覆 $Fe_3O_4$ 材料($Fe_3O_4$ QD@C-GN),如图 3.21 所示。由于扩散路径短和良好的导电网络,该材料不仅具有良好的电导率,在循环过程中还可以避免 $Fe_3O_4$ 的团聚。在 0.05~3 V 区间内循环,在 2 A·g$^{-1}$、5 A·g$^{-1}$ 和 10 A·g$^{-1}$ 电流下,循环 1 000 次后,仍保持 343 mA·h·g$^{-1}$、234 mA·h·g$^{-1}$、149 mA·h·g$^{-1}$ 的比容量[91]。这些结果均表明优化铁氧化物的粒径,并引入导电骨架可以改善铁氧化物的电化学性能。

Li 等通过原位的方法制备 $Fe_2O_3$/rGO 复合材料,其中石墨烯重量占 15.57%,$Fe_2O_3$ 粒径约 200~300 nm,紧密附在石墨烯的片层上。在 0.01~3 V

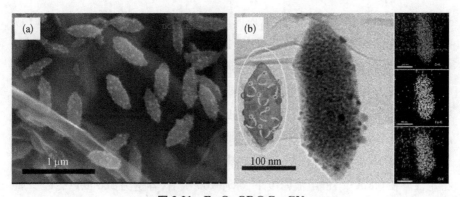

图 3.21 Fe₃O₄ QD@C-GN

(a) 扫描电镜图;(b) 透射电镜图及对应的元素分布[91]

电压区间内以 50 mA·g⁻¹ 的电流密度循环,首次放电比容量为 421 mA·h·g⁻¹,循环 60 次后比容量为 367 mA·h·g⁻¹[81]。此后,该课题组合成了粒径约为 300 nm 的 Fe₂O₃ 单晶,制备出 Fe₂O₃/rGO 复合材料,如图 3.22 所示。因为单晶具有高的表面能,为钠离子提供反应活性位点,改善转换反应的性能。并且在循环过程中避免纳米粒子的团聚,可以维持结构的稳定性,从而改善循环性能。相比于常规的 Fe₂O₃/rGO 复合材料,单晶的 Fe₂O₃/rGO 复合材料具有更优异的电化学性能。在 50 mA·g⁻¹ 电流下,比容量为 610 mA·h·g⁻¹,首次库伦效率为 71%。循环 100 次后,容量保持率为 82%[92-94]。

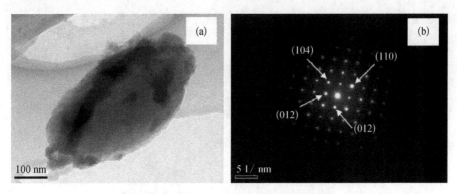

图 3.22 Fe₂O₃/rGO 复合材料的微观形貌

(a) 透射电镜图;(b) SAED 图谱[92]

3. Co₃O₄

Co₃O₄ 的理论储钠比容量为 890 mA·h·g⁻¹。Chen 课题组首次得到具有纳米结构的 Co₃O₄ 的充放电曲线,首圈在 0.5 V 处和 0.75 V 处分别有一个宽的和一个弱的还原峰,对应部分 $Co_3O_4$ 还原成 Co 和形成 $Na_2O$ 的过程以及 SEI 膜的形成。在后续循环中,仅在 0.54 V 处有一个还原峰,对应 $Co_3O_4$ 的还原。在 0.01~3 V 区间内,$Co_3O_4$ 循环 50 次后,可逆容量为 447 mA·h·$g^{-1}$[95]。

单分散的具有分级结构的 $Co_3O_4$ 球与碳纳米管紧密相连后,具有良好的倍率性能,在 160 mA·$g^{-1}$、1 600 mA·$g^{-1}$、3 200 mA·$g^{-1}$ 下比容量分别为 425 mA·h·$g^{-1}$、230 mA·h·$g^{-1}$ 和 184 mA·h·$g^{-1}$,但是循环性能很差,在循环 25 次后,容量仅剩 390 mA·h·$g^{-1}$[96]。而具有多孔结构的 $Co_3O_4$ 纳米颗粒则具有优异的循环稳定性。在 0.8 A·$g^{-1}$ 的电流密度下,循环 100 次后,容量为 300 mA·h·$g^{-1}$。原位 TEM 发现这种 2D 的多孔的 $Co_3O_4$ 纳米颗粒在钠离子嵌入、脱出反应后,体积膨胀很小,仅 6%。说明在循环过程中结构稳定,保证有稳定的循环性能[97]。

Kim 等则认为 $Co_3O_4$ 的反应历程如图 3.23 所示,在首次放电时,$Co_3O_4$ 嵌钠后生成 $Na_2O$ 和 Co,没有中间相生成。但是在随后的充电过程中,充电初期生成 $CoO_{1-x}$ 中间相,随着充电的进行,$Na_2O$ 和 $CoO_{1-x}$ 逐渐转化为 $Co_3O_4$。$Co_3O_4$ 与石墨烯复合后,其电化学性能得到改善,其中石墨烯重量占 18.3%,$Co_3O_4$ 均匀分布在石墨烯表面。在 100 mA·$g^{-1}$ 电流下,首次放电比容量为 1 203 mA·h·$g^{-1}$,可逆容量为 756 mA·h·$g^{-1}$(基于 $Co_3O_4$ 的重量计算)。循环 50 次后,比容量为 451 mA·h·$g^{-1}$。在循环过程中,$Co_3O_4$/石墨烯复合材料的结构稳定,没有发生 $Co_3O_4$ 的团聚。与 $Na_4Fe_3(PO_4)_2(P_2O_7)$ 正极组装全电池,在 50 mA·$g^{-1}$ 的电流密度下,释放出 90 mA·h·$g^{-1}$ 的可逆容量,平均电压约 3.2 V[98-102]。

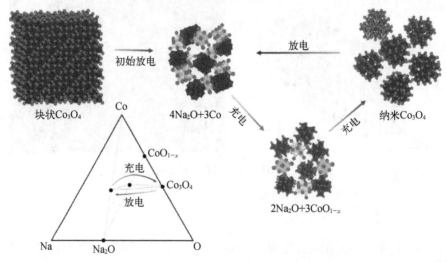

图 3.23 $Co_3O_4$ 作为钠离子电池负极的反应历程示意图[98]

4. $Nb_2O_5$

$Nb_2O_5$属于正交晶系,在锂离子电池中具有优异的倍率性能和良好的循环稳定性,其(001)晶面间距为 3.9 Å,比钠离子半径大,所以可以用于钠离子电池电极材料。

将$Nb_2O_5$与CNFs复合后,具有赝电容特性,在 1 A·$g^{-1}$的电流密度下,循环 5 000 次后,容量稳定在 150 mA·h·$g^{-1}$,甚至在 8 A·$g^{-1}$的电流密度下,可逆容量高达 97 mA·h·$g^{-1}$。这是由于在高倍率下,$Nb_2O_5$参与的主要反应为表面的法拉第反应,使得其具有优异的倍率性能[103-105]。

### 3.3.1.2 基于合金反应的金属氧化物

当金属氧化物中金属具有电化学活性时,金属氧化物与钠离子反应则先发生转换反应,然后再发生合金化反应。这类金属氧化物主要有$SnO_2$和Sb 的氧化物($Sb_2O_4$、$Sb_2O_3$、$SbO_x$)。

1. $SnO_2$

$SnO_2$因具有易进行材料纳米结构设计、理论比容量高、电位低等优势被应用于锂离子电池负极材料。也正因在锂离子中的广泛研究,$SnO_2$也被用于钠离子电池负极材料。理论上,$SnO_2$与钠离子反应为:$4SnO_2+31Na^+ + 31e^- \rightleftharpoons 2Na_{15}Sn_4+8Na_2O$,理论比容量为 1 378 mA·h·$g^{-1}$[106]。因$Na_2O$的不可逆性,若将其提供的容量除去,这样$SnO_2$的理论比容量仅剩 667 mA·h·$g^{-1}$。虽然这样$SnO_2$相比 Sn 单质,在比容量上没有优势,但是由于在首次放电过程中生成的$Na_2O$,在一定程度上会延长氧化物的循环寿命。Wang 等通过原位 TEM 发现,在$SnO_2$纳米线嵌钠过程中,$Na_xSn$ 分散在$Na_2O$框架中,伴随着接近 100%的体积膨胀。而在脱钠时,生成的 Sn 周围存在很多孔洞,导致最终的容量衰减。同样,$SnO_2$也需要进行材料设计,以缓解反应过程中的体积膨胀,如控制颗粒尺寸、构建特殊的纳米结构、将活性电极与柔性材料复合等。接下来就简单介绍一下几种方法。

将粒径约 2 nm 的$SnO_2$颗粒嵌入在规则介孔的 CMK-8 碳材料中,在循环 300 次后,容量约 480 mA·h·$g^{-1}$,而没有复合的$SnO_2$材料容量则低于 200 mA·h·$g^{-1}$。该复合材料有效改善了比容量和循环寿命,但是在高倍率下的容量保持较低,这可能是由于$SnO_2$颗粒和 CMK-8 碳材料之间的电子传输较慢造成的[107]。当$SnO_2$层直接生长在碳布的纤维上,然后表面再包覆一层碳层,形成 C/SnO$_2$/CC 复合材料,SnO$_2$ 的倍率特性明显改善,在 0.1 C 和 30 C 倍率下,比容量分别为 501 mA·h·g$^{-1}$ 和 144 mA·h·g$^{-1}$。该复合材料中,导电碳纤维的导电核和 SnO$_2$ 表面的碳包覆层构成的双层导电网络加速了电子传输,使得材料具有优异的倍率性能[108-112]。

2. SbO$_x$

SbO$_x$ 是 SnO$_2$ 之外被广泛研究的另一种电极材料,相比 SnO$_2$,SbO$_x$ 具有更好的循环稳定性和放电平台。Sb$_2$O$_3$ 的放电反应分为三个步骤,首先在 0.6 V 以上,Na$^+$ 嵌入 Sb$_2$O$_3$ 生成 Na$_x$Sb$_2$O$_3$,然后继续与 Na$^+$ 反应,在 0.4~0.6 V 区间内生成 Sb 和 Na$_2$O,最终放电至 0.01 V 时,生成 NaSb。完全放电时,每个 Sb$_2$O$_3$ 与 8 个 Na 反应,理论比容量为 735 mA·h·g$^{-1}$。实际上,在 10 mA·g$^{-1}$ 电流下,首次放电比容量为 894 mA·h·g$^{-1}$,超出理论容量,超出的容量可能是因为电解液的分解和 SEI 膜的形成造成的不可逆容量,首次充电容量仅 435 mA·h·g$^{-1}$。当电流增至 500 mA·g$^{-1}$ 时,首次放电和充电容量分别为 645 mA·h·g$^{-1}$ 和 331 mA·h·g$^{-1}$,接近一半的不可逆容量[113]。所以需要对 Sb$_2$O$_3$ 进行改性设计,以改善其电化学性能,如通过制备 Sb$_2$O$_3$ 纳米线、与 MXene、石墨烯气凝胶、聚吡咯纳米线、CNTs 等导电网络复合等。如图 3.24 所示。

采用水热法制备直径约 140 nm 的 Sb$_2$O$_3$ 纳米线,但是其首次容量衰减较大[114]。Guo 等将 Sb$_2$O$_3$ 与二维的 MXene(Ti$_3$C$_2$T$_x$)复合,该结构中,Sb$_2$O$_3$ 纳米颗粒(粒径约 50 nm)均匀地分布在 MXene(Ti$_3$C$_2$T$_x$)的 3D 网络中,MXene(Ti$_3$C$_2$T$_x$)有效改善了电子和钠离子的传输路径。并且在循环过程中,2D 的 Ti$_3$C$_2$T$_x$ 层有效缓解了 Sb$_2$O$_3$ 的体积膨胀,使得 Sb$_2$O$_3$ 具有良好的结构稳定性和电化学性能。该复合材料在 2 A·g$^{-1}$ 的电流密度下的比容量为 295 mA·h·g$^{-1}$,在 100 mA·g$^{-1}$ 的电流密度下循环 100 次后比容量为 472 mA·h·g$^{-1}$[115]。同样使用石墨烯气凝胶或者石墨烯作为载体,Sb$_2$O$_3$ 体现出优异的电化学性能。密堆积的 Sb$_2$O$_3$ 纳米片/石墨烯气凝胶复合材料在 0.1 A·g$^{-1}$ 电流下,循环 100 次后,比容量为 657.9 mA·h·g$^{-1}$,在 5 A·g$^{-1}$ 下,比容量为 356.8 mA·h·g$^{-1}$[116]。采用湿化学法同时将 CNTs 和 rGO 与 Sb$_2$O$_3$ 复合,形成相互交联的网络结构,在 200 mA·g$^{-1}$ 的电流密度下,首次充电容量为 456.5 mA·h·g$^{-1}$,首效为 42.6%。随着循环的进行,比容量逐渐增长,50 次循环后比容量增至 543.8 mA·h·g$^{-1}$。在 3 A·g$^{-1}$ 的电流密度下仍保持 345.4 mA·h·g$^{-1}$ 的比容量[117]。此外,还有研究人员将 Sb$_2$O$_3$ 与金属 Sb 单质复合,让高电导率的金

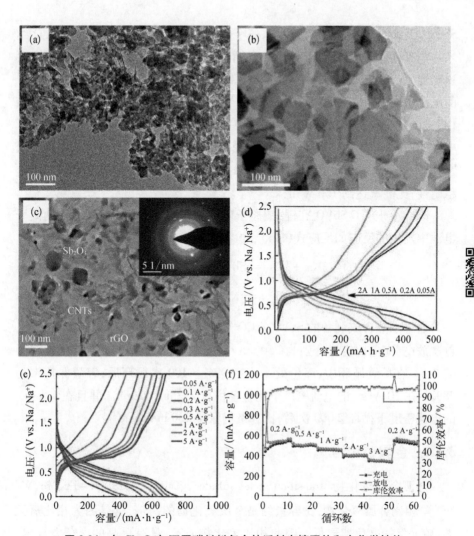

**图 3.24 与 Sb₂O₃ 与不同碳材料复合的透射电镜照片和电化学性能**

(a)、(d) MXene(Ti₃C₂Tₓ)[115];(b)、(e) 石墨烯气凝胶[116];(c)、(f) 石墨烯/CNT[117]

属 Sb 改善 $Sb_2O_3$ 的反应动力学。同时复合石墨烯、聚吡咯, 协同提升 $Sb_2O_3$ 的电化学性能[118-120]。

$SbO_x$ 的另一种氧化物 $Sb_2O_4$ 因电压滞后严重,可逆性差、氧化还原电位高等因素,作为钠离子电池负极材料被研究的很少。Sun 等在 C/70 电流下,获得 $Sb_2O_4$ 的放电比容量为 896 mA·h·g⁻¹[121]。当 $Sb_2O_4$ 与 rGO 复合后, 改善了循环性能和倍率特性,在 0.6 A·g⁻¹ 的电流密度下循环 500 次可得到 626 mA·h·g⁻¹ 的高比容量[122]。Nguyen 等合成 $Ni_xSb_yO_z$ 纳米片,其中包含了

Sb、$Sb_2O_3$ 和 $NiSb_2$，在首次放电时，三个材料均与钠离子反应。该 $Ni_xSb_yO_z$ 纳米片具有良好的循环稳定性（250 次循环）、高库伦效率（接近 99%）和高可逆比容量（100 $mA·g^{-1}$ 下，384 $mA·h·g^{-1}$），以及优异的倍率性能（在 10 $A·g^{-1}$ 的电流密度下，比容量为 315 $mA·h·g^{-1}$）。这些均得益于材料具有的层状结构和材料中存在的惰性 Ni 相，作为反应过程中的体积膨胀缓冲剂，也阻止了电极的粉化，缩短了钠离子的传输路径，加速反应动力学。与普鲁士蓝正极 $Na_xFeFe(CN)_6$ 组装全电池，放电平台约 2.5 V，具有良好的倍率特性和循环稳定性，比能量达到 150 $W·h·kg^{-1}$[123]。

Pan 等研究了 $SbVO_4$ 在锂/钠离子电池中的性能表现。$SbVO_4$ 在钠离子电池中发生的反应如反应式(3.4)、式(3.5)：

$$SbVO_4 + 3Na^+ + 3e^- \rightleftharpoons Sb + Na_3VO_4 \ (OCV = 0.7\ V) \quad (3.4)$$

$$Sb + 3Na^+ + 3e^- \rightleftharpoons Na_3Sb \ (0.4 \sim 0.7\ V) \quad (3.5)$$

通过水热合成制备的 $SbVO_4$/rGO 复合材料在 0.1 $A·g^{-1}$ 的电流密度下，首次放电/充电比容量分别为 750 $mA·h·g^{-1}$、466.3 $mA·h·g^{-1}$，库伦效率为 62.2%。在后续循环中，库伦效率维持 99%。100 次循环后，容量保持率为 78%。在 10 $A·g^{-1}$ 的电流密度下比容量仍有 252 $mA·h·g^{-1}$。并且在 1 $A·g^{-1}$ 的电流密度下循环 2 000 次后，比容量仍保持 230 $mA·h·g^{-1}$[124]。

### 3.3.2 金属硫化物

过渡金属硫化物（transition metal sulfides，TMSs）（$MS_x$，M = Fe、Mo、W、Ni 等）相比金属氧化物，比容量约是金属氧化物的两倍，这是因为相比氧元素，硫元素的电负性更低。因此相比氧化物而言，具有更高的电子电导率。过渡金属硫化物具有储量高、价格低廉等优势，在天然矿物中存在硫化物，如辉钼矿（$MoS_2$）、钨矿（$WS_2$）、赤铁矿（$Ni_3S_2$）、辉铜矿（$Cu_2S$）、黄铁矿（$FeS_2$）等[125]，这都有利于过渡金属硫化物的开采及大规模应用。但是在循环过程中仍存在体积膨胀，制约了其在钠离子电池中的应用。

目前为大家普遍接受的 $MS_x$ 材料与钠反应的机理是过渡金属由高价态还原至金属、$S_x$ 与钠离子反应生成 $NaS_x$。

#### 3.3.2.1 硫化铁

FeS 的理论比容量约为 610 $mA·h·g^{-1}$，脱嵌钠的反应机理可描述为 FeS+

$2Na^+ + 2e^- \rightleftharpoons Na_2S + Fe$ [126]。但是在反应过程中,由于自身低的电导率影响电子/离子传输,导致反应动力学缓慢,倍率性能较差;在充放电过程中存在约170%的体积膨胀,导致活性材料脱落,容量衰减。为了解决这些存在问题,可以通过碳包覆缓解体积膨胀,改善循环性能。Wang 等通过原位构建 3D 互联的 FeS@$Fe_3$C@石墨碳(graphitic carbon,GC)化合物。首先通过水热反应制备粒径为 100 nm 的 $Fe_2O_3$ 颗粒,然后在 $C_2H_2$ 的气氛下,原位生成 3D 石墨烯碳包覆层,最后硫化生成 FeS@$Fe_3$C@GC,作为钠离子电池负极材料,如图 3.25 所示。在 0.1 A·$g^{-1}$ 的电流密度下,可逆容量高达 1 015 mA·h·$g^{-1}$,循环 100 次后,仍有 575.7 mA·h·$g^{-1}$ 的比容量。在 5 A·$g^{-1}$ 的电流密度下,比容量为 292 mA·h·$g^{-1}$。$Fe_3$C/GC 的双层核壳结构不仅有效缓解充放电过程中的体积膨胀,还提供了快速的钠离子传输路径[127]。

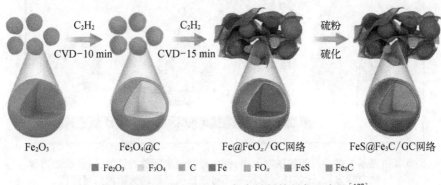

图 3.25 3D FeS@$Fe_3$C@GC 复合材料的制备示意图[127]

黄铁矿 $FeS_2$ 由于价格低廉、储量高、无毒而被广泛研究,而且 $FeS_2$ 是煤矿产业的副产物,在成本上更有优势。但是在 $FeS_2$/Na 电池中,存在电导率低、体积膨胀、倍率性能差等问题。目前可以通过材料纳米化设计、与碳材料复合、电解液调控、控制电压范围等方面进行改性。

材料纳米化可以减小电子与离子的传输路径,并且有效降低体积膨胀,从而改善可逆性与倍率特性。Douglas 等制备出超细小微粒(平均粒径约 4.5 nm)的 $FeS_2$ 作为钠离子电池电极材料。在阳离子交换过程中,纳米颗粒的尺寸相当于或小于 Fe 的扩散长度,从而生成热力学可逆的 Fe 金属和 $Na_xS$,可逆性优于块状的 $FeS_2$,如图 3.26 所示。超微 $FeS_2$ 颗粒在循环 30 次后,容量保持率为 64%(相对于第二次循环),在 1 A·$g^{-1}$ 的电流密度下,比容量约为 250 mA·h·$g^{-1}$ [128]。Chen 等通过一步硫化的方法制备多孔、氮掺杂碳纳

米球保护的 $FeS_2$ 柔性电极,在 $0.2\ A\cdot g^{-1}$ 的电流下,可逆容量为 $597\ mA\cdot h\cdot g^{-1}$; $5\ A\cdot g^{-1}$ 的电流下,可逆容量为 $316\ mA\cdot h\cdot g^{-1}$。且具有优异的循环稳定性, 800 次循环后,容量保持率为 85.2%[129]。

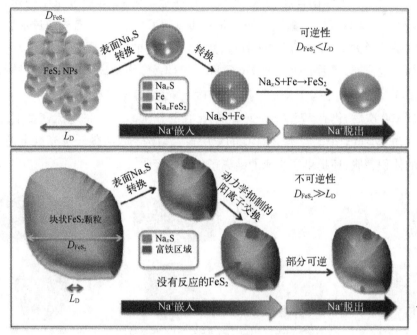

图 3.26　在基于转换反应的钠电池中,使用超细纳米颗粒的优势,以及从动力学、热力学方面,比较块状材料的不可逆性和超细纳米颗粒的可逆性

$L_D$ 代表铁离子进行阳离子交换的扩散长度;$D_{FeS_2}$ 代表分体的颗粒大小[128]

石墨烯具有多层的层状结构、大的比表面积、优异的电导率和良好的机械强度,可用于与 $FeS_2$ 复合。通过与还原氧化石墨烯(rGO)构建三维结构[130,131]、与功能化的石墨烯复合[132,133]、用 3D 多孔碳包覆[134]等,可以有效提高 $FeS_2$ 的倍率特性、循环稳定性。

Chen 等研究了微米尺度的 $FeS_2$ 的充放电行为,在放电至 0.8 V 时,$FeS_2$ 转化成 $Na_xFeS_2$ 中间相,继续放电至 0 V,生成 $Na_2S$ 和 Fe。当充电至 3 V 时,重新生成 $Na_xFeS_2$。但是随着循环次数的增加,在循环 20 次后,$FeS_2$ 结构崩塌。所以微米尺度的 $FeS_2$ 容量衰减的原因为颗粒粉化和硫化物在醚类电解液中的溶解。通过控制 $FeS_2$ 充放电电压(0.5~3 V)、优化黏结剂(PAA-Na)和使用石墨烯包覆可以改善 $FeS_2$ 的循环性能。三种方法优化后的 $FeS_2$ 在

200 mA·g$^{-1}$的电流密度下,首次比容量为 524 mA·h·g$^{-1}$,循环 800 次后,容量保持率为 87.8%。在 5 A·g$^{-1}$倍率下,比容量为 323 mA·h·g$^{-1}$[135]。

有研究人员认为,FeS$_2$的首次放电机理是按照式(3.6)、式(3.7)进行两步反应,先进行两电子还原,生成中间产物 Li$_2$FeS$_2$,然后完成四电子还原,释放出 894 mA·h·g$^{-1}$的比容量[136]。

$$FeS_2 + 2Li \longrightarrow Li_2FeS_2 \quad (3.6)$$

$$Li_2FeS_2 + 2Li \longrightarrow Fe + Li_2S \quad (3.7)$$

但是 Kitajou 等认为 FeS$_2$第一次放电后,第一次充电并不是可逆的。在放电初期(与 2.0 个 Na$^+$反应),FeS$_2$中的 Fe 并没有出现价态变化。随着放电进行,当与 3.0~3.5 个 Na$^+$反应时,Fe 的价态发生变化,直至生成零价的 Fe。而且硫的价态在与 0~2.0 个 Na$^+$反应时发生变化,从(S—S)$^{2-}$变成 S$^{2-}$,所以在放电初期,FeS$_2$的反应历程是 2Na$^+$+2e$^-$+FeS$_2\longrightarrow$Na$_2$FeS$_2$。随着反应的进行(与>2 个 Na$^+$反应),逐渐生成非晶态的 Fe 和 Na$_2$S[137],Shadike 等也认为 FeS$_2$首次反应不可逆,初始放电比容量达 771 mA·h·g$^{-1}$,并且初始可逆充电容量为 521 mA·h·g$^{-1}$,通过 TEM 发现,在首次充电至 3 V 时,生成新相 NaFeS$_2$,并且在后续循环时均是 NaFeS$_2$可逆生成 Na$_2$S 与 Fe 的过程[138]。

#### 3.3.2.2 硫化铜

CuS$_x$用于钠离子电池负极材料,价格低廉、来源丰富,电子电导率高(10$^3$S·cm$^{-1}$)[139]。同样作为转换反应,在循环过程中会出现体积膨胀,导致应力增加,颗粒裂化为小颗粒。目前主要研究 CuS$_x$、Cu$_9$S$_5$等。CuS$_x$的合成方法有很多,有水热法、微波水热法、共溶剂法等,生成的微观形貌也不同,有微米花状结构、片状结构、针状结构、球形等,如图 3.27 所示。

纳米化、材料包覆、复合材料制备、设计特殊的结构是目前硫化铜负极的主要研究方向。Li 等用微波水热法制备粒径约为 2 μm 的 CuS 微球[图 3.27(a)],CuS 微球是由纳米级别的颗粒组成的二次粒子,具有高的比表面积和孔隙率。以 1 M NaClO$_4$/TEGDME 作为电解液,控制充放电电位在 0.6~3 V,循环 200 次后,容量为 162 mA·h·g$^{-1}$(50 mA·g$^{-1}$),容量保持率为 95.8%(基于第二次放电容量)。CuS 微球与钠的反应分成两步:放电至 1.5 V 时,先生成 Cu$_{2-x}$S (0≤x≤0.2),然后生成中间产物 Na$_\alpha$Cu$_\beta$S$_\gamma$,最终中

图 3.27 不同形貌的 CuS

(a) 微球[140];(b) 花状结构[141];(c) 针状结构[142];(d) 纳米片状结构[143]

间产物分解为 $Na_2S$ 和 Cu。而在充电过程中,充电至 3 V 时,生成 $Cu_{2-x}S$,并非 CuS。这说明在首次充放电过程中,并非一个完全可逆的过程,其中 CuS 至 $Cu_{2-x}S$ 是不可逆的,$Cu_{2-x}S$ 至 Cu 是可逆的,这也是首次不可逆容量较大的主要原因。后续的循环中,均基于 $Cu_{2-x}S$ 至 Cu 的反应则具有良好的可逆性[140]。Shi 等以 $CuSO_4 \cdot 5H_2O$ 为原材料,在 CTAB(十六烷基三甲基溴化铵)作用下,120℃水热反应 2 h,制备具有花状结构、粒径约为 10 μm 的 CuS,如图 3.27(b)所示,在 31 $mA \cdot g^{-1}$ 的电流密度下,首次放电容量为 348.6 $mA \cdot h \cdot g^{-1}$,但是容量衰减迅速,4 次后容量保持率仅为 48.8%,循环 100 次后,容量仅剩余 41 $mA \cdot h \cdot g^{-1}$。首次充电后,CuS 的花状微观结构已破坏,且循环过程中,有多硫化物溶于醚类电解液中,造成容量衰减[141]。Yu 等则用共溶剂法制备出针状的 CuS[图 3.27(c)]。CV 曲线中,1.94 V 和 1.56 V 处的氧化峰对应着钠离子嵌入 CuS 晶格的反应,生成 $Na_xCuS(x<0.5)$,0.8 V 的氧化峰对应着更多的钠的嵌入反应。而在 0.38 V 处的峰则对应着转化反应,生成 Cu 和 $Na_2S$。0.1 $A \cdot g^{-1}$ 电流下首次放电比容量为 580 $mA \cdot h \cdot g^{-1}$,首次循环库伦效率为 95%,循环 100 次后容量为 522 $mA \cdot h \cdot g^{-1}$。2 $A \cdot g^{-1}$ 电流下循环 600 次

后,容量保持率为 90%。针状的 CuS 具有优异的电子电导率,体现出优异的倍率性能,20 A·g$^{-1}$ 电流下,容量为 317 mA·h·g$^{-1}$[142]。Kim 等在两口烧瓶中加入 10 mL 的油胺,真空 110℃ 干燥 3 h,然后在氩气氛围下加入 S,10 min 后,降至室温,在氩气保护下加入 CuCl,然后加热至 210℃,保温 18 h,即制备出 CuS 纳米片,如图 3.27(d) 所示。与酸化后的多壁碳纳米管分散后,抽滤制备 CuS 薄膜电极。该电极具有优异的倍率性能和循环稳定性,0.1 A·g$^{-1}$ 的电流密度下比容量为 610 mA·h·g$^{-1}$,3 A·g$^{-1}$ 的电流密度下,放电容量为 315 mA·h·g$^{-1}$。在 1 A·g$^{-1}$ 下循环 500 次后,容量保持在 300 mA·h·g$^{-1}$[143]。

Liu 等采用水热法合成粒径约 2 μm 的 CuS 微球,加入导电剂与 GO,制备成 3D 三明治结构的无黏结剂柔性电极,在 0.05 C 的电流密度下,初始放电容量为 639.0 mA·h·g$^{-1}$,6 C 倍率下,仍保持 96.8 mA·h·g$^{-1}$。0.1 C 循环 100 次后,容量为 228.7 mA·h·g$^{-1}$,容量保持率为 81.3%(相对于第二次容量)。3D 三明治结构的电极有大量的孔结构,可加速离子传输,改善倍率性能,此外其将反应限制在三明治结构内部,减少多硫化物的流失,改善循环寿命[144]。也可以直接通过 Cu 集流体与单质硫进行反应,生成一体化的 CuS 电极。该电极具有优异的电化学性能,5 A·g$^{-1}$ 的电流密度下,循环 2 000 次,容量仍有 517 mA·h·g$^{-1}$,容量保持率为 99.2%,库伦效率接近 100%。在 100 A·g$^{-1}$ 的电流密度下,还具有 268 mA·h·g$^{-1}$ 的比容量。首次放电时,放电产物为 Na$_2$S 和 Cu,在 1.4 V 和 0.3 V 处有两个平台;第二次放电时,在 1.9 V、1.5 V、1.0 V 处出现三个短平台,0.7 V 出现一个长平台;第 25 次放电时,生成晶态的 Cu$_2$S,在 1.5 V、1.0 V、0.5 V 处出现三个平台。后续的放电曲线则与第 25 次的相同,但是放电产物则是非晶态的 Cu$_2$S,如图 3.28 所示[145]。

Xiao 等在水热反应制备 CuS 时,加入 CTAB 表面活性剂,制备出粒径约为 3 μm 的 CuS-CTAB 微球。CTAB 的长链增加了层间距,缓解了循环过程中的三维体积膨胀,并且其 C$_{19}$H$_{42}$N$^+$ 基团依据静电力吸附多硫离子,改善了循环性能。CuS-CTAB 在 0.1 A·g$^{-1}$ 的电流密度下,首次放电和充电容量分别为 747.5 mA·h·g$^{-1}$ 和 684.9 mA·h·g$^{-1}$。CuS-CTAB 微球具有优异的倍率性能,10 A·g$^{-1}$、20 A·g$^{-1}$ 和 40 A·g$^{-1}$ 的电流密度下,放电比容量为 387.9 mA·h·g$^{-1}$、172.2 mA·h·g$^{-1}$ 和 21.1 mA·h·g$^{-1}$。在 10 A·g$^{-1}$ 下可循环 1 000 次,容量保持率为 90.6%(相对于第二次放电比容量),拥有良好的循环稳定性[146]。An 等采用 Ti$_{60}$Cu$_{40}$ 合金去合金化制备 CuS。将 50 μm 的 Ti$_{60}$Cu$_{40}$ 合金分散在水

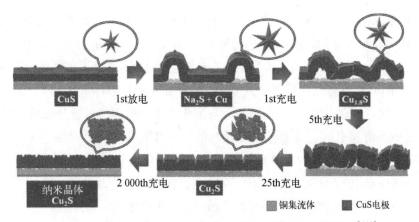

**图 3.28 一体化的 CuS 电极和常规的 CuS 电极的放电机制图**[145]

中,逐滴加入 12M 的 $H_2SO_4$,最后在 90℃保温一定时间(24 h、36 h 和 48 h,制备的 CuS 分别记为 S24、S36、S48),用清水和乙醇清洗,干燥即制备出 CuS。控制 90℃保温,可以生成不同形貌的 CuS。S48 具有 3D 花状结构,具有最优异的倍率性能,在 $0.1\ A\cdot g^{-1}$、$0.3\ A\cdot g^{-1}$、$0.5\ A\cdot g^{-1}$、$1\ A\cdot g^{-1}$ 的电流密度下比容量分别为 $329.3\ mA\cdot h\cdot g^{-1}$、$265.8\ mA\cdot h\cdot g^{-1}$、$228.6\ mA\cdot h\cdot g^{-1}$ 和 $195.7\ mA\cdot h\cdot g^{-1}$,并且在 $5\ A\cdot g^{-1}$ 的电流密度下循环 5 000 次容量保持率接近 100%。通过非原位 XRD 得出在放电、充电不完全的情况下,有中间产物 $NaCu_2S_2$ 生成。在完全放电态时,生成 Cu 和 $Na_2S$。所以反应机理应为 $2CuS+Na^++e^- \rightleftharpoons NaCu_2S_2$ 和 $NaCu_2S_2+3Na^++3e^- \rightleftharpoons 2Na_2S+2Cu$。但是在循环 300 次后,S48 的 3D 花状结构被破坏,可能是造成长循环时容量衰减的原因[147]。Li 等通过控制 CuS 充放电电位、rGO 包覆和优化电解液改善其电化学性能。将 0.51 g 硫代乙酰胺和 1.25 g $CuSO_4\cdot 5H_2O$ 分别溶于 50 mL 水,然后将两个溶液混合,加入一定量的 GO,搅拌 2 h。取 20 mL 混合溶液放入 35 mL 微波管中,在 100 W 功率下,加热至 160℃,反应 10 min。在微波条件下,GO 会被还原为 rGO,生成的 CuS 呈纳米片状,均匀地分布在 rGO 表面。纳米片状的 CuS 可以更好地接触电解液,加速与钠离子的反应,缩短钠离子扩散路径。rGO 可以作为缓冲层,并且改善电极的电子电导。将充放电电位调整在 0.4~2.6 V,避免发生 0.4 V 以下的转换反应,在醚类电解液中[1 M $NaCF_3SO_3$/diethylene glycol dimethyl ether(二乙二醇二甲醚)],可有效改善循环性能。但是在碳酸酯类电解液中,控制循环电压范围并没有改善循环稳定性。研究 Na/CuS-rGO 的第二次充放电过程的机理,发现首次充电后,并没有可逆生成 CuS,而是生

成 $Cu_2S$,随着第二次放电进行,生成 $Cu$ 和 $Na_2S$。在 100 mA·$g^{-1}$、250 mA·$g^{-1}$ 和 500 mA·$g^{-1}$ 电流下,比容量分别为 509.1 mA·h·$g^{-1}$、383.3 mA·h·$g^{-1}$ 和 370.2 mA·h·$g^{-1}$。在 1 A·$g^{-1}$ 下,450 次循环后,容量为 345.7 mA·h·$g^{-1}$[148]。

#### 3.3.2.3 硫化钼

$MoS_2$(JCPDs:37-1492)具有二维的开框架结构,是层状的金属硫化物,与石墨的结构类似。$MoS_2$ 的层状结构由 S-Mo-S 三明治结构通过范德华力堆积而成,层间距约 6.2 Å,适合钠离子的嵌入反应。$MoS_2$ 在钠离子电池中,理论比容量为 670 mA·h·$g^{-1}$,公认的反应为 $MoS_2$($MoS_2+4Na^++4e^- \Longleftrightarrow 2Na_2S+Mo$),分两步反应进行:$MoS_2+xNa \Longleftrightarrow Na_xMoS_2$(高于 0.4 V,$x<2$);$Na_xMoS_2+(4-x)Na \Longleftrightarrow Mo+2Na_2S$(低于 0.4 V)。2D 层状的过渡金属硫化物的缺点:金属硫化物是半导体,电子电导率低;表面能高,层之间的范德华力高;钠离子嵌入/脱出过程中产生的体积膨胀和应力,导致电极结构坍塌,与集流体剥离,循环寿命变差。主要可以通过优化 $MoS_2$ 的形貌结构,以增加比表面积、加速 $Na^+$ 传输、优异的电子传输和良好的机械应变承受能力提高其电化学性能。也可以与碳类材料复合或者增加 $MoS_2$ 的层间距来改善性能。

Hu 等用水热方法制备石墨烯状的纳米花状 $MoS_2$(FG-$MoS_2$),然后在 700 ℃下热处理 3 h,生成结晶性优异的 $MoS_2$(CG-$MoS_2$)。相比传统的 $MoS_2$(0.62 nm),FG-$MoS_2$ 和 CG-$MoS_2$ 的层间距更大,分别为 0.67 nm 和 0.64 nm,结晶性较差。在 0.4~3 V 电压区间充放电,控制反应为 $MoS_2$ 与 $Na_xMoS_2$ 之间嵌入/脱出反应。首次充放电曲线看,FG-$MoS_2$ 的极化最小,$Na^+$ 的嵌入电位最高,库伦效率最高。这是因为 $MoS_2$ 的(002)晶面间距增大,降低了 $Na^+$ 的嵌入能垒,从而放电平台增高。在 200 mA·$g^{-1}$ 和 1 A·$g^{-1}$ 的电流下,FG-$MoS_2$ 的放电比容量分别为 200 mA·h·$g^{-1}$ 和 175 mA·h·$g^{-1}$。层间距降低,$MoS_2$ 的性能也相应降低。随着循环的进行,$MoS_2$ 的层间距会逐渐增加,导致更多的 $Na^+$ 参与反应,所以循环初期比容量会先上升,然后稳定[149]。Zhang 等也采用水热的方法在碳纳米管上生长出超薄 $MoS_2$ 纳米片,其(002)晶面间距高达 9.68~11 Å。多数 $MoS_2$ 纳米片的厚度小于 10 nm,在纳米片的尾端、边缘处出现大量缺陷,并且呈现无序态。这种 3D 纳米结构,缩短了钠离子扩散路径、提高了钠离子电导率。以 50 mA·$g^{-1}$ 的电流密度,在 0~2.5 V 电压曲线内放电。首次放电时,在 0.9~1.5 V、0.3~0.9 V 和 0~0.3 V 出现三个放电平台,放电比容量为 835.6 mA·h·g$^{-1}$，循环 100 次后，比容量为 504.6 mA·h·g$^{-1}$。在 500 mA·g$^{-1}$ 的电流密度下，比容量为 328.4 mA·h·g$^{-1}$[150]。将 MoS$_2$ 与石墨烯（还原的氧化石墨烯）复合是目前 MoS$_2$ 性能改进的主要措施。Xie 等以 H$_3$PMo$_{12}$O$_{40}$·xH$_2$O（PMA）为钼源，L-cysteine（半胱氨酸）为硫源，与 GO 一起分散在水溶液中，然后 200℃ 下水热反应 24 h，MoS$_2$ 纳米片即生长在 rGO 上，其微观形貌和电化学性能如图 3.29 所示。在 0.01~3 V 电压区间内，0.89 V 和 0.71 V 两个还原峰对应着钠离子逐渐嵌入 MoS$_2$ 中，0.35 V 处的还原峰则为 SEI 膜的生成和 MoS$_2$ 发生转换反应生成 Mo 和 Na$_2$S。在 80 mA·g$^{-1}$ 和 320 mA·g$^{-1}$ 的电流密度下，300 次循环后，容量为 254 mA·h·g$^{-1}$ 和 227 mA·h·g$^{-1}$[151]。

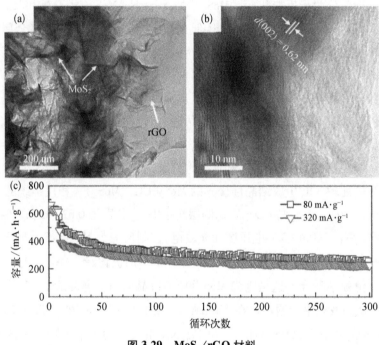

图 3.29　MoS$_2$/rGO 材料

(a)、(b) MoS$_2$/rGO 的透射电镜照片；(c) 循环寿命图

Choi 等配制含有 GO、PS（polystyrene，聚苯乙烯）、(NH$_4$)$_2$MoS$_4$ 的胶质溶剂，通过超声喷雾热解的方法制备 3D MoS$_2$/GNS 球形颗粒，如图 3.30 所示。3D MoS$_2$/GNS 粒径约 700 nm，石墨烯组成 3D 的骨架，将微球分割为不同的纳米球，3~5 层的 MoS$_2$ 包覆在石墨烯骨架上，石墨烯骨架阻止了 MoS$_2$ 的继续堆叠。石墨烯纳米球的大小可以通过调控 PS 模板的尺寸进行调控，MoS$_2$

和石墨烯的厚度可以通过改变 GO 和 $MoS_2$ 的浓度进行调控。在长循环过程中,空心的石墨烯纳米球为 $MoS_2$ 的体积膨胀提供了充分的空间和快速的电子传输通道,从而具有优异的电化学性能。在 0.2 $A·g^{-1}$ 的电流下,3D $MoS_2$/GNS 的首次放电和充电容量分别为 797 $mA·h·g^{-1}$ 和 573 $mA·h·g^{-1}$,1.5 $A·g^{-1}$ 的电流下,循环 600 次后,容量为 322 $mA·h·g^{-1}$,库伦效率为 99.98%[152]。

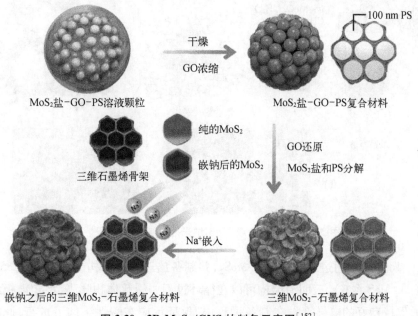

图 3.30  3D $MoS_2$/GNS 的制备示意图[152]

Wang 通过水热法合成 $MoS_2$ 与石墨烯复合材料,0.25 C(1 C = 400 $mA·g^{-1}$)的电流密度下,循环 200 次后,容量为 313 $mA·h·g^{-1}$。5 C 电流密度下比容量为 247.2 $mA·h·g^{-1}$[153]。采用微波法也可以制备 $MoS_2$/GNS 复合材料。制备出的 $MoS_2$ 材料具有良好的结晶性,(002)晶面间距为 0.64 nm。$MoS_2$/GNS 复合材料的比表面积比纯 $MoS_2$ 显著增加,提供了有效的钠离子传输路径,增加电解液与电极的界面接触,改善其电化学性能。在 0.005~2.5 V 电压下,以 100 $mA·g^{-1}$ 的电流密度循环,首次存在很大的不可逆容量损失,循环 50 次后,比容量为 305 $mA·h·g^{-1}$[154]。

Xiang 等以泡沫镍为模版,通过 CVD 在泡沫镍上沉积石墨烯,然后除去泡沫镍模板,制备出 3D 石墨烯泡沫(图 3.31)。再以 3D 石墨烯泡沫为基底,采用微波辅助的水热法合成 $MoS_2$ 纳米片[(002)晶面间距为 0.62 nm],并制备出柔性电极。这种三维结构增加了电解液与电极的接触面积,减少离子扩散长度和扩散时间。在钠电池中,0.01~3 V 电压区间内循环,当电流密度为 100 mA·g$^{-1}$ 时,首次放电容量、充电容量分别为 688 mA·h·g$^{-1}$ 和 458 mA·h·g$^{-1}$,效率为 67%,循环 50 次后,比容量为 290 mA·h·g$^{-1}$ [155]。

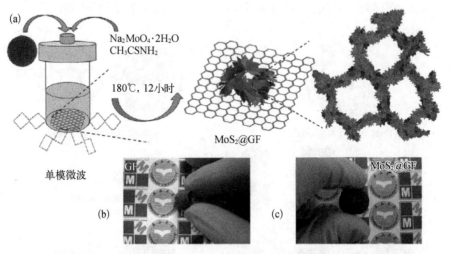

图 3.31　水热法合成 MoS$_2$ 纳米片的制备示意图[155]

Teng 等也通过水热法制备 MoS$_2$,并制备出三明治结构的石墨烯/MoS$_2$/C(G@MoS$_2$@C),三明治结构可以在循环过程中缓解体积膨胀,稳定电极结构,保持良好的电导率。在制备过程中,保证反应在酸性条件下进行,此时 GO 表面呈电正性,Mo$_7$O$_{24}^{6-}$ 作为钼源,即可以与 GO 结合,原位生成 MoS$_2$,其(002)晶面间距为 0.638 nm,厚度约 5~7 nm,均匀地、垂直地覆盖在 rGO 表面。在 rGO 与 MoS$_2$ 之间存在 C—O—Mo 共价键,有利于电荷传输和 G@MoS$_2$@C 结构的稳定性。在 0.01~3 V 区间循环,首次放电曲线存在三个平台,分别为 0.7~1.3 V、0.3~0.7 V 的嵌入反应和 0.2 V 的转换反应(生成 Na$_2$S 和 Mo)。在 0.1 A·g$^{-1}$ 电流下,首次放电、充电容量分别为 962 mA·h·g$^{-1}$ 和 604 mA·h·g$^{-1}$,效率为 62.8%。110 次循环后,容量为 520 mA·h·g$^{-1}$。1 A·g$^{-1}$ 电流下循环 200 次后,容量为 406 mA·h·g$^{-1}$。G@MoS$_2$@C 的倍率性能也比较优异,在 5 A·g$^{-1}$ 的电流密度下循环 200 次,容量为 304 mA·h·g$^{-1}$。在 0℃下,0.5 A·g$^{-1}$ 的电流密度下循环 110 次,比容量为 302 mA·h·g$^{-1}$,1 A·g$^{-1}$ 的电流密度下循环 400 次,比容量为 260 mA·h·g$^{-1}$ [156]。

Ryu 等通过静电纺丝制备出藤状的 MoS$_2$ 纳米线(枝晶约 200 nm),并通过 ALD 在 $MoS_2$ 电极表面均匀沉积一层 $TiO_2$(4 nm,15 次循环)。1D 藤状的 $MoS_2$ 纳米线的比表面积(144.31 $m^2 \cdot g^{-1}$)远大于块状的 $MoS_2$(3.55 $m^2 \cdot g^{-1}$)。首次放电分为两个过程:① 先嵌入生成 $NaMoS_2$;② 然后发生转换反应,生成 $Na_2S$ 和 Mo。首次和第二次放电比容量分别为 1 168 $mA \cdot h \cdot g^{-1}$ 和 840 $mA \cdot h \cdot g^{-1}$,存在较大的不可逆容量。5 C 的电流密度下,比容量为 600 $mA \cdot h \cdot g^{-1}$,倍率性能优异。包覆 $TiO_2$ 可以减少循环过程中硫的溶解,$MoS_2$ 的循环性能得以改善,循环 30 次后,容量保持 64%(相对于第二次比容量)[157]。

### 3.3.2.4 其他硫化物

$Ti_2S$ 因可以吸附多硫化物,抑制多硫化物的析出,常被用于锂硫电池[158,159]。而且 $Ti_2S$ 是第一代基于嵌入/脱出反应,用于金属离子电池的半导极性金属[160,161]。$Ti_2S$ 在过渡金属硫化物中质量最轻,在转换反应中发生四电子反应,生成 Ti 和 $Na_2S$,具有 957 $mA \cdot h \cdot g^{-1}$ 的放电比容量,其结构如图 3.32 所示[162]。

Tao 等通过固相法合成 $Ti_2S$,$NaPF_6$/1,2-Dimethoxyethane(DME)作为电解液,在 0.3~3 V 电压区间内进行循环测试。在 0.2 $A \cdot g^{-1}$ 的电流密度下,比容量为 1 040 $mA \cdot h \cdot g^{-1}$,其中低于 1 V 以下的容量有 521 $mA \cdot h \cdot g^{-1}$。

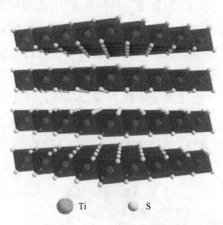

图 3.32 $Ti_2S$ 结构示意图[162]

$Ti_2S$ 具有优异的倍率特性,在 1.0 $A \cdot g^{-1}$、5 $A \cdot g^{-1}$、10 $A \cdot g^{-1}$、20 $A \cdot g^{-1}$ 电流密度下,比容量分别为 1 017 $mA \cdot h \cdot g^{-1}$、853 $mA \cdot h \cdot g^{-1}$、799 $mA \cdot h \cdot g^{-1}$ 和 713 $mA \cdot h \cdot g^{-1}$。甚至在 40 $A \cdot g^{-1}$ 的电流密度下都具有 621 $mA \cdot h \cdot g^{-1}$ 的比容量。并且具有超长的循环稳定性,在 20 $A \cdot g^{-1}$ 的电流密度下循环 9 000 次后,容量为 740 $mA \cdot h \cdot g^{-1}$[162]。$WS_2$ 具有与石墨类似的结构,是 S—W—S 层通过范德华力层叠起来的,在 c 轴方向上的层间距为 0.62 nm,有利于钠离子的嵌入和脱出。$WS_2$ 与 $MoS_2$ 的结构相似,层间距也几乎相同,但是其层间作用力比 $MoS_2$ 更小,更有利于钠离子的嵌入,并且 $WS_2$ 的电导率更高。通过水热反应和固相反应比较容易得到 $WS_2$ 纳米片。通过 $WO_3$ 与 $H_2S$ 的气相反应可以得到

WS$_2$纳米管。Liu 等通过常规的水热反应,然后再热处理,制备了 WS$_2$ 纳米线,该纳米线直径仅约 25 nm,层间距扩展到高达 0.83 nm,更有利于钠离子的嵌入与脱出。以 100 mA·g$^{-1}$ 的电流密度循环,在 0.01~2.5 V 电压区间内充放电,WS$_2$ 纳米线首次放电比容量为 605.3 mA·h·g$^{-1}$,但是存在不可逆容量。在循环后期,WS$_2$ 纳米线出现破裂和团聚现象,并且在充电态也出现了金属 W,说明 WS$_2$ 生成 W 和 Na$_2$S 的反应不是完全可逆的。而在 0.5~3 V 区间内充放电时,因仅发生嵌入/脱出反应,纳米线的结构没有被破坏,具有良好的可逆性。在 200 mA·g$^{-1}$ 的电流密度下循环 500 次后,比容量为 415 mA·h·g$^{-1}$,几乎没有容量衰减,库伦效率高达 99%。并且倍率性能也比较优异,500 mA·g$^{-1}$ 电流密度下循环 500 次后,比容量为 370 mA·h·g$^{-1}$,1 000 mA·g$^{-1}$ 的电流密度下循环 1 400 次后,比容量为 330 mA·h·g$^{-1}$[163]。

Li 等采用一种新的方法,真菌生物浸取法,制备了一系列一维的金属硫化物纳米颗粒/氮掺杂纳米碳纤维的复合材料,如 ZnS、Co$_9$S$_8$、FeS、Cu$_{1.81}$S,如图 3.33 所示。这些金属硫化物复合材料具有丰富的孔结构,有利于与钠离子反应。N 掺杂的碳纤维形成大量的缺陷结构,有利于钠离子的吸附。金属硫化物分散在 N 掺杂的碳纤维上,缩短了扩散路径,加速钠离子的扩散。以 ZnS 为例,100 mA·g$^{-1}$ 的电流密度下循环 50 次后,容量为 455 mA·h·g$^{-1}$。1 A·g$^{-1}$ 的电流密度下循环 180 次后,容量为 365.2 mA·h·g$^{-1}$[164]。

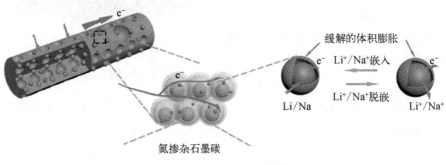

图 3.33 合成示意图[164]

### 3.3.2.5 多元金属硫化物

与一元金属硫化物相比,二元金属硫化物具有更丰富的氧化还原反应位点和更高的电导率,从而可以改善硫化物的电化学性能[165]。目前用于钠离子电池的二元金属硫化物有 CuCo$_2$S$_4$、CoNi$_2$S$_4$、(Fe$_{0.5}$Ni$_{0.5}$)$_9$S$_8$、Ni$_3$Co$_6$O$_8$、

SnSbS$_x$、Bi$_{0.94}$Sb$_{1.06}$S$_3$、CuSbS$_2$、FeSb$_2$S$_4$等[166]。

Li 等采用一步水热法制备粒径约 0.3~0.5 μm 的 CuCo$_2$S$_4$,该材料属于立方尖晶石相。在 200 mA·g$^{-1}$的电流密度下,0.25~2.8 V 电压区间内循环,首次放电比容量为 730.8 mA·h·g$^{-1}$,首效为 87.1%。循环 140 次后,容量保持在 522.4 mA·h·g$^{-1}$。该材料具有优异的倍率性能,在 2 000 mA·g$^{-1}$的电流密度下仍有 430.7 mA·h·g$^{-1}$的比容量[167]。同样,Gong 等也通过一步水热法制备了 CuCo$_2$S$_4$/rGO 复合电极材料。在 100 mA·g$^{-1}$的电流密度下循环 50 次后,该材料的可逆比容量保持在 433 mA·h·g$^{-1}$。此外,CuCo$_2$S$_4$/rGO 具有良好的倍率性能,在电流密度为 1 000 mA·g$^{-1}$时具有 336 mA·h·g$^{-1}$的放电容量[168]。Xu 等则通过一步水热法制备 CoNi$_2$S$_4$/rGO 复合材料,在 100 mA·g$^{-1}$的电流密度下,0.01~3 V 电压区间内循环,循环 50 次后,容量为 430 mA·h·g$^{-1}$,在 1 000 mA·g$^{-1}$电流下仍保持 521 mA·h·g$^{-1}$的比容量,倍率性能优异。rGO 有效抑制了该材料在循环过程中的体积膨胀,也提高了材料的电导率,因此改善了 CoNi$_2$S$_4$的电化学性能[169]。Kim 等先通过喷雾裂解制备双金属氧化物,然后硫化制备出核壳结构的(Fe$_{0.5}$Ni$_{0.5}$)$_9$S$_8$,如图 3.34 所示。在 0~3 V 电压区间循

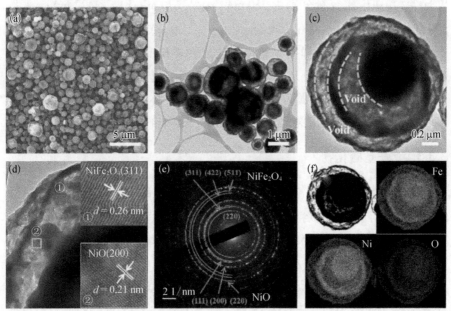

**图 3.34 (Fe$_{0.5}$Ni$_{0.5}$)$_9$S$_8$核壳结构材料的微观形貌**

(a) 扫描电镜照片;(b)、(c) 透射电镜照片;(d) 高分辨透射电镜照片;(e) SAED;(f) 对应的元素分布图[170]

环,1 A·g$^{-1}$ 电流密度下,首次放电比容量为 601 mA·h·g$^{-1}$,首效为 84%。第 2 次和第 100 次放电比容量分别为 530 mA·h·g$^{-1}$、527 mA·h·g$^{-1}$,拥有良好的循环稳定性。在 1 A·g$^{-1}$ 电流密度下,放电比容量为 465 mA·h·g$^{-1}$。并且在循环过程中,该材料的核壳结构没有被破坏,因此具有良好的循环稳定性[170]。Choi 等通过喷雾热解和进一步的硫化过程合成了 Ni$_3$Co$_6$S$_8$/rGO 复合负极材料。循环 30 圈和 100 圈后,其容量分别为 506 mA·h·g$^{-1}$ 和 498 mA·h·g$^{-1}$。甚至是在 5 A·g$^{-1}$ 的高电流密度下循环时,其可逆容量仍保持有 361 mA·h·g$^{-1}$ [171]。

### 3.3.3 金属硒化物

1980 年,Newman 首次将 TiS$_2$ 应用于钠离子电池,而后,金属硫化物则被广泛研究,用作钠离子电池负极材料。同样,与 S 同族的 Se 组成的金属硒化物在近几年也被广泛研究。相比金属硫化物,金属硒化物的电导率更高。但是由于 Se 元素更重,导致金属硒化物的理论重量比容量较金属硫化物低。Se 的密度是 S 的 2.5 倍,即金属硒化物的理论体积比容量要高于金属硫化物。常见的金属硒化物有 SnSe$_2$、Sb$_2$Se$_3$、MoSe$_2$、FeSe$_2$、CoSe$_2$、NiSe$_2$、TiSe$_2$、WSe$_2$ 等,其理论比容量分别为 750 mA·h·g$^{-1}$、670 mA·h·g$^{-1}$、422 mA·h·g$^{-1}$、500 mA·h·g$^{-1}$、494 mA·h·g$^{-1}$、495 mA·h·g$^{-1}$、520 mA·h·g$^{-1}$ 和 314 mA·h·g$^{-1}$。

但是循环过程中同样基于转换反应或者转换反应-合金化反应的金属硒化物,体积形变严重,导致结构崩塌和 SEI 膜稳定性差,从而具有较差的电化学性能。当然,针对金属硒化物在反应过程中的体积变化,研究者开发出很多的改性方法。接下来就对几种常用于钠离子电池的金属硒化物进行介绍。

#### 3.3.3.1 铁基硒化物

铁的硒化物(FeSe$_x$),如 FeSe$_2$、FeSe 和 Fe$_7$Se$_8$,被认为是环境友好、可持续发展的具有高理论比容量的电极材料,备受研究者的关注。

FeSe 是一种具有较高超导特性的铁基超导体,其具有较高的本征临界电流密度、较小的各向异性、无毒等优势。FeSe 在 2015 年首次被 Chen 等报道用作钠离子电池负极材料,通过射频磁控溅射(radio frequency, R. F.)制备的 FeSe 薄膜,在充放电过程中发生 FeSe+2Na$^+$+2e$^-$ ⇌ Na$_2$Se+Fe 反应,放电过程中生成的纳米 Fe 分布在 Na$_2$Se 骨架中,并在充电时完全转化为 FeSe。在钠离子电池中,在 60 mA·g$^{-1}$ 的电流密度下,首次放电比容量为 336.5 mA·h·g$^{-1}$,

循环200次后，比容量为253.7 mA·h·g$^{-1}$，充放电曲线如图3.35所示[172]。Kajita等合成出具有层状结构的FeSe材料，首次可逆容量和库伦效率分别为294 mA·h·g$^{-1}$和87.2%(50 mA·g$^{-1}$)。在0.2 A·g$^{-1}$和1 A·g$^{-1}$电流密度下循环100次后，容量保持率分别为90%和75%。从XRD结果分析出，首次充电初期（充电至1.0 V），形成Na$_x$FeSe相，即Na离子在层状FeSe材料的Se层之间，然后随着充电的继续，形成非晶的FeSe相[173]。

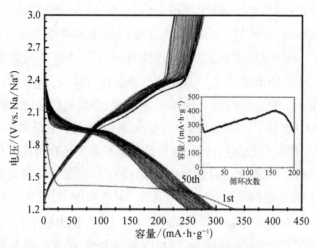

图3.35 FeSe的充放电曲线，内插图为循环性能曲线[172]

相比FeSe，FeSe$_2$因参与四电子反应，具有更高的比容量而受关注。在钠离子电池中，反应为FeSe$_2$+4Na$^+$+4e$^-$ ⇌ Fe+2Na$_2$Se。FeSe$_2$首次被Zhang报道用作钠离子电池负极材料。通过水热法成功制备出FeSe$_2$，该材料为纳米八面体结构组成的微球状，使得该材料具有较高的振实密度（1.85 g·cm$^{-3}$）。在材料合成过程中，FeSe$_2$的形貌与柠檬酸的量有关。该材料在1 A·g$^{-1}$的电流密度下，循环2 000次时容量为372 mA·h·g$^{-1}$，库伦效率高达99%，具有良好的循环稳定性。此外，该材料还具有优异的倍率性能，在25 A·g$^{-1}$的电流密度下仍保持226 mA·h·g$^{-1}$的容量。由于首次主要的不可逆容量主要发生在0～0.5 V，所以控制放电电位可有效改善材料的库伦效率。并且在充放电过程中的赝电容特性使得FeSe$_2$具有优异的倍率特性。搭配Na$_3$V$_2$(PO$_4$)$_3$正极组装全电池，在1 A·g$^{-1}$电流密度下首次放电比容量为366 mA·h·g$^{-1}$（基于负极重量），工作电压为1.7 V。循环200次后，容量保持在298 mA·h·g$^{-1}$[174]。

FeSe$_2$在循环过程中的体积变化可以通过与碳材料复合加以改善。

Zhang 等通过水热法将 FeSe$_2$ 微球与硫掺杂的还原氧化石墨烯(FeSe$_2$/SG)复合,FeSe$_2$ 均匀地分布在石墨烯纳米片上,S 的掺杂增加了 rGO 的层间距,改善了电导率,这都促使 FeSe$_2$/SG 具有优异的电化学性能。在 500 mA·g$^{-1}$ 的电流密度下循环 100 次后容量为 408 mA·h·g$^{-1}$,在 2 000 mA·g$^{-1}$ 的电流密度下仍有 383.3 mA·h·g$^{-1}$ 的高比容量[175]。Park 等采用可以大规模合成的方法制备球形的 FeSe$_2$-非晶碳复合材料(FeSe$_2$-AC),在 500 mA·g$^{-1}$ 的电流密度下循环 150 次后放电比容量为 379 mA·h·g$^{-1}$。在电流密度增加十倍时,比容量仍有 286 mA·h·g$^{-1}$[176]。此外,该课题组使用 rGO 作为碳骨架,制备出中空结构的 FeSe$_x$-rGO 材料,电化学性能优异[177]。Cho 等合成出导电石墨包覆的 FeSe$_2$ 中空纳米球,并与 rGO 纳米纤维复合,制备 FeSe$_2$@GC-rGO[178]。Fan 等先得到具有核壳结构的 FeSe$_2$@C 纳米棒,然后自组装成空心的纳米立方体。这种 3D 多级、中空的结构以及碳包覆层提高了电极的电导率,并且在循环过程中稳定电极结构,使得材料具有良好的循环稳定性。在 10 A·g$^{-1}$ 电流密度下循环 3 000 次后容量为 212 mA·h·g$^{-1}$,容量保持率为 90.3%。以 Na$_3$V$_2$(PO$_4$)$_3$ 为正极组装全电池,在 1 A·g$^{-1}$ 电流密度下,首次放电比容量为 322 mA·h·g$^{-1}$(以负极重量计算),循环 250 次后,容量保持率为 85.7%[179]。

此外,除了设计 FeSe$_2$ 结构外,还可以利用 FeSe$_2$ 的高电导率和 FeS$_2$ 的高比容量特性,设计 FeSe$_2$-FeS$_2$ 复合材料。Zhao 等制备出具有核壳结构的 FeS$_2$@FeSe$_2$ 微球,其中 S 和 Se 的质量比为 1∶1.74。与传统的碳包覆的核壳结构相比,FeS$_2$@FeSe$_2$ 中的壳和核都是过渡金属硫族化合物,具有更快的电子传输和电导率。并且由于其扩散路径小于颗粒尺寸,使得其电化学性能类似赝电容特性[180]。Wang 等通过固态法合成核壳结构的 FeSe@FeS,其中 FeSe 和 FeS 的摩尔比是 0.25∶0.75,该材料具有优异的倍率特性和循环性能,并且在全电池中,FeSe@FeS 负载量为 8 mg·cm$^{-2}$ 时仍具有良好的性能[181]。Long 等通过水热法合成 FeS$_{2-x}$Se$_x$,该材料同时具备 FeSe$_2$ 高电导和 FeS$_2$ 高比容的优势。其中 FeS$_{1.6}$Se$_{0.4}$ 材料在 2 A·g$^{-1}$ 电流密度下循环 6 000 次后容量仍有 220 mA·h·g$^{-1}$,在 40 A·g$^{-1}$ 的电流密度下仍可放出 211 mA·h·g$^{-1}$ 的比容量[182]。铁的硒化物中,除了 FeSe 和 FeSe$_2$,Fe$_7$Se$_8$ 首次被 Wan 等报道用作钠离子电池负极材料。以普鲁士蓝作为前驱体,通过常规的热处理机制制备出嵌在氮掺杂碳层上的 Fe$_7$Se$_8$ 材料(Fe$_7$Se$_8$@NC)。该材料在 1 A·g$^{-1}$ 电流密度下循环 1 200 次后,容量为 339 mA·h·g$^{-1}$。与普鲁士蓝(Fe-HCF)正极组装全电池,在 100 mA·g$^{-1}$ 的电流密度下首次比容量为 354 mA·h·g$^{-1}$(基于负极重量),循环 50 次后容量保持率约 56%[183]。

### 3.3.3.2 钴基硒化物

迄今为止,共有 4 种钴的硒化物被报道用于钠离子负极材料,包括 CoSe$_2$、CoSe、Co$_{0.85}$Se 和 Co$_9$Se$_8$。CoSe$_2$ 首次被 Ko 等报道,通过在 300℃下硒化具有中空结构的 Co$_3$O$_4$ 微球制备中空结构的 CoSe$_2$。在 500 mA·g$^{-1}$ 的电流密度下,首次放电比容量为 595 mA·h·g$^{-1}$,循环 40 次后,容量为 467 mA·h·g$^{-1}$。相同条件下,纯的 CoSe$_2$ 容量仅剩 251 mA·h·g$^{-1}$[184]。Zhang 等研究发现,控制 CoSe$_2$ 的放电截止电位会影响其放电机理,选择较高的放电截止电压可以有效控制电极在循环过程中的体积膨胀,并有效提高其电化学性能。当 CoSe$_2$ 在 0.5~3 V 区间内充放电时,反应如式(3.8)~式(3.12)[185],其反应机理如图 3.36 所示[186]。

(D1) CoSe$_2$+$x$Na$^+$+$x$e$^-$ ⟶ Na$_x$CoSe$_2$   (3.8)

(D2) Na$_x$CoSe$_2$+(2−$x$)Na$^+$+(2−$x$)e$^-$ ⟶ CoSe+Na$_2$Se   (3.9)

(D3) CoSe+2Na$^+$+2e$^-$ ⟶ Co+Na$_2$Se   (3.10)

(C2&3) Co+2Na$_2$Se ⟶ Na$_x$CoSe$_2$+(4−$x$)Na+(4−$x$)e$^-$   (3.11)

(C1) Na$_x$CoSe$_2$ ⟶ CoSe$_2$+$x$Na$^+$+$x$e$^-$   (3.12)

而当充放电电位控制在 0.01~3 V 时,CoSe$_2$ 的反应机理从 CoSe$_2$+4Na$^+$+4e$^-$ ⇌ Co+2Na$_2$Se 变成 CoSe+2Na$^+$+2e$^-$ ⇌ Co+Na$_2$Se。这是由于在低于 0.4 V 时,CoSe$_2$ 的结构被完全破坏,同时存在不可逆反应造成的。

通过构建纳米结构的 CoSe$_2$ 可以有效改善电化学性能。使用金属-有机框架,Co 基的沸石咪唑酯骨架(ZIF−67)作为模版,可以制备出具有多孔纳米结构的 CoSe$_2$。Tang 等使用 ZIF−67 纳米立方体作为起始材料,合成出 CNTs 桥连的碳包覆 CoSe$_2$ 纳米球(CoSe$_2$@C/CNTs),如图 3.37 所示。具有多面体形貌、中空结构的 CoSe$_2$@C/CNTs 材料在 1 A·g$^{-1}$ 电流密度下循环 1 000 次后,容量保持约 390 mA·h·g$^{-1}$,甚至可以在 10 A·g$^{-1}$ 的电流密度下循环[187]。此外,喷雾热解法也可以制备出具有特殊形貌的 CoSe$_2$ 材料。Cho 等采用该方法制备出具有多孔结构的 CoSe$_2$/石墨碳复合材料(CoSe$_2$−GC),在 200 mA·g$^{-1}$ 的电流密度下,首次放电比容量为 614 mA·h·g$^{-1}$,循环 100 次后容量维持在 393 mA·h·g$^{-1}$。在 100 mA·g$^{-1}$、1 000 mA·g$^{-1}$ 的电流密度下容

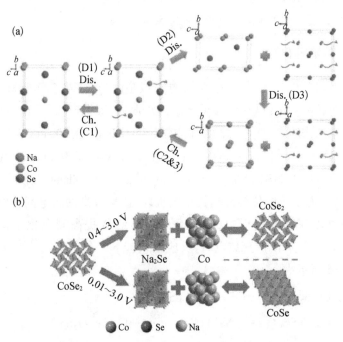

图 3.36 在不同充放电区间，$CoSe_2$ 的反应机理

(a) 在醚类电解液中，0.5~3 V 区间内的反应历程[185]；(b) 电位区间对 $CoSe_2$ 的反应机理的影响[186]

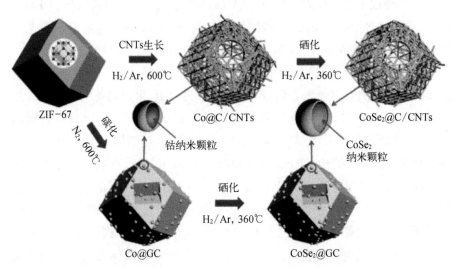

图 3.37 ZIF 结构的 $CoSe_2$@C/CNTs 材料合成示意图[187]

量分别为 526 mA·h·g$^{-1}$和 451 mA·h·g$^{-1}$,并且具有良好的容量回升能力[188]。

上文有提到 CoSe$_2$ 在 0.01~3 V 电压区间内循环时,后期发生的反应为 CoSe 的可逆反应,并且具有良好的循环稳定性。与 CoSe$_2$ 相比,CoSe 在反应过程中的体积膨胀较小,因此具有较好的稳定性。研究者也在致力于研制出性能更优的 CoSe 材料。比如引入 ZIF-67 作为模版制备多孔碳多面体骨架(porous carbon polyhedral, PCP),然后将 CoSe 纳米颗粒均匀地嵌在多孔碳的多面体骨架中,制备出 CoSe@PCP,其中 PCP 作为导电骨架,改善电荷传输,缓冲 CoSe 循环过程中的体积膨胀[189]。Zhang 等合成出具有核壳结构的 CoSe/C 十二面体,其中氮掺杂碳骨架的作用与上述 PCP 的作用一样,具有介孔的核壳结构使得电解液浸润更为迅速[190]。Wu 等则制备出 1D 的类似豌豆荚的碳材料,将 CoSe 纳米线封装在内部,制备 CoSe/碳纳米线复合材料。这种 1D 结构具有丰富的孔洞,有利于缩短离子传输距离,提高材料的电化学性能。作为钠离子电池负极材料,在充放电过程中出现平稳的平台,说明其具有优异的动力学行为,与 Na$_3$V$_2$(PO$_4$)$_2$F$_3$ 正极组装全电池,在 100 mA·g$^{-1}$ 的电流密度下,循环 20 次后,放电比容量为 279 mA·h·g$^{-1}$(基于负极重量),能量密度达到 115 W·h·kg$^{-1}$[191]。

与 CoSe$_2$ 和 CoSe 相比,Co$_{0.85}$Se 也可以作为钠离子电池负极材料,且更容易被制备成 2D 层状纳米结构[192]。基于该特性,Zhang 等制备出 Co$_{0.85}$Se 纳米片/石墨烯复合自支撑薄膜电极(Co$_{0.85}$Se NSs/G),其中 Co$_{0.85}$Se 均匀地分布在石墨烯纳米片上,形成"纳米片对纳米片"的结构。由于 Co$_{0.85}$Se 与石墨烯之间存在界面作用,Co$_{0.85}$Se NSs/G 薄膜电极在 2 A·g$^{-1}$ 电流密度下循环 500 次后,容量为 112.4 mA·h·g$^{-1}$[193]。Park 等将 Co$_{0.85}$Se 与 rGO 复合,在 300 mA·g$^{-1}$ 的电流密度下,50 次循环后容量为 420 mA·h·g$^{-1}$,在 1 000 mA·g$^{-1}$ 的电流密度下能保持高达 357 mA·h·g$^{-1}$ 的比容量[194]。Ali 等通过水热法将 Co$_{0.85}$Se 嵌入碳骨架中制备 Co$_{0.85}$Se@CSs 材料,发现循环电压区间和 Co$_{0.85}$Se 的颗粒尺寸会影响其电化学性能。粒径为 100 nm 的 Co$_{0.85}$Se@CSs 纳米球,在 0~2.8 V 电压区间内,在高倍率情况下具有优异的循环稳定性[195]。此外,Co$_9$Se$_8$ 也可以作为钠离子电池负极材料。Wang 等通过水热法将 Co$_9$Se$_8$ 纳米片集成在 rGO 框架内,该材料在电化学反应时基于表面控制赝电容特性,因此具有优异的倍率特性,在 5 A·g$^{-1}$ 的电流密度下拥有高达 295 mA·h·g$^{-1}$ 的比容量[196]。

#### 3.3.3.3 镍基硒化物

目前可用于钠离子电池负极材料的 NiSe$_x$ 有 NiSe$_2$、NiSe 和 Ni$_{0.85}$Se。

NiSe$_2$首次被Cho等报道用于钠离子电池,先通过电纺丝法然后再进行硒化,制备出石墨烯包覆的NiSe$_2$/碳多孔纳米纤维(NiSe$_2$-rGO-C)。该材料在100 mA·g$^{-1}$电流密度下,循环100次后,仍保持468 mA·h·g$^{-1}$的容量[197]。

目前用于改善硒化镍性能的主要方式也是设计独特的纳米结构、与碳材料复合、优化充放电电压范围和电解液优化。Ou等将NiSe$_2$嵌入rGO骨架中,并控制电压范围在0.4~3.0 V范围内,双策略优化以在循环过程中保持结构的稳定性[198]。Zhu等通过水热法合成具有纳米八面体结构的NiSe$_2$,在优化的电压区间内(0.3~2.9 V),使用1M NaCF$_3$SO$_3$/DEGDME电解液,使得该材料具有优异的性能。在5 A·g$^{-1}$的电流密度下首次放电容量为478 mA·h·g$^{-1}$,首次库伦效率高达95%,循环4 000次后,仍保持313 mA·h·g$^{-1}$的比容量[199]。Fan等通过引入金属有机框架作为模版制备出碳包覆的NiSe$_2$,该材料在1 000 mA·g$^{-1}$的电流密度下循环100次后,容量为318 mA·h·g$^{-1}$。甚至可以在10 000 mA·g$^{-1}$的电流密度下释放出213 mA·h·g$^{-1}$的比容量[200]。Ge等通过Ni前驱体和PPy的自组装制备了NiSe$_2$微球/C复合材料,该材料具有多级的中空结构,提供了更多的钠离子的存储位点,并且材料中的双层氮掺杂碳层有效缓解了循环过程中的体积膨胀。在NiSe$_2$/C材料中,NiSe$_2$的表面与碳层之间存在Ni—O—C键,将有利于电子的传输和材料的稳定性,可以改善NiSe$_2$材料的性能。NiSe$_2$/C材料的赝电容特性使其在10 A·g$^{-1}$的电流密度下,循环3 000次后,仍有374 mA·h·g$^{-1}$的比容量[201],如图3.38所示。

Zhao等先制备花状Ni/C模版,然后通过水热反应进行硒化,得到封装在充满微孔、花状碳基底中的NiSe$_2$(平均粒径约13.02 nm)复合材料。随着水热反应温度的升高,NiSe$_2$的粒径增加,实验得出120℃下制备的材料的循环稳定性最佳,循环100次后,容量为193.6 mA·h·g$^{-1}$,容量保持率为64.3%。在2 A·g$^{-1}$的电流密度下,比容量为208 mA·h·g$^{-1}$[202]。

尽管NiSe$_2$在钠离子电池中被广泛研究,但是其嵌入/脱出机理仍不清楚。Ou[198]通过原位XRD和非原位TEM研究NiSe$_2$的反应历程,如式(3.13)~式(3.16):

放电时,

$$NiSe_2 + xNa^+ + xe^- \longrightarrow Na_xNiSe_2 \tag{3.13}$$

$$Na_xNiSe_2 + (4-x)Na^+ + (4-x)e^- \longrightarrow 2Na_2Se + Ni \tag{3.14}$$

充电时，

$$2Na_2Se+Ni \longrightarrow Na_xNiSe_2+(4-x)Na^++(4-x)e^- \qquad (3.15)$$

$$Na_xNiSe_2 \longrightarrow NiSe_2+xNa^++xe^- \qquad (3.16)$$

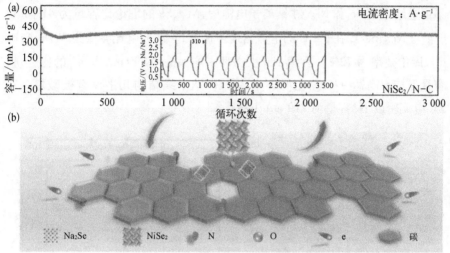

图 3.38　$NiSe_2/N$-C 材料

(a) $NiSe_2/N$-C 材料的循环性能，内插图为第 1 000 次至 1 010 次的充放电曲线；(b) 材料中的 Ni—O—C 示意图[201]

但是 Zhu 等[199]通过研究 $NiSe_2$ 循环后的 XRD、SAED 和 SATEM，发现 $NiSe_2$ 在前 50 次循环时的容量衰减是由于在充电过程中部分 $NiSe_2$ 形成 Se 和 $Ni_3Se_4$ 导致的。所以 Zhu 等认为 $NiSe_2$ 的反应机理如式(3.17)～式(3.21)：
放电时，

$$NiSe_2+2Se+Ni_3Se_4+4xNa^++4xe^- \longrightarrow 4Na_xNiSe_2 \qquad (3.17)$$

$$Na_xNiSe_2+(2-x)Na^++(2-x)e^- \longrightarrow NiSe+Na_2Se \qquad (3.18)$$

$$NiSe+2Na^++2e^- \longrightarrow Ni+Na_2Se \qquad (3.19)$$

充电时，

$$Ni+2Na_2Se \longrightarrow Na_xNiSe_2+(4-x)Na^++(4-x)e^- \qquad (3.20)$$

$$4Na_xNiSe_2 \longrightarrow NiSe_2+2Se+Ni_3Se_4+4xNa^++4xe^- \qquad (3.21)$$

相比 $NiSe_2$，NiSe 和 $Ni_{0.85}Se$ 的研究较少。Zhang 等合成核壳结构的 NiSe/C 纳米球，在 100 $mA·g^{-1}$ 的电流密度下首次放电容量为 480 $mA·h·g^{-1}$，

循环50次后,比容量为280 mA·h·g$^{-1}$。在500 mA·g$^{-1}$的电流密度下,容量为186 mA·h·g$^{-1}$,倍率性能优异[203]。Yang等以碳包覆的硒纳米线作为前驱体,通过水热法制备出中空碳支撑的 Ni$_{0.85}$Se 纳米线(Ni$_{0.85}$Se/C),如图3.39所示。但是目前其反应机制还不清晰,一般认为在首次循环中,Ni$_{0.85}$Se/C 会不可逆地生成 Se 和 Ni。在钠离子电池中,Ni$_{0.85}$Se 的理论比容量为419 mA·h·g$^{-1}$。Ni$_{0.85}$Se/C 在0.2 C 的电流密度下循环,首次放电比容量为397 mA·h·g$^{-1}$,库伦效率为72%。后续100次循环中均保持约390 mA·h·g$^{-1}$的比容量,容量保持率高达97%。在循环中,其1D纳米线结构几乎没有被破坏。在5 C电流密度下,容量为219 mA·h·g$^{-1}$[204]。

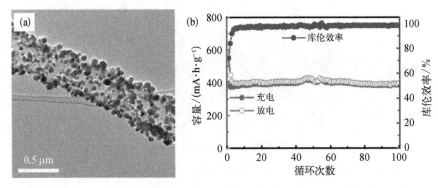

**图 3.39 Ni$_{0.85}$Se/C 材料的性能**

Ni$_{0.85}$Se/C 的透射电镜照片(a)和循环性能曲线(b),电流密度:0.2 C

### 3.3.3.4 钼基硒化物

MoSe$_2$是一种典型的层状过渡金属硒化物,层间距为0.646 nm,可以允许钠离子的嵌入与脱出,结构如图3.40所示[205]。Wang等通过理论与实验相结合证实了 MoSe$_2$ 可以作为钠离子电池负极材料。通过第一性原理计算 MoSe$_2$ 的电子电导率和离子传输特性,计算发现,随着钠离子的嵌入,过渡金属转化为金属,提高了 MoSe$_2$ 的电子电导率,而且钠离子在其表面的扩散要比层间的快。通过热解方法制备 MoSe$_2$ 纳米片,该材料在42.2 mA·g$^{-1}$的电流密度下,首次放电比容量为513 mA·h·g$^{-1}$,循环50次后容量保持在369 mA·h·g$^{-1}$[206]。基于钠离子在 MoSe$_2$ 表面的扩散要比层间快这一特性,该课题组制备出比表面积为62.3 m$^2$·g$^{-1}$的 MoSe$_2$ 纳米球。这样的结构实现了钠离子的快速传输和稳定的循环性能。在42.2 mA·g$^{-1}$的电流密度

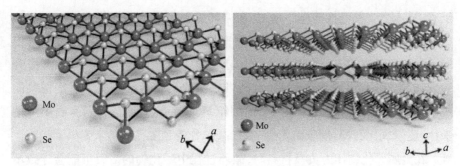

图 3.40　MoSe$_2$ 材料的结构示意图[205]

下,循环 200 次后容量为 345 mA·h·g$^{-1}$,在 4 223 mA·g$^{-1}$ 的电流密度下仍保持 212 mA·h·g$^{-1}$ 的比容量[207]。

此外,核壳结构、中空[208]、具有多级结构的纳米管结构的 MoSe$_2$ 也被合成出来用作钠离子电池的负极材料。Ko 等通过将具有核壳结构的 MoO$_3$ 微球硒化后制备出具有核壳结构的 MoSe$_2$。MoSe$_2$ 材料表面因 MoSe$_2$ 纳米片团聚形成比较粗糙的表面,有利于离子电子的传输,并且能抑制体积膨胀。核壳结构的 MoSe$_2$ 在 200 mA·g$^{-1}$ 电流下循环 50 次后,容量保持在 433 mA·h·g$^{-1}$。甚至在 1 500 mA·g$^{-1}$ 可放出 345 mA·h·g$^{-1}$ 的比容量[209]。Zhang 等合成出具有纳米管结构的 MoSe$_2$ 材料,其中 MoSe$_2$ 纳米片的层间距被扩张到 1 nm,远大于块体结构 MoSe$_2$ 材料的层间距(0.646 nm),更有利于钠离子的嵌入与脱出。控制充放电电位在 0.5~3 V 区间,避免 MoSe$_2$ 参与深度的转换反应,使 MoSe$_2$ 纳米管具有良好的结构稳定性和循环性能。在 1 A·g$^{-1}$ 的电流密度下,循环 1 500 次后,容量为 228 mA·h·g$^{-1}$ [210]。Shi 等通过硒化 MoS$_2$ 制备碳掺杂的 Mo(Se$_{0.85}$S$_{0.15}$)$_2$ (Mo(Se$_{0.85}$S$_{0.15}$)$_2$:C),在放电过程中发生如下反应:Mo(Se$_x$S$_{1-x}$)$_2$+4Na$^+$+4e$^-$ ⟶ Mo+2$x$Na$_2$Se+2(1-$x$)Na$_2$S,具有优异的电化学性能[211]。除了设计 MoSe$_2$ 的纳米结构,将 MoSe$_2$ 与碳材料复合也可以改善 MoSe$_2$ 的性能。通常都是将碳材料作为支撑或者骨架,将 MoSe$_2$ 生长在碳材料的表面。常用的碳材料有碳纳米管、碳网、碳纳米片、碳纤维和碳球等[205,212-219]。

Xie 等制备了具有三层核壳结构的 VG/MoSe$_2$/N-C 材料,其中 MoSe$_2$ 夹在 VG 和氮掺杂碳(N-doped carbon,N-C)之间。首先将 VG(vertical graphene) 沉积在碳布表面,然后作为骨架,将 MoSe$_2$ 均匀地包覆在 VG 阵列表面,最后再 MoSe$_2$ 表面包覆一层 N-C。这种具有两种导电碳网络的三明治结构有利于离子传输、改善电极的电导率,并在循环过程中维持结构稳定性。因此该材料具有稳定的循环性能和优异的倍率性能,在 2 A·g$^{-1}$ 的电流密度下可稳定循环 1 000 次[220]。若将 MoSe$_2$ 均匀地分散在导电碳骨架中,不仅提升 MoSe$_2$ 的电导率,也因 MoSe$_2$ 与导电网络之间的紧密接触避免了活性材料的团聚,从而有效地改善其性能。目前用作 MoSe$_2$ 的碳骨架的材料有石墨烯纳米片、还原氧化石墨烯/碳纳米管、氮掺杂碳骨架和多孔碳纳米管等[221-226]。

在金属硒化物作为负极材料时,循环过程中硒化物的溶解可能会导致不可逆的转换反应。Kang 等发现非晶态的 MoO$_3$ 层可以阻止可溶性中间产物的溶解[227]。Zhao 等在 MoSe$_2$/石墨烯纳米片复合材料的表面包覆一层 MoO$_2$ 纳米簇,在循环过程中阻止了纳米片的重新堆积。MoO$_2$ 纳米簇对 Na$_2$Se 具有吸附作用,可溶的多硒化物中间物的溶解被抑制,改善了转换反应的可逆性。该材料在 5 A·g$^{-1}$ 的电流密度下循环 800 次后容量为 423 mA·h·g$^{-1}$ [228]。

### 3.3.3.5 其他金属硒化物

Zhang 等通过固相反应制备 TiSe$_2$ 纳米片,并用于钠离子电池。TiSe$_2$ 呈现出三明治的结构,即原子按照 Se—Ti—Se 方式排列。基于其较短的离子扩散路径和较大的比表面积,该材料在 500 mA·g$^{-1}$ 的电流密度下循环 500 次后,容量为 115 mA·h·g$^{-1}$。在 10 A·g$^{-1}$ 的电流密度下仍有 103 mA·h·g$^{-1}$ 的比容量。通过 HRTEM 和原位 XRD 分析,TiSe$_2$ 的嵌入/脱出机理可认为如下。
首次放电:

$$TiSe_2 \longrightarrow Na_{0.32}TiSe_2 \longrightarrow Na_{0.72}TiSe_2 \longrightarrow NaTiSe_2$$

后续可逆的充电/放电过程:

$$NaTiSe_2 \rightleftharpoons Na_{0.72}TiSe_2 \rightleftharpoons Na_{0.32}TiSe_2 \rightleftharpoons TiSe_2 + Na_xTiSe_2$$

可以发现,在脱出过程中,放电产物 NaTiSe$_2$ 最终会转换为 TiSe$_2$ 和不明相 Na$_x$TiSe$_2$。这个 Na$_x$TiSe$_2$ 不明相亟须研究者去探明[229]。

Yang 等为了改善 TiSe$_2$ 的性能,制备了 S 掺杂 TiSe$_2$ 纳米片,并与 Fe$_3$O$_4$ 纳米粒子复合,制备 S-TiSe$_2$/Fe$_3$O$_4$。S 掺杂 TiSe$_2$ 纳米片可以提高 TiSe$_2$ 的电荷载体的浓度和电子电导率。S-TiSe$_2$/Fe$_3$O$_4$ 因 S-TiSe$_2$ 和均匀分布的 Fe$_3$O$_4$ 之间的协同作用,S-TiSe$_2$/Fe$_3$O$_4$ 的性能优于纯的 S-TiSe$_2$ 和 Fe$_3$O$_4$ 电极。在 100 mA·g$^{-1}$ 的电流密度下,循环 100 次后,容量为 402.3 mA·h·g$^{-1}$。

甚至在 4 000 mA·g$^{-1}$ 的电流密度下,还能维持高达 203.3 mA·h·g$^{-1}$ 的比容量[230]。VSe$_2$ 因其自身的层状结构和类金属特性而备受关注,而且其电导率很高。但是其在钠离子电池中的性能却没有其他金属硒化物优异。Yang 等通过常规的球磨法制备 VSe$_2$/C 材料,在 100 mA·g$^{-1}$ 的电流密度下,首次放电比容量为 651 mA·h·g$^{-1}$,50 次循环后,容量维持在 467 mA·h·g$^{-1}$。在 2 000 mA·g$^{-1}$ 的电流密度时,比容量还能保持 132 mA·h·g$^{-1}$[231]。

WSe$_2$ 与 MoSe$_2$ 具有类似的层状结构,其层间距约 0.65 nm。但是相比 MoSe$_2$,WSe$_2$ 用作钠离子电池负极的报道很少。Share 等首次将 WSe$_2$ 用于钠离子电池,使用优化的电解液和黏结剂(EC/DEC 电解液和 CMC 黏结剂),块状 WSe$_2$ 材料在 20 mA·g$^{-1}$ 的电流密度下,可逆容量约 200 mA·h·g$^{-1}$。在循环过程中发生 WSe$_2$+2$x$Na$^+$+2$x$e$^-$ ⇌ 2Na$_x$Se+W 反应。钠离子嵌入时,WSe$_2$ 转化为 Na$_x$Se 和结晶性差或者非晶的 W 金属,脱出时,生成结晶性差的 WSe$_2$。但是这一反应历程并没有被业界公认。Yang 等制备出 WSe$_2$ 纳米片研究其反应历程。通过非原位 XRD 和拉曼光谱,发现 WSe$_2$ 在初次充电时,放电产物 Na$_2$Se 更倾向生成非晶的 Se,并非 WSe$_2$。在后续的循环中,进行 Se+2Na$^+$+2e$^-$ ⇌ Na$_2$Se 的反应[232]。

为了改善 WSe$_2$ 的性能,可以采用碳包覆的手段。WSe$_2$/C 在 200 mA·g$^{-1}$ 的电流密度下,首次放电比容量为 467 mA·h·g$^{-1}$,50 次循环后容量为 270 mA·h·g$^{-1}$。在 1 000 mA·g$^{-1}$ 的电流密度时,容量为 208 mA·h·g$^{-1}$[233]。此外,通过质子束辐照 WSe$_2$,可以优化其本征结构,改善电化学性能[234]。

Yue 等通过将铜网暴露在硒蒸气中制备 Cu$_2$Se 薄膜,组装 Na/NaClO$_4$/Cu$_2$Se 电池,极化低至 0.1 V。Cu$_2$Se 薄膜在 25.3 mA·g$^{-1}$ 的电流密度下,首次放电比容量为 253 mA·h·g$^{-1}$,对应库伦效率为 77.8%。循环 100 次后,容量为 113.6 mA·h·g$^{-1}$。在电流密度为 506 mA·g$^{-1}$ 时仍可释放出 90.8 mA·h·g$^{-1}$ 的比容量。通过表征得出 Cu$_2$Se 薄膜的反应历程是 Cu$_2$Se+2Na$^+$+2e$^-$ ⇌ Na$_2$Se+2Cu[235]。Xu 等使用金属-有机物框架作为模版,合成出 Cu$_2$Se@C 多孔八面体材料,其在钠离子电池中显示出赝电容特性,具有优异的倍率性能。Cu$_2$Se@C 材料在 100 mA·g$^{-1}$ 的电流密度下循环 100 次后,容量为 268 mA·h·g$^{-1}$。在电流密度为 3 000 mA·g$^{-1}$ 时,仍有高达 166.3 mA·h·g$^{-1}$ 的比容量[236]。

锡的硒化物具有较高的理论比容量和层状结构而备受关注。目前的研究工作主要集中在 SnSe$_2$ 和 SnSe 两种材料,其理论比容量分别为 756 mA·h·g$^{-1}$

和 780 mA·h·g$^{-1}$。

SnSe$_2$ 是一种 2D 过渡金属硒化物，是一种层状 CdI$_2$ 型结构，其中 $a=b=$ 3.81 Å, $c=6.14$ Å，属于 $P3m1$ 空间群，层之间通过范德华力连接，这种层之间的空间有利于钠离子的嵌入反应，同时也可以缓解钠离子嵌入/脱出过程中的体积膨胀。如图 3.41 所示[237]。

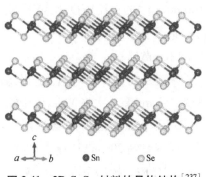

图 3.41　2D SnSe$_2$ 材料的晶体结构[237]

Dang 等发现，将 Sn 粉、Se 粉和炭黑一起球磨，控制 Sn 粉和 Se 粉比例为 9∶2，循环过程中的 Na$_2$Se 既可以有效地减小 Na-Sn 合金的结晶，也加速了钠离子的扩散。Sn/Se/C（9∶2）的电化学性能也比 Sn/C 电极的优异[238]。

鉴于 Se 的加入可以改善 Sn 的性能，Wang 等合成出结晶性良好的 SnSe$_2$ 单晶。SnSe$_2$ 单晶具有层状结构，规则的纳米片呈簇状堆积在一起。Se-Se 层会在放电时嵌入钠形成 Na$_2$Se，随后在 Na$_2$Se-Sn-Na$_2$Se 三明治结构中发生合金化反应。因为这种受限制的合金化反应，所以在循环过程中可以保证 SnSe$_2$ 单晶结构的完好性，具有优异的循环稳定性。甚至在 10 A·g$^{-1}$ 的电流密度下，循环 2 700 次后，仍保持 221 mA·h·g$^{-1}$ 的比容量[239]。Zhang 等使用 N$_2$ 饱和的 NaHSe 溶液作为硒源，通过水热反应制备 SnSe$_2$/rGO 复合材料，并通过非原位 XRD 和 HRTEM 观测其反应过程，如图 3.42 所示。rGO 的引入不仅提升了材料的电导率，也有效地缓解了循环过程中的体积变化，当 SnSe$_2$ 和 SnSe$_2$/rGO 同时嵌钠生成 Na$_2$SnSe$_2$，其晶格变化分别为 17.5% 和 1.0%。因此 SnSe$_2$/rGO 具有更优异的电化学性能，在 100 mA·g$^{-1}$ 的电流密度下，首次放电比容量为 798 mA·h·g$^{-1}$，循环 100 次后，容量为 515 mA·h·g$^{-1}$ [237]。

SnSe 首次被 Kim 报道用作钠离子电池负极材料，与 SnSe$_2$ 相似，SnSe 在放电过程中也发生转换反应和合金化反应，先生成 Sn，然后在合金化生成 Na$_x$Sn（非晶态）。而充电时，Na$_x$Sn（非晶态）和 Na$_2$Se（晶态）则生成 SnSe。在循环过程中，Sn 或者 Na$_x$Sn 颗粒均嵌入在 Na$_2$Se 的骨架中，从而避免了 Sn 的团聚和接触电解液。但是 SnSe 在循环过程中的体积膨胀导致的动力学问题和循环稳定性差阻碍了其实际应用[240]。也有很多研究者对此做了很多的改善工作，如通过控制 SnSe 的纳米结构或者合成纳米复合材料提高其性能。

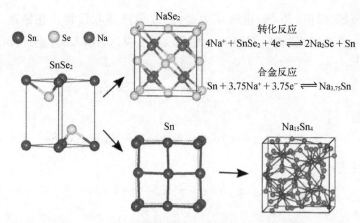

图 3.42　$SnSe_2$ 材料在钠化过程中的结构演变[237]

从纳米结构设计方面,合成出 3D SnSe 纳米片团簇(SnSe NSCs)和 2D 超薄层状 SnSe 纳米片(SnSe NPs),均具有良好的电化学性能。SnSe NSCs 具有 3D 纳米结构,有利于电子和离子的传输。FEC 电解液添加剂在改善 SnSe 性能上也起到重要的作用,FEC 可以帮助形成稳定的 SEI 膜,阻止电解液的继续分解,降低 SnSe 电极的传荷电阻。SnSe NSCs 在 200 mA·$g^{-1}$ 的电流密度下,循环 100 次后容量为 271 mA·h·$g^{-1}$。在 10 000 mA·$g^{-1}$ 的电流密度下仍有 200 mA·h·$g^{-1}$ 的比容量。搭配 $Na_{0.67}Ni_{0.41}Mn_{0.72}O_2$ 正极组装全电池,放电平台约 3.4 V,能量密度达 144 W·h·$kg^{-1}$(基于首次在 30 μA 电流下放出的 177 μAh 的放电容量,重量是基于正极和负极的重量)。在 50 μA 的电流密度下循环 15 次后,全电池可释放出 143 μAh 的容量[241]。Wang 等则通过胶体化学法合成 SnSe NPs,由于 SnSe NPs 层间较弱的范德华力,SnSe NPs 堆叠呈现出类似梯子形状的团簇。这种稳定的结构保证了该材料在循环过程中的完好性,高的比表面积也提供了更多的活性位点储存钠离子。SnSe NPs 在 50 mA·$g^{-1}$ 的电流密度下,首次放电比容量为 738 mA·h·$g^{-1}$,放电平台为 0.2 V[242]。通过喷雾热解法也可以制备出 2D 层状的 SnSe 纳米片,在 300 mA·$g^{-1}$ 电流下循环 500 次后,比容量为 558 mA·h·$g^{-1}$[243]。

将 SnSe 材料与导电碳材料复合,也可以改善其电化学性能。导电碳材料作为框架,不仅可以提高材料的电子电导率,也可以缓冲循环过程中的体积膨胀。Yang 等通过简单的球磨法制备 SnSe/rGO 材料,在 1 000 mA·$g^{-1}$ 的电流密度下,循环 120 次后容量为 385 mA·h·$g^{-1}$,容量保持率为 98%。甚至可以在 10 A·$g^{-1}$ 的电流密度下放电,比容量为 260 mA·h·$g^{-1}$[244]。

与 SnSe$_x$ 相似，Sb$_2$Se$_3$ 也被认为是纯 Sb 负极的取代物。在钠离子电池中，Sb$_2$Se$_3$ 作为负极材料，在循环中发生六步反应，如式(3.22)至式(3.27)。

嵌入反应：

$$Sb_2Se_3 + xNa^+ + xe^- \longrightarrow Na_xSb_2Se_3 \quad (3.22)$$

转换反应：

$$Na_xSb_2Se_3 + (6-x)Na^+ + (6-x)e^- \longrightarrow 2Sb + 3Na_2Se \quad (3.23)$$

合金化反应：

$$Sb + xNa^+ + xe^- \longrightarrow Na_xSb(x = 1 \sim 3) \quad (3.24)$$

去合金化反应：

$$Na_xSb \longrightarrow Sb + xNa^+ + xe^- \quad (3.25)$$

逆向转换反应：

$$2Sb + 3Na_2Se \longrightarrow Na_xSb_2Se_3 + (6-x)Na^+ + (6-x)e^- \quad (3.26)$$

脱出反应：

$$Na_xSb_2Se_3 \longrightarrow Sb_2Se_3 + xNa^+ + xe^- \quad (3.27)$$

在循环过程中，Sb$_2$Se$_3$ 的合金化反应发生相继的相转换，即 Sb ⟶ NaSb ⟶ Na$_x$Sb ⟶ Na$_3$Sb。1 mol 的 Sb$_2$Se$_3$ 对应 12 mol 的钠离子参与反应，理论比容量为 670 mA·h·g$^{-1}$。但是在循环过程中同样因 Sb$_2$Se$_3$ 存在较大的体积变化而导致结构崩塌，从而循环性能下降[245]。

1D 纳米结构可以实现离子和电子的快速传输，并能适应均匀的尺寸分布和沿该方向有规律的体积膨胀所带来的巨大体积变化。采用水热法制备 Sb$_2$Se$_3$ 超长纳米线，然后通过抽滤方式制备自支撑的薄膜电极，作为钠离子电池负极，在 100 mA·g$^{-1}$ 的电流密度下，首次放电比容量为 606 mA·h·g$^{-1}$，循环 50 次后，容量保持率为 48.8%。在 1 600 mA·g$^{-1}$ 的电流密度下，容量为 153 mA·h·g$^{-1}$[246]。Ge 等在棒状 Sb$_2$Se$_3$ 包覆碳层后制备 Sb$_2$Se$_3$@C，碳层可有效降低电极的内阻。在 2 A·g$^{-1}$ 的电流密度下，容量为 311.5 mA·h·g$^{-1}$。在 200 mA·g$^{-1}$ 的电流密度下循环 100 次后，容量为 485.2 mA·h·g$^{-1}$[247]。Zhao 等通过水热法制备网状结构的氮掺杂石墨烯/Sb$_2$Se$_3$ 复合材料(N-doped graphene@Sb$_2$Se$_3$，NGS)。多孔的、网状 NGS 结构有利于钠离子和电子的传输。而且由于 N 掺杂引起的表面缺陷，NGS 为钠离子存储提供了更多的活性位点。该电极在 100 mA·g$^{-1}$ 的电流密度下首次比容量较高(1 023.4 mA·h·

$g^{-1}$),循环稳定较好(循环 50 次后,比容量为 548.6 mA·h·g$^{-1}$),并且具有良好的倍率性能(1 500 mA·g$^{-1}$下,比容量为 337 mA·h·g$^{-1}$)[248]。同样使用水热法,Ou 等制备出 rGO 均匀包覆的 Sb$_2$Se$_3$ 纳米棒(Sb$_2$Se$_3$/rGO)。研究发现,电解液成分对其电化学性能有影响,使用 1 M NaCF$_3$SO$_3$/DEGDME 电解液的性能优于 1 M NaClO$_4$/(EC+DMC)和 1 M NaPF$_6$/PC。在 1 000 mA·g$^{-1}$ 的电流密度下循环 500 次后,容量保持 417 mA·h·g$^{-1}$。在电流密度为 2 000 mA·g$^{-1}$ 时可以释放出 386 mA·h·g$^{-1}$ 的比容量[245]。此外,也可以使用聚合物做导电骨架,如合成 PPy 包覆的 Sb$_2$Se$_3$ 材料,PPy 包覆同样可以改善电子电导,也有利于形成稳定的 SEI 膜。该材料在 50 mA·g$^{-1}$ 的电流密度下可逆容量为 630 mA·h·g$^{-1}$,当电流密度增至 2 000 mA·g$^{-1}$ 时,仍可以保持高达 486 mA·h·g$^{-1}$ 的比容量[249]。

ZnSe 也可以用作钠离子电池负极材料,但是研究较少。Li 等通过使用 ZIF-8 作为模版,原位硒化制备出均匀分散在 3D 多孔氮掺杂碳骨架中的 ZnSe 纳米颗粒(ZnSe NP@p-NC)。ZnSe NP@p-NC 具有类似爆米花的结构,如图 3.43 所示。该材料中 ZnSe 颗粒很小,缩短了钠离子的扩散距离,改善了材料与电解液之间的接触。在材料制备过程中形成的孔洞增加了电极/电解液接触面积,提高了钠离子的扩散。ZnSe 纳米颗粒被"封装"在碳骨架中,缓解了体积膨胀,避免颗粒团聚,也提高了电极的电导率。该材料作为钠离子负极材料时,具有优异的循环稳定性和倍率性能。鉴于这些优势,该材料在 500 mA·g$^{-1}$ 的电流密度下,首次放电比容量为 427.9 mA·h·g$^{-1}$,首效高达 94.3%。循环 60 次后,容量为 335.7 mA·h·g$^{-1}$,容量保持率为 84.3%。在 5 A·g$^{-1}$ 和 10 A·g$^{-1}$ 的电流密度下,库伦效率均接近 100%。5 A·g$^{-1}$ 的电流密度下循环 300 次,容量保持 294.2 mA·h·g$^{-1}$,10 A·g$^{-1}$(约 27 C)的电流密度下循环 2 000 次,容量仍有 181.7 mA·h·g$^{-1}$[250]。

P 和 Se 都可以与钠反应,作为钠离子电池负极材料。Cao 等通过在 Ar 气氛下,共同加热单质 P 和 Se 制备 P$_4$Se$_3$ 微球,其结构如图 3.44(a)、(b)所示。P$_4$Se$_3$ 粒径从亚微米提升到微米级,提高了电极材料的振实密度。在 0.01~3 V 之间循环,当电流密度为 200 mA·g$^{-1}$ 时,首次放电比容量为 972 mA·h·g$^{-1}$,对应的首次库伦效率为 73.9%,70 次循环后容量为 654 mA·h·g$^{-1}$[图 3.44(c)]。在 3 000 mA·g$^{-1}$ 的电流密度下,比容量维持在 486 mA·h·g$^{-1}$。通过非原位 XRD 得出 P$_4$Se$_3$ 的反应过程。首次放电过程发生 P$_4$Se$_3$+18Na$^+$+18e$^-$⟶3Na$_2$Se+4Na$_3$P 反应。但是在后续循环中,则发生如下可逆反应:3Na$_2$Se ⇌ 3Se+6Na$^+$+6e$^-$ 和 4Na$_3$P$_4$ ⇌ 4P+12Na$^+$+12e$^-$[251]。

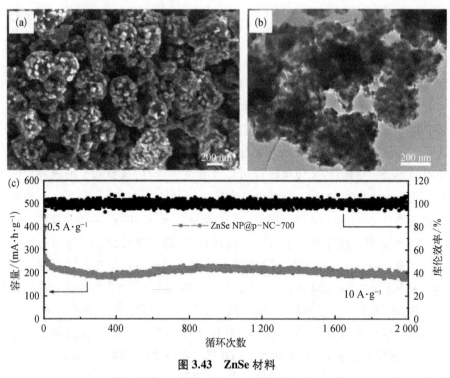

**图 3.43 ZnSe 材料**

(a) 扫描电镜照片；(b) 透射电镜照片；(c) 循环性能曲线[250]

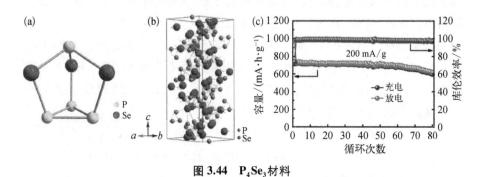

**图 3.44 P$_4$Se$_3$ 材料**

P$_4$Se$_3$ 微球的结构图(a)、(b)和循环性能曲线(c)[251]

## 3.4 金属负极

  锂离子电池中常见的负极材料为碳材料，包括石墨材料和无定形碳材料。而在钠离子电池中，由于钠离子的半径(0.102 nm)远大于锂离子半径(0.076 nm)，造成在锂离子电池中已经商业化的石墨负极无法进行钠离子的可逆脱嵌。其他碳基材料的首次不可逆容量大、倍率性能差等制约了其应用，需要采取适当的改性方法来提高材料的比容量和循环稳定性等。除了嵌入/脱出机制的材料外，合金系负极材料在充放电过程中发生合金化、去合金化反应，具有比容量高、工作电压低、制备方法简单等优点，受到越来越多的关注。

在元素周期表中，可以与钠形成合金的元素主要集中在第Ⅳ和第Ⅴ主族，如 Si(NaSi, 954 mA·h·g$^{-1}$)、Ge(Na$_3$Ge, 1 108 mA·h·g$^{-1}$)、Sn(Na$_{15}$Sn$_4$, 847 mA·h·g$^{-1}$)、Pb(Na$_{15}$Pb$_4$, 484 mA·h·g$^{-1}$)、P(Na$_3$P, 2 596 mA·h·g$^{-1}$)以及 Sb(Na$_3$Sb, 660 mA·h·g$^{-1}$)等[252]。其中 Si 材料虽然在锂离子电池中得到很好的应用，但是目前其在钠离子电池中的电化学活性很低，无法应用。这类材料与钠发生合金化反应的反应式为 M+$x$Na$^+$+$x$e$^-$ ⇌ Na$_x$M(M=P、Sb、Sn、Ge 等)。该类材料在合金化和去合金化过程中通常伴随着非常严重的体积膨胀，钠离子和合金负极进行重复的合金化反应会造成电极结构的崩塌或者材料的粉化，破坏电极结构的机械完整性，导致性能衰减严重，这是目前合金材料面临的主要问题。合金类负极材料的理论比容量和体积膨胀率对比如图 3.45 所示[253]。因此，研究者通过① 合成纳米结构材料，减小颗粒表面的应力和钠离子的扩散距离；② 与碳材料复合，提高材料的电导率，缓解体积膨胀；③ 与其他金属复合，引入缓冲介质，提高电导率和抑制体积变化等方法获得高容量、高循环稳定性的合金负极。

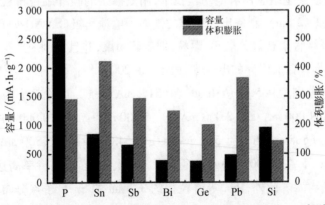

图 3.45 合金类负极材料的理论比容量和体积膨胀率对比图[253]

### 3.4.1 Sn

Sn 完全钠化后形成 $Na_{15}Sn_4$,理论比容量为 847 mA·h·g$^{-1}$,体积膨胀率为 423%。室温下,Sn 与钠的合金化过程是分步进行的,且在钠化和脱钠过程中形成的中间相大多是非晶态,所以整个合金化和去合金过程比锂离子电池更复杂[254]。虽然有很多理论计算和实验相结合的方法来研究 Sn 的合金化机理,但是在计算和实验结果中仍存在出入。Sn 与钠的合金化过程会形成 $NaSn_3$、$NaSn_2$、非晶态 $Na_{1.2}Sn$ 和 $Na_5Sn_2$ 中间态,最终形成 $Na_{15}Sn_4$[255]。随着钠离子的存储量的增加,电位也相应变化,此过程中也伴随着巨大的体积膨胀,导致电极粉化,材料失去电化学活性,造成容量快速衰减。目前主要的研究工作集中在材料纳米化设计、与碳材料复合、改性黏结剂和电解液等方面。

#### 3.4.1.1 材料形貌优化

南开大学陈军课题组制备了纳米 Sn 粒子,分别分布在碳微球和氮掺杂碳纤维上,测试其在钠离子电池中的性能。粒径约 8 nm 的 Sn 纳米颗粒均匀地分布在碳微球上(8-Sn@C),首次放电和充电比容量分别为 736.7 mA·h·g$^{-1}$ 和 493.6 mA·h·g$^{-1}$,库伦效率为 67%。8-Sn@C 相比 50-Sn@C(粒径约 50 nm 的 Sn 颗粒)具有优异的倍率性能,在 500 mA·g$^{-1}$、1 000 mA·g$^{-1}$、2 000 mA·g$^{-1}$ 和 4 000 mA·g$^{-1}$ 电流下,比容量分别为 447 mA·h·g$^{-1}$、420 mA·h·g$^{-1}$、388 mA·h·g$^{-1}$ 和 349 mA·h·g$^{-1}$。在 1 000 mA·g$^{-1}$ 电流下循环 500 次后,容量仍有 415 mA·h·g$^{-1}$[256]。该课题组利用静电纺丝技术,用氮掺杂的碳纤维包覆粒径更小的 Sn 量子点(1~2 nm),制备出自支撑的钠离子电池负极(Sn NDs@PNC)。氮掺杂的碳纤维骨架有效分散 Sn 颗粒,抑制其团聚,并且抑制充放电过程中的体积膨胀,具有更加优异的电化学性能。在 200 mA·g$^{-1}$ 电流下,首次放电和充电比容量分别为 905.4 mA·h·g$^{-1}$ 和 631.2 mA·h·g$^{-1}$,库伦效率为 70%。在 500 mA·g$^{-1}$、1 000 mA·g$^{-1}$、2 000 mA·g$^{-1}$、5 000 mA·g$^{-1}$ 和 10 000 mA·g$^{-1}$ 电流下,比容量为 588 mA·h·g$^{-1}$、565 mA·h·g$^{-1}$、543 mA·h·g$^{-1}$、500 mA·h·g$^{-1}$ 和 450 mA·h·g$^{-1}$。在 2 000 mA·g$^{-1}$ 下循环 1 300 次后,容量保持率高达 90%,如图 3.46 所示[257]。此外,Pan 等将粒径约 3.2 nm 的 Sn 量子点分布在片状的氮掺杂碳骨架上(Sn@SNC),制备出载量高达 20 mg·cm$^{-2}$ 的钠离子负极极

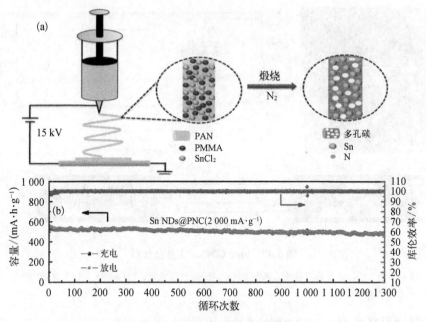

**图 3.46 Sn NDs@PNC 材料**

(a) 制备示意图;(b) 循环性能[257]

片。Sn@SNC 具有多孔结构,有利于钠离子的传输,该电极在 3 mA·cm$^{-2}$ 电流下,700 次循环后可逆容量为 1.0 mA·h·cm$^{-2}$[258]。

Luo 等将纳米 Sn 填充至高度有序的介孔碳(CMK-3)中,制备出 Sn 含量为 58.2% 的 Sn@CMK-3 复合材料,Sn 的平均粒径约为 10 nm,如图 3.47 所示。该电极材料在 100 mA·g$^{-1}$ 电流下,首次充电容量为 412 mA·h·g$^{-1}$,循环 200 次后,容量为 337 mA·h·g$^{-1}$,对应的容量保持率为 81.7%。该材料还具有良好的倍率性能,在 1 000 mA·g$^{-1}$ 下,比容量为 228 mA·h·g$^{-1}$。Sn@CMK-3 优异的电化学性能得益于 Sn 和 CMK-3 的协同作用,高度有序的 CMK-3 不仅有利于电子和离子的传输,而且在循环过程中缓冲了合金化反应带来的体积变化,稳定了电极结构。结合 Sn 纳米粒子的高比容量,使得 Sn@CMK-3 具有优异的性能[259]。

### 3.4.1.2 复合材料设计

与碳材料复合是合金类负极改善性能常用的方法之一。以金属 Sn 单质和石墨为原料,利用高能球磨合成了 Sn/C 复合材料。球磨 1 h 后,Sn 颗粒

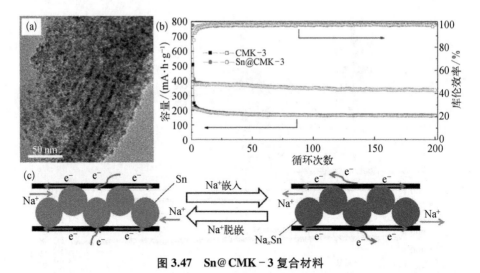

图 3.47 Sn@CMK-3 复合材料

(a) Sn@CMK-3 复合材料的微观形貌；(b) 循环性能，电流：100 mA·g$^{-1}$；(c) 在钠电池中，合金化反应示意图[259]

粒径由原来的 44 μm 减少到约 90 nm。在 50 mA·g$^{-1}$ 电流密度下，Sn/C 材料首次放电、充电比容量分别为 584 mA·h·g$^{-1}$ 和 410 mA·h·g$^{-1}$，循环 20 次后，容量衰减至约 350 mA·h·g$^{-1}$，远优于纯 Sn 单质的循环性能（循环 10 次后，容量仅剩约 70 mA·h·g$^{-1}$）[260]。利用模板法制备的多孔 C/Sn 复合材料，其中 Sn 含量为 66wt.%，粒径约 100 nm 的 Sn 颗粒均匀分散在多孔碳骨架上。在 20 mA·g$^{-1}$ 电流下，首次充电容量为 295 mA·h·g$^{-1}$，但是循环性能较差，循环 15 次后，容量小于 200 mA·h·g$^{-1}$[261]。Zhu 等利用电镀将纳米 Sn 沉积在木质纤维素的表面，形成一层 50 nm 的 Sn 薄膜，制备出 Sn@WF。该复合材料中木质纤维的多孔结构可以存储电解液，有利于钠离子扩散，在嵌钠过程中，柔性的木质纤维能够形成有褶皱的表面，缓解材料内部的机械应力。Sn@WF 材料在 84 mA·g$^{-1}$ 的电流下，首次放电比容量为 339 mA·h·g$^{-1}$，可循环 400 次[262]。Chen 等在生物质——核桃壳内膜上沉积 SnO$_2$ 纳米颗粒，然后在乙炔气氛中，将 SnO$_2$ 纳米颗粒还原为 Sn，同时利用 CVD 技术在 Sn 纳米颗粒表面原位沉积一层碳膜，得到 Sn@C 纳米球（粒径约 100~1 000 nm），同时核桃壳内膜在高温条件下碳化，形成具有 3D 结构的碳骨架。该电极首次放电和充电比容量分别为 260 mA·h·g$^{-1}$ 和 163 mA·h·g$^{-1}$，但是容量衰减较快，这可能与 Sn@C 纳米球在循环过程中结构破坏有关[263]。通过静电纺丝制备 Sn/氮掺杂碳纳米纤维复合材料（Sn@NCNFs），Sn 均匀地分布在氮掺杂碳纳米纤维中,在 84.7 mA·$g^{-1}$ 电流下,可逆容量为 600 mA·h·$g^{-1}$。在 847 mA·$g^{-1}$ 的电流下循环 1 000 次仍保持 390 mA·h·$g^{-1}$ 的比容量[264]。将纳米级的 Sn 颗粒封装在碳球或者其他结构碳材料中,可有效改善 Sn 的循环性能。如图 3.48 所示,Sn 颗粒分散在多孔碳纳米笼(PCNCs)、碳球和石墨烯纳米片层(GnP)中。PCNCs 为 Sn 循环过程中产生的体积膨胀提供了足够的空间,使得 PCNCs-Sn 材料具有优异的电化学性能。在 40 mA·$g^{-1}$ 电流下,可逆容量为 828 mA·h·$g^{-1}$,首效高达 73%。循环 200 次后容量为 583 mA·h·$g^{-1}$,远优于纯 Sn 电极(100 次循环后容量保持率为 5.05%)。PCNCs-Sn 具有优异的倍率性能,甚至在 3 C(2 560 mA·$g^{-1}$)倍率下循环,容量高达 188 mA·h·$g^{-1}$,循环 1 000 次后纳米笼结构保持良好。理论计算表明,非晶碳作为导电剂,会与放电产物($Na_{15}Sn_4$)形成强键,从而降低电极的导电性,而碳纳米笼是石墨型碳,与 $Na_{15}Sn_4$ 之间的相互作用较弱,可以在长期循环中保持良好的导电性,这是 PCNCs-Sn 材料具有优异性能的根本原因[265]。将纳米 Sn 封装在碳球中,制备出具有核壳结构的 Sn@C 复合材料,该材料结构中 Sn 核被碳结构包覆,碳层与 Sn 核之间的空间可用于缓解电化学反应过程中的体积膨胀,使得该材料具有优异的倍率性能和循环性能。0.1 C 倍率下,容量约 400 mA·h·$g^{-1}$,在 5 C(5 000 mA·$g^{-1}$)下仍保持有 150 mA·h·$g^{-1}$ 的容量。在 2 000 mA·$g^{-1}$ 下循环 1 000 次后,容量为 200 mA·h·$g^{-1}$[266]。Palaniselvam 等采用简单的球磨和热处理方法以金属 Sn、石墨和三聚氰胺为前驱体制备了 Sn/氮掺杂石墨烯复合材料(SnNGnP),其中 Sn 占比 58%。该 SnNGnP 电极在 50 mA·$g^{-1}$ 电流下,可逆容量为 445 mA·h·$g^{-1}$(基于 Sn 和 C 的总重量)。在 1 A·$g^{-1}$ 电流下循环 1 000 次后,容量为 290 mA·h·$g^{-1}$,容量保持率为 82.6%(基于第二次循环)。在循环过程中,N 掺杂石墨烯可以有效缓冲 Sn 的体积膨胀,SnNGnP 的体积膨胀仅 14%,远远低于 Sn 的体积膨胀率(420%)[267]。

此外,为了缓解 Sn 在电化学反应过程中的体积膨胀,通过静电纺丝制备 Sn@纳米碳纤维(Sn@CNFs),然后利用 ALD 技术在其表面沉积一层 $TiO_2$,得到管线结构的 $TiO_2$-Sn@CNFs 材料。最外层的 $TiO_2$ 能够限制循环过程中 Sn 的体积膨胀,维持整体结构稳定性。在充放电过程中生成非晶态的 $Na_xSn$ 可以让 Sn 颗粒均匀的膨胀,使得该材料具有优异的电化学性能。该材料在 100 mA·$g^{-1}$ 电流下,首次充电容量为 610 mA·h·$g^{-1}$,循环 400 次后,仍保持 413 mA·h·$g^{-1}$ 的比容量[268]。

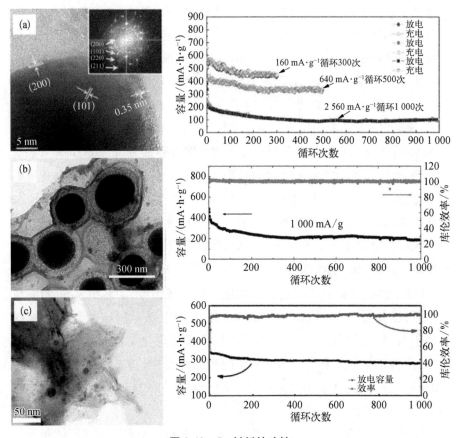

**图 3.48 Sn 材料的改性**

Sn 颗粒分布在(a) 多孔碳纳米笼(PCNCs)[265]、(b) 碳球[266]和(c) 石墨烯纳米片层(GnP)[267]中，以及对应的循环性能

#### 3.4.1.3 其他优化

黏结剂在电极中起到黏附活性材料、导电剂，并将其黏连在集流体上的作用，保证电化学过程中活性材料粉化后也不会脱离电极或集流体。Kamaba 等采用聚丙烯酸(PAA)作为 Sn 电极的黏结剂，并在电解液中添加 FEC，由于 PAA 的黏结力很强，且 FEC 可以在 Sn 电极表面形成稳定的 SEI 膜，显著提高 Sn 的循环稳定性[269]。Dai 等对比了聚乙烯(PFM)、羧甲基纤维素(CMC)和聚偏二氟乙烯(PVDF)三种黏结剂对 Sn 的电化学性能的影响，发现 PFM 为黏结剂的电极具有较好的循环稳定性[270]。

总的来说，将 Sn 的粒径纳米化可以有效地减轻电极材料在电化学反应过程中的粉碎。与纯 Sn 金属相比,Sn/C 复合材料或碳包覆 Sn 材料具有更好的电化学性能。碳材料缓冲了 Sn 的体积变化,并且提高了导电性。此外,多孔的碳基底有助于钠离子的传输。但是,Sn/C 复合材料和嵌入碳中的 Sn 纳米颗粒在钠离子电池中的动力学和速率性能比锂离子电池差。因此,为了降低 Sn 基材料的电荷转移电阻,需要优化电解液,优化电极表面的 SEI 膜。Sadan 等对比了不同钠盐以及溶剂对 Sn 电极性能的影响。其中钠盐有 $NaCF_3SO_3$、$NaBF_4$、$NaClO_4$ 和 $NaPF_6$,溶剂有 EC-DMC 和 EC-DMC/FEC。发现钠盐对 Sn 电极的首次充电容量和循环性能有很大的影响,添加了 FEC 的电解液有效改善 Sn 电极的循环性能,其中使用 $NaPF_6$/(EC+DMC+FEC)电解液的性能最优。在 84.7 $mA·g^{-1}$ 电流下,首次充电容量为 220 $mA·h·g^{-1}$,循环 45 次后,容量保持在 189 $mA·h·g^{-1}$。并且使用优化的电解液,Sn 电极具有良好的倍率性能[271]。

### 3.4.2 Sb

金属 Sb 作为钠离子电池负极材料,生成 $Na_3Sb$ 时理论比容量为 660 $mA·h·g^{-1}$,同时也伴随着约 293% 的体积膨胀。嵌钠电位约 0.6 V,环境友好,价格低廉,电导率较高,受到较多的关注。Darwiche 等发现块状的商业化 Sb 粉具有稳定的循环性能,循环 160 次后,仍保持 610 $mA·h·g^{-1}$ 的比容量。通过原位 XRD 分析其钠化过程,认为 Sb 材料的合金化过程如式(3.28)~式(3.31)。

第一次放电:

$$c\text{-}Sb \longrightarrow a\text{-}Na_xSb \longrightarrow Na_3Sb_{hex}/c\text{-}Na_3Sb_{cub} \longrightarrow c\text{-}Na_3Sb_{hex} \quad (3.28)$$

第一次充电:

$$c\text{-}Na_3Sb_{hex} \longrightarrow a\text{-}Sb \quad (3.29)$$

随后放电过程:

$$a\text{-}Sb \longrightarrow a\text{-}Na_xSb \longrightarrow Na_3Sb_{hex}/c\text{-}Na_3Sb_{cub} \longrightarrow c\text{-}Na_3Sb_{hex} \quad (3.30)$$

随后充电过程:

$$c\text{-}Na_3Sb_{hex} \longrightarrow a\text{-}Sb \quad (3.31)$$

其中,c 代表晶体;a 代表无定形。

Sb 嵌钠过程首先形成无定形的 $Na_xSb$,继续嵌钠形成立方及六方合金 $Na_3Sb$,最终形成六方合金 $Na_3Sb$;脱钠过程直接由六方 $Na_3Sb$ 转化成无定形 Sb。由于在循环过程中生成无定形的中间相,缓解了体积膨胀引起的应力,具有更好的循环性能[272]。但是其在长期循环中性能衰减、倍率性能差,为了解决这个问题,人们通过构建 Sb 的纳米结构、与碳复合和电极结构设计等方式来提高 Sb 的循环性能。

#### 3.4.2.1 纳米结构优化

对于纯金属 Sb 材料,可以通过对其微纳结构进行设计,以缓冲电化学反应过程中的体积变化。目前已经制备出单分散的纳米 Sb 颗粒、Sb 空心纳米球、Sb 多孔空心微球、柏树叶状的 Sb、Sb 纳米棒阵列、金属 Sb 纳米薄片、珊瑚状多孔纳米 Sb、蜂巢状多孔 Sb 等。

He 等合成了单分散的 Sb 纳米颗粒,比较了不同粒度的 Sb 颗粒的电化学性能,发现 20 nm 的 Sb 颗粒的倍率性能和循环性能优于 10 nm 的 Sb 颗粒和块状 Sb 颗粒。在 0.5 C 下,20 nm 的 Sb 颗粒和块状 Sb 颗粒的容量约 580~620 mA·h·g$^{-1}$,略高于 10 nm 的 Sb 颗粒。在 20 C 倍率下,20 nm 的 Sb 颗粒的容量为低倍率下容量的 80%~85%[273]。

Liu 等通过化学法将不同比例的 $Al_xSb_{1-x}$ 去合金化来制备出一系列具有不同形貌的多孔 Sb 材料。其中,以 $Al_{30}Sb_{70}$(Al 和 Sb 原子比为 30∶70)和 $Al_{20}Sb_{80}$ 合金带为前驱体制备的多孔 Sb 具有珊瑚状结构(NP-Sb70)和蜂巢结构(NP-Sb80),如图 3.49 所示。NP-Sb70 具有优异的循环性能和倍率性能,在 100 mA·g$^{-1}$ 电流下循环 200 次后,仍保持 573.8 mA·h·g$^{-1}$ 的比容量,NP-Sb80 循环 100 次后容量为 546.7 mA·h·g$^{-1}$,而 Sb10、Sb30 和 Sb45 的循环性能较差。NP-Sb70 在 1 320 mA·g$^{-1}$ 和 3 300 mA·g$^{-1}$ 电流下,仍可释放出 510 mA·h·g$^{-1}$ 和 420 mA·h·g$^{-1}$ 的容量。这可能是因为多孔结构缩短了钠离子的传输,提高了钠离子的传输速率,足够的缓冲空间缓解了电极材料在循环过程中的体积膨胀,使得材料在循环过程中不会粉化脱落[274]。

空心纳米结构材料因其高比表面积、低密度、高负载能力和渗透率等特点具有优异的循环稳定性和电子输运性能而被广泛应用于储能领域。Sb 空心纳米球具有良好的比表面积/体积比,可以有效缓冲体积膨胀,缩短离子和电子的传输距离,因此具有优异的循环稳定性和倍率性能。在 50 mA·g$^{-1}$ 电流下,循环 50 次后容量为 622.2 mA·h·g$^{-1}$。甚至在 1 600 mA·g$^{-1}$ 高电流下仍保持 315 mA·h·g$^{-1}$ 的可逆容量[275]。由于金属 Sb 具有褶皱的层状结构,层间作用力较弱。通过液相剥离法可制备出只有 4 nm 厚的金属 Sb 纳米薄片。在 0.1 mA·cm$^{-2}$ 的电流密度下,该材料具有 1 226 mA·h·cm$^{-3}$ 的可逆比容

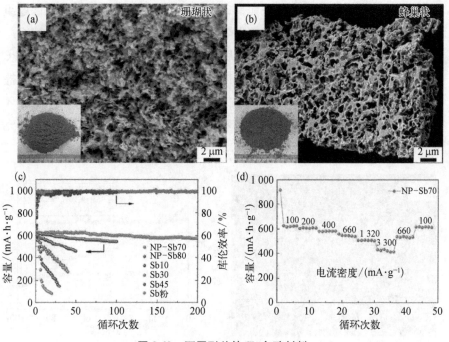

**图 3.49　不同形貌的 Sb 多孔材料**

(a)珊瑚状结构(NP-Sb70)和(b)蜂巢结构(NP-Sb80)的微观形貌；NP-Sb70 的电化学性能：(c) 100 mA·g$^{-1}$电流下的循环性能和(d)倍率性能[274]

量。在 4 mA·cm$^{-2}$的电流密度还能有 112 mA·h·cm$^{-3}$的可逆比容量，并能够稳定循环 100 次[276]。

#### 3.4.2.2　复合材料设计

金属 Sb 与碳材料复合是改善 Sb 材料电化学性能的主要方法。碳材料包括石墨、氮掺杂多孔碳、纳米碳纤维、石墨烯、碳微球、碳纳米管等。

Zhao 等通过简单的球磨法制备 Sb/石墨复合材料，有效改善商业化 Sb 粉的性能，并且堆积密度是硬碳材料的两倍。相比于商业化 Sb 粉，Sb/石墨复合材料的极化明显降低，在 20 C 倍率下仍有 200 mA·h·g$^{-1}$的比容量[277]。将聚吡咯碳化制备互联的碳纳米纤维网络(interconnected carbon nonofibers networks, ICNNs)作为 Sb 负极的导电网络以及体积变化缓冲层，加速了复合材料中的电子传输，有效地提高电导率和缩短钠离子的传输路径，使得 Sb/ICNNs 具有优异的循环稳定性和倍率性能，如图 3.50(a)和(b)。在 100 mA·g$^{-1}$电流下，可逆容量为 542.5 mA·h·g$^{-1}$，循环 100 次后容量保持率为 96.7%。

在高达 3 200 mA·g$^{-1}$ 电流下,仍具有 325 mA·h·g$^{-1}$ 的比容量[278]。该课题组以苯胺聚合制备的 3D 聚苯胺纳米片作为碳源,制备了氮掺杂多孔碳(NPC)。然后以 $C_8H_{10}O_{15}Sb_2K_2$ 为 Sb 源,还原后制备 Sb/NPC 材料。良好包覆的 NPC 避免了 Sb 的团聚,同时缓解了 Sb 的体积膨胀,其中的氮元素掺杂有效地提高了复合材料的电导率。Sb/NPC 在 100 mA·g$^{-1}$ 和 500 mA·g$^{-1}$ 电流下循环 100 次后容量保持率为分别为 97.2% 和 93.9%。在高达 3.2 A·g$^{-1}$ 电流下,充电容量为 287 mA·h·g$^{-1}$ [279]。

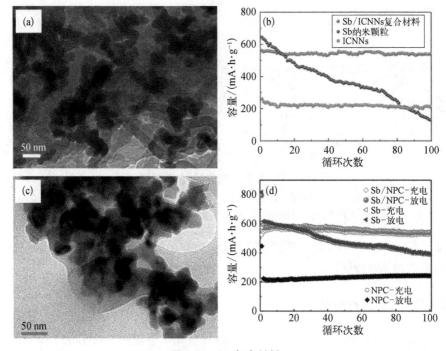

**图 3.50 Sb 复合材料**

(a)、(b) Sb/ICNNs 材料的微观形貌和循环性能[278];(c)、(d) Sb/NPC 材料的微观形貌和循环性能[279]

石墨烯作为典型的二维材料,常用于提高合金材料的导电性、缓冲合金材料反应过程中的体积膨胀、稳定形成 Sb 材料的 SEI 等。图 3.51 为三种 Sb 与石墨烯的复合材料的微观结构和循环性能。Hu 等采用限域气相沉积在冷冻 GO(FGO)表面沉积一层均匀的 Sb。Sb 与 FGO 之间存在强的化学键和作用保证了二者的紧密接触,最终得到柔性的、具有优异的电化学性能的 Sb/MLG 复合材料。在 100 mA·g$^{-1}$ 电流下,Sb/MLG 复合材料首次充电容量

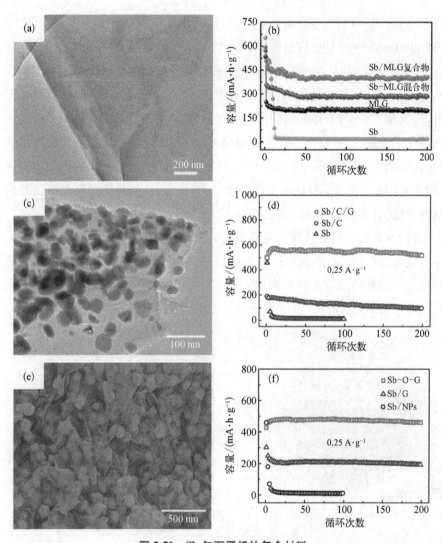

**图 3.51 Sb 与石墨烯的复合材料**

(a)、(b) Sb/MLG 材料的微观形貌和循环性能[280];(c)、(d) Sb/C/G 材料的微观形貌和循环性能[281];(e)、(f) Sb-O-G 材料的微观形貌和循环性能[282]

为 452 mA·h·g$^{-1}$,循环 200 次后,容量保持率为 90%。在 5 000 mA·g$^{-1}$电流下,容量为 210 mA·h·g$^{-1}$[280]。石墨烯还可以抑制 Sb 颗粒的团聚生长,使得 Sb 颗粒粒径控制在 20~50 nm,并且将 Sb/C 颗粒包覆在碳层之间。石墨烯的加入提高了电导率,有利于钠离子的快速嵌入与脱出。Sb/C/石墨烯(Sb/C/G)材料在 0.025 A·g$^{-1}$电流下,首次可逆容量为 650 mA·h·g$^{-1}$,接近 Sb 的理论比容量。当电流增至 2 A·g$^{-1}$时,Sb/C/G 的容量还有 530 mA·h·g$^{-1}$,而纯 Sb 和 Sb/C 材料几乎没有电化学活性。Sb/C/G 甚至在 8 A·g$^{-1}$ 大电流下仍有 290 mA·h·g$^{-1}$ 的比容量[281]。GO 表面具有大量的羟基、羧基基团,在还原 SbCl$_3$ 和 GO 同时,在 Sb 纳米颗粒与还原氧化石墨烯(rGO)之间原位生成 Sb—O—C 键,该键在电化学循环过程中,不仅有效阻止了 Sb 纳米颗粒的团聚,还改善了 Sb 与石墨烯结构之间的接触,而且有效改善了 Sb-O-G 材料的电化学性能。Sb-O-G 材料形成微米级的二次颗粒,具有丰富的纳米孔结构,有利于钠的存储。在 0.025 A·g$^{-1}$ 电流下,Sb-O-G 材料的比容量为 550 mA·h·g$^{-1}$,循环 200 次后仍保持 460 mA·h·g$^{-1}$。并且该材料具有良好的倍率性能,甚至在 12 A·g$^{-1}$ 下仍具有 220 mA·h·g$^{-1}$ 的比容量[282]。

将 Sb 封装在具有特殊微纳结构的碳骨架中,可有效缓冲循环过程中的体积膨胀,改善电导率,从而提高 Sb 材料的性能(图 3.52)。Qiu 等通过一步自催化溶剂热法制备 Sb@C 微球,其中 Sb 颗粒约 20 nm。在 0.01 C 电流下首次可逆容量约 640 mA·h·g$^{-1}$,接近其理论容量。在 0.3 C 下循环 300 次时,

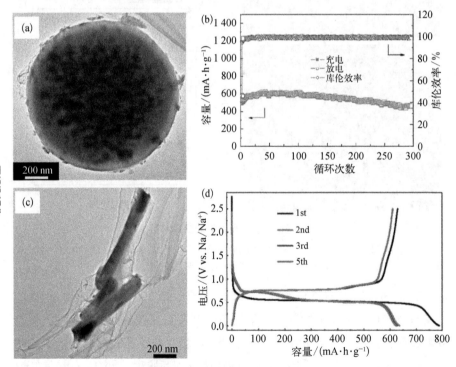

图 3.52 碳包覆的 Sb 复合材料

(a)、(b) Sb@C 材料的微观形貌和循环性能,电流:0.3 C[283];(c)、(d) Sb@(N,S-C)材料的微观形貌和充放电曲线,电流:100 mA·g$^{-1}$[284]

容量从 494 mA·h·g$^{-1}$ 衰减至 456 mA·h·g$^{-1}$，容量保持率为 92.3%，远高于 Sb/C 材料，优异的循环性能归因于 Sb@C 材料循环过程中能够缓冲体积变化，并且维持良好的电接触。Sb@C 还具有良好的倍率性能，在 8 C 下可释放出 190 mA·h·g$^{-1}$ 的容量[283]，如图 3.52(a)、(b)所示。Cui 等通过一步法合成 Sb 纳米棒，并将其封装在 N、S 掺杂的碳结构中[Sb@(N,S-C)]，这种棒状结构有效提高了电极的电导率，也缓冲了 Sb 的电极膨胀。Sb@(N,S-C)纳米棒周围的 N、S 共掺杂碳网络提高了电极的电导率，维护电极结构稳定，在循环过程中还可以避免 Sb 的团聚。Sb@(N,S-C)纳米棒在 100 mA·g$^{-1}$ 电流下，首次放电容量为 812.7 mA·h·g$^{-1}$，循环 100 次后容量为 621.1 mA·h·g$^{-1}$，在 1 A·g$^{-1}$ 电流下循环 1 000 次后仍保持 390.8 mA·h·g$^{-1}$ 的容量。在 2 A·g$^{-1}$、5 A·g$^{-1}$ 和 10 A·g$^{-1}$ 电流下，容量分别为 534.4 mA·h·g$^{-1}$、430.8 mA·h·g$^{-1}$ 和 374.7 mA·h·g$^{-1}$[284][图 3.52(c)、(d)]。

### 3.4.2.3 电极结构优化

合理的电极结构设计可以承受循环过程中体积膨胀产生的应力，也可以改善 Sb 电极的循环性能。Zhu 等利用静电纺丝制备出自支撑、无黏结剂、导电剂和集流体的 Sb-C 纳米纤维毡(SbNP@C)材料。SbNP@C 电极中 Sb 粒径约 30 nm。一维的钠离子传输路径和高电导率的网络使得该电极具有良好的性能，甚至在高电流下(6 A·g$^{-1}$，接近 10 C)循环，显示出优异的倍率性能。在 100 mA·g$^{-1}$ 电流下首次容量为 422 mA·h·g$^{-1}$，循环 300 次后容量保持在 350 mA·h·g$^{-1}$，如图 3.53 所示[285]。同样采用静电纺丝的方法，Wu 等制

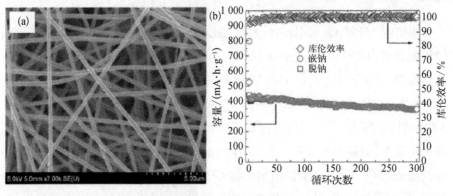

**图 3.53　SbNP@C 材料**

(a) 微观形貌；(b) 100 mA·g$^{-1}$ 电流下的循环性能[285]

备 Sb-C 纳米纤维,其中 Sb 纳米颗粒均匀分布在碳纤维上。在 40 mA·g$^{-1}$ 电流下,可逆容量为 631 mA·h·g$^{-1}$。并且具有良好的倍率性能,在 3 A·g$^{-1}$ 电流下,释放出 337 mA·h·g$^{-1}$ 的比容量。在 200 mA·g$^{-1}$ 下循环 400 次后,容量为 446 mA·h·g$^{-1}$,容量保持率为 90%[286]。

#### 3.4.2.4 黏结剂优化

含有羧基或者其衍生物的聚合物黏结剂,如聚丙烯酸、CMC,相比传统的 PDVF 黏结剂,可以充分抑制电解液的还原,而被用作钠离子电池负极材料的黏结剂。而合金型负极材料在钠化/脱钠反应过程中的反复体积变化会导致线性聚合物黏合剂链的滑动,从而导致聚合物链的不可逆变形,使得电极结构的机械完整性和电完整性不断下降。交联壳聚糖可以承受 Sb 负极在电化学反应过程中的体积膨胀所带来的应力变化,从而改善其电化学性能。循环 100 次以后,Sb 颗粒仍固定在聚合物的框架内[287]。随后,Feng 等以超薄碳层包覆 Sb 颗粒作为活性物质,对比海藻酸钠和 PVDF 黏结剂对电化学性能的影响。Sb 颗粒表面的碳层含有富氧基团,与海藻酸钠黏结剂紧密相连,相比 PVDF 黏结剂,使用海藻酸钠作为黏结剂可以保证 Sb 电极结构的完整性,减小电极电阻,改善循环稳定性。在 50 mA·g$^{-1}$ 电流下,首次放电容量为 788.5 mA·h·g$^{-1}$,循环 50 次后,容量保持在 553 mA·h·g$^{-1}$,库伦效率高达 100%。远高于使用 PVDF 黏结剂的 Sb 电极(首次 666.5 mA·h·g$^{-1}$,50 次循环后为 435 mA·h·g$^{-1}$)[288]。

### 3.4.3 Ge

根据理论计算,Ge 可以和 Na 形成 NaGe 合金,理论比容量为 369 mA·h·g$^{-1}$,体积膨胀率为 200%。但是在人们研究的过程中发现,Ge 的容量会高出其理论比容量。Lu 等通过原位 TEM 观测 Ge 的合金化及去合金化过程,发现非晶 Ge 纳米线的终产物为 Na$_{1.6}$Ge,所以容量会高于其理论容量,并且伴随着 300% 的体积膨胀[289]。尽管在锂离子电池中,Ge 具有较高的容量和高的锂离子扩散率,但是钠离子在晶态 Ge 中的扩散要低好几个数量级[290,291],而且发现晶态的 Ge 不能与钠反应,但是将 Ge 预先先与锂反应一次后,得到非晶的 Ge 即可与钠反应[289]。相比 Sn 和 Sb 负极,Ge 作为钠离子电池的研究较少,需要进一步的探讨研究。随后 Kohandehghan 等在 Ge 纳米线(GeNWs)

和 Ge 薄膜(GeTF)电极上验证,通过一次锂化和去锂化过程活化后,导致了 GeNWs 中的非晶化,降低了 $Na_xGe$ 成核能,加速了固态扩散,提升了 GeNWs 和 GeTF 的性能[292]。Baggetto 等制备 Ge 薄膜,在 0.15 V(放电)/0.6 V(充电)电压处有可逆的电化学反应,可逆容量约 350 $mA·h·g^{-1}$,循环 15 次后容量衰减迅速。循环过程中,电极反复的膨胀与收缩导致的机械恶化是容量衰减的主要原因。电解液中添加 FEC 后,电极表面形成更薄的 SEI,改善了循环稳定性。在 Ge 完全嵌钠和脱钠时都生成的非晶态物质[293]。通过蒸发沉积制备纳米柱状 Ge 薄膜和致密的 Ge 薄膜,在 0.05 C 倍率下,首次可逆容量分别为 430 $mA·h·g^{-1}$ 和 400 $mA·h·g^{-1}$,但是在接下来的 0.2 C 循环时,纳米柱状 Ge 薄膜循环 100 次后,容量保持率为 88%,而致密的 Ge 薄膜在循环 15 次后即开始衰减。在低倍率下,纳米柱状 Ge 薄膜在循环中能缓冲体积膨胀,维持结构稳定性,甚至可以在 27 C 高倍率下放电,比容量为 164 $mA·h·g^{-1}$。计算得出在 Na – Ge 体系中,近表面扩散明显快于本体扩散。因此,纳米化对于 Ge 的稳定、可逆和倍率性能至关重要[294]。

为了缓解充放电过程中的体积膨胀,与常规合金化电极类似,纳米化、与碳材料复合是常用的手段。通过 $CO_2$ 激光裂解 $GeH_4$ 制备不同粒径的 Ge 纳米颗粒,控制粒径在 10~60 nm 之间,其中粒径最小的 Ge(10 nm) 具有最优的电化学性能[295]。图 3.54 为 Ge 复合材料的微观形貌和性能。Li 等通过碳热反应制备中空碳盒包覆的 Ge 纳米颗粒复合材料,中空的碳盒内部的空隙可以缓解 Ge 的体积膨胀,从而维持电极结构的稳定性。互连的空心碳盒提供了一个良好的电子转移路径,从而提高导电性。Ge/C 材料在 100 $mA·g^{-1}$ 电流下循环 500 次后,容量为 346 $mA·h·g^{-1}$。在 1 $A·g^{-1}$ 电流下,比容量为 112 $mA·h·g^{-1}$[296]。Wu 等在先在铜箔上电化学沉积具有金字塔状的 Ni 作为集流体,然后通过 R.F. 溅射沉积一层非晶的 Ge 作为活性物质(Ni – Ge NPAs)。纳米金字塔之间的空隙为 Ge 提供了自由的膨胀空间,同时,这种结构缩短了钠离子的扩散距离,在 Ge 与 Ni 之间的键和作用有利于电极的电荷转移。在 200 $mA·g^{-1}$ 电流下,首次可逆容量为 368 $mA·h·g^{-1}$,循环 150 次后,容量维持在 260 $mA·h·g^{-1}$[297]。

Wang 等通过静电纺丝和原子层沉积技术制备了具有核壳结构 Ge@石墨烯@$TiO_2$ 纳米纤维材料(Ge@ G@ $TiO_2$ NFs)并作为钠离子电池负极。该电极中的石墨烯可以缓解反应过程中 Ge 的体积变化,并且提供了更多的活性位

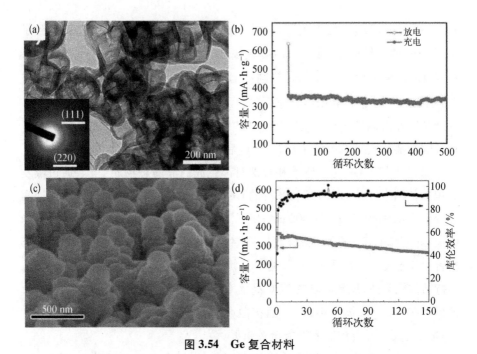

图 3.54 Ge 复合材料

(a)、(b) 中空碳盒包覆的 Ge 纳米颗粒复合材料的微观形貌和循环性能[296];(c)、(d) 金字塔状 Ni-Ge NPAs 材料的微观形貌和循环性能[297]

点。此外,材料的最外层为 $TiO_2$,并不是 Ge 纳米颗粒,会形成稳定的 SEI 膜,增加了电极的稳定性,从而改善电极的性能。Ge@G@$TiO_2$ NFs 在 100 mA·$g^{-1}$ 电流下,首次容量为 368 mA·h·$g^{-1}$,循环 250 次后,容量保持在 182 mA·h·$g^{-1}$ [298]。

### 3.4.4 多元金属合金负极

循环过程中伴随的体积变化是影响合金负极材料电化学性能的主要原因。人们在研究过程中发现,在金属间化合物中引入非电化学活性组分(如:Cu、Ni、Ti 等),能缓解反应过程中的体积膨胀。同时这些金属的加入也可以改善电极的电导率和改善电极的循环稳定性,但是由于非活性金属的加入,降低了电极材料中活性物质的占比,导致材料的比容量下降。多元合金中,因每个合金相反应不同步,所以在连续的电化学反应过程中形成了共存相,当其中一相发生形变时,另一相在合金化/去合金化过程中仍能够保持良好的电接触,也会改善循环性能。现在研究较多的金属间化合物/多元合金主要有 SnSb、$Mo_3Sb_7$、$Sn_{0.9}Cu_{0.1}$、ZnSb 等。

Sn/Cu 化合物被用于锂离子电池的负极材料,铜的加入明显改善了材料的稳定性。Lin 等通过湿化学法制备了 $Sn_{0.9}Cu_{0.1}$ 复合材料,Cu 的加入显著提高了电极的循环稳定性,降低界面传荷电阻,有助于高倍率下充放电。在 0.2 C(169 mA·$g^{-1}$)倍率下比容量达到约 440 mA·h·$g^{-1}$,循环 100 次后,容量保持率为 97%。2 C 下比容量为 126 mA·h·$g^{-1}$,远高于纯 Sn 纳米颗粒的性能(50 mA·h·$g^{-1}$)[299]。$Zn_4Sb_3$ 纳米线在 0.5 C 倍率下,首次放电容量为 675 mA·h·$g^{-1}$,但是首次充电容量仅为 395 mA·h·$g^{-1}$,这可能是因为首次充电后生成了 NaZnSb 和 Zn,而非可逆生成 $Zn_4Sb_3$ 相。首次循环后的反应皆为可逆反应,反应为 NaZnSb+Zn+$Na^+$+$e^-$ $\rightleftharpoons$ $Na_3$Sb+$NaZn_{13}$。但是 $Zn_4Sb_3$ 具有优异的倍率特性,在 5 C 下仍可释放出 187 mA·h·$g^{-1}$ 的容量。原位 TEM 观测到首次循环后的体积膨胀约 160%,而后续循环中的体积膨胀仅 83%,这可能与其反应历程有关[300]。

如 3.4.1 节和 3.4.2 节中所述,Sn 和 Sb 的比容量均较高,甚至块状 Sb 都可以可逆循环,但是二者的循环稳定性均较差。SnSb 作为研究最多的二元合金,理论比容量为 754 mA·h·$g^{-1}$,其钠化过程很复杂,简单地说,在高于 0.4 V 时,Sb 先钠化形成 $Na_3$Sb,然后在低于 0.4 V 时,Sn 反应生成 $Na_{3.75}$Sn。虽然很难解释使用 SnSb 可以改善整体的性能,但有人认为多步反应产生了一个自支撑网络,提高了结构的稳定性和导电性[301]。Ji 等使用多孔碳纳米纤维作为 SnSb 的基底,在 FEC 添加剂的作用下改善了钠离子的动力学,在 100 mA·$g^{-1}$ 电流下可逆容量为 350 mA·h·$g^{-1}$,循环 200 次后容量保持率为 99.4%[302]。使用超轻的、3D 多孔镍支撑 SnSb 作为负极,具有高的比容量和循环稳定性,在 1 A·$g^{-1}$ 电流下,循环 1 000 次后仍有 275 mA·h·$g^{-1}$ 的容量[303]。Chen 等利用静电纺丝方法合成的封装在多孔碳纳米纤维中的 SnSb 材料(SnSb@C),多孔纳米碳纤维形成一个连续的导电网络,有利于其电化学性能,且多孔的结构可以缓冲合金化过程中的体积膨胀。在 500 mA·$g^{-1}$ 电流下,可逆容量为 380 mA·h·$g^{-1}$,循环 200 次后,容量保持率为 93.7%[304]。Jia 等使用离心纺纱的方法制备 SnSb@ 还原氧化石墨烯@ 碳纤维(SnSb@rGO@CMFs),利用 rGO 的高电导率、化学稳定性和高比表面积,缓解活性物质团聚,提供更多的电子传输路径,缓解体积膨胀,使得 SnSb@rGO@CMFs 具有优异的倍率性能和循环稳定性[305]。

通过高速球磨法制备 $Mo_3Sb_7$ 金属间化合物,并分散在非晶态碳骨架中,$Mo_3Sb_7$-C 在 100 mA·$g^{-1}$ 电流下,首次放电和充电容量分别为 403 mA·h·$g^{-1}$

和 270 mA·h·g$^{-1}$，循环 100 次后容量保持率仅 40%。当电解液中加入 FEC 后，形成稳定的 SEI 膜和较小的传荷电阻，有效改善 Mo$_3$Sb$_7$ 的循环寿命和倍率特性，100 次循环后，容量保持率上升至 90%，在高达 10 A·g$^{-1}$ 电流下，可释放出接近 77% 的容量[306]。Li 等制备了碳包覆的 Mo$_3$Sb$_7$ 复合材料，进一步改善了 Mo$_3$Sb$_7$ 材料的性能。在 98.8 mA·g$^{-1}$ 电流下，首次容量为 400 mA·h·g$^{-1}$，在 247 mA·g$^{-1}$ 下循环 800 次后仍保持 338 mA·h·g$^{-1}$ 的容量，容量保持率为 91.8%[307]。

Sn 的金属间化合物被研究的较多。如 MnSn$_2$、FeSn$_2$、Cu/Sn 等。MnSn$_2$ 的理论比容量为 688 mA·h·g$^{-1}$，完全钠化后生成 Na$_{15}$Sn$_4$ 和 Mn，通过原位 XRD 测试发现从第一次循环到 10 次循环中，反应的过程是一致的，从 MnSn$_2$ 到 Na$_{15}$Sn$_4$，然后 Na$_{15-x}$Sn$_4$、Na$_7$Sn$_3$，最后重新生成 MnSn$_2$，体现了 MnSn$_2$ 的循环稳定性。该电极首次放电容量为 525 mA·h·g$^{-1}$，可逆充电容量为 400 mA·h·g$^{-1}$，可循环 50 次，性能远优于纯 Sn 电极[308]。Edison 等合成了 FeSn$_2$/石墨电极，在 100 mA·g$^{-1}$ 电流下，比容量为 400 mA·h·g$^{-1}$，在 1 A·g$^{-1}$ 电流下，比容量为 200 mA·h·g$^{-1}$[309]。利用双嘴喷头静电纺丝法制备 Cu/Sn/C 纳米纤维材料，鉴于该材料具有一维的纳米结构、缩短了电子传输路径、有效缓冲体积膨胀，所以该材料具有良好的性能，在 156 mA·g$^{-1}$ 电流下，首次放电、充电容量分别为 392 mA·h·g$^{-1}$ 和 142 mA·h·g$^{-1}$，首效仅 36%。但是第四次循环后，容量上升至 220 mA·h·g$^{-1}$，库伦效率提升至 95%[310]。

在钠离子电池中，Si 的理论容量为 954 mA·h·g$^{-1}$，甚至超过了 Sn 的理论容量(847 mA·h·g$^{-1}$)，但是在实际中，Si 的容量远低于其理论容量。Sb 具有较优异的性能，采用共溅射或者共沉积的方式制备 Si$_x$Sb$_y$ 合金。当 Si 的量较低时，含有 7 at.% 和 25 at.% 的 Si$_x$Sb$_y$ 合金的比容量提升至 663 mA·h·g$^{-1}$ 和 680 mA·h·g$^{-1}$(纯 Sb 的容量为 625 mA·h·g$^{-1}$)。富 Sb 的(原子比大于 25at.%)合金材料相比纯 Sb 电极具有改进的循环稳定性。其中 Si$_{0.07}$Sb$_{0.93}$ 在循环 140 次之后，具有最大的容量 663 mA·h·g$^{-1}$[311]。

Gao 等合成了纳米多孔的 Bi$_2$Sb$_6$ 合金(np-Bi-Sb)，呈连续的网络-通道结构，因其具有多孔的结构和合适的 Bi/Sb 原子比，所以具有优异的循环稳定性。CV 显示在 0.69 V 和 0.20 V 处各有一个宽峰，分别对应 SEI 膜的生成和两步合金化过程。在 1 A·g$^{-1}$ 电流下，循环寿命高达 10 000 次，比容量为 150 mA·h·g$^{-1}$[312]。

此外，还有三元合金材料或者金属间化合物，如 SbSn-P[313]、SnGeSb[314]、Sb/Cu$_2$Sb[315] 等。

## 参考文献

[1] Kim H, Hong J, Park Y U, et al. Sodium storage behavior in natural graphite using ether-based electrolyte systems[J]. Advanced Functional Materials, 2015, 25(4): 534-541.

[2] Ding J, Wang H, Li Z, et al. Carbon nanosheet frameworks derived from peat moss as high performance sodium ion battery anodes[J]. ACS Nano, 2013, 7(12): 11004-11015.

[3] Luo W, Jian Z, Xing Z, et al. Electrochemically expandable soft carbon as anodes for Na-ion batteries[J]. ACS Central Science, 2015, 1(9): 516-522.

[4] Fu L, Tang K, Song K, et al. Nitrogen doped porous carbon fibres as anode materials for sodium ion batteries with excellent rate performance[J]. Nanoscale, 2014, 6(3): 1384-1389.

[5] Tang K, Fu L, White R J, et al. Hollow carbon nanospheres with superior rate capability for sodium-based batteries[J]. Advanced Energy Materials, 2012, 2(7): 873-877.

[6] Li Y, Xu S, Wu X, et al. Amorphous monodispersed hard carbon micro-spherules derived from biomass as a high performance negative electrode material for sodium-ion batteries[J]. Journal of Materials Chemistry A, 2015, 3(1): 71-77.

[7] Shen F, Zhu H, Luo W, et al. Chemically crushed wood cellulose fiber towards high-performance sodium-ion batteries[J]. ACS Applied Materials and Interfaces, 2015, 7(41): 23291-23296.

[8] Xie F, Xu Z, Jensen A C S, et al. Hard-soft carbon composite anodes with synergistic sodium storage performance[J]. Advanced Functional Materials, 2019, 29(24): 1901072.

[9] Li Y, Hu Y S, Titirici M M, et al. Hard carbon microtubes made from renewable cotton as high-performance anode material for sodium-ion batteries[J]. Advanced Energy Materials, 2016, 6(18): 1600659.

[10] Sun Y, Lu P, Liang X, et al. High-yield microstructure-controlled amorphous carbon anode materials through a pre-oxidation strategy for sodium ion batteries[J]. Journal of Alloys and Compounds, 2019, 786: 468-474.

[11] Stevens D A, Dahn J R. High capacity anode materials for rechargeable sodium-ion batteries[J]. Journal of The Electrochemical Society, 2000, 147(4): 1271-1273.

[12] Stevens D A, Dahn J R. The mechanisms of lithium and sodium insertion in carbon materials[J]. Journal of The Electrochemical Society, 2001, 148(8): A803.

[13] Cao Y, Xiao L, Sushko M L, et al. Sodium ion insertion in hollow carbon nanowires for

battery applications[J]. Nano Letters, 2012, 12(7): 3783-3787.

[14] Qiu S, Xiao L, Sushko M L, et al. Manipulating adsorption-insertion mechanisms in nanostructured carbon materials for high-efficiency sodium ion storage[J]. Advanced Energy Materials, 2017, 7(17): 1700403.

[15] Sun N, Guan Z, Liu Y, et al. Extended "adsorption-insertion" model: A new insight into the sodium storage mechanism of hard carbons[J]. Advanced Energy Materials, 2019, 9(32): 1901351.

[16] Matei Ghimbeu C, Górka J, Simone V, et al. Insights on the $Na^+$ ion storage mechanism in hard carbon: Discrimination between the porosity, surface functional groups and defects[J]. Nano Energy, 2018, 44: 327-335.

[17] Li Z, Bommier C, Chong Z S, et al. Mechanism of Na-ion storage in hard carbon anodes revealed by heteroatom doping[J]. Advanced Energy Materials, 2017, 7(18): 1602894.

[18] Zhang B, Ghimbeu C M, Laberty C, et al. Correlation between microstructure and Na storage behavior in hard carbon[J]. Advanced Energy Materials, 2016, 6(1): 1501588.

[19] Thomas P, Billaud D. Electrochemical insertion of sodium into hard carbons[J]. Electrochimica Acta, 2002, 47(20): 3303-3307.

[20] Komaba S, Murata W, Ishikawa T, et al. Electrochemical Na insertion and solid electrolyte interphase for hard-carbon electrodes and application to Na-ion batteries[J]. Advanced Functional Materials, 2011, 21(20): 3859-3867.

[21] Yan Y, Yin Y X, Guo Y G, et al. A sandwich-like hierarchically porous carbon/graphene composite as a high-performance anode material for sodium-ion batteries[J]. Advanced Energy Materials, 2014, 4(8): 1301584.

[22] Hou H, Banks C E, Jing M, et al. Carbon quantum dots and their derivative 3D porous carbon frameworks for sodium-ion batteries with ultralong cycle life[J]. Advanced Materials, 2015, 27(47): 7861-7866.

[23] Liu X, Chao D, Su D, et al. Graphene nanowires anchored to 3D graphene foam via self-assembly for high performance Li and Na ion storage[J]. Nano Energy, 2017, 37: 108-117.

[24] Wang Y, Li Y, Mao S S, et al. N-doped porous hard-carbon derived from recycled separators for efficient lithium-ion and sodium-ion batteries[J]. Sustainable Energy and Fuels, 2019, 3(3): 717-722.

[25] Hong Z, Zhen Y, Ruan Y, et al. Rational design and general synthesis of S-doped hard carbon with tunable doping sites toward excellent Na-ion storage performance[J]. Advanced Materials, 2018, 30(29): 1802035.

[26] Xiao L, Lu H, Fang Y, et al. Low-defect and low-porosity hard carbon with high coulombic efficiency and high capacity for practical sodium ion battery anode[J]. Advanced Energy Materials, 2018, 8(20): 1703238.

[27] Ponrouch A, Marchante E, Courty M, et al. In search of an optimized electrolyte for Na-ion batteries[J]. Energy and Environmental Science, 2012, 5(9): 8572-8583.

[28] Ponrouch A, Dedryvère R, Monti D, et al. Towards high energy density sodium ion batteries through electrolyte optimization[J]. Energy and Environmental Science, 2013, 6(8): 2361-2369.

[29] Soto F A, Yan P, Engelhard M H, et al. Tuning the solid electrolyte interphase for selective Li- and Na-ion storage in hard carbon[J]. Advanced Materials, 2017, 29(18): 1606860.

[30] Jian Z, Bommier C, Luo L, et al. Insights on the mechanism of Na-ion storage in soft carbon anode[J]. Chemistry of Materials, 2017, 29(5): 2314-2320.

[31] Yao X, Ke Y, Ren W, et al. Defect-rich soft carbon porous nanosheets for fast and high-capacity sodium-ion storage[J]. Advanced Energy Materials, 2019, 9(8): 1900094.

[32] Qian J, Wu X, Cao Y, et al. High capacity and rate capability of amorphous phosphorus for sodium ion batteries[J]. Angewandte Chemie, 2013, 125(17): 4731-4734.

[33] Mayo M, Griffith K J, Pickard C J, et al. Ab initio study of phosphorus anodes for lithium- and sodium-ion batteries[J]. Chemistry of Materials, 2016, 28(7): 2011-2021.

[34] Li W J, Chou S L, Wang J Z, et al. Simply mixed commercial red phosphorus and carbon nanotube composite with exceptionally reversible sodium-ion storage[J]. Nano Letters, 2013, 13(11): 5480-5484.

[35] Kim Y, Park Y, Choi A, et al. An amorphous red phosphorus/carbon composite as a promising anode material for sodium ion batteries[J]. Advanced Materials, 2013, 25(22): 3045-3049.

[36] Song J, Yu Z, Gordin M L, et al. Chemically bonded phosphorus/graphene hybrid as a high performance anode for sodium-ion batteries[J]. Nano Letters, 2014, 14(11): 6329-6335.

[37] Zhu Y, Wen Y, Fan X, et al. Red phosphorus-single-walled carbon nanotube composite as a superior anode for sodium ion batteries[J]. ACS Nano, 2015, 9(3): 3254-3264.

[38] Zhang C, Wang X, Liang Q, et al. Amorphous phosphorus/nitrogen-doped graphene paper for ultrastable sodium-ion batteries[J]. Nano Letters, 2016, 16(3): 2054-2060.

[39] Gao H, Zhou T, Zheng Y, et al. Integrated carbon/red phosphorus/graphene aerogel 3D architecture via advanced vapor-redistribution for high-energy sodium-ion batteries[J]. Advanced Energy Materials, 2016, 6(21): 1601037.

[40] Zhou J, Liu X, Cai W, et al. Wet-chemical synthesis of hollow red-phosphorus nanospheres with porous shells as anodes for high-performance lithium-ion and sodium-ion batteries[J]. Advanced Materials, 2017, 29(29): 1700214.

[41] Liu S, Feng J, Bian X, et al. A controlled red phosphorus@Ni-P core@shell nanostructure as an ultralong cycle-life and superior high-rate anode for sodium-ion batteries[J]. Energy and Environmental Science, 2017, 10(5): 1222-1233.

[42] Sun J, Lee H W, Pasta M, et al. Carbothermic reduction synthesis of red phosphorus-filled 3D carbon material as a high-capacity anode for sodium ion batteries[J]. Energy Storage Materials, 2016, 4: 130-136.

[43] Pei L, Zhao Q, Chen C, et al. Phosphorus nanoparticles encapsulated in graphene scrolls as a high-performance anode for sodium-ion batteries[J]. ChemElectroChem, 2015, 2(11): 1652-1655.

[44] Liu Y, Zhang N, Liu X, et al. Red phosphorus nanoparticles embedded in porous N-doped carbon nanofibers as high-performance anode for sodium-ion batteries[J]. Energy Storage Materials, 2017, 9: 170-178.

[45] Ruan B, Wang J, Shi D, et al. A phosphorus/N-doped carbon nanofiber composite as an anode material for sodium-ion batteries[J]. Journal of Materials Chemistry A, 2015, 3(37): 19011-19017.

[46] Zeng G, Hu X, Zhou B, et al. Engineering graphene with red phosphorus quantum dots for superior hybrid anodes of sodium-ion batteries[J]. Nanoscale, 2017, 9(38): 14722-14729.

[47] Li W, Hu S, Luo X, et al. Confined amorphous red phosphorus in MOF-derived N-doped microporous carbon as a superior anode for sodium-ion battery[J]. Advanced Materials, 2017, 29(16): 1605820.

[48] Dahbi M, Yabuuchi N, Fukunishi M, et al. Black phosphorus as a high-capacity, high-capability negative electrode for sodium-ion batteries: Investigation of the electrode/electrolyte interface[J]. Chemistry of Materials, 2016, 28(6): 1625-1635.

[49] Sun J, Lee H W, Pasta M, et al. A phosphorene-graphene hybrid material as a high-capacity anode for sodium-ion batteries[J]. Nature Nanotechnology, 2015, 10(11): 980-985.

[50] Liu H, Li T, Zhang Y, et al. Bridging covalently functionalized black phosphorus on graphene for high-performance sodium-ion battery[J]. ACS Applied Materials & Interfaces, 2017, 9(42): 36849-36856.

[51] Xu G L, Chen Z, Zhong G M, et al. Nanostructured black phosphorus/ketjenblack-multiwalled carbon nanotubes composite as high performance anode material for sodium-ion batteries[J]. Nano Letters, 2016, 16(6): 3955-3965.

[52] Li Z, Zhao H. Recent developments of phosphorus-based anodes for sodium ion batteries[J]. Journal of Materials Chemistry A, 2018, 6(47): 24013-24030.

[53] Fan M, Chen Y, Xie Y, et al. Half-cell and full-cell applications of highly stable and binder-free sodium ion batteries based on $Cu_3P$ nanowire anodes[J]. Advanced Functional Materials, 2016, 26(28): 5019-5027.

[54] Kim S O, Manthiram A. The facile synthesis and enhanced sodium-storage performance of a chemically bonded $CuP_2$/C hybrid anode[J]. Chemical Communications, 2016, 52(23): 4337-4340.

[55] Kaushik S, Hwang J, Matsumoto K, et al. $CuP_2$/C composite negative electrodes for sodium secondary batteries operating at room-to-intermediate temperatures utilizing ionic liquid electrolyte[J]. ChemElectroChem, 2018, 5(10): 1340-1344.

[56] Chen S, Wu F, Shen L, et al. Cross-linking hollow carbon sheet encapsulated $CuP_2$ nanocomposites for high energy density sodium-ion batteries[J]. ACS Nano, 2018, 12(7): 7018-7027.

[57] Duan J, Deng S, Wu W, et al. Chitosan derived carbon matrix encapsulated $CuP_2$ nanoparticles for sodium-ion storage[J]. ACS Applied Materials and Interfaces, 2019, 11(13): 12415-12420.

[58] Wu C, Kopold P, Van Aken P A, et al. High performance graphene/$Ni_2$P hybrid anodes for lithium and sodium storage through 3D yolk-shell-like nanostructural design [J]. Advanced Materials, 2017, 29(3): 1604015.

[59] Miao X, Yin R, Ge X, et al. $Ni_2$P@carbon core-shell nanoparticle-arched 3D interconnected graphene aerogel architectures as anodes for high-performance sodium-ion batteries[J]. Small, 2017, 13(44): 1702138.

[60] Zheng J, Huang X, Pan X, et al. Yolk-shelled $Ni_2$P@carbon nanocomposite as high-performance anode material for lithium and sodium ion batteries[J]. Applied Surface Science, 2019, 473: 699-705.

[61] Li W J, Yang Q R, Chou S L, et al. Cobalt phosphide as a new anode material for sodium storage[J]. Journal of Power Sources, 2015, 294: 627-632.

[62] Ge X, Li Z, Yin L. Metal-organic frameworks derived porous core/shellCoP@C polyhedrons anchored on 3D reduced graphene oxide networks as anode for sodium-ion battery[J]. Nano Energy, 2017, 32: 117-124.

[63] Xing Y M, Zhang X H, Liu D H, et al. Porous amorphous $Co_2$P/N, B-Co-doped carbon composite as an improved anode material for sodium-ion batteries [J]. ChemElectroChem, 2017, 4(6): 1395-1401.

[64] Zhang W, Dahbi M, Amagasa S, et al. Iron phosphide as negative electrode material for Na-ion batteries[J]. Electrochemistry Communications, 2016: 11-14.

[65] Li W J, Chou S L, Wang J Z, et al. A new, cheap, and productive FeP anode material for sodium-ion batteries [J]. Chemical Communications, 2015, 46(19): 4720.

[66] Han F, Tan C, Gao Z Q. Improving the specific capacity and cyclability of sodium-ion batteries by engineering a dual-carbon phase-modified amorphous and mesoporous iron phosphide[J]. ChemElectroChem, 2016, 3(7): 1054-1062.

[67] Kim Y, Kim Y, Choi A, et al. Tin phosphide as a promising anode material for Na-ion batteries[J]. Advanced Materials, 2014, 26(24): 4139-4144.

[68] Qian J, Xiong Y, Cao Y, et al. Synergistic Na-storage reactions in $Sn_4P_3$ as a high-capacity, cycle-stable anode of Na-ion batteries[J]. Nano Letters, 2014, 14(4): 1865-1869.

[69] Liu S L, Zhang H Z, Xu L Q, et al. Solvothermal preparation of tin phosphide as a long-life anode for advanced lithium and sodium ion batteries[J]. Journal of Power Sources, 2016, 304: 346-353.

[70] Choi J, Kim W S, Kim K H, et al. $Sn_4P_3$-C nanospheres as high capacitive and ultra-stable anodes for sodium ion and lithium ion batteries[J]. Journal of Materials Chemistry A, 2018, 6(36): 17437-17443.

[71] Li Q, Li Z, Zhang Z, et al. Low-temperature solution based phosphorization reaction route to $Sn_4P_3$/reduced graphene oxide nanohybrids as anodes for sodium ion batteries[J]. Advanced Energy Materials, 2016, 6(15): 1600376.

[72] Xu Y, Peng B, Mulder F M. A high-rate and ultrastable sodium ion anode based on a novel $Sn_4P_3$-P@graphene nanocomposite[J]. Advanced Energy Materials, 2018, 8(3): 1701847.

[73] Ma L, Yan P, Wu S, et al. Engineering tin phosphides@carbon yolk-shell nanocube structures as a highly stable anode material for sodium-ion batteries[J]. Journal of Materials Chemistry A, 2017, 5(32): 16994-17000.

[74] Pan E, Jin Y, Zhao C, et al. MOF-derived N-doped porous carbon anchoring $Sn_4P_3$ as an anode material for sodium ion batteries[J]. Ionics, 2018, 24(10): 3281-3285.

[75] Pan E, Jin Y, Zhao C, et al. Conformal hollow carbon sphere coated on $Sn_4P_3$ microspheres as high-rate and cycle-stable anode materials with superior sodium storage capability[J]. ACS Applied Energy Materials, 2019, 2(3): 1756-1764.

[76] Wang W, Zhang J, Denis Y W, et al. Improving the cycling stability of $Sn_4P_3$ anode for sodium-ion battery[J]. Journal of Power Sources, 2017, 364: 420-425.

[77] Mogensen R, Maibach J, Naylor A J, et al. Capacity fading mechanism of tin phosphide anodes in sodium-ion batteries[J]. Dalton Transactions, 2018, 47(31): 10752-10758.

[78] Usui H, Domi Y, Fujiwara K, et al. Charge-discharge properties of a $Sn_4P_3$ negative electrode in ionic liquid electrolyte for Na-ion batteries[J]. ACS Energy Letters, 2017, 2(5): 1139-1143.

[79] Lu Y, Zhou P, Lei K, et al. Selenium phosphide ($Se_4P_4$) as a new and promising anode material for sodium-ion batteries[J]. Advanced Energy Materials, 2017, 7(7): 1601973.

[80] Liu Y, Xiao X, Fan X, et al. $GeP_5$/C composite as anode material for high power sodium-ion batteries with exceptional capacity[J]. Journal of Alloys and Compounds, 2018, 744: 15-22.

[81] 李婷,龙志辉,张道洪.$Fe_2O_3$/rGO 纳米复合物的制备及其储锂和储钠性能[J].物理化学学报,2016,32(2): 573-580.

[82] Klein F, Pinedo R, Hering P, et al. Reaction mechanism and surface film formation of conversion materials for lithium-and sodium-ion batteries: An XPS case study on sputtered copper oxide (CuO) thin film model electrodes[J]. The Journal of Physical Chemistry C, 2016, 120(3): 1400-1414.

[83] Klein F, Pinedo R, Berkes B B, et al. Kinetics and degradation processes of CuO as conversion electrode for sodium-ion batteries: An electrochemical study combined with pressure monitoring and DEMS[J]. The Journal of Physical Chemistry C, 2017, 121(16): 8679-8688.

[84] Lu Y, Zhang N, Zhao Q, et al. Micro-nanostructured CuO/C spheres as high-performance anode materials for Na-ion batteries[J]. Nanoscale, 2015, 7(6): 2770-2776.

[85] Wang X, Liu Y, Wang Y, et al. CuO quantum dots embedded in carbon nanofibers as binder-free anode for sodium ion batteries with enhanced properties[J]. Small, 2016, 12(35): 4865-4872.

[86] Komaba S, Mikumo T, Ogata A. Electrochemical activity of nanocrystalline $Fe_3O_4$ in aprotic Li and Na salt electrolytes[J]. Electrochemistry Communications, 2008, 10(9): 1276-1279.

[87] Komaba S, Mikumo T, Yabuuchi N, et al. Electrochemical insertion of Li and Na ions into nanocrystalline $Fe_3O_4$ and $\alpha-Fe_2O_3$ for rechargeable batteries[J]. Journal of The Electrochemical Society, 2009, 157(1): A60.

[88] Valvo M, Lindgren F, Lafont U, et al. Towards more sustainable negative electrodes in Na-ion batteries via nanostructured iron oxide[J]. Journal of Power Sources, 2014, 245: 967-978.

[89] Hariharan S, Saravanan K, Ramar V, et al. A rationally designed dual role anode material for lithium-ion and sodium-ion batteries: Case study of eco-friendly $Fe_3O_4$[J]. Physical Chemistry Chemical Physics, 2013, 15(8): 2945-2953.

[90] Zhang N, Han X, Liu Y, et al. 3D porous $\gamma-Fe_2O_3$@C nanocomposite as high-performance anode material of Na-ion batteries[J]. Advanced Energy Materials, 2015, 5(5): 1401123.

[91] Qi L Y, Zhang Y W, Zuo Z C, et al. In situ quantization of ferroferric oxide embedded in 3D microcarbon for ultrahigh performance sodium-ion batteries[J]. Journal of Materials Chemistry A, 2016, 4(22): 8822-8829.

[92] Li T, Qin A, Yang L, et al. In situ grown $Fe_2O_3$ single crystallites on reduced graphene oxide nanosheets as high performance conversion anode for sodium-ion batteries[J]. ACS Applied Materials & Interfaces, 2017, 9(23): 19900-19907.

[93] Li D, Zhou J, Chen X, et al. Amorphous $Fe_2O_3$/graphene composite nanosheets with enhanced electrochemical performance for sodium-ion battery[J]. ACS Applied Materials & Interfaces, 2016, 8(45): 30899-30907.

[94] Wang X, Liu X, Wang G, et al. One-dimensional hybrid nanocomposite of high-density monodispersed $Fe_3O_4$ nanoparticles and carbon nanotubes for high-capacity

storage of lithium and sodium[J]. Journal of Materials Chemistry A, 2016, 4(47): 18532-18542.

[95] Rahman M M, Glushenkov A M, Ramireddy T, et al. Electrochemical investigation of sodium reactivity with nanostructured $Co_3O_4$ for sodium-ion batteries[J]. Chemical Communications, 2014, 50(39): 5057-5060.

[96] Jian Z, Liu P, Li F, et al. Monodispersed hierarchical $Co_3O_4$ spheres intertwined with carbon nanotubes for use as anode materials in sodium-ion batteries[J]. Journal of Materials Chemistry A, 2014, 2(34): 13805-13809.

[97] Chen D, Peng L, Yuan Y, et al. Two-dimensional holey $Co_3O_4$ nanosheets for high-rate alkali-ion batteries: From rational synthesis to in situ probing[J]. Nano Letters, 2017, 17(6): 3907-3913.

[98] Kim H, Kim H, Kim H, et al. Understanding origin of voltage hysteresis in conversion reaction for Na rechargeable batteries: The case of cobalt oxides[J]. Advanced Functional Materials, 2016, 26(28): 5042-5050.

[99] Wu Y, Meng J, Li Q, et al. Interface-modulated fabrication of hierarchical yolk-shell $Co_3O_4$/C dodecahedrons as stable anodes for lithium and sodium storage[J]. Nano Research, 2017, 10(7): 2364-2376.

[100] Kaneti Y V, Zhang J, He Y B, et al. Fabrication of an MOF-derived heteroatom-doped Co/CoO/carbon hybrid with superior sodium storage performance for sodium-ion batteries[J]. Journal of Materials Chemistry A, 2017, 5(29): 15356-15366.

[101] Kang W, Zhang Y, Fan L, et al. Metal-organic framework derived porous hollow $Co_3O_4$/N-C polyhedron composite with excellent energy storage capability[J]. ACS Applied Materials & Interfaces, 2017, 9(12): 10602-10609.

[102] Wang Y, Wang C, Wang Y, et al. Superior sodium-ion storage performance of $Co_3O_4$@nitrogen-doped carbon: Derived from a metal-organic framework[J]. Journal of Materials Chemistry A, 2016, 4(15): 5428-5435.

[103] Yang L, Zhu Y E, Sheng J, et al. T-$Nb_2O_5$/C nanofibers prepared through electrospinning with prolonged cycle durability for high-rate sodium-ion batteries induced by pseudocapacitance[J]. Small, 2017, 13(46): 1702588.

[104] Wang L, Bi X, Yang S. Partially single-crystalline mesoporous $Nb_2O_5$ nanosheets in between graphene for ultrafast sodium storage[J]. Advanced Materials, 2016, 28(35): 7672-7679.

[105] Kim H, Lim E, Jo C, et al. Ordered-mesoporous $Nb_2O_5$/carbon composite as a sodium insertion material[J]. Nano Energy, 2015, 16: 62-70.

[106] Chen J S, Lou X W. $SnO_2$-based nanomaterials: Synthesis and application in lithium-ion batteries[J]. Small, 2013, 9(11): 1877-1893.

[107] Patra J, Rath P C, Yang C H, et al. Three-dimensional interpenetrating mesoporous carbon confining $SnO_2$ particles for superior sodiation/desodiation properties[J]. Nanoscale, 2017, 9(25): 8674-8683.

[108] Liu Y, Fang X, Ge M, et al. SnO$_2$ coated carbon cloth with surface modification as Na-ion battery anode[J]. Nano Energy, 2015, 16: 399-407.

[109] Fan L, Li X, Yan B, et al. Controlled SnO$_2$ crystallinity effectively dominating sodium storage performance[J]. Advanced Energy Materials, 2016, 6(10): 1502057.

[110] Lee J I, Song J, Cha Y, et al. Multifunctional SnO$_2$/3D graphene hybrid materials for sodium-ion and lithium-ion batteries with excellent rate capability and long cycle life [J]. Nano Research, 2017, 10(12): 4398-4414.

[111] Cui J, Xu Z L, Yao S, et al. Enhanced conversion reaction kinetics in low crystallinity SnO$_2$/CNT anodes for Na-ion batteries[J]. Journal of Materials Chemistry A, 2016, 4(28): 10964-10973.

[112] Wang Y X, Lim Y G, Park M S, et al. Ultrafine SnO$_2$ nanoparticle loading onto reduced graphene oxide as anodes for sodium-ion batteries with superior rate and cycling performances[J]. Journal of Materials Chemistry A, 2014, 2(2): 529-534.

[113] Hu M, Jiang Y, Sun W, et al. Reversible conversion-alloying of Sb$_2$O$_3$ as a high-capacity, high-rate, and durable anode for sodium ion batteries[J]. ACS Applied Materials & Interfaces, 2014, 6(21): 19449-19455.

[114] Li K, Liu H, Wang G. Sb$_2$O$_3$ nanowires as anode material for sodium-ion battery[J]. Arabian Journal for Science and Engineering, 2014, 39(9): 6589-6593.

[115] Guo X, Xie X, Choi S, et al. Sb$_2$O$_3$/MXene (Ti$_3$C$_2$T$_x$) hybrid anode materials with enhanced performance for sodium-ion batteries[J]. Journal of Materials Chemistry A, 2017, 5(24): 12445-12452.

[116] Zhou J, Yan B, Yang J, et al. A densely packed Sb$_2$O$_3$ nanosheet-graphene aerogel toward advanced sodium-ion batteries[J]. Nanoscale, 2018, 10(19): 9108-9114.

[117] Zhou X, Zhang Z, Lv X, et al. Facile and rapid synthesis of Sb$_2$O$_3$/CNTs/rGO nanocomposite with excellent sodium storage performances[J]. Materials Letters, 2018, 213: 201-203.

[118] Li N, Liao S, Sun Y, et al. Uniformly dispersed self-assembled growth of Sb$_2$O$_3$/Sb@ graphene nanocomposites on a 3D carbon sheet network for high Na-storage capacity and excellent stability[J]. Journal of Materials Chemistry A, 2015, 3(11): 5820-5828.

[119] Nam D H, Hong K S, Lim S J, et al. High-performance Sb/Sb$_2$O$_3$ anode materials using a polypyrrole nanowire network for Na-ion batteries[J]. Small, 2015, 11(24): 2885-2892.

[120] Pan J, Wang N, Zhou Y, et al. Simple synthesis of a porous Sb/Sb$_2$O$_3$ nanocomposite for a high-capacity anode material in Na-ion batteries[J]. Nano Research, 2017, 10(5): 1794-1803.

[121] Sun Q, Ren Q Q, Li H, et al. High capacity Sb$_2$O$_4$ thin film electrodes for rechargeable sodium battery[J]. Electrochemistry Communications, 2011, 13(12): 1462-1464.

[122] Ramakrishnan K, Nithya C, Kundoly Purushothaman B, et al. $Sb_2O_4$@rGO nanocomposite anode for high performance sodium-ion batteries[J]. ACS Sustainable Chemistry & Engineering, 2017, 5(6): 5090-5098.

[123] Nguyen T L, Salunkhe T T, Vo T N, et al. Tailored synthesis of antimony-based alloy/oxides nanosheets for high-performance sodium-ion battery anodes[J]. Journal of Power Sources, 2019, 414: 470-478.

[124] Pan J, Zhang Y, Li L, et al. Polyanions enhance conversion reactions for lithium/sodium-ion batteries: The case of $SbVO_4$ nanoparticles on reduced grapheneoxide[J]. Small Methods, 2019, 3(10): 1900231.

[125] Liu Y, Li Y, Kang H, et al. Design, synthesis, and energy-related applications of metal sulfides[J]. Materials Horizons, 2016, 3(5): 402-421.

[126] Kim J, Yu J H, Ryu H S, et al. The electrochemical properties of sodium/iron sulfide battery using iron sulfide powder coated with nickel[J]. Reviews on Advanced Materials Science, 2011, 28(1): 107-110.

[127] Wang Q, Zhang W, Guo C, et al. In situ construction of 3D interconnected FeS@$Fe_3C$@graphitic carbon networks for high-performance sodium-ion batteries[J]. Advanced Functional Materials, 2017, 27(41): 1703390.

[128] Douglas A, Carter R, Oakes L, et al. Ultrafine iron pyrite ($FeS_2$) nanocrystals improve sodium-sulfur and lithium-sulfur conversion reactions for efficient batteries [J]. ACS Nano, 2015, 9(11): 11156-11165.

[129] Chen Z, Li S, Zhao Y, et al. Ultrafine $FeS_2$ nanocrystals/porous nitrogen-doped carbon hybrid nanospheres encapsulated in three-dimensional graphene for simultaneous efficient lithium and sodium ion storage[J]. Journal of Materials Chemistry A, 2019, 7(46): 26342-26350.

[130] Chen W, Qi S, Yu M, et al. Design of $FeS_2$@rGO composite with enhanced rate and cyclic performances for sodium ion batteries[J]. Electrochimica Acta, 2017, 230: 1-9.

[131] Wang Q, Guo C, Zhu Y, et al. Reduced graphene oxide-wrapped $FeS_2$ composite as anode for high-performance sodium-ion batteries[J]. Nano-Micro Letters, 2018, 10(2): 30-40.

[132] Shao Y, Yue J, Sun S, et al. Facile Synthesis of $FeS_2$ quantum-dots/functionalized graphene-sheet composites as advanced anode material for sodium-ion batteries[J]. Chinese Journal of Chemistry, 2017, 35(1): 73-78.

[133] Shao M, Cheng Y, Zhang T, et al. Designing MOFs-derived $FeS_2$@carbon composites for high-rate sodium ion storage with capacitive contributions[J]. ACS Applied Materials & Interfaces, 2018, 10(39): 33097-33104.

[134] Wang F, Li G, Meng X, et al. $FeS_2$ nanosheets encapsulated in 3D porous carbon spheres for excellent Na storage in sodium-ion batteries[J]. Inorganic Chemistry Frontiers, 2018, 5(10): 2462-2471.

[135] Chen K, Zhang W, Xue L, et al. Mechanism of capacity fade in sodium storage and the strategies of improvement for FeS$_2$ anode[J]. ACS Applied Materials & Interfaces, 2017, 9(2): 1536-1541.

[136] Zhang S S. The redox mechanism of FeS$_2$ in non-aqueous electrolytes for lithium and sodium batteries[J]. Journal of Materials Chemistry A, 2015, 3(15): 7689-7694.

[137] Kitajou A, Yamaguchi J, Hara S, et al. Discharge/charge reaction mechanism of a pyrite-type FeS$_2$ cathode for sodium secondary batteries[J]. Journal of Power Sources, 2014, 247: 391-395.

[138] Shadike Z, Zhou Y N, Ding F, et al. The new electrochemical reaction mechanism of Na/FeS$_2$ cell at ambient temperature[J]. Journal of Power Sources, 2014, 260: 72-76.

[139] Lu Y, Li B, Zheng S, et al. Syntheses and energy storage applications of M$_x$S$_y$(M = Cu, Ag, Au) and their composites: Rechargeable batteries and supercapacitors[J]. Advanced Functional Materials, 2017, 27(44): 1703949.

[140] Li H, Wang Y, Jiang J, et al. CuS microspheres as high-performance anode material for Na-ion batteries[J]. Electrochimica Acta, 2017, 247: 851-859.

[141] Shi B, Liu W, Zhu K, et al. Synthesis of flower-like copper sulfides microspheres as electrode materials for sodium secondary batteries[J]. Chemical Physics Letters, 2017, 677: 70-74.

[142] Yu D, Li M, Yu T, et al. Nanotube-assembled pine-needle-like CuS as an effective energy booster for sodium-ion storage[J]. Journal of Materials Chemistry A, 2019, 7(17): 10619-10628.

[143] Kim N R, Choi J, Yoon H J, et al. Conversion reaction of copper sulfide based nanohybrids for sodium-ion batteries[J]. ACS Sustainable Chemistry & Engineering, 2017, 5(11): 9802-9808.

[144] Liu W, Shi B, Wang Y, et al. A flexible, binder-free graphene oxide/copper sulfides film for high-performance sodium ion batteries[J]. ChemistrySelect, 2018, 3(20): 5608-5613.

[145] Kim H, Sadan M K, Kim C, et al. Simple and scalable synthesis of CuS as an ultrafast and long-cycling anode for sodium ion batteries[J]. Journal of Materials Chemistry A, 2019, 7(27): 16239-16248.

[146] Xiao Y, Su D, Wang X, et al. CuS microspheres with tunable interlayer space and micropore as a high-rate and long-life anode for sodium-ion batteries[J]. Advanced Energy Materials, 2018, 8(22): 1800930.

[147] An C, Ni Y, Wang Z, et al. Facile fabrication of CuS micro-flower as high durable sodium-ion battery anode[J]. Inorganic Chemistry Frontiers, 2018, 5(5): 1045-1052.

[148] Li J, Yan D, Lu T, et al. Significantly improved sodium-ion storage performance of CuS nanosheets anchored into reduced graphene oxide with ether-based electrolyte[J].

ACS Applied Materials & Interfaces, 2017, 9(3): 2309-2316.

[149] Hu Z, Wang L, Zhang K, et al. MoS$_2$ nanoflowers with expanded interlayers as high-performance anodes for sodium-ion batteries[J]. Angewandte Chemie International Edition, 2014, 53(47): 12794-12798.

[150] Zhang S, Yu X, Yu H, et al. Growth of ultrathin MoS$_2$ nanosheets with expanded spacing of (002) plane on carbon nanotubes for high-performance sodium-ion battery anodes[J]. ACS Applied Materials & Interfaces, 2014, 6(24): 21880-21885.

[151] Xie X, Ao Z, Su D, et al. MoS$_2$/Graphene composite anodes with enhanced performance for sodium-ion batteries: The role of the two-dimensional heterointerface[J]. Advanced Functional Materials, 2015, 25(9): 1393-1403.

[152] Choi S H, Ko Y N, Lee J K, et al. 3D MoS$_2$-graphene microspheres consisting of multiple nanospheres with superior sodium ion storage properties[J]. Advanced Functional Materials, 2015, 25(12): 1780-1788.

[153] Wang Y, Chou S, Wexler D, et al. High-performance sodium-ion batteries and sodium-ion pseudocapacitors based on MoS$_2$/graphene composites[J]. Chemistry — A European Journal, 2014, 20(31): 9607-9612.

[154] Qin W, Chen T, Pan L, et al. MoS$_2$-reduced graphene oxide composites via microwave assisted synthesis for sodium ion battery anode with improved capacity and cycling performance[J]. Electrochimica Acta, 2015, 153: 55-61.

[155] Xiang J, Dong D, Wen F, et al. Microwave synthesized self-standing electrode of MoS$_2$ nanosheets assembled on graphene foam for high-performance Li-ion and Na-ion batteries[J]. Journal of Alloys and Compounds, 2016, 660: 11-16.

[156] Teng Y, Zhao H, Zhang Z, et al. MoS$_2$ nanosheets vertically grown on graphene sheets for lithium-ion battery anodes[J]. ACS Nano, 2016, 10(9): 8526-8535.

[157] Ryu W H, Jung J W, Park K, et al. Vine-like MoS$_2$ anode materials self-assembled from 1-D nanofibers for high capacity sodium rechargeable batteries[J]. Nanoscale, 2014, 6(19): 10975-109781.

[158] Zhang Q, Bock D C, Takeuchi K J, et al. Probing titanium disulfide-sulfur composite materials for Li-S batteries via in situ X-ray diffraction (XRD)[J]. Journal of the Electrochemical Society, 2017, 164(4): A897-A901.

[159] Sun K, Zhang Q, Bock D C, et al. Interaction of TiS$_2$ and sulfur in Li-S battery system[J]. Journal of the Electrochemical Society, 2017, 164(8): A1291-A1297.

[160] Suslov E A, Bushkova O V, Sherstobitova E A, et al. Lithium intercalation into TiS$_2$ cathode material: Phase equilibria in a Li-TiS$_2$ system[J]. Ionics, 2016, 22(4): 503-514.

[161] Bian X, Gao Y, Fu Q, et al. A long cycle-life and high safety Na$^+$/Mg$^{2+}$ hybrid-ion battery built by using a TiS$_2$ derived titanium sulfide cathode[J]. Journal of Materials Chemistry A, 2017, 5(2): 600-608.

[162] Tao H W, Zhou M, Wang R X, et al. TiS$_2$ as an advanced conversion electrode for

sodium-ion batteries with ultra-high capacity and long-cycle life [J]. Advanced Science, 2018, 5(11): 1801021.

[163] Liu Y, Zhang N, Kang H, et al. WS$_2$ Nanowires as a high-performance anode for sodium-ion batteries[J]. Chemistry — A European Journal, 2015, 21(33): 11878 – 11884.

[164] Li J, Wang L, Li L, et al. Metal sulfides@ carbon microfiber networks for boosting lithium ion/sodium ion storage via a general metal-Aspergillus niger bioleaching strategy[J]. ACS Applied Materials & Interfaces, 2019, 11(8): 8072 – 8080.

[165] Staszak-Jirkovský J, Malliakas C D, Lopes P P, et al. Design of active and stable Co – Mo – S$_x$ chalcogels as pH-universal catalysts for the hydrogen evolution reaction [J]. Nature Materials, 2016, 15(2): 197 – 203.

[166] 彭启梦.钠离子电池金属硫化物负极材料的合成及改性研究[D].重庆：重庆理工大学,2019.

[167] Li Q, Jiao Q, Feng X, et al. One-pot synthesis of CuCo$_2$S$_4$ sub-microspheres for high-performance lithium-/sodium-ion batteries [J]. ChemElectroChem, 2019, 6(5): 1558 – 1566.

[168] Gong Y, Zhao J, Wang H, et al. CuCo$_2$S$_4$/reduced graphene oxide nanocomposites synthesized by one-step solvothermal method as anode materials for sodium ion batteries[J]. Electrochimica Acta, 2018, 292: 895 – 902.

[169] Xu T T, Zhao J, Yang J, et al. One-pot solvothermal synthesis of CoNi$_2$S$_4$/reduced graphene oxide (rGO) nanocomposites as anode for sodium-ion batteries[J]. Ionics, 2020, 26(1): 213 – 221.

[170] Kim J H, Kang Y C. Yolk-shell-structured (Fe$_{0.5}$Ni$_{0.5}$)$_9$S$_8$ solid-solution powders: Synthesis and application as anode materials for Na-ion batteries[J]. Nano Research, 2017, 10(9): 3178 – 3188.

[171] Choi S H, Kang Y C. Synergetic compositional and morphological effects for improved Na$^+$ storage properties of Ni$_3$Co$_6$S$_8$-reduced graphene oxide composite powders[J]. Nanoscale, 2015, 7(14): 6230 – 6237.

[172] Chen G Y, Sun Q, Yue J L, et al. Conversion and displacement reaction types of transition metal compounds for sodium ion battery[J]. Journal of Power Sources, 2015, 284: 115 – 121.

[173] Kajita T, Noji T, Imai Y, et al. Electrochemical performance of layered FeSe for sodium ion batteries using ether-based solvents[J]. Journal of the Electrochemical Society, 2018, 165(14): A3582 – A3585.

[174] Zhang K, Hu Z, Liu X, et al. FeSe$_2$ microspheres as a high-performance anode material for Na-ion batteries[J]. Advanced Materials, 2015, 27(21): 3305 – 3309.

[175] Zhang Z, Shi X, Yang X, et al. Nanooctahedra particles assembled FeSe$_2$ microspheres embedded into sulfur-doped reduced graphene oxide sheets as a promising anode for sodium ion batteries [J]. ACS Applied Materials & Interfaces, 2016,

8(22): 13849-13856.

[176] Park G D, Kim J H, Kang Y C. Large-scale production of spherical FeSe$_2$-amorphous carbon composite powders as anode materials for sodium-ion batteries[J]. Materials Characterization, 2016, 120: 349-356.

[177] Park G D, Cho J S, Lee J K, et al. Na-ion storage performances of FeSe$_x$ and Fe$_2$O$_3$ hollow nanoparticles-decorated reduced graphene oxide balls prepared by nanoscale kirkendall diffusion process[J]. Scientific Reports, 2016(6): 22432.

[178] Cho J S, Lee J K, Kang Y C. Graphitic carbon-coated FeSe$_2$ hollow nanosphere decorated reduced graphene oxide hybrid nanofibers as an efficient anode material for sodium ion batteries[J]. Scientific Reports, 2016(6): 23699.

[179] Fan H, Yu H, Zhang Y, et al. 1D to 3D hierarchical iron selenide hollow nanocubes assembled from FeSe$_2$@C core-shell nanorods for advanced sodium ion batteries[J]. Energy Storage Materials, 2018, 10: 48-55.

[180] Zhao W, Guo C, Li C M. Lychee-like FeS$_2$@FeSe$_2$ core-shell microspheres anode in sodium ion batteries for large capacity and ultralong cycle life[J]. Journal of Materials Chemistry A, 2017, 36: 19195-19202.

[181] Wang X, Yang Z, Wang C, et al. Autogenerated iron chalcogenide microcapsules ensure high-rate and high-capacity sodium-ion storage[J]. Nanoscale, 2018, 2(10): 800-806.

[182] Long Y, Yang J, Gao X, et al. Solid-solution anion-enhanced electrochemical performances of metal sulfides/selenides for sodium-ion capacitors: The case of FeS$_{2-x}$Se$_x$[J]. ACS Applied Materials & Interfaces, 2018, 10: 10945-10954.

[183] Wan M, Zeng R, Chen K, et al. Fe$_7$Se$_8$ nanoparticles encapsulated by nitrogen-doped carbon with high sodium storage performance and evolving redox reactions[J]. Energy Storage Materials, 2018, 10: 114-121.

[184] Ko Y N, Choi S H, Kang Y C. Hollow cobalt selenide microspheres: Synthesis and application as anode materials for Na-ion batteries[J]. ACS Applied Materials & Interfaces, 2016, 8: 6449-6456.

[185] Zhang K, Park M, Zhou L, et al. Urchin-like CoSe$_2$ as a high-performance anode material for sodium-ion batteries[J]. Advancde Functional Materials, 2016, 26(37): 6728-6735.

[186] Ou X, Liang X, Zheng F, et al. In situ X-ray diffraction investigation of CoSe$_2$ anode for Na-ion storage: Effect of cut-off voltage on cycling stability[J]. Electrochim Acta, 2017, 258: 1387-1396.

[187] Tang Y, Zhao Z, Hao X, et al. Engineering hollow polyhedrons structured from carbon-coated CoSe$_2$ nanospheres bridged by CNTs with boosted sodium storage performance[J]. Journal of Materials Chemistry A, 2017, 5(26): 13591-13600.

[188] Cho J S, Won J M, Lee J K, et al. Design and synthesis of multiroom structured metal compounds-carbon hybrid microspheres as anode materials for rechargeable

batteries[J]. Nano Energy, 2016, 26: 466-478.

[189] Li J B, Yan D, Lu T, et al. An advanced CoSe embedded within porous carbon polyhedra hybrid for high performance lithium-ion and sodium-ion batteries[J]. Chemical Engineering Journal, 2017, 325: 14-24.

[190] Zhang Y, Pan A, Ding L, et al. Nitrogen-doped yolk-shell-structured CoSe/C dodecahedra for high-performance sodium ion batteries[J]. ACS Applied Materials & Interfaces, 2017, 9(4): 3624-3633.

[191] Wu C, Jiang Y, Kopold P, et al. Peapod-like carbon-encapsulated cobalt chalcogenide nanowires as cycle-stable and high-rate materials for sodium-ion anodes[J]. Advanced Materials, 2016, 28(33): 7276-7283.

[192] Zhou J, Wang Y, Zhang J, et al. Two dimensional layered $Co_{0.85}Se$ nanosheets as a high-capacity anode for lithium-ion batteries[J]. Nanoscale, 2016, 8(32): 14992-15000.

[193] Zhang G, Liu K, Liu S, et al. Flexible $Co_{0.85}Se$ nanosheets/graphene composite film as binder-free anode with high Li- and Na-ion storage performance[J]. Journal of Alloys and Compounds, 2018, 731: 714-722.

[194] Park G D, Kang Y C. One-pot synthesis of $CoSe_x$-rGO composite powders by spray pyrolysis and their application as anode material for sodium-ion batteries[J]. Chemistry A European Journal, 2016, 22: 4140-4146.

[195] Ali Z, Tang T, Huang X, et al. Cobalt selenide decorated carbon spheres for excellent cycling performance of sodium ion batteries[J]. Energy Storage Materials, 2018, 13: 19-28.

[196] Wang X, Kong D, Huang X, et al. Nontopotactic reaction in highly reversible sodium storage of ultrathin $Co_9Se_8$/rGO hybrid nanosheets[J]. Small, 2017, 13(24): 1603980.

[197] Cho J S, Lee S Y, Kang Y C. First introduction of $NiSe_2$ to anode material for sodium-ion batteries: A hybrid of graphene-wrapped $NiSe_2$/C porous nanofiber[J]. Scientific Reports, 2016, 6: 23338.

[198] Ou X, Li J, Zheng F, et al. In situ X-ray diffraction characterization of $NiSe_2$ as a promising anode material for sodium ion batteries[J]. Journal of Power Sources, 2017, 343: 483-491.

[199] Zhu S, Li Q, Wei Q, et al. $NiSe_2$ nanooctahedra as an anode material for high-rate and long-life sodium-ion battery[J]. ACS Applied Materials & Interfaces, 2016, 9: 311-316.

[200] Fan H, Yu H, Wu H, et al. Controllable preparation of square nickel chalcogenide (NiS and $NiSe_2$) nanoplates for superior Li/Na ion storage properties[J]. ACS Applied Materials & Interfaces, 2016, 8: 25611-25267.

[201] Ge P, Li S, Xu L, et al. Hierarchical hollow-microsphere metal-selenide@ carbon composites with rational surface engineering for advanced sodium storage[J].

Advanced Energy Materials, 2018, 9: 1803035.

[202] Zhao C, Shen Z, Tu F, et al. Template directed hydrothermal synthesis of flowerlike NiSe$_x$/C composites as lithium/sodium ion battery anodes[J]. Journal of Materials Science, 2020, 55(8): 3495–3506.

[203] Zhang Z, Shi X, Yang X. Synthesis of core-shell NiSe/C nanospheres as anodes for lithium and sodium storage[J]. Electrochimica Acta, 2016, 208: 238–243.

[204] Yang X, Zhang J, Wang Z, et al. Carbon-supported nickel selenide hollow nanowires as advanced anode materials for sodium-ion batteries[J]. Small, 2017, 14(7): 1702669.

[205] Zhang Y, Liu Z, Zhao H, et al. MoSe$_2$ nanosheets grown on carbon cloth with superior electrochemical performance as flexible electrode for sodium ion batteries[J]. RSC Advances, 2016, 6(2): 1440–1444.

[206] Wang H, Lan X, Jiang D, et al. Sodium storage and transport properties in pyrolysis synthesized MoSe$_2$ nanoplates for high performance sodium-ion batteries[J]. Journal of Power Sources, 2015, 283: 187–194.

[207] Hui W, Li W, Wang X, et al. High quality MoSe$_2$ nanospheres with superior electrochemical properties for sodium batteries[J]. Journal of the Electrochemical Society, 2016, 163(8): A1627–A1632.

[208] Mao B, Guo D, Qin J, et al. Solubility-parameter-guided solvent selection to initiate ostwald ripening for interior space-tunable structures with architecture-dependent electrochemical performance[J]. Angewandte Chemie International Edition, 2017, 57: 446–450.

[209] Ko Y N, Choi S H, Park S B, et al. Hierarchical MoSe$_2$ yolk-shell microspheres with superior Na-ion storage properties[J]. Nanoscale, 2014, 6: 10511–10515.

[210] Zhang J, Wu M, Liu T, et al. Hierarchical nanotubes constructed from interlayer-expanded MoSe$_2$ nanosheets as a highly durable electrode for sodium storage[J]. Journal of Materials Chemistry A, 2017, 5(47): 24859–24866.

[211] Shi Z T, Kang W, Xu J, et al. In situ carbon-doped Mo(Se$_{0.85}$S$_{0.15}$)$_2$ hierarchical nanotubes as stable anodes for high-performance sodium-ion batteries[J]. Small, 2015, 11(42): 5667–5674.

[212] Niu F, Jing Y, Wang N, et al. MoSe$_2$-covered N, P-doped carbon nanosheets as a long-life and high-rate anode material for sodium-ion batteries[J]. Advanced Functional Materials, 2017, 27(23): 1700522.

[213] Liu Z, Zhang Y, Zhao H, et al. Constructing monodispersed MoSe$_2$ anchored on graphene: A superior nanomaterial for sodium storage[J]. Science China Materials, 2017, 60(2): 167–177.

[214] Zhang Z, Yun F, Xing Y, et al. Hierarchical MoSe$_2$ nanosheets/reduced graphene oxide composites as anodes for lithium on and sodium on batteries with enhanced electrochemical performance[J]. ChemNanoMat, 2015, 1(6): 409–414.

[215] Dong X, Tang W J, Wang Y D, et al. Facile fabrication of integrated three-dimensional C−MoSe$_2$/reduced graphene oxide composite with enhanced performance for sodium storage[J]. Nano Research, 2000, 9: 1618−1629.

[216] Zhang Z, Yang X, Fu Y, et al. Ultrathin molybdenum diselenide nanosheets anchored on multi-walled carbon nanotubes as anode composites for high performance sodium-ion batteries[J]. Journal of Power Sources, 2015, 296: 2−9.

[217] Xing Y, Zhang Z, Shi X. Rational design of coaxial-cable MoSe$_2$/C: Towards high performance electrode materials for lithium-ion and sodium-ion batteries[J]. Journal of Alloys and Compounds, 2016, 686: 413−420.

[218] Zhu M, Luo Z, Pan A, et al. N-doped one-dimensional carbonaceous backbones supported MoSe$_2$ nanosheets as superior electrodes for energy storage and conversion [J]. Chemical Engineering Journal, 2018, 334: 2190−2200.

[219] Yang X, Zhang Z, Fu Y, et al. Porous hollow carbon spheres decorated with molybdenum diselenide nanosheets as anodes for highly reversible lithium and sodium storage[J]. Nanoscale, 2015, 7(22): 10198−10203.

[220] Xie D, Xia X, Zhong Y, et al. Exploring advanced sandwiched arrays by vertical graphene and N-doped carbon for enhanced sodium storage[J]. Advanced Energy Materials, 2017, 7(3): 1601804.

[221] Cui C, Zhou G, Wei W, et al. Boosting sodium-ion storage performance of MoSe$_2$@C electrospinning nanofibers by embedding graphene nanosheets[J]. Journal of Alloys and Compounds, 2017, 727: 1280−1287.

[222] Park G D, Kim J H, Park S K, et al. MoSe$_2$ embedded CNT-reduced graphene oxide composite microsphere with superior sodium ion storage and electrocatalytic hydrogen evolution performances[J]. ACS Applied Materials & Interfaces, 2017, 9(12): 10673−10683.

[223] Jia G, Wang H, Chao D, et al. Ultrathin MoSe$_2$@N-doped carbon composite nanospheres for stable Na-ion storage[J]. Nanotechnology, 2017, 28(42): 42LT01.

[224] Choi S H, Kang Y C. Fullerene-like MoSe$_2$ nanoparticles-embedded CNT balls with excellent structural stability for highly reversible sodium-ion storage[J]. Nanoscale, 2016, 8(7): 4209−4216.

[225] Li J, Hu H, Qin F, et al. Flower-like MoSe$_2$/C composite with expanded (002) planes of few-layer MoSe$_2$ as the anode for high-performance sodium-ion batteries[J]. Chemistry — A European Journal, 2017, 23(56): 14004−14010.

[226] Tang Y, Zhao Z, Wang Y, et al. Carbon-stabilized interlayer-expanded few-layer MoSe$_2$ nanosheets for sodium ion batteries with enhanced rate capability and cycling performance[J]. ACS Applied Materials & Interfaces, 2016, 8(47): 32324−32332.

[227] Kang W, Wang Y, Cao D, et al. In-situ transformation into MoSe$_2$/MoO$_3$ heterogeneous nanostructures with enhanced electrochemical performance as anode material for sodium ion battery[J]. Journal of Alloys and Compounds, 2018, 743: 410−418.

[228] Zhao X, Wang H E, Yang Y, et al. Reversible and fast Na-ion storage in $MoO_2$/$MoSe_2$ heterostructures for high energy-high power Na-ion capacitors[J]. Energy Storage Materials, 2018, 12: 241-251.

[229] Zhang D, Zhao G, Li P, et al. Readily exfoliated $TiSe_2$ nanosheets for high-performance sodium storage[J]. Chemistry — A European Journal, 2018, 24(5): 1193-1197.

[230] Yang J, Zhang Y, Zhang Y, et al. S-doped $TiSe_2$ nanoplates/$Fe_3O_4$ nanoparticles heterostructure[J]. Small, 2017, 13(42): 1702181.

[231] Yang X, Zhang Z. Carbon-coated vanadium selenide as anode for lithium-ion batteries and sodium-ion batteries with enhanced electrochemical performance[J]. Materials Letters, 2017, 189: 152-155.

[232] Yang W, Wang J, Si C, et al. Tungsten diselenide nanoplates as advanced lithium/sodium ion electrode materials with different storage mechanisms[J]. Nano Research, 2017, 10(8): 2584-2598.

[233] Zhang Z, Yang X, Fu Y. Nanostructured $WSe_2$/C composites as anode materials for sodium-ion batteries[J]. RSC Advances, 2016, 6(16): 12726-12729.

[234] Chun Y G, Lee W J, Lee M, et al. Effect of long-range and local order of exfoliated and proton-beam-irradiated $WSe_2$ nanosheets for sodium ion battery application[J]. Bulletin of the Korean Chemical Society, 2018, 39(5): 665-670.

[235] Yue J L, Sun Q, Fu Z W. $Cu_2Se$ with facile synthesis as a cathode material for rechargeable sodium batteries[J]. Chemical Communications, 2013, 49(52): 5868-5870.

[236] Xu X, Liu J, Liu J, et al. A general metal-organic framework (mof)-derived selenidation strategy for in situ carbon-encapsulated metal selenides as high-rate anodes for Na-ion batteries[J]. Advanced Functional Materials, 2018, 28(16): 1707573.

[237] Zhang F, Xia C, Zhu J, et al. $SnSe_2$ 2D anodes for advanced sodium ion batteries [J]. Advanced Energy Materials, 2016, 6(22): 1601188.

[238] Dang H X, Meyerson M L, Heller A, et al. Improvement of the sodiation/de-sodiation stability of Sn(C) by electrochemically inactive $Na_2Se$[J]. RSC Advances, 2015, 5(100): 82012-82017.

[239] Wang X, Yang Z, Wang C, et al. Buffer layer enhanced stability of sodium-ion storage[J]. Journal of Power Sources, 2017, 369: 138-145.

[240] Kim Y, Kim Y, Park Y, et al. SnSe alloy as a promising anode material for Na-ion batteries[J]. Chemical Communications, 2015, 51(1): 50-53.

[241] Yuan S, Zhu Y H, Li W, et al. Surfactant-free aqueous synthesis of pure single-crystalline SnSe nanosheet clusters as anode for high energy-and power-density sodium-ion batteries[J]. Advanced Materials, 2017, 29(4): 1602469.

[242] Wang W, Li P, Zheng H, et al. Ultrathin layered SnSe nanoplates for low voltage, high-rate, and long-life alkali-ion batteries[J]. Small, 2017, 13(46): 1702228.

[243] Park G D, Lee J H, Kang Y C. Superior Na-ion storage properties of high aspect ratio

SnSe nanoplates prepared by a spray pyrolysis process[J]. Nanoscale, 2016, 8(23): 11889-11896.

[244] Yang X, Zhang R, Chen N, et al. Assembly of SnSe nanoparticles confined in graphene for enhanced sodium-ion storage performance[J]. Chemistry — A European Journal, 2016, 22(4): 1445-1451.

[245] Ou X, Yang C, Xiong X, et al. A new rGO-overcoated $Sb_2Se_3$ nanorods anode for $Na^+$ battery: In situ X-ray diffraction study on a live sodiation/desodiation process[J]. Advanced Functional Materials, 2017, 27(13): 1606242.

[246] Luo W, Calas A, Tang C, et al. Ultralong $Sb_2Se_3$ nanowire-based free-standing membrane anode for lithium/sodium ion batteries[J]. ACS Applied Materials & Interfaces, 2016, 8(51): 35219-35226.

[247] Ge P, Cao X, Hou H, et al. Rodlike $Sb_2Se_3$ wrapped with carbon: The exploring of electrochemical properties in sodium-ion batteries[J]. ACS Applied Materials & Interfaces, 2017, 9(40): 34979-34989.

[248] Zhao W, Li C M. Mesh-structured N-doped graphene@$Sb_2Se_3$ hybrids as an anode for large capacity sodium-ion batteries[J]. Journal of Colloid and Interface Science, 2017, 488: 356-364.

[249] Fang Y, Yu X Y, Lou X W. Formation of polypyrrole-coated $Sb_2Se_3$ microclips with enhanced sodium-storage properties[J]. Angewandte Chemie-International Edition, 2018, 130(31): 10007-10011.

[250] Li Y, Wu F, Xiong S. Embedding ZnSe nanoparticles in a porous nitrogen-doped carbon framework for efficient sodium storage[J]. Electrochimica Acta, 2019, 296: 582-589.

[251] Cao Y, Majeed M K, Li Y, et al. $P_4Se_3$ as a new anode material for sodium-ion batteries[J]. Journal of Alloys and Compounds, 2019, 775: 1286-1292.

[252] Slater M D, Kim D, Lee E, et al. Sodium-ion batteries[J]. Advanced Functional Materials, 2013, 23(8): 947-958.

[253] 刘创,卢海燕,曹余良. 钠离子电池合金类负极材料的研究进展[J]. 中国材料进展, 2017, 36(10): 718-727.

[254] Lao M, Zhang Y, Luo W, et al. Alloy-based anode materials toward advanced sodium-ion batteries[J]. Advanced Materials, 2017, 29(48): 1700622.

[255] Stratford J M, Mayo M, Allan P K, et al. Investigating sodium storage mechanisms in tin anodes: A combined pair distribution function analysis, density functional theory, and solid-state NMR approach[J]. Journal of the American Chemical Society, 2017, 139(21): 7273-7286.

[256] Liu Y, Zhang N, Jiao L, et al. Ultrasmall Sn nanoparticles embedded in carbon as high-performance anode for sodium-ion batteries[J]. Advanced Functional Materials, 2015, 25(2): 214-220.

[257] Liu Y, Zhang N, Jiao L, et al. Tin nanodots encapsulated in porous nitrogen-doped

[257] carbon nanofibers as a free-standing anode for advanced sodium-ion batteries[J]. Advanced Materials, 2015, 27(42): 6702-6707.

[258] Pan L, Huang H, Zhong M, et al. Hydrogel-derived foams of nitrogen-doped carbon loaded with Sn nanodots for high-mass-loading Na-ion storage[J]. Energy Storage Materials, 2019, 16: 519-526.

[259] Luo L, Qiao H, Xu W, et al. Tin nanoparticles embedded in ordered mesoporous carbon as high-performance anode for sodium-ion batteries[J]. Journal of Solid State Electrochemistry, 2017, 21(5): 1385-1395.

[260] Datta M K, Epur R, Saha P, et al. Tin and graphite based nanocomposites: Potential anode for sodium ion batteries[J]. Journal of Power Sources, 2013, 225: 316-322.

[261] Xu Y, Zhu Y, Liu Y, et al. Electrochemical performance of porous carbon/tin composite anodes for sodium-ion and lithium-ion batteries[J]. Advanced Energy Materials, 2013, 3(1): 128-133.

[262] Zhu H, Jia Z, Chen Y, et al. Tin anode for sodium-ion batteries using natural wood fiber as a mechanical buffer and electrolyte reservoir[J]. Nano Letters, 2013, 13(7): 3093-3100.

[263] Chen W, Deng D. Deflated carbon nanospheres encapsulating tin cores decorated on layered 3-D carbon structures for low-cost sodium ion batteries[J]. ACS Sustainable Chemistry & Engineering, 2015, 3(1): 63-70.

[264] Sha M, Zhang H, Nie Y, et al. Sn nanoparticles@ nitrogen-doped carbon nanofiber composites as high-performance anodes for sodium-ion batteries[J]. Journal of Materials Chemistry A, 2017, 5(13): 6277-6283.

[265] Chen S, Ao Z, Sun B, et al. Porous carbon nanocages encapsulated with tin nanoparticles for high performance sodium-ion batteries[J]. Energy Storage Materials, 2016, 5: 180-190.

[266] Li S, Wang Z, Liu J, et al. Yolk-shell Sn@ C eggette-like nanostructure: Application in lithium-ion and sodium-ion batteries[J]. ACS Applied Materials & Interfaces, 2016, 8(30): 19438-19445.

[267] Palaniselvam T, Goktas M, Anothumakkool B, et al. Sodium storage and electrode dynamics of tin-carbon composite electrodes from bulk precursors for sodium-ion batteries[J]. Advanced Functional Materials, 2019, 29(18): 1900790.

[268] Mao M, Yan F, Cui C, et al. Pipe-wire $TiO_2$-Sn@ carbon nanofibers paper anodes for lithium and sodium ion batteries[J]. Nano Letters, 2017, 17(6): 3830-3836.

[269] Komaba S, Matsuura Y, Ishikawa T, et al. Redox reaction of Sn-polyacrylate electrodes in aprotic Na cell[J]. Electrochemistry Communications, 2012, 21: 65-68.

[270] Dai K, Zhao H, Wang Z, et al. Toward high specific capacity and high cycling stability of pure tin nanoparticles with conductive polymer binder for sodium ion batteries[J]. Journal of Power Sources, 2014, 263: 276-279.

[271] Sadan M K, Choi S H, Kim H H, et al. Effect of sodium salts on the cycling performance

of tin anode in sodium ion batteries[J]. Ionics, 2018, 24(3): 753-761.

[272] Darwiche A, Marino C, Sougrati M T, et al. Better cycling performances of bulk Sb in Na-ion batteries compared to Li-ion systems: An unexpected electrochemical mechanism[J]. Journal of the American Chemical Society, 2012, 134(51): 20805-20811.

[273] He M, Kravchyk K, Walter M, et al. Monodisperse antimony nanocrystals for high-rate Li-ion and Na-ion battery anodes: Nano versus bulk[J]. Nano Letters, 2014, 14(3): 1255-1262.

[274] Liu S, Feng J, Bian X, et al. The morphology-controlled synthesis of a nanoporous-antimony anode for high-performance sodium-ion batteries[J]. Energy & Environmental Science, 2016, 9(4): 1229-1236.

[275] Hou H, Jing M, Yang Y, et al. Sodium/lithium storage behavior of antimony hollow nanospheres for rechargeable batteries[J]. ACS Applied Materials & Interfaces, 2014, 6(18): 16189-16196.

[276] Gu J, Du Z, Zhang C, et al. Liquid-phase exfoliated metallic antimony nanosheets toward high volumetric sodium storage[J]. Advanced Energy Materials, 2017, 7(17): 1700447.

[277] Zhao X, Vail S A, Lu Y, et al. Antimony/graphitic carbon composite anode for high-performance sodium-ion batteries[J]. ACS Applied Materials & Interfaces, 2016, 8(22): 13871-13878.

[278] Hou H, Jing M, Yang Y, et al. Antimony nanoparticles anchored on interconnected carbon nanofibers networks as advanced anode material for sodium-ion batteries[J]. Journal of Power Sources, 2015, 284: 227-235.

[279] Wu T, Hou H, Zhang C, et al. Antimony anchored with nitrogen-doping porous carbon as a high-performance anode material for Na-ion batteries[J]. ACS Applied Materials & Interfaces, 2017, 9(31): 26118-26125.

[280] Hu L, Zhu X, Du Y, et al. A chemically coupled antimony/multilayer graphene hybrid as a high-performance anode for sodium-ion batteries[J]. Chemistry of Materials, 2015, 27(23): 8138-8145.

[281] Lü H Y, Wan F, Jiang L H, et al. Graphene nanosheets suppress the growth of Sb nanoparticles in an Sb/C nanocomposite to achieve fast Na storage[J]. Particle & Particle Systems Characterization, 2016, 33(4): 204-211.

[282] Wan F, Guo J Z, Zhang X H, et al. In situ binding Sb nanospheres on graphene via oxygen bonds as superior anode for ultrafast sodium-ion batteries[J]. ACS Applied Materials & Interfaces, 2016, 8(12): 7790-7799.

[283] Qiu S, Wu X, Xiao L, et al. Antimony nanocrystals encapsulated in carbon microspheres synthesized by a facile self-catalyzing solvothermal method for high-performance sodium-ion battery anodes[J]. ACS Applied Materials & Interfaces, 2016, 8(2): 1337-1343.

[284] Cui C, Xu J, Zhang Y, et al. Antimony nanorod encapsulated in cross-linked carbon for high-performance sodium ion battery anodes[J]. Nano Letters, 2018, 19(1): 538 - 544.

[285] Zhu Y, Han X, Xu Y, et al. Electrospun Sb/C fibers for a stable and fast sodium-ion battery anode[J]. ACS Nano, 2013, 7(7): 6378 - 6386.

[286] Wu L, Hu X, Qian J, et al. Sb - C nanofibers with long cycle life as an anode material for high-performance sodium-ion batteries[J]. Energy & Environmental Science, 2014, 7(1): 323 - 328.

[287] Gao H, Zhou W, Jang J H, et al. Cross-linked chitosan as a polymer network binder for an antimony anode in sodium-ion batteries[J]. Advanced Energy Materials, 2016, 6(6): 1502130.

[288] Feng J, Wang L, Li D, et al. Enhanced electrochemical stability of carbon-coated antimony nanoparticles with sodium alginate binder for sodium-ion batteries[J]. Progress in Natural Science: Materials International, 2018, 28(2): 205 - 211.

[289] Lu X, Adkins E R, He Y, et al. Germanium as a sodium ion battery material: In situ TEM reveals fast sodiation kinetics with high capacity[J]. Chemistry of Materials, 2016, 28(4): 1236 - 1242.

[290] Abel P R, Lin Y M, Souza de T, et al. Nanocolumnar germanium thin films as a high-rate sodium-ion battery anode material[J]. The Journal of Physical Chemistry C, 2013, 117(37): 18885 - 18890.

[291] Stojić M, Kostić D, Stošić B. The behaviour of sodium in Ge, Si and GaAs[J]. Physica B+C, 1986, 138(1 - 2): 125 - 128.

[292] Kohandehghan A, Cui K, Kupsta M, et al. Activation with Li enables facile sodium storage in germanium[J]. Nano Letters, 2014, 14(10): 5873 - 5882.

[293] Baggetto L, Keum J K, Browning J F, et al. Germanium as negative electrode material for sodium-ion batteries[J]. Electrochemistry Communications, 2013, 34: 41 - 44.

[294] Abel P R, Lin Y M, Souza de T, et al. Nanocolumnar germanium thin films as a high-rate sodium-ion battery anode material[J]. The Journal of Physical Chemistry C, 2013, 117(37): 18885 - 18890.

[295] Kim T H, Song H K, Kim S. Production of germanium nanoparticles via laser pyrolysis for anode materials of lithium-ion batteries and sodium-ion batteries[J]. Nanotechnology, 2019, 30(27): 275603.

[296] Li Q, Zhang Z, Dong S, et al. Ge nanoparticles encapsulated in interconnected hollow carbon boxes as anodes for sodium ion and lithium ion batteries with enhanced electrochemical performance[J]. Particle & Particle Systems Characterization, 2017, 34(3): 1600115.

[297] Wu H, Liu W, Zheng L, et al. Facile synthesis of amorphous Ge supported by Ni nanopyramid arrays as an anode material for sodium-ion batteries[J]. ChemistryOpen, 2019, 8(3): 298 - 303.

[298] Wang X, Fan L, Gong D, et al. Core-shell Ge@graphene@$TiO_2$ nanofibers as a high-capacity and cycle-stable anode for lithium and sodium ion battery[J]. Advanced Functional Materials, 2016, 26(7): 1104-1111.

[299] Lin Y M, Abel P R, Gupta A, et al. Sn-Cu nanocomposite anodes for rechargeable sodium-ion batteries[J]. ACS Applied Materials & Interfaces, 2013, 5(17): 8273-8277.

[300] Nie A, Gan L, Cheng Y, et al. Ultrafast and highly reversible sodium storage in zinc-antimony intermetallic nanomaterials[J]. Advanced Functional Materials, 2016, 26(4): 543-552.

[301] Brehm W, Buchheim J R, Adelhelm P. Reactive and nonreactive ball milling of tin-antimony (Sn-Sb) composites and their use as electrodes for sodium-ion batteries with glyme electrolyte[J]. Energy Technology, 2019, 7(10): 1900389.

[302] Ji L, Gu M, Shao Y, et al. Controlling SEI formation on SnSb-porous carbon nanofibers for improved Na ion storage[J]. Advanced Materials, 2014, 26(18): 2901-2908.

[303] Li J, Pu J, Liu Z, et al. Porous-nickel-scaffolded tin-antimony anodes with enhanced electrochemical properties for Li/Na-ion batteries[J]. ACS Applied Materials & Interfaces, 2017, 9(30): 25250-25256.

[304] Chen C, Fu K, Lu Y, et al. Use of a tin antimony alloy-filled porous carbon nanofiber composite as an anode in sodium-ion batteries[J]. RSC Advances, 2015, 5(39): 30793-30800.

[305] Jia H, Dirican M, Zhu J, et al. High-performance SnSb@rGO@CMF composites as anode material for sodium-ion batteries through high-speed centrifugal spinning[J]. Journal of Alloys and Compounds, 2018, 752: 296-302.

[306] Hur J, Kim I T. Antimony-based intermetallic alloy anodes for high-performance sodium-ion batteries: Effect of additives[J]. Bulletin of the Korean Chemical Society, 2015, 36(6): 1625-1630.

[307] Li W, Hu C, Zhou M, et al. Carbon-coated $Mo_3Sb_7$ composite as anode material for sodium ion batteries with long cycle life[J]. Journal of Power Sources, 2016, 307: 173-180.

[308] Vogt L O, Villevieille C. $MnSn_2$ negative electrodes for Na-ion batteries: A conversion-based reaction dissected[J]. Journal of Materials Chemistry A, 2016, 4(48): 19116-19122.

[309] Edison E, Ling W C, Aravindan V, et al. Highly stable intermetallic $FeSn_2$-graphite composite anode for sodium-ion batteries[J]. ChemElectroChem, 2017, 4(8): 1932-1936.

[310] Kim J C, Kim D W. Electrospun Cu/Sn/C nanocomposite fiber anodes with superior usable lifetime for lithium-and sodium-ion batteries[J]. Chemistry — An Asian Journal, 2014, 9(11): 3313-3318.

[311] Kalisvaart W P, Olsen B C, Luber E J, et al. Sb − Si alloys and multilayers for sodium-ion battery anodes[J]. ACS Applied Energy Materials, 2019, 2(3): 2205 − 2213.

[312] Gao H, Niu J, Zhang C, et al. A dealloying synthetic strategy for nanoporous bismuth-antimony anodes for sodium ion batteries[J]. ACS Nano, 2018, 12(4): 3568 − 3577.

[313] Pan Y, Wu X J, Zhang Z Q, et al. Binder and carbon-free SbSn − P nanocomposite thin films as anode materials for sodium-ion batteries[J]. Journal of Alloys and Compounds, 2017, 714: 348 − 355.

[314] Farbod B, Cui K, Kalisvaart W P, et al. Anodes for sodium ion batteries based on tin-germanium-antimony alloys[J]. ACS Nano, 2014, 8(5): 4415 − 4429.

[315] Chae S C, Hur J, Kim I T. Sb/$Cu_2$Sb − TiC − C composite anode for high-performance sodium-ion batteries[J]. Journal of Nanoscience and Nanotechnology, 2016, 16(2): 1890 − 1893.

# 第4章 有机电极材料

有机化合物凭借其低廉的成本以及可自主调控的分子结构等优势在锂离子电池中受到广泛关注和研究。在钠离子电池中,有机化合物作为一类重要的分支也受到人们的重点关注。表4.1列举了典型有机电极材料的主要特点,本章将介绍目前有机化合物的主要种类,并针对材料进行具体详细的讨论。

表 4.1 典型有机电极材料性能一览

| 官能团 | 化合物 | 特点 | 电性能 |
| --- | --- | --- | --- |
| C=O | 醌、酮 | 高氧化还原电位 | 0.5~2.7 V |
|  | 羧酸盐 | 低的钠离子嵌入电位 | 0.2~0.7 V |
|  | 酸酐类 | 高容量、长循环 | 0.5~1.6 V |
|  | 酰亚胺 | 电解液中溶解度高 | 0.6~2.5 V |
| C=N | 席夫碱 | 电化学活性可调 | 0.2~1.0 V |
|  | 蝶啶衍生物 |  | 1.6~1.9 V |
| N=N | 偶氮化合物 | — | 1.0~1.5 V |
| 聚合物 | 导电聚合物 | 动力学特性快 | 2.5~3.4 V |
|  | 硝基氧自由基聚合物 | — | 2.2~3.4 V |
|  | 共价有机框架聚合物 | 循环稳定性好、纳米结构均一且稳定 | 1.3~2.7 V |
|  | 金属有机框架聚合物,有机金属聚合物 | 电化学活性高 | 1.3~2.7 V(金属有机框架聚合物)<br>3.1~3.4 V(有机金属聚合物) |

## 4.1 小分子有机电极材料

### 4.1.1 羰基衍生物有机电极材料

目前来说,羰基衍生物有机电极材料是钠离子电池中应用最为广泛的材料之一。羰基衍生物有机电极材料具有一个特征官能团 C=O,基于此可进一步分为醌类、酮类、羧酸盐类、酸酐类以及酰亚胺类。利用羰基衍生物种类的多样性,可以实现各种不同类型的分子设计。通过不同诱导和共轭结构实现和设计调控材料的电化学行为。但是,羰基衍生物材料具有较低的氧化还原电对、可溶解于有机电解液以及电导率较低等缺陷,限制了其在大规模储能中的应用。基于此,研究者一般通过优化结构的电子特性、设计多维导电网络以及有机-无机复合体系的建立实现材料的优化。本节中,将针对三类较多被研究的羰基衍生物材料进行详细介绍。

醌(其结构如图 4.1 所示)是一类具有六角环二酮的两个双键(包含两个羰基)的羰基衍生物电极材料。近年来,醌及其衍生物电极材料由于具有比其他有机材料更高的氧化还原电位而受到广泛关注。Kim 等通过密度泛函理论(DFT)证实,将负电性基团引入醌结构可以显著提高醌类材料的比容量以及储钠能力。常见具有负电性基团的电荷存储电势(相对于 Na/Na$^+$)遵循以下顺序:$C_6F_4O_2$>$C_6Cl_4O_2$>$C_6Br_4O_2$>$C_6H_4O_2$,如图 4.2 所示。

1 2 3 4 5 6

图 4.1 典型醌类有机电极材料[1]

(c)

| 种类 | LUMO (R=F) | LUMO (R=Cl) | LUMO (R=Br) |
|---|---|---|---|
| $C_6R_4O_2$ | −5.06 | −4.84 | −4.67 |
| $C_6R_3H_1O_2$ | −4.84 | −4.71 | −4.58 |
| $C_6R_2H_2O_2$ | −4.43 | −4.53 | −4.45 |
| $C_6R_1H_3O_2$ | −4.40 | −4.38 | −4.34 |
| $C_6H_4O_2$ | −4.17 | −4.17 | −4.17 |

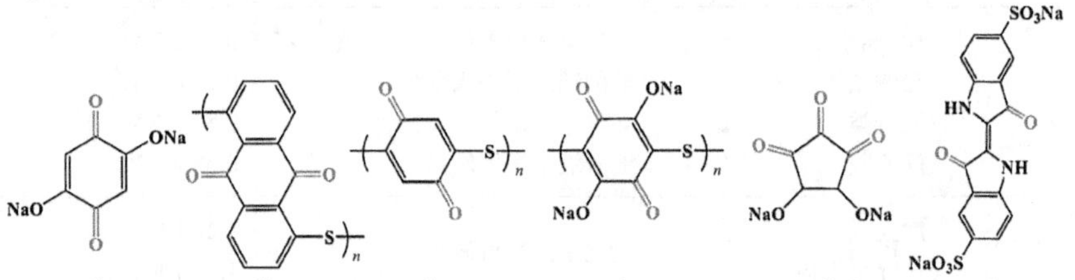

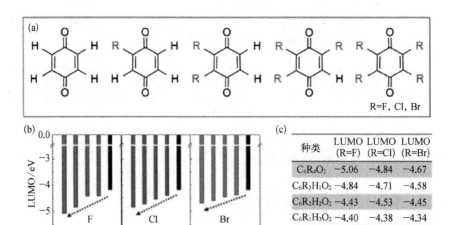

图 4.2 醌类材料化学环境对性能的影响[2]

而针对醌类溶解性的问题一般通过将材料离子化或者引入盐结构来缓解和实现。如 Tarascon 等报道了一种醌盐[锂化的碳酸盐($Li_2C_6O_6$)],通过盐的引入增加分子的极性,同时借由 LiO/NaO 的强配位键阻止有机电极材料的溶解。但是,醌盐通常会在充电和放电过程中经历相变从而造成电极材料的粉化,并导致严重的容量衰减[3]。除此之外,针对醌类材料的溶解性问题还可以通过表面包覆来解决,例如,Wu 等通过喷雾干燥法将 CNTs 固定在 2,5-二羟基-1,4-苯醌二钠盐($Na_2DBQ$, No.1)上,得到的纳米复合材料,具有很高的可逆容量(259 $mA·h·g^{-1}$)和极为理想的倍率性能(在 7 C 下为 142 $mA·h·g^{-1}$)[4]。

解决了溶解性的问题后,醌类材料在充放电过程中由于相变所导致的结构破坏就成为亟待解决的问题。优化结构设计成为最佳的改性途径。例如,Zhu 等首次制备了 2,5-二羟基-1,4-苯醌二钠盐($Na_2DBQ$, No.1)用作钠离子电池电极材料,其具有高容量(265 $mA·h·g^{-1}$,29.1 $mA·g^{-1}$)和较好的循环寿命(300 次循环后 181 $mA·h·g^{-1}$)以及倍率性能(在 1.45 $mA·g^{-1}$ 下为 160 $mA·h·g^{-1}$)。通过控制有机化合物的形态和尺寸,可以极大地改善其电化学反应动力学。而纳米结构的构造可以有效地提升醌基有机电极材料的储钠性能[5]。

在前期的研究工作中,羧酸盐衍生物(图 4.3)由于与羰基相连的基团大多具有供电子作用,因此羧酸盐衍生物通常具有较低的钠嵌入电压(低于 1 V),可以作为理想的负极材料来使用。和前述的醌类材料类似,包覆可以起到很好地保护材料不被溶解以及缓解副反应的作用。由于羧酸盐衍生物本身的盐特性使其具有较大的极性,本身就较难溶解于有机电解液中,是一个非常理想的有机电极材料。因此目前的工作主要针对结构进行优化,以实现更为理想的平台电位以及更高的比容量。

通过设计连接分子结构中的不同取代基可以调节基于羧酸盐材料的工作电压。Lee 等的研究结果表明,具有强电负性的基团会诱导电子云密度偏离原本的共轭结构,从而导致放电电压升高。一般来说,不同取代基团的放电电位高低依次为 F-$Na_2TP$ (No. 12)>$NO_2$-$Na_2TP$(No. 9)>(COONa)-$Na_2TP$ (No. 13)>Br-$Na_2TP$ (No. 10)>$NH_2$-$Na_2TP$ (No. 11)>$Na_2TP$(如图 4.3)[1]。通过定向的取代基设计,可以有效地实现不同材料的设计与优化。另外,通过引入硫原子等具有较大的原子半径和电子密度的元素可以

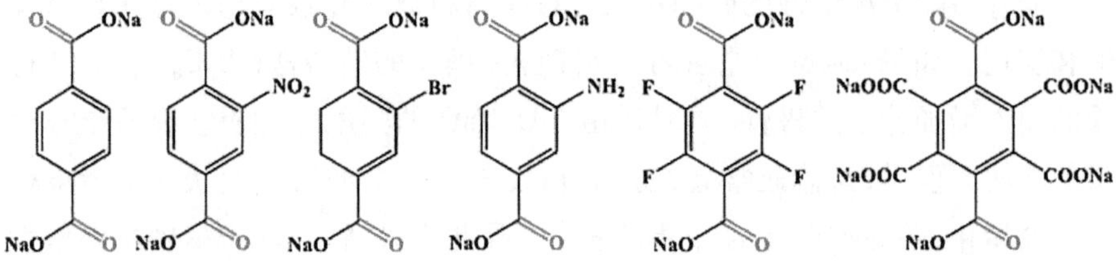

8　9　10　11　12　13

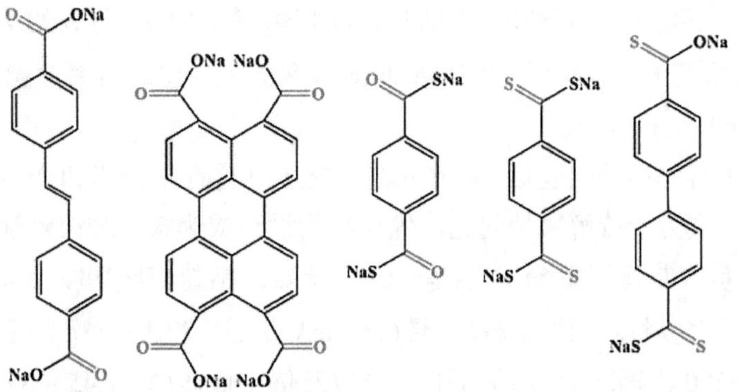

14　15　16　17　18

图 4.3　羧酸盐衍生物结构示意图[1]

有效地增加电导率，从而实现更高的循环稳定性和倍率性能[6,7]。而纳米结构的设计与实现可以进一步全面提升材料的电化学性能。Wan 等报道了纳米效应对对苯二甲酸钠的电化学性能的影响。实验结果表明，纳米片状对苯二甲酸钠具有更高的比容量（248 vs. 199 $mA\cdot h\cdot g^{-1}$），更好的倍率性能（在 1 250 $mA\cdot g^{-1}$时为 59 vs. 38 $mA\cdot h\cdot g^{-1}$）和更优的循环稳定性[7]。

酸酐及酰亚胺材料（图 4.4）中通常同时存在芳族基团和两个酸酐基团，并且具有大的共轭结构和多电子反应从而呈现出较高的比容量和较好的循环性能。同时，酸酐可以通过控制放电电压范围调节钠离子嵌入脱出的量。例如，PTCDA 通常可以在 1.0~3.0 V 的电势窗口内存储两个 $Na^+$，可逆容量为 145 $mA\cdot h\cdot g^{-1}$（91 $mA\cdot g^{-1}$）。但是，当深度放电至 0.01 V 时，PTCDA 可以嵌入 15 个 $Na^+$，并在初始循环中提供 1 017 $mA\cdot h\cdot g^{-1}$的极高比容量[8]。

酰亚胺的结构式为 R—C（O）—N（R）—C（O）—R，其中 N 原子连接到两个羰基上并直接连接到芳核上。通常，小分子酰亚胺在电解质中具有较高的溶解度，因此难以直接用于电极材料中。基于此，研究者通常采用盐化和聚合等手段将其应用于钠离子电池电极材料中。

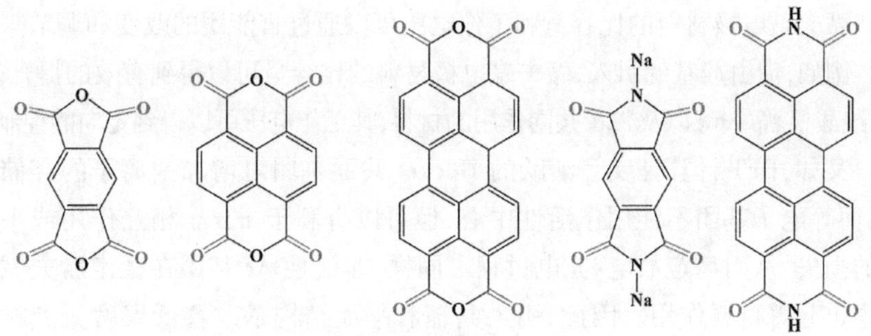

图 4.4 酸酐或酰亚胺典型材料[8]

## 4.1.2 席夫碱(Schiff-base)有机电极材料

席夫碱英文名为 Schiff base,也称希夫氏碱,西佛碱。席夫碱主要是指含有亚胺或甲亚胺特性基团(—RC=N—)的一类有机化合物,通常席夫碱是由胺和活性羰基缩合而成。席夫碱及其金属配合物中不仅含有—C=N—特性基团,而且可引进 O、S 等含孤对电子的杂原子,还可引进其他特殊官能团,这导致其有多种不同种类的席夫碱和多种特性。应用在钠离子电池中的典型席夫碱有机电极材料如图 4.5 所示。

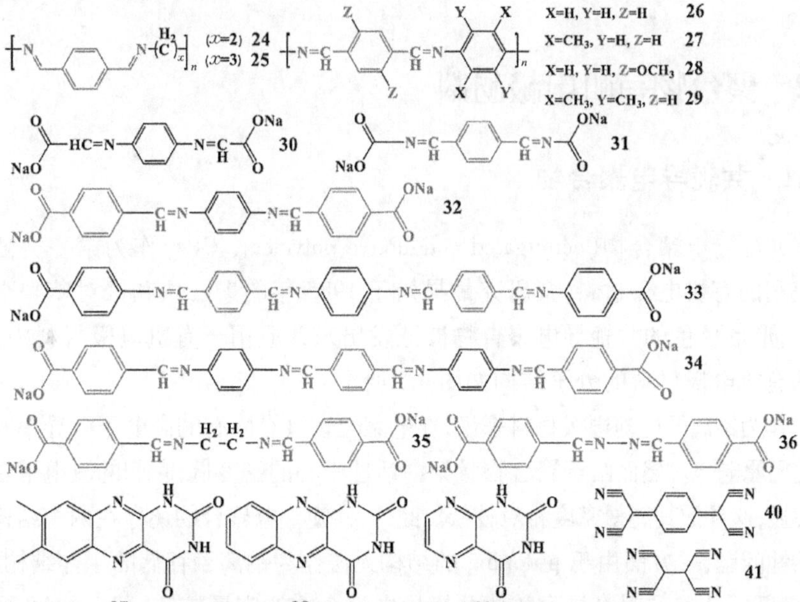

图 4.5 典型 Schiff-base 有机电极材料[1]

席夫碱电极材料的比容量和工作电压可以通过官能团的改变和调节来设计。例如，借由羧基的引入，席夫碱电极材料的比容量可以得到有效的提升；同时，羧酸根、席夫碱以及二者共同作用的材料，其工作电压可以得到定向的控制。

又如，DFT 计算证实了活跃的 Hückel 共面基团可增加钠离子的存储位置；而等电子基团不能用作活性中心，但可以有利于 π-π 相互作用或平面度的损失，从而稳定放电/充电过程。同样，非活性 Ar 基团在稳定席夫碱结构中也起着重要作用。因此，引入共轭和平面结构是改善低聚席夫碱材料的电化学活性的有效方法[9]。

### 4.1.3　偶/叠氮衍生物有机电极材料

基于偶氮基(N=N)的偶氮化合物(图 4.6)是一种新型的有机电极材料。偶氮基团可用作与钠离子进行可逆电化学反应的氧化还原中心。这种特殊的氧化还原中心为高倍率以及长循环有机电极材料的开发设计提供了新思路。

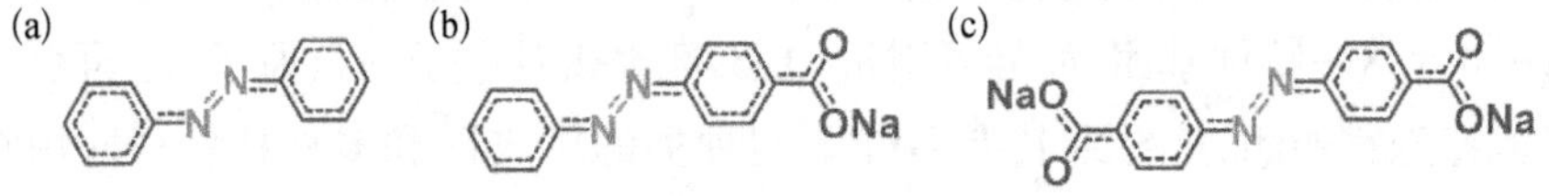

图 4.6　偶/叠氮衍生物有机电极材料[1]

## 4.2　聚合物有机电极材料

### 4.2.1　共轭导电聚合物

共轭导电聚合物(conjugated conductive polymers，CPs)作为第一类被成功应用的有机电极材料，其研究最早始于 1985 年的聚乙炔和聚对苯。迄今为止，形形色色的共轭导电聚合物被开发出来并应用于有机电极材料中，典型的有机电极材料的分子结构如图 4.7 所示。

作为钠离子电池电极材料来说，导电聚合物具有固有的高电子电导率和高氧化还原电势。然而由于聚合物骨架中活性中心的密度低，它们的放电平台并不明显，这导致其能量密度相对较低。此外，共轭导电聚合物还存在两个结构上的共性问题，一方面由于 p-doping 的结构无法作为钠离子存储的主体结构，因此，较低的 doping 量会导致整体共轭导电聚合物的容量较低；另一方面，聚合物中有效的利用位点较少也是影响共轭导电聚合物的容量的重要因素之一。

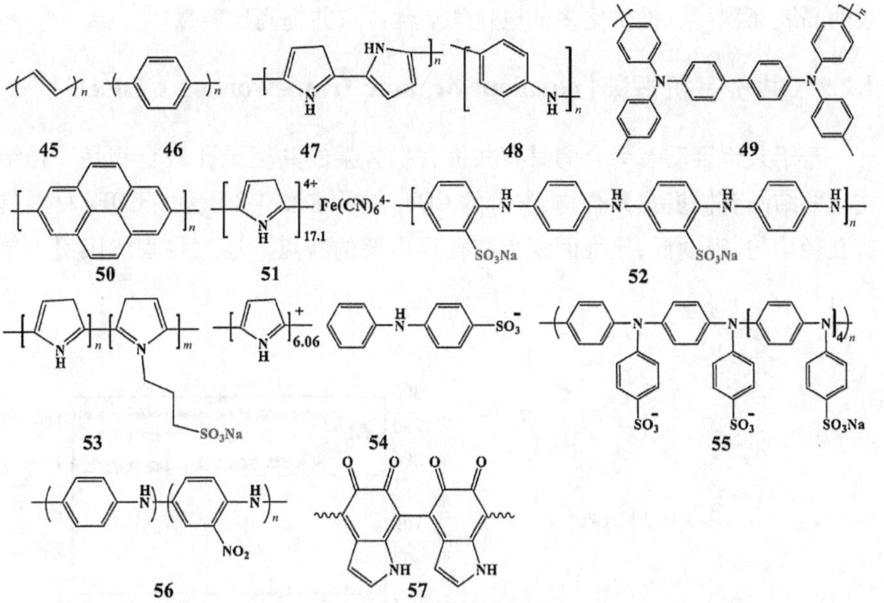

图 4.7 共轭导电聚合物有机电极材料[1]

为解决聚合物骨架中活性中心密度低的问题,将氧化还原活性基团引入聚合物链可以有效地提升共轭导电聚合物的电化学性能,从而增强材料的电化学活性。同时,这些基团可以对材料的氧化还原能力的提升提供一定贡献。例如,引入无机氧化还原铁氰化物阴离子的 PPy/FC(No.51) 在 100 次循环后可提供 135 mA·h·g$^{-1}$ 的高容量和 85% 的容量保留率[10]。通过将吸电子—$SO_3Na$ 基团接枝到聚苯胺链上合成的聚苯胺-共氨基苯磺酸钠表现出高容量(133 mA·h·g$^{-1}$)和出色的循环稳定性,由于磺酸盐基团的固定掺杂和有效活化,200 次循环后容量保持率达 96.7%[11]。

共轭导电聚合物的合成通常在 p-doping 状态下进行,并且可以经由 n-doping 以及 p-doping 的可控化学反应调控目标产物的电化学反应,从而合成不同电压范围的有机电极材料。近年来,研究者对聚多巴胺(PDA)的分子结构进行了研究,其中羰基表现出 n 型行为,而仲胺(RNH—R)表现出 p 掺杂/去掺杂特性。在所有报道的共轭导电聚合物中,PDA 表现出最佳的电化学性能,在 50 mA·g$^{-1}$ 的 1 024 个循环中保持 500 mA·h·g$^{-1}$ 的稳定容量[12]。

通过纳米结构工程来增加表面积可以有效地提高聚合物中的利用位点。例如,二维中孔 PPy 纳米片的孔径为 6.8~13.6 nm,厚度为 25~30 nm,比表面积为 96 m$^2$·g$^{-1}$。它们在 50 mA·g$^{-1}$ 时表现出 123 mA·h·g$^{-1}$ 的高容量,表明高表面积可以提供更多的电化学活性位点并提高比容量[13]。

## 4.2.2 共价有机框架(covalent organic frameworks, COFs)

基于共价键动态聚合的具有共价有机骨架的共轭微孔聚合物是一种结构化的结晶有机多孔聚合物,典型的COFs结构如图4.8所示。COFs材料具有孔径均匀,密度低,比表面积大和孔径可调的特点。通过将官能团引入单

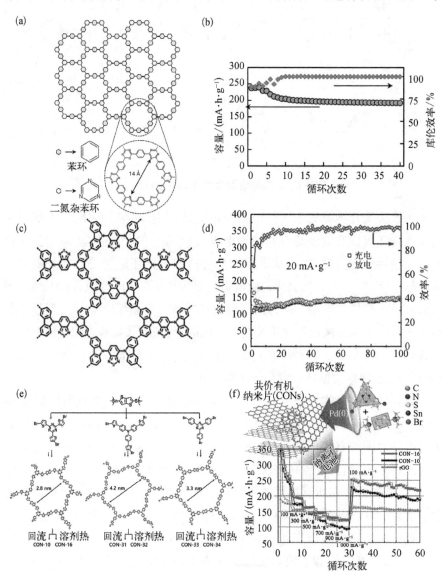

图 4.8 共价有机骨架典型结构和电化学性能图[14-16]

体或 COF 聚合物中,COF 材料可以具有许多独特的性质,并且在能量存储、分离、光电材料、吸附、催化和功能装置等方面具有巨大的应用潜力。在钠离子电池中应用时,COFs 的高比表面积和微孔结构促进了钠离子的快速迁移;聚合物结构可有效降低其溶解度;大量的氧化还原活性中心可提供更高的理论容量。例如,Sakaushi 等报道了一种双极多孔有机电极[bipolar porous organic electrode,BPOE,如图 4.8(a)所示]用作钠离子电池电极材料。BPOE 由非共面的 2D 有机框架组成,该框架由芳香环组成。它具有 200 mA·h·g$^{-1}$ 的高容量,在 1.0 A·g$^{-1}$ 的电流密度下具有长达 7 000 次的循环寿命以及非常出色的倍率性能[15]。

通过设计和合成不同自组装形式的 COFs,可以获得不同比表面积和分子光滑度的电极材料。通过在保持骨架结构的同时提高聚合物骨架的平坦度或增加其比表面积,可以显著提高 COF 的钠离子存储能力,从而强化其电化学性能。

### 4.2.3 有机自由基聚合物

有机自由基聚合物(organic radical polymers,ORP)由柔性的未共轭骨架和带有稳定的有机自由基的官能侧基组成。这些自由基携带高度局部化的电子。尽管有机自由基聚合物在锂离子电池有机电极材料中得到了广泛研究和应用,但是,目前仅有 poly[norbornene - 2,3 - endo,exo -(COO - 4 - TEMPO)$_2$][结构如图 4.9(a)所示]以及 poly(2,2,6,6 - tetra methyl piperidinyloxy - 4 - vinyl methacrylate)[PTMA,结构如图 4.9(b)所示]在钠离子电池中有可行的应用。

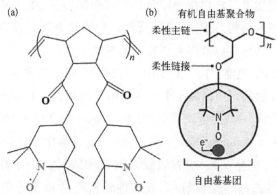

**图 4.9** 有机自由基聚合物电极材料[1]

目前应用的两类材料的结构单元都包含硝酰基自由基2,2,6,6-四甲基-1-哌啶基氧基(TEMPO)。TEMPO具有双极性质,可被氧化成铵氧化阳离子或还原成氨基阴离子。其单独作为活性中心时,一般具有75 mA·h·g$^{-1}$的高不可逆放电容量,在50个循环后具有64.5%(48 mA·h·g$^{-1}$)的容量保持率。然而,由于聚合物电极容易溶解在有机电解质中并形成绝缘层,因此自由基聚合物有机电极材料具有严重的自放电和低实用比容量的问题[17,18]。

### 4.2.4 有机金属聚合物及金属有机框架(metal-organic frameworks,MOFs)

有机金属化合物是通过金属和有机基团之间的直接键合形成的一种材料。其电化学氧化还原活性基团是键合的金属,具有出色的电化学活性,如二茂铁。二茂铁凭借其出色的电化学活性和空气稳定性,已成为钠离子电池中研究最多的金属有机聚合物。通过增加有机金属聚合物的分子量以降低其在电解质溶液中的溶解度,可以使其成为极具潜力的电极材料。然而,由于二茂铁基聚合物的高分子量的限制,其容量仅约100 mA·h·g$^{-1}$[19]。

金属有机骨架是一类新型的晶体多孔材料,它由配位的金属离子(或簇)和有机配体组成。近年来,通过对MOFs进行适当处理而制备的MOFs衍生材料吸引了人们的注意。作为SIB的负极材料,MOFs衍生电极材料显示出一些固有的优势。

首先,由于MOFs本身的孔以及气体的释放使得这些材料具有多孔结构,但是这些孔道在热处理过程中会塌陷或部分坍塌。其次,对于衍生自MOFs的碳复合材料,由于热处理过程中金属元素的催化作用,材料的碳分布更均匀且石墨化度高。再次,MOFs的合成策略容易,并且MOFs通常具有均匀且稳定的纳米结构。最后,通过简单的配体和金属元素调节,可以调节合成材料的形态和结构以及多金属掺杂的种类。

目前,在钠离子电池方向上对MOFs材料的研究主要包括以下两个方面:① 直接将MOFs材料用作钠离子电池中的电极材料;② 将MOFs材料用作前驱体和模板,以制备一系列金属氧化物(metal oxides,MOs),MOs/碳复合物,金属硫化物(metal suffides,MSs)/碳复合物,金属磷化物(metal phosphides,MPs)/碳复合物,非金属氧化物/碳复合材料和碳材料。目前,作为电极材料,MOFs材料仍然具有比容量低,首次库伦效率低以及导电性差的问题。因此,很少有关于将MOFs材料应用于钠离子电池的电极材料的报道。

MOFs 模板是构建理想的纳米结构的有效方法,例如纳米孔结构、多面体结构和核-壳结构。衍生自 MOFs 的金属化合物可以极大地保持 MOFs 的固有形态,因此具有 MOFs 的多孔结构和分层形态的优点。

## 4.3 有机电极材料的设计优化

有机电极材料还存在一些问题,第一,有机化合物的化学稳定性主要取决于分子中化学键的强度。对于进行电化学反应的有机电极材料来说,容易在充电/放电过程中形成自由基,并且还容易与主链上的活性基团发生作用导致有机电极材料的失活。此外,有机材料的大体积膨胀会导致严重的颗粒粉碎,从而导致稳定性差。第二,大多数有机电极材料,特别是有机小分子,通常在有机电解质中显示出高溶解度,导致有机电极材料的快速容量衰减和较差的循环稳定性。第三,大多数有机化合物是没有自由电子或离子的共价化合物,它们显示出较慢的电荷转移速率,导电性较差。因此,在制备电极时需要大量的碳作为导电添加剂,导致有机钠离子电池的总能量密度损失。

通过设计和修饰有机分子可以合理地调节有机分子的电导率、溶解度、工作电压和理论容量。目前常用的有三方面设计优化策略,一是面向功能的分子设计,通过官能团的定向设计与合成,调节材料的容量和各类性能;二是形态控制,通过材料纳米化等手段增大材料的比表面积,从而改善材料的性能;三是将有机材料与无机材料复合,综合二类材料的优势与长处。

### 4.3.1 官能团定向设计

有机材料的突出特点之一是其分子结构的可设计性。因此,可以通过精细的分子工程实现有机分子的定向设计。具体而言,可以合理调整以下几点:

通过引入吸电子(—$NO_2$、—CN、—F、—Cl、—Br、—$SO_3Na$、—$OCH_3$)/给电子基团(—$NR_2$、—NHR、—$NH_2$、—OH、—OR、—OCOR、—R、—Ph,R = 烷基),有效地降低/增强最低的未占据分子轨道(LUMO)能量,从而升高/降低材料的工作电压。例如,掺杂卤素原子(例如氟氯,氯和溴)可以增加提高衍生物的氧化还原电位,而不会增加其分子量[2]。

增加电化学活性中心单元的 π 共轭度可以改善有机材料的倍率性能。π 共轭体系的扩展有利于电荷的快速转移和收集,并提高了在快速充放电过程中钠离子进行快速存储或者脱出的能力。同时,扩展的 π 共轭体系还有助于增强分子之间的相互作用(如 π 或 C—H…π 等相互作用)。这样逐层排列的分子可以形成钠离子在两层之间扩散的快速通路。Wang 等使用 C—C,C═C 等修饰了 π 共轭体系 SBDC(sodium benzene-dicarboxylate),以分别形成扩展的 π 共轭分子。其中,π 共轭度最高的材料具有极好的倍率容量(2 A·$g^{-1}$ 下为 105 mA·h·$g^{-1}$、10 A·$g^{-1}$ 下为 72 mA·h·$g^{-1}$)[20]。

高极性盐的形成可以减少在电解质中的溶解度。一方面,有机分子的盐碱化可以增加其分子极性,可以防止有机电极材料在非质子电解质中的溶解;另一方面,有机盐的强亲水基团可以形成配位键,可以有效地阻碍有机电极材料的溶解。

聚合也是提高钠离子电池中有机材料性能的有效方法。首先,聚合物分子量的快速增加($M_w$)可以大大减少有机材料的溶解。其次,具有其他电化学活性单元和 3D 多孔聚合物的共聚物也可以提高理论容量。

### 4.3.2 形貌调控

材料的形态是决定电子和离子传递路径的关键,因此电极材料微观形态的调节尤为重要。一般而言,电极材料的纳米化是提高容量性能的有效策略。纳米结构电极材料的合成不仅包含控制电极材料的粒径,而且还要求电极材料的形态、晶体结构和结晶度的可控。有机纳米材料作为钠离子电池的电极材料,不仅充分发挥了纳米材料的优势,而且其独特的结构可以弱化和克服纳米材料的缺点,从而提高了钠离子电池的性能。由于其具有体积小、钠离子的插入/脱离距离短、动力学性能好、比表面积大、以及钠插入的活性位点多等优点,使得电极在高电流下充电和放电过程中极化小,可逆容量高。除此之外,纳米电极材料的种类及其制备方法也多种多样。

例如,具有纳米结构的 DSR(disodium salt of rhodizonate)和 CADS(croconic acid disodium salt)在电池循环中的裂纹和形态改变较少,这些纳米结构可以促进应力/应变的释放并抑制粉化。纳米棒的结构降低了界面电阻,并具有较高的钠离子扩散系数,DSR 的纳米棒结构在 0.1 C 时可提供 190 mA·h·$g^{-1}$ 的高可逆容量,比微棒和微颗粒具有更出色的倍率容量[3]。

### 4.3.3 有机无机复合

大多数有机化合物,无论是小分子化合物还是高分子量聚合物,都显示出较差的稳定性和导电性,从而导致电池容量和倍率性能较差。为了克服这些障碍,通常可以将有机化合物分散在导电基质中,为电子转移反应提供丰富的电子和离子通道。另外,通过涂覆一层无机材料,例如引入金属氧化物($Al_2O_3$)和各种碳材料(碳纳米纤维、CNT、石墨烯、GO、rGO、微孔和中孔碳)等附着在表面上,可以成功地抑制有机材料在充放电循环中的溶解和粉碎。

例如,通过在 2,5 - 二羟基 1,4 - 苯醌二钠盐(DHDQBS)表面上涂覆 2 nm $Al_2O_3$ 薄层,可以明显抑制 DHDQBS 纳米棒的溶解并改善循环稳定性(在 50 mA·$g^{-1}$ 电流下循环 300 圈后比容量为 212 mA·h·$g^{-1}$)[4]。

## 参考文献

[1] Yin X, Sarkar S, Shi S, et al. Sodium-ion batteries: Recent progress in advanced organic electrode materials for sodium-ion batteries: Synthesis, mechanisms, challenges and perspectives[J]. Advanced Functional Materials, 2020, 30(11): 2070071.

[2] Kim H, Kwon J E, Lee B, et al. High energy organic cathode for sodium rechargeable batteries[J]. Chemistry of Materials, 2015, 27(21): 7258 - 7264.

[3] Song Z, Qian Y, Liu X, et al. A quinone-based oligomeric lithium salt for superior Li-organic batteries[J]. Energy & Environmental Science, 2014, 7(12): 4077 - 4086.

[4] Wu X, Ma J, Ma Q, et al. A spray drying approach for the synthesis of a $Na_2C_6H_2O_4$/CNT nanocomposite anode for sodium-ion batteries[J]. Journal of Materials Chemistry A, 2015, 3(25): 13193 - 13197.

[5] Zhu Z, Li H, Liang J, et al. The disodium salt of 2,5 - dihydroxy - 1,4 - benzoquinone as anode material for rechargeable sodium ion batteries[J]. Chemical Communications, 2015, 51(8): 1446 - 1448.

[6] Zhao H, Wang J, Zheng Y, et al. Organic thiocarboxylate electrodes for a room-temperature sodium-ion battery delivering an ultrahigh capacity[J]. Angewandte Chemie, 2017, 129(48): 15536 - 15540.

[7] Wan F, Wu X L, Guo J Z, et al. Nanoeffects promote the electrochemical properties of organic $Na_2C_8H_4O_4$ as anode material for sodium-ion batteries[J]. Nano Energy,

2015, 13: 450 − 457.

[8] Wang H, Yuan S, Si Z, et al. Multi-ring aromatic carbonyl compounds enabling high capacity and stable performance of sodium-organic batteries[J]. Energy & Environmental Science, 2015, 8(11): 3160 − 3165.

[9] López-Herraiz M, Castillo-Martínez E, Carretero-González J, et al. Oligomeric-Schiff bases as negative electrodes for sodium ion batteries: Unveiling the nature of their active redox centers[J]. Energy & Environmental Science, 2015, 8(11): 3233 − 3241.

[10] Zhou M, Zhu L, Cao Y, et al. Fe(CN)$_6^{-4}$-doped polypyrrole: A high-capacity and high-rate cathode material for sodium-ion batteries[J]. RSC Advances, 2012, 2(13): 5495 − 5498.

[11] Zhou M, Li W, Gu T, et al. A sulfonated polyaniline with high density and high rate Na-storage performances as a flexible organic cathode for sodium ion batteries[J]. Chemical Communications, 2015, 51(76): 14354 − 14356.

[12] Sun T, Li Z, Wang H, et al. A biodegradable polydopamine-derived electrode material for high-capacity and long-life lithium-ion and sodium-ion batteries[J]. Angewandte Chemie International Edition, 2016, 55(36): 10662 − 10666.

[13] Liu S, Wang F, Dong R, et al. Dual-template synthesis of 2d mesoporous polypyrrole nanosheets with controlled pore size[J]. Advanced Materials, 2016, 28(38): 8365 − 8370.

[14] Huang N, Zhai L, Coupry D E, et al. Multiple-component covalent organic frameworks [J]. Nature Communications, 2016, 7(1): 12325.

[15] Sakaushi K, Hosono E, Nickerl G, et al. Aromatic porous-honeycomb electrodes for a sodium-organic energy storage device[J]. Nature Communications, 2013, 4(1): 1485.

[16] Sakaushi K, Hosono E, Nickerl G, et al. Bipolar porous polymeric frameworks for low-cost, high-power, long-life all-organic energy storage devices[J]. Journal of Power Sources, 2014, 245: 553 − 556.

[17] Dai Y, Zhang Y, Gao L, et al. A sodium ion based organic radical battery[J]. Electrochemical and Solid State Letters, 2009, 13(3): A22 − A24.

[18] Kim J K, Kim Y, Park S, et al. Encapsulation of organic active materials in carbon nanotubes for application to high-electrochemical-performance sodium batteries[J]. Energy & Environmental Science, 2016, 9(4): 1264 − 1269.

[19] Gagne R R, Allison J L, Lisensky G C. Unusual structural and reactivity types for copper: Structure of a macrocyclic ligand complex apparently containing copper (I) in a distorted square-planar coordination geometry[J]. Inorganic Chemistry, 1978, 17(12): 3563 − 3571.

[20] Wang C, Xu Y, Fang Y, et al. Extended $\pi$-conjugated system for fast-charge and-discharge sodium-ion batteries[J]. Journal of the American Chemical Society, 2015, 137(8): 3124 − 3130.

# 第 5 章 钠金属电池

以金属钠为负极的钠金属电池的工作原理与钠离子电池相似,都是以钠离子的形式通过电解质在正负极之间穿梭,实现电池的充放电。但是金属钠负极与碳负极、合金负极、氧化物等其他负极材料不同,不是钠离子的嵌入/脱出、合金化或者转换反应,而是金属钠的沉积与溶解反应,与锂金属电池类似[1]。

## 5.1 钠金属负极

金属钠负极的理论比容量为 $1\,166\ mA\cdot h\cdot g^{-1}$,远高于钠离子电池中的碳类负极。此外,与钠离子电池中的碳类负极、合金化负极和转换反应的负极相比,金属钠负极的电位最低(-2.71 V vs. SHE),在全电池中则体现为具有最高的电压,有利于提高电池的能量密度。金属钠负极自身含有钠,在电化学反应过程中,生成钠离子,大大地拓展了正极材料的选择范围,可以使用不含钠的正极材料,如氟化物、氧气、单质硫等。因此,使用金属钠负极对具有高能量密度的钠电池具有重要的意义。

但是,金属钠负极在实现实际应用之前,还需要解决很多问题。① 金属钠枝晶。如图 5.1 所示,与金属锂负极类似,金属钠负极表面自然形成的不稳定的 SEI 膜会导致钠离子通量不均匀,即金属钠负极在电池充放电过程中出现钠离子的不均匀沉积与溶解,产生钠枝晶;枝晶的持续生长可能会穿透隔膜,引起电池内部短路等一系列安全隐患。② 钠具有很强的还原性,能够与大多数电解液发生副反应,在钠负极表面生成 SEI 膜。在电池充放电过程中,钠离子透过 SEI 膜,实现金属钠在负极上的沉积与溶解。SEI 膜可以阻挡金属钠与电解液的直接接触,避免进一步发生副反应。但是,在金属钠不断沉积或者溶解的过程中,电极体积变化较大会导致 SEI 膜的破裂,暴露出的新鲜金属钠继续与电解液发生不可逆反应，导致库伦效率下降和金属钠枝晶的生长。在不断的循环过程中，SEI 膜不断增加，不仅增加电池的内阻，还会不断地消耗电解液，当电解液被消耗殆尽，则会导致电池的失效。③ 此外，金属钠负极在循环中体积变化大。因为金属钠负极在充放电过程中发生的是在集流体上沉积和溶解反应，无宿主的沉积与溶解导致其体积变化很大，特别在正极容量（单位面积容量）较大的情况下尤其明显。

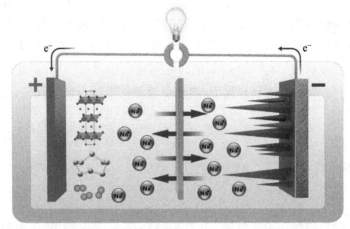

图 5.1　钠金属电池的工作原理示意图[1]

## 5.1.1　钠枝晶

在金属钠负极的研究过程中，如何让金属钠均匀的沉积/溶解和提高其库伦效率的重点是抑制钠枝晶生长。在足够了解钠枝晶的生长机理后，才可以更好地找出对应的策略。在过去的几十年里，人们致力于研究金属锂枝晶的生成机理，但是对于金属钠枝晶的形成机理研究甚少。

使用单一的金属钠作为负极，在液态电解液中，金属钠在长期循环下因不规则的沉积与溶解，会如图 5.2 所示形成钠枝晶。金属钠枝晶的生成被认为是一系列相关联的过程，涉及金属钠与集流体之间的相互作用和金属钠表面 SEI 膜生长/稳定性之间的相互作用。在首次充电中低于 1 V（vs. Na/Na$^+$）时，钠金属表面自然生成 SEI 膜，这层 SEI 膜在化学成分上和空间分布上都是不均匀的。而且集流体表面和结构也存在不均匀性，都会导致沉积与溶解钠的非均相成核和生长动力学。由于 SEI 膜的弹性较差，不能承受钠沉积或者溶解过程中的体积变化，会导致 SEI 膜破裂。在 SEI 膜破裂的地方,钠离子的扩散速度快,使得钠离子的通量增加,加速了钠的不均匀沉积。在后续的钠沉积中,裂缝中的钠即形成了枝晶。在接下来的钠溶解过程中,由于枝晶根部最易溶解,所以钠枝晶极易从钠负极本体上脱离,失去电接触,形成死钠。与此同时,在钠溶解的过程中引起的体积变化会导致 SEI 膜中出现更多的裂纹,在接下来的沉积过程中提供了更多的枝晶生长路径。在循环一段时间后,不断生长的 SEI 膜和死钠,导致了降低的库伦效率、增大的沉积-溶解过电势和电解液干涸等,造成循环性能很差[2]。

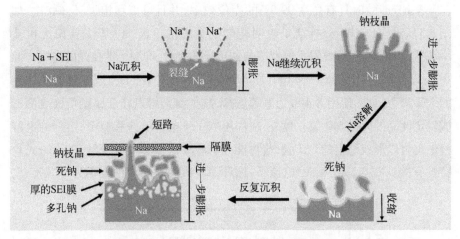

图 5.2 金属钠枝晶、死钠形成示意图[2]

## 5.1.2 钠枝晶抑制策略

因钠枝晶与锂枝晶类似,所以很多用于抑制锂枝晶、改善锂性能的方法都可被用于金属钠负极上。总的来说,主要有三种方法:① 优化有机电解液;② 在金属钠负极表面引入一层保护层;③ 建造三维多孔材料作为容纳钠金属的载体。此外,有研究证明使用固态电解质可以有效抑制金属钠枝晶,这部分将会在电解液那章具体阐述。在抑制金属钠枝晶生长的研究中采用了一些先进的技术,如电化学腐蚀、原位镀、高温熔炼等实用技术,以及化学气相沉积(chemical vapor deposition, CVD)、分子层沉积(molecular layer deposition, MLD)和原子层沉积(atomic layer deposition, ALD)等。

### 5.1.2.1 电解液调控

室温钠电池中常用液态电解液,这就有必要控制金属钠负极与电解液之间的副反应,才能形成稳定的钠负极。溶剂、电解质盐、电解液添加剂都可以分解,并参与 SEI 膜的生成,所以可以通过调控这三个部分的组分来改变 SEI 膜的物理化学性质,从而改善金属钠负极性能[3]。

1. 醚类体系中的调控

金属钠负极在碳酸酯类电解液中的循环性能普遍较差,而在醚类电解液中具有良好的性能[4-7]。Seh 等使用 1 M $NaPF_6$/双(2-甲氧基乙基)醚(二聚体)(diglyme)作为电解液,金属钠负极在 0.5 mA·$cm^{-2}$ 电流下,固定容量循环(1 mA·h·$cm^{-2}$)时具有高达 99.9% 的库伦效率,并且可以稳定循环 300 次,如图 5.3 所示[8]。XPS 分析结果表明均匀的金属钠负极 SEI 膜主要由无机盐 $Na_2O$ 和 NaF 组成,有效阻止电解液与钠负极的接触,抑制了钠枝晶的形成。而在 $NaPF_6$(EC+DMC)或者 $NaPF_6$(EC+DEC)电解液中,不会生成这种性能优异的 SEI 膜[8]。即,使用 $NaPF_6$ 为电解质盐、醚类溶剂可以在金属钠负极表面形成稳定性高的无机 SEI 膜。此外,在使用 NaFSI 电解质盐和 DME 溶剂的电解液中也可以形成稳定的 SEI 膜,这可能与 NaFSI 电解质盐中 $FSI^-$ 离子的成膜特性有关。在 0.2 mA·$cm^{-2}$ 电流下,循环 300 次的平均库伦效率为 97.7%[9]。

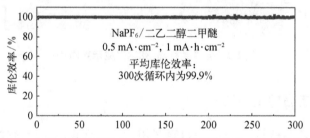

图 5.3 使用 1 M $NaPF_6$/DME 电解液的钠负极的库伦效率图[8]

2. 高浓度电解液设计

液态电解液中,电解质盐的浓度对电解液的电化学性质起到至关重要的作用,并影响枝晶的生成,提高电解液中初始金属离子浓度可以减缓枝晶的生长。此外,液态电解液中金属离子浓度的升高会形成独特的溶剂化结构,从而减少自由溶剂分子的数量,减轻金属钠和有机溶剂之间的副反应。在这种思路下,高浓度电解液(high concentration electrolytes,HCE)被开发出并用于碱金属基电池。Lee 等配制了 5 M 双(氟磺酰)亚胺钠/1,2-二甲氧基乙烷(NaTFSI/DME)的 HCE。由于其独特的溶剂化结构,HCE 接触金属钠负极时,降低了对钠负极的腐蚀性,提高了钠金属负极的稳定性,而且对高压正极也具有很高的抗氧化性(4.9 V vs. Na/Na$^+$),不腐蚀铝集流体。在 Na/不锈钢(stainless steel, SS)电池体系中,在 120 次循环时,库伦效率为 99.3%,并且具有良好的倍率特性。在 0.002 8 mA·cm$^{-2}$ 的电流下,Na/Na 体系具有优异的循环稳定性,相比 1 M NaPF$_6$(EC+PC, 5∶5)和 1 M NaFSI/DME 电解液,具有最低的充放电极化,如图 5.4 所示[10],HCE 虽然可以稳定金属钠负极,改善其循环性能,但是其价格高、黏度高、浸润性差也阻碍了其大规模的应用。

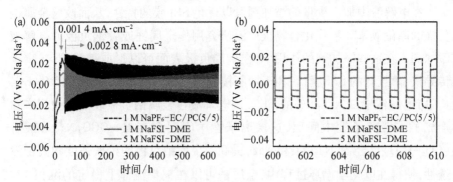

图 5.4 使用不同电解液的 Na/Na 对称电池循环曲线

(a) 经过一周电流为 0.001 4 mA·cm$^{-2}$ 的预循环后,Na/Na 对称电池的循环 600 次的电压曲线,循环时间为 0.5 h,电流为 0.002 8 mA·cm$^{-2}$;(b) 第 561~570 次的放大的电压曲线[10]。

近期,人们开发了一种替代的电解液来解决 HCE 面临的这些问题。在 HCE 中加入"惰性"溶剂,形成局部高浓度电解质(localized hight concentration electrolyes, LHCE),如图 5.5 所示。这种"惰性"的溶剂具有较低的介电常数和给体数,如氢氟醚,对 HCE 的原始溶剂结构的影响很小或没有影响。LHCE 保持了较高的钠离子迁移数,并且黏度降低、电导率提高、润湿性提高,而且对金属钠负极具有较高的稳定性。在 2.1 M NaFSI/1,2 - dimethoxyethane

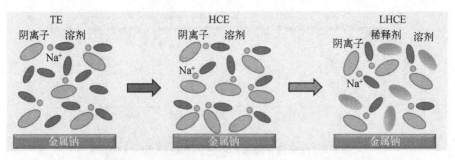

图 5.5 传统电解液(traditional electrolyte, TE)、高浓度电解液(HCE)和局部高浓度电解液(LHCE)示意图[2]

（DME）-双（2,2,2-三氟乙基）醚[2.1 M NaFSI/（DME+BTFE）（溶剂摩尔比为 1∶2）]电解液中，金属钠无枝晶生成，库伦效率大于 99%。以 $Na_3V_2(PO_4)_3$（NVP）为正极，组装 Na/NVP 电池，在 10 C 倍率下，放电容量为 92 $mA·h·g^{-1}$，是 0.1 C 倍率下容量的 94.6%。在高达 20 C 倍率下，循环 40 000 次后，容量为 66.4 $mA·h·g^{-1}$，容量保持率为 90.8%，体现出优异的循环性能和倍率性能[11]。

3. 电解液添加剂设计

在电解液中加入少量的添加剂可以优化 SEI 膜的特性，从而改善金属钠负极的库伦效率。氟代化合物被广泛研究用作金属锂或者钠负极的电解液添加剂。在这些添加剂的作用下，在金属负极表面可以形成结构均匀、离子传导快、薄且软的 SEI 膜，有利于抑制枝晶的生成。在 1 M NaFSI/（PC+EC，1∶1）电解液中加入 1wt.% 的 FEC，该电解液在金属钠负极表面的分解产物形成了一层离子性中间层，这层离子性中间层含有 R—$OCO_2$Na、含酸酐（$CO_2$—CO）化合物、$Na_2CO_3$ 和 NaF，提高了金属钠负极的机械强度和离子渗透性，使得在电化学循环过程中，金属钠可以在铜集流体上稳定的沉积[12]。传统的碳酸酯类电解液中，金属钠的库伦效率很低（小于 50%）[8]，添加 FEC 后可以将效率提升至 88%，并可以抑制枝晶生成[13]。这是因为添加 FEC 后，SEI 膜成分中含有较多的 NaF，并减少了气体的析出[14]。

Wang 等在 1 M NaTFSI/FEC 电解液中添加 $NaAsF_6$ 作为添加剂，在金属钠表面生成含有 NaF 和 O—As—O 聚合物的 SEI 膜，有效改善金属钠的电化学性能。在 Na/Al 电池中，当 $NaAsF_6$ 添加量为 0.75 wt.% 时，以 0.1 $mA·cm^{-2}$ 电流和 0.5 $mA·h·cm^{-2}$ 的容量循环 400 圈的平均库伦效率约 97%。而没有添加 $NaAsF_6$ 添加剂的电解液中，金属钠稳定循环 20 次后，库伦效率波动很大，直至电池失效，如图 5.6 所示[15]。

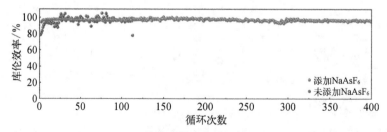

图 5.6 电解液中添加和不添加 $NaAsF_6$ 添加剂的 Na/Al 电池的库伦效率曲线

电流密度：0.1 $mA·cm^{-2}$，容量：0.5 $mA·h·cm^{-2}$ [15]

在金属锂负极的研究过程中，在醚类电解液中加入 $Li_2S_8$ 和 $LiNO_3$ 添加剂，二者的协同作用在金属锂电极表面形成一层均质的 SEI 膜[16]。但是在钠金属电池中，$Na_2S_6$ 和 $NaNO_3$ 反而对金属钠负极起到不利的影响。在 $NaPF_6$/DME 电解液中，添加 $Na_2S_6$ 和 $NaNO_3$ 后，金属钠负极表面 SEI 膜的成分主要是醇钠（$RCH_2ONa$）和 $Na_2S$，易生长出钠枝晶。而单独添加 $Na_2S_6$ 添加剂时，SEI 膜的成分主要为 $Na_2O$、$Na_2S_2$ 和 $Na_2S$，能有效抑制钠枝晶。通过对称电池研究金属钠的循环稳定性，在 $2\ mA\cdot cm^{-2}$、$1\ mA\cdot h\cdot cm^{-2}$ 条件下，电解液中添加 0.033 M 的 $Na_2S_6$ 可稳定循环 400 次，没有添加剂的情况下只可以循环 78 次，添加 0.033 M 的 $Na_2S_6$ 和 1 wt.% $NaNO_3$ 的对称电池，极化较大，且电压波动很大。在高电流密度和面容量的条件下（$10\ mA\cdot cm^{-2}$，$1\ mA\cdot h\cdot cm^{-2}$），添加 0.067 M 的 $Na_2S_6$ 可稳定循环 400 次。此外，$Na_2S_6$ 也可以对金属钠负极进行预处理，同样具有稳定的性能[17]。

Zheng 等在常规碳酸酯类电解液中添加 $SnCl_2$ 作为添加剂，通过其与金属钠之间的自发反应，生成 Na-Sn 合金层与富含 NaCl 的 SEI 膜。基于这种设计的金属钠负极，实现了快速的离子传输，并且阻止了金属钠与电解液的直接接触，实现了碳酸酯类电解液中无枝晶钠的沉积，在 $0.5\ mA\cdot cm^{-2}$、$1.0\ mA\cdot h\cdot cm^{-2}$ 条件下循环 500 小时，仍维持较低的极化[18]。

在金属锂负极中，通过在电解液中加入少量特定的阳离子来实现无枝晶的锂沉积，被称为自修复的静电屏蔽机理。这种方法也可以用于金属钠负极。多数碱金属离子的还原电位均低于钠离子（-2.71 V vs. SHE），如锂离子是 -3.04 V vs. SHE、钾离子是 -2.93 V vs. SHE，所以可以在不被还原和消耗的情况下，形成一个有效的电荷屏蔽层，阻止钠枝晶的形成。如图 5.7 所示，如在 Cu 集流体上沉积金属钠，锂离子会被沉积区尖端积累的负电荷电场所吸引，形成一个带正电的静电屏蔽层，且不会被还原。这层静电屏蔽层迫使钠离子扩散至其他区域，并且沉积，有效抑制了钠枝晶的生成。非常典型的一个例子是在（0.8 M $LiPF_6$ + 1.0 M $NaPF_6$）DME 电解液中，沉积出规则的、有序的立方钠沉积层。鉴于锂离子形成的静电屏蔽层，钠离子沉积的库伦效率很高，极化很小[19]。Shi 等在 1M NaOTf/TEGDME 中加入双三氟甲基磺酰亚胺钾（KTFSI）作为双功能电解液添加剂。一方面，钾离子可以形成静电屏蔽层，另一方面，$TFSI^-$、电解液与金属钠负极共同作用，生成含有 $Na_3N$ 和 $NaN_xO_y$ 的 SEI 膜，这两个因素都可以抑制钠枝晶生成，促进钠均匀地沉

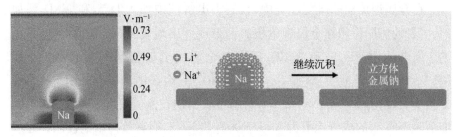

图 5.7　锂离子形成的静电屏蔽层[2]

积。在 0.5 mA·cm$^{-2}$ 电流下,循环 300 次,库伦效率达 99.5%[20]。

一些离子液体在接触了活性较高的金属时,具有优异的化学和电化学稳定性。有研究表明,在传统的液态电解液中添加离子液体,可以抑制枝晶的生长。在液态电解液中加入离子液体单体,然后通过电聚合方法直接在金属钠负极表面生成 1,3-二烯丙基咪唑高氯酸盐(DAIM)膜作为 SEI 膜,可以阻止电解液与负极之间的副反应,从而稳定金属钠负极[21]。

### 5.1.2.2　人工 SEI 膜构建

SEI 膜的性能对金属钠负极的可逆性、稳定性以及无枝晶的形貌有重要的影响。理想的 SEI 膜应具有高的离子电导率、厚度小、致密、柔性等特点。虽然在醚类电解液中可以形成均匀的 SEI 膜,但是商业化的碳酸酯类电解液具有更宽的电化学窗口、较低的黏度,却因无法形成性能优异的 SEI 膜无法应用于金属钠电池。人们发现,在金属钠表面涂覆一层人工 SEI 膜,是一种非常有效的方法以稳定金属钠负极。

由于金属钠非常活泼,所以可以通过化学反应在金属钠表面生成一层人工 SEI 膜。如,金属钠与 1-溴丙烷接触后,在钠负极表面生成一层薄的 NaBr 层(约 12 μm)。NaBr 保护的金属钠负极的界面离子传输的能垒很低,有利于钠的均匀沉积。这层致密的 SEI 膜不仅抑制了枝晶的生成,还阻止了电极与电解液之间的副反应。在 1 mA·cm$^{-2}$ 电流下,钠对称电池可稳定循环 250 h,且没有出现极化增加现象[22]。在金属钠负极表面滴加 1-碘丙烷或者 2-碘丙烷,反应 20 min 后即可在钠金属表面生成一层 NaI 层,有效地改善了金属钠负极的库伦效率和循环寿命[23]。P$_4$S$_{16}$/DEGDME 与金属钠接触后,原位在金属钠表面生成 Na$_3$PS$_4$,通过控制 P$_4$S$_{16}$ 的浓度与反应时间,可以控制 Na$_3$PS$_4$ 的厚度。这层薄的 Na$_3$PS$_4$ 层抑制了电解液与钠负极的反应,提高了 SEI 膜和钠离子流的均匀性[24]。

根据 Na/Na$^+$(−2.714 V vs. SHE)的氧化还原电位低于 Bi/Bi$^{3+}$(0.308 V vs. SHE),所以通过化学反应还原 Bi(SO$_3$CF$_3$)$_3$,可以在金属钠负极表面形成一层厚度约 10 μm 金属 Bi 层,如图 5.8 所示。与纯钠负极表面不同的是,Na/Bi 负极表面呈多孔状态,有利于离子的传输。在醚类电解液中,Na/Bi 负极的界面阻抗和交换电流显著降低。在 0.5 mA·cm$^{-2}$ 电流下,Na/Bi 对称电池可循环 1 000 h,没有枝晶和极化增大[25]。采用类似的方法,还可以在金属钠表面通过置换反应生成 Sn 单质,但是由于 Sn 与钠可形成合金,所以 Sn 在金属钠表面以富钠合金相形式存在。在 1 M NaPF$_6$/(EC+PC) 电解液中,Na/Sn 对称电池的界面电阻明显降低。循环之后,相比纯钠负极具有不规则凸起的表面,Na/Sn 负极表面维持了平滑、均匀的形貌。在 0.25 mA·cm$^{-2}$ 电流下,控制容量 0.25 mA·h·cm$^{-2}$ 下可循环 1 700 h,极化增加不明显[26]。

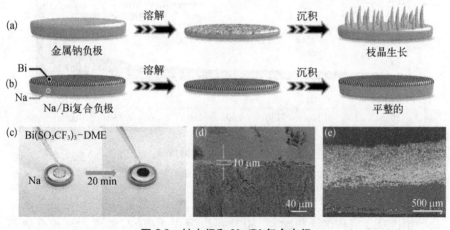

**图 5.8　钠电极和 Na/Bi 复合电极**

(a) 钠电极和(b) Na/Bi 复合电极上溶解/沉积示意图;(c) Na/Bi 复合负极制备过程照片;(d) Na/Bi 复合负极的截面 SEM;(e) Na/Bi 复合负极的元素分布,Bi: 绿色;Na: 红色[25]

由于钠的高活性,部分离子液体也会与其反应,如 1-丁基-2,3-二甲基咪唑四氟硼酸盐(BdmimBF$_4$)。在室温下,将金属钠浸润在 BdmimBF$_4$ 中可以在钠负极表面形成一层致密的、均匀的 NaF 层。NaF−Na 负极对称电池在 1 mA·cm$^{-2}$,1 mA·h·cm$^{-2}$ 条件下稳定循环 300 h(150 次循环),极化几乎没有变化,而纯金属钠负极不仅极化大、电压波动大,循环仅约 140 h[27]。

随着薄膜制备技术的不断发展,可以直接在金属钠负极表面沉积一层薄的保护层,作为钠负极的 SEI 膜。原子层沉积(ALD)和分子层沉积(MLD)是常用的沉积均匀的薄膜涂层技术方法。Luo 等通过低温等离子体增强 ALD（PEALD）技术在金属钠负极表面沉积一层 $Al_2O_3$ 薄膜,阻碍了钠负极与电解液之间的反应,有效改善金属钠在碳酸酯类电解液中的循环稳定性。当 $Al_2O_3$ 涂层约 2.8 nm 时(25 次 PEALD),在 0.25 mA·cm$^{-2}$、0.125 mA·h·cm$^{-2}$ 条件下可循环 450 h,如图 5.9 所示。且循环之后,$Al_2O_3$-Na 负极表面仍光滑,没有枝晶[28]。甚至可以在 3 mA·cm$^{-2}$、1 mA·h·cm$^{-2}$ 条件下循环 500 次[29]。

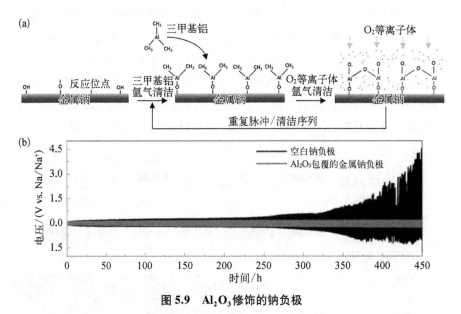

**图 5.9 $Al_2O_3$ 修饰的钠负极**

(a) PEALD 制备 $Al_2O_3$ 薄膜示意图;(b) 包覆了 $Al_2O_3$ 的金属钠负极和纯钠负极对称电池的循环性能,0.25 mA·cm$^{-2}$、0.125 mA·h·cm$^{-2}$ [28]

相比 ALD 沉积的无机涂层,MLD 可以沉积无机-有机或者纯聚合物薄膜,具有更好的机械稳定性。Zhao 等利用 MLD 制备新型铝基有机-无机复合薄膜(alucone)作为金属钠负极的保护层,在碳酸酯类电解液中[$NaPF_6$/(EC+PC)],在不同的电流密度下,金属钠负极的循环寿命均得到了大幅度的提高[30]。

Zhang 等通过第一性原理计算了一系列 2D 材料[SnSe、石墨烯、硅烯、磷烯、锡烯、锗烯、SnS 和六角氮化硼(h-BN)]作为金属钠负极的人工 SEI 膜。计算结构得出引入缺陷、增加键长和金属临近效应降低了扩散能垒,提高了扩散速率,改善了离子电导率。但是上述改性策略对二维材料的硬度和刚度都有不利的影响,不利于抑制 Na 枝晶的形成。所以在设计 2D 材料作为金属钠负极的 SEI 膜时,需在扩散和机械强度之间寻找一个平衡点[31]。在实际应用过程中,金属钠负极表面的人工 SEI 膜的厚度也需要考虑。Wang 等通过 CVD 方法制备自支撑的、厚度可调的石墨烯膜作为钠负极的 SEI 膜,发现石墨烯膜的厚度,甚至只有几纳米(约 2~3 nm)的厚度差,对钠负极的稳定性和倍率性能有决定性的影响。少层的石墨烯膜(约 2.3 nm)保护的钠负极适合在较低电流下工作($\leqslant 1$ mA·cm$^{-2}$),而多层的石墨烯膜(约 5 nm)保护的钠负极则适合在较高电流下工作(2 mA·cm$^{-2}$)。在碳酸酯类电解液中,当容量密度高达 3 mA·h·cm$^{-2}$ 时可循环超过 100 次,如图 5.10 所示[32]。

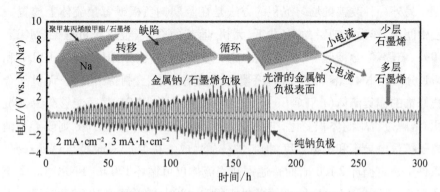

图 5.10　石墨烯作为金属钠负极 SEI 膜的循环性能曲线,内插图为石墨烯厚度对金属钠负极性能的影响[32]

此外,也可以通过物理方式在金属钠负极表面"安装"人工保护层。Kim 等将 PVdF-HFP、$Al_2O_3$ 粉末在有机溶剂中物理混合,涂覆在玻璃基底上,然后将 $Al_2O_3$-聚合物膜撕下后,通过滚压方式安装在钠负极表面(FCPL)。通过控制 FCPL 中塑化剂的含量调节离子电导率和机械强度。当 FCPL 的剪切模量超过一个临界值时,可以机械地阻止金属钠枝晶的生成,减少电解质的分解。一旦可以抑制钠枝晶,FCPL 离子导电性的提高对循环稳定性至关重要[33]。

1. 集流体和中间层设计

在金属锂的研究工作中发现,降低电极的有效电流密度可以抑制枝晶的生成。通过控制集流体的纳米结构,增大电极的表面积以平均电流密度,可以让钠均匀地沉积。多孔、3D 集流体可以实现无枝晶钠的沉积。使用 3D Al 集流体替代商业化的铝箔,Na/多孔 Al 半电池在 0.5 mA·cm$^{-2}$ 电流、0.25 mA·h·cm$^{-2}$ 条件下可循环 1 000 次(1 000 h),并且保持较低的极化(20 mV),平均库伦效率高达 99.9%[34]。3D 多孔 Cu 同样可以实现稳定的钠的沉积与溶解,与醚类电解液具有良好的浸润性。在 1 mA·cm$^{-2}$ 电流、1 mA·h·cm$^{-2}$ 条件下,循环 400 次的平均库伦效率为 99.4%,极化仅为 20 mV。甚至可以在 6 mA·cm$^{-2}$ 电流下维持稳定的循环[35]。Lu 等将商业化的铜箔进行表面处理,在表面生成一层 3D 的直径约 40 nm 的铜纳米线层。平板 Cu 箔集流体因表面粗糙,导致电子分布不均匀,易生长出钠枝晶。而 3D 多孔 Cu 纳米线电极,纳米线上的许多位置均可以作为电荷中心,大大提高了电荷分布的均匀性,提高了离子通量的均匀性,从而有利于钠的均匀沉积。在 0.5 mA·cm$^{-2}$ 电流下稳定循环 250 h,电压极化没有明显变化[36]。

另外一种改善钠均匀沉积的方法是在金属钠负极或者集流体上放置一层中间层,作为亲钠层,如多孔纸、无机-有机复合膜、金属有机框架(MOF-199)、石墨烯、金薄膜等,加速钠的成核,抑制枝晶生成。Hou 等将 PVDF 和 NaF 分散在 NMP 溶剂中,然后涂覆在铜箔集流体上,制备出有机-无机复合膜修饰的铜集流体(PNF@Cu)。这层具有弹性的 PVDF 基膜能够缓解钠沉积/溶解过程中的体积变化,维持金属钠负极表面的完整性,NaF 则改善了钠离子扩散电导率和机械强度,抑制钠枝晶生成。在 1 mA·cm$^{-2}$、2 mA·h·cm$^{-2}$ 条件下稳定循环 2 100 h,而普通铜箔集流体仅可循环 170 h。PNF@Cu 集流体在 5 mA·cm$^{-2}$、1 mA·h·cm$^{-2}$ 条件下循环 480 h 的效率高达 99.9%[37]。人们在研究中发现,可以在含缺陷碳结构的碳基材料表面沉积金属,且在不均匀 SEI 层或较大 Na 离子通量的区域也可以阻碍枝晶的生成。通过 CVD 法将石墨烯层沉积在 Cu 集流体上,集流体上均匀沉积的石墨烯降低了成核电位和沉积电位,有助于控制表面金属钠的初始成核速率,提高电池的库仑效率[38]。将再生丝素蛋白(regenerated silk fibroin, RSF)溶液悬涂在铜集流体上,然后热处理后形成焦蛋白层(PSL,约 100 nm 厚)包覆的铜集流体(PSL-Cu)。PSL 由高度无序的碳材料组成,其结构可以让钠离子扩散,并与有缺陷的碳位点接触,这些缺陷作为催化位点,让金属钠在整个表面上均可均匀沉积,实现高度可逆的钠的沉积/溶解循环,在高达 4 mA·cm$^{-2}$ 电流下都可以均匀沉积。并且 PSL-Cu 成核过电位较纯 Cu 集流体显著下降,仅约为 10 mV(50 μA·cm$^{-2}$)。在 1 mA·cm$^{-2}$、0.5 mA·h·cm$^{-2}$ 条件下稳定循环 300 次,平均效率为 99.96%[39]。Au-Na 合金也可以作为亲钠层,其与金属钠具有较大的结合能,有效改善金属钠的循环性能。在铜集流体上直接沉积一层薄的 Au 层,在首次钠沉积过程中,形成 Au-Na 合金层。由于 Cu 与 Na 的结合能较低,Na 在 Cu 上的成核势垒较高,使 Na 的沉积不均匀,并可能会存在孔洞;在接下来的溶解过程中易形成死钠,导致低的库伦效率和循环稳定性。而 Au-Na 合金层与 Na 具有较高的结合能,使 Na 沉积的成核中心数目大大增加,最终沉积出均匀致密的金属钠层,如图 5.11 所示[40]。Yang 等开发出氮锚单原子锌(Zn)的碳基材料($Zn_{SA}$-N-C)作为集流体,单个 Zn 原子对钠离子具有强烈的"吸引"作用,从而引导钠的有序成核和生长,避免了钠枝晶的生成。并且使用该集流体时,钠的成核过电位几乎为零。在 $0.5\ mA·cm^{-2}$、$0.5\ mA·h·cm^{-2}$ 条件下,稳定循环 1 000 h[41]。金属有机框架化合物(MOFs)具有可控的结构、较大的比较面积和可调的孔径,也可以用于金属钠负极的中间层,有效减少钠沉积过程中的体积膨胀和多余的 SEI 膜的生成,提高库伦效率[42]。

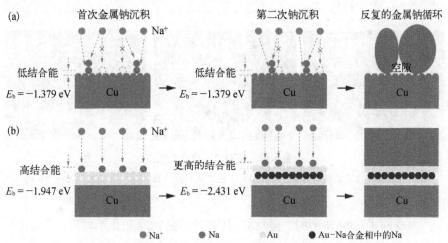

图 5.11 金属钠在 Cu、Cu@Au 集流体上沉积的示意图[40]

2. 纳米结构载体设计

在金属钠沉积/溶解过程中,会产生体积变化,为了解决这个问题,通过设计 3D 多孔主体承载钠的体积变化。一个理想的主体结构应该具有良好的"亲钠性",有利于金属钠的沉积,较高的比表面积以降低电流密度,较好的稳定性避免与电解液发生副反应。

如图 5.12 所示,将熔融的金属钠诱导至还原氧化石墨烯(rGO)的片层之间,制备了 Na@rGO 复合负极,可通过控制堆叠的 GO 的厚度控制 Na@rGO 电极的厚度。Na@rGO 复合负极中钠的含量达 95.5 wt.%,理论比容量为 1 055 $mA·h·g^{-1}$。此外,仅含有 4.5 wt.% 的 rGO 的 Na@rGO 电极在硬度、机械强度和化学稳定性均有较大提高。在电解液和不同的气体中均体现出较好的稳定性。rGO 的引入提高了复合负极的表面平整度,可以形成均匀的钠离子流。并且 rGO 有效避免了金属钠与电解液的直接接触,促进形成稳定的 SEI 膜,使得钠可以均匀的沉积[43]。三维 rGO 泡沫同样可以通过熔融的金属钠制备 rGO/Na 负极,如图 5.12(b) 所示。复合电极中的空隙可以沉积金属钠,从而避免枝晶的生成[44]。

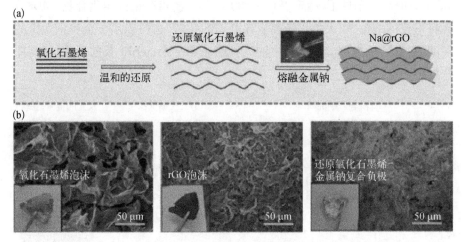

图 5.12 rGO、Na 复合负极

(a) Na@rGO 复合负极制备示意图;(b) GO 泡沫、rGO 泡沫和 rGO-Na 负极的 SEM 图,内插图为光学照片[43]

MXene 是一种新型的二维材料,具有独特的物理和化学特性,并且具有明显的层状结构,层间距约 0.98 nm。当 MXene 层间嵌入阳离子表面活性剂时,层间距可扩展至 1~2.7 nm,是一种优异的金属钠载体。但是由于 MXene 的导电特性,金属钠会优先沉积在 MXene 框架的表面,而不是沉积在其层间,这样就容易产生枝晶。若在 MXene 层间引入亲钠的"种子",金属钠则会倾向沉积在 MXene 的层间。Luo 等在 $Ti_3C_2$ MXene 层间引入 CT-Sn(Ⅱ)@ $Ti_3C_2$: $Sn^{2+}$ pillared $Ti_3C_2$ MXene,有效引导钠在层间的成核与生长,均匀地沉积。在沉积过程中,钠优先在 $Sn^{2+}$ 周围成核,并还原 $Sn^{2+}$ 生成导电性良好的 $Na_xSn_y$ 合金。接下来由于 $Na_xSn_y$ 合金的导电性,所以钠继续在层间沉积,直至层间被钠填满。如图 5.13 所示。CT-Sn(Ⅱ)@$Ti_3C_2$/Na 复合负极在 $4\ mA·cm^{-2}$、$4\ mA·h·cm^{-2}$ 条件下可以循环 500 次。在 $10\ mA·cm^{-2}$、$3\ mA·h·cm^{-2}$ 条件下可循环 100 次,效率为 98.5%[45]。

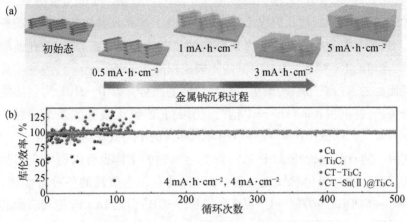

图 5.13　CT-Sn(Ⅱ)@Ti$_3$C$_2$/Na 复合负极

(a) 金属钠在 CT-Sn(Ⅱ)@Ti$_3$C$_2$ 框架上的沉积示意图；(b) CT-Sn(Ⅱ)@Ti$_3$C$_2$/Na 复合负极的循环性能[45]

基于天然木头中用于传输离子和水的通道的结构，Hu 等将天然木头碳化，然后通过热灌法制备了 Na-碳化木复合负极（Na-wood）。Na-wood 负极中碳化木的孔道几乎被钠完全填满。钠的沉积、溶解过程均发生在导电主体的多孔孔道中，且高的比表面积降低了有效电流密度，表现出良好的循环稳定性。在 1 mA·cm$^{-2}$ 电流下，0.5 mA·h·cm$^{-2}$ 或 1 mA·h·cm$^{-2}$ 条件下循环均为 250 次以上，而纯钠片仅循环 90 次和 50 次[46]。具有 3D 柔性结构的商业化碳毡也可以用作金属钠的载体，且具有以下优势：① 碳毡可提供较大的内部自由空间储存钠；② 碳纤维骨架可诱导钠离子均匀分布，降低电流密度，抑制枝晶生成，缓解金属钠循环时的体积变化。通过热灌法制备的金属钠复合负极具有良好的循环稳定性，在 5 mA·cm$^{-2}$、2 mA·h·cm$^{-2}$ 条件下可稳定循环超过 6 000 h[47]。同样采用碳毡作为主体，通过电化学沉积制备钠/碳毡复合负极，在 1 mA·cm$^{-2}$ 和 2 mA·cm$^{-2}$ 电流下分别循环 1 100 h 和 350 h，分别是使用 Al 箔集流体的对称电池寿命的 5.6 倍和 3.9 倍[48]。碳纤维带（carbon textile，CT）、Fe$_2$O$_3$ 包覆的碳纤维带也可用作金属钠的沉积主体[49,50]。

碳材料很容易制备出三维、多孔的形貌，且电导率较高，但是由于碳材料与钠的浸润性差，金属钠很难沉积在碳主体的孔中。所以要在碳材料上引入亲钠层或者亲钠基团，诱导金属钠沉积在碳主体的孔洞中，达到抑制枝晶的目的。在碳主体中,掺杂的杂原子(如 N、S、O 等)可作为亲钠点,引导钠的均匀沉积,抑制枝晶形成。Zheng 等报道了 N 和 S 共掺杂的中空碳纤维(D-HCF)为主体,均匀分布的 N 和 S 的掺杂位置和丰富的微/中孔诱导了简单、均匀的 $Na^+$ 成核。D-HCF 的比表面积高达 1 052 $m^2·g^{-1}$,进一步分散了界面处的 Na 离子通量,减缓了枝晶形成的趋势。以 D-HCF 为主体的钠复合负极,在沉积 8 $mA·h·cm^{-2}$ 钠时,仍维持光滑、无枝晶的表面形貌。在 1 $mA·cm^{-2}$、0.5 $mA·h·cm^{-2}$ 条件下循环 600 次的平均效率为 99.67%[51]。N、O 共掺杂的石墨化碳纤维(DGCF)作为金属钠的主体也可以诱导金属钠的均匀成核。通过湿化学氧化过程,可以将具有强电负性的各种官能团,如氮、酯(—COOR)、羰基(—C═O)和羟基(—OH)引入 DGCF,使其表面的电负性增强,从而增强 DGCF 与 $Na^+$ 的结合力,有利于形成均匀的 Na 镀层。DGCF-Na 负极可在 1 $mA·cm^{-2}$ 电流下,高达 12.7 $mA·h·cm^{-2}$ 容量密度下稳定循环,平均效率为 99.8%[52]。Zhao 等将碳纸(CP)与氮掺杂碳纳米管(NCNTs)结合作为金属钠的 3D 主体,制备 Na@CP-NCNTs 复合负极。单纯的 CP 是疏钠的,引入 NCNTs 作为亲钠层,有效改善金属钠与 CP-NCNTs 的浸润性。Na@CP-NCNTs 复合负极在 5 $mA·cm^{-2}$ 电流、3 $mA·h·cm^{-2}$ 容量下可稳定的循环[53]。

基于反应 $MoS_2$ 与 Na 的转化反应机制,Yang 等通过折叠轧制法合成钠的人工 SEI 膜及 3D 主体。反应生成的 $Na_2S$(SEI 膜)均匀地分布在金属钠表面,抑制了钠枝晶的形成;未参与反应的 $MoS_2$ 纳米片可以构成一个三维主体来限制金属钠,缓解金属钠的严重的体积膨胀[54]。在碳框架中嵌入均匀的 Sn 纳米颗粒,制备出 Sn@C 作为主体,其中 Sn 纳米颗粒作为成核位点,引导钠的沉积,降低钠的沉积过电位;碳材料作为缓冲层,缓解循环过程中的体积变化。在 2 $mA·cm^{-2}$、5 $mA·h·cm^{-2}$ 条件下,循环超过 1 250 h,平均库伦效率为 99.3%[55]。

3. 室温液体钠负极

目前室温钠电池的研究均集中在固态钠负极,Yu 等将金属钠溶于联苯(biphenyl, BP)和醚(DME 或者 TEGDME)中,开发出一种室温下、无枝晶的液态钠负极(Na-BP-醚)。图 5.14 为 Na-BP-DME 电极的可逆沉积与溶解曲线。在室温下,液态 Na-BP-DME 电极与氧化铝电解质(BASE)有良好的浸润性,组装的 $Na_2S_8$/BASE/Na-BP-TEGDME 电池在 1.1 $mA·g^{-1}$ 电流下,可循环 3 500 次[56]。

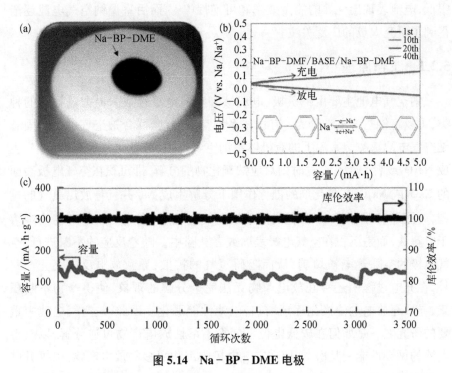

**图 5.14 Na-BP-DME 电极**

(a) 室温下,在 BASE 电解质表面的 Na-BP-DME 电极;(b) Na-BP-DME 电极的可逆充放电曲线,容量限制为 5 mA·h;(c) $Na_2S_8$/BASE/Na-BP-TEGDME 电池的循环性能,电流密度为 1.1 mA·$g^{-1}$,电压范围为 1.8~2.5 V[56]

## 5.2 钠空气/氧气电池

锂空气电池是目前已知的能量密度最高的锂电池体系(11 430 W·h·$kg^{-1}$,基于负极材料的重量),而钠空气电池的理论能量密度为 3 451 W·h·$kg^{-1}$(基于负极材料的重量),仅次于锂空气电池。Peled 等最早报道的钠空气电池是以液态金属钠为负极,在有机聚合物电解液中进行充放电测试,其工作温度为 98℃(高于金属钠的熔点)[57]。第一个室温钠空气可逆电池是由复旦大学的 Sun 等研制,其电解液为有机碳酸酯类溶液,放电产物主要是 $Na_2O_2$。但是由于存在电解液分解等副反应,导致电池的循环性能很差[58]。随着研究的深入,研究者发现钠氧气电池的反应产物可以为超氧化钠,且充电极化很低,电池表现出优异的能量效率和可逆性[59]。而后室温钠空气电池逐渐得到了研究人员的广泛关注。

## 5.2.1 工作原理

钠空气电池主要由钠负极、电解液和空气电极组成。根据电解液的种类,可以将钠空气电池分为:有机体系钠空气电池、混合钠空气电池和固态钠空气电池三类。室温下的有机体系钠空气电池,放电时氧气与钠反应,生成 $Na_2O_2$ 或者 $NaO_2$;充电时则对应钠氧化物的分解,即沉积在空气电极表面的 $NaO_2$ 或 $Na_2O_2$ 在催化剂的催化作用下分解生成 $Na^+$ 并且释放出氧气的过程,如图 5.15 所示[60]。在有机体系钠空气电池中,生成的放电产物均难溶于电解液,而是沉积在空气电极表面或者孔隙中。随着反应的不断进行,空气电极的空隙逐渐被填满,从而阻碍氧气的扩散,导致放电反应终止。此外,在充电过程中还存在放电产物无法完全分解的现象,使得产物不断积累,导致充放电电位极化逐渐增加,电池性能恶化。因此,钠空气电池中重要的研究之一是如何在较低电位下使得不溶性放电产物可逆分解,以改善电池的循环性能。其次,如何在空气电极中沉积更多的放电产物,以提升电池的比容量。

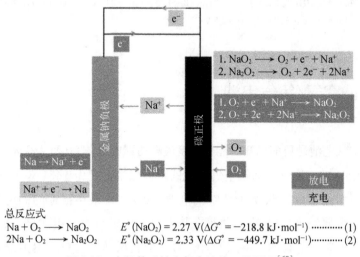

图 5.15 有机体系钠空气电池的工作原理[60]

混合体系的钠空气电池在正极侧使用水系电解液,而在金属钠负极侧则使用有机电解液,中间通过陶瓷隔膜分开,如图 5.16 所示[61]。根据水系

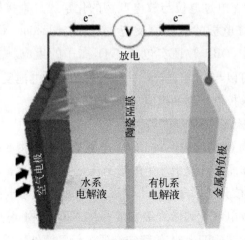

图 5.16 水系钠空气电池的工作原理[61]

电解液的酸碱性,电池反应也不一样,反应如式(5.1)和式(5.2)所示。

酸性条件:

$$4Na+O_2+4H^+ \longrightarrow 4Na^+ +2H_2O \tag{5.1}$$

碱性条件:

$$4Na+O_2+2H_2O \longrightarrow 4NaOH \tag{5.2}$$

在酸性条件下放电时,放电产物为 $H_2O$。Na 失去电子被氧化成 $Na^+$,通过陶瓷隔膜扩散至空气电极表面。充电过程则是放电产物 $H_2O$ 的分解过程。碱性条件下放电时,则是生成 NaOH。

固态钠空气电池主要是由金属钠负极、固体电解质和正极材料组成,关于这部分的研究仍处于起步阶段,将在后面部分详细阐述。

### 5.2.2 放电产物

自室温有机系钠空气电池在 2012 年被首次报道后,其放电产物包括 $NaO_2$、$Na_2O_2$、$Na_2O_2 \cdot 2H_2O$、$Na_2CO_3$ 和 NaOH。了解这些不同的产物是如何形成的,不仅有利于设计出性能更好的钠氧电池,而且可以更深入地认识非质子金属空气电池。其中,以 $NaO_2$ 为放电产物的钠空气电池具有很低的极化,因而成为研究的重点[58]。如何构建一个适于生成 $NaO_2$ 的钠空气电池体系,并能保证电池的稳定性和可逆性是目前研究的重要方向。

$Na/O_2$ 电池的充电过电位与放电产物的化学成分直接相关。产物的成分主要取决于空气电极的氧还原反应（oxygen reduction reaction，ORR）机理。在有机溶剂中，ORR 被证实包含了 $O_2^-$ 离子的生成。由于钠离子半径大，极化率更高，可以与 $O_2^-$ 形成稳定的化合物。通过电池反应的热力学或动力学影响因素能够控制产物的组成。

1. 电解液的影响

反应中间产物 $O_2^-$ 的稳定性对 $Na/O_2$ 电池的放电产物的成分和形貌起着重要的作用。在非质子环境中产生的带有未配对电子的氧自由基是一种活性的、不稳定的亲核分子。含有质子性添加剂，如水或者弱酸的钠空气电池通常具有更高的放电容量和微米级别的晶体 $NaO_2$ 产物。这其中，含有质子添加剂的非质子电解质即为 $O_2^-$ 的稳定介质。但是额外的质子添加剂也增加了放电时的副反应，对电池性能产生不利的影响。具有高 Gutman 受体和供体数（AN 和 DN）的添加剂可以促进产物以溶液介导机理生长，并且不会带来副反应。此外，电解液中盐的 DN 越高，$Na/O_2$ 电池倾向按照溶液-介质生长机理反应，可以释放出更高的放电容量[62]。

在低 DN 电解液中溶剂与 $O_2^-$ 中间体形成离子对的能力较低，因而通过表面-介质机理进行氧化反应[63]，所以易生成 $Na_2O_2$。溶剂的种类也会影响钠空气电池中放电产物的形貌，长链醚因强溶剂-溶质相互作用能够将 $NaO_2$ 的形成转移到电极表面，导致极低的容量发挥（$0.2\ mA·h·cm^{-2}$）和亚微米微晶的生成。而短链醚可以促进去溶剂化和溶液沉淀，能够形成较大的立方晶体并发挥高比容量（$7.5\ mA·h·cm^{-2}$）。而氧在不同溶剂中的溶解度和扩散速率对电池电化学性能的影响也应当被考虑[64]。此外，有研究发现溶剂的酸离解常数（$pKa$）与 $Na/O_2$ 电池放电产物组成有关，$pKa$ 值越大的溶剂有利于 $NaO_2$ 的生成[65]。

2. 气相中水分的影响

$Na/O_2$ 电池中，氧气中痕量水的存在对放电产物成分的影响很大，进而影响电池的性能。相比锂空气电池，$Na/O_2$ 电池对水的敏感度更高，其会导致 $NaOH$ 和 $Na_2CO_3$ 等副产物的生成，如图 5.17 所示[66]。随着环境湿度的上升，电池的放电容量先增加后下降，主要的放电产物是 $Na_2O_2·2H_2O$。在放电过程中，$NaO_2$ 与水反应生成 $Na_2O_2·2H_2O$ 和 $NaOH$，充电时则生成 $H_2O_2$[67]。

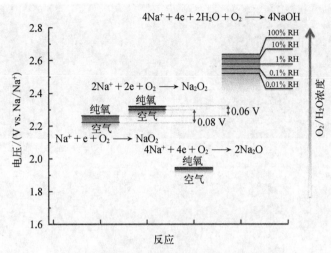

图 5.17 纯氧、干/湿空气下钠空气电池中可能
反应的理论氧化还原电位的演变[66]

**3. 空气电极的影响**

Na/$O_2$ 电池中,尽管空气电极用作电荷/质量转移介质不直接参与电池的电化学反应,但是它可能通过影响反应中间产物从而对放电产物的形貌和成分产生作用。研究使用不同碳空气电极的 Na/$O_2$ 电池的放电产物,发现其均为 $NaO_2$,但是有一半的电极表面都没有发现立方颗粒的产物,说明空气电极对产物的形貌有影响[68]。当空气电极表面存在含氧官能团时会影响钠氧电池的反应机理,因而产生不同形貌和组成的反应产物,导致电池的放电平台、容量都有所差异。疏水空气电极的 Na/$O_2$ 电池有一个平稳的放电平台,而亲水空气电极则只有一个斜平台,其初始放电电位较高,但是容量很低。疏水性空气电极上的放电产物是晶体立方 $NaO_2$ 颗粒,而亲水性电极表面则是生成一层 $NaO_2$ 膜,如图 5.18 所示[69]。

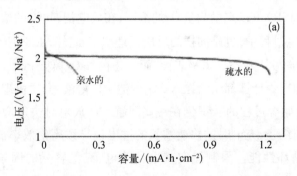

**图 5.18 空气电极对 Na/O₂ 电池的影响**

(a) 使用疏水和亲水空气电极的 Na/O₂ 电池的放电曲线；Na/O₂ 电池放电后的空气电极的扫描电镜照片：(b)、(c) 疏水空气电极，(d)、(e) 亲水空气电极[69]

### 5.2.3 充放电机理

目前 $NaO_2$ 立方颗粒的生长机制主要被认为有两种：一是氧气先还原生成 $O_2^-$ 溶解在电解液中，然后在空气电极上以 $NaO_2$ 沉积（溶液-介质机理）；二是在 ORR 过程中直接在立方体的表面连续成核生长（表面-介质机理），如图 5.19 所示[60]。相应的研究在电解液中检测到了溶解的 $O_2^-$，验证了溶液-介质机理。旋转圆盘电极 (rating ring-disk electrode, RRDE) 的研究表明，与正常电解液相比，含 500 ppm 水的电解液中的圆盘电流更高，即电解液中含有水的情况下溶解的 $O_2^-$ 浓度更高[70]。通过电子自旋共振 (electron spin-resonance, ESR) 可以定量测量 $O_2^-$ 的浓度，在放电初期，$O_2^-$ 的浓度逐渐升高；而在后续充电过程中，也是同样的反应机理[71]。此外，由于 $NaO_2$ 的绝缘特性，ORR 更倾向发生在空气电极表面，而不是在 $NaO_2$ 颗粒上[72]。

尽管实验和理论计算都认为在 Na/O₂ 电池中以溶液-介质机理生成和分解 $NaO_2$，但是对整个过程的认识仍在一些问题。如放电时快速增加的过电位导致放电提前终止，充电时的快速增长的过电位导致库伦效率低，这些都会损害电池的循环性能。限制钠空气电池放电、充电容量的因素有很多。

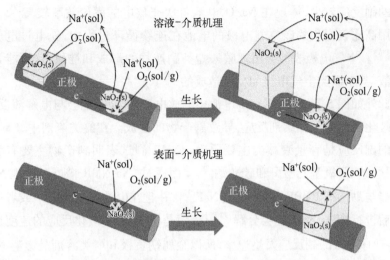

**图 5.19　通过溶液-介质机理和表面-介质机理生成 NaO$_2$ 立方颗粒的示意图**[60]

sol.溶液；g.气态；s.固态

不同的电流密度条件导致钠空气电池放电终止的因素不同。在低电流下，Na/O$_2$ 电池更易生成大颗粒的 NaO$_2$ 晶体，其堵住了空气电极的孔隙造成电池的放电终止。而在高电流下，空气电极表面则会倾向于生成 NaO$_2$ 膜，使得电极钝化，从而导致电池放电终止，如图 5.20 所示[73,74]。

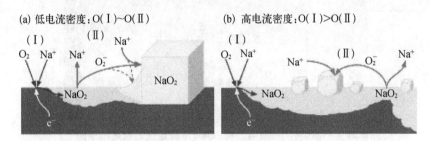

**图 5.20　在不同电流下，NaO$_2$ 的生成机理示意图**

低电流时，大颗粒的立方相 NaO$_2$ 生成通过三个步骤：① O$_2$ 还原生成 NaO$_2$；② O$_2^-$ 离子的溶解与扩散，大的 NaO$_2$ 立方体成核/长大；③ 更厚的、多孔膜在放电末期，在晶体颗粒之间生长。(a) 低电流时，NaO$_2$ 膜和 NaO$_2$ 晶体都会存在，主要是 NaO$_2$ 晶体；(b) 高电流时，上述步骤一样，但是 NaO$_2$ 主要以膜形式存在；步骤①的速度比 O$_2^-$ 离子溶剂、扩散、晶体生长的速度要快[73,74]

### 5.2.4　空气正极侧的副反应

相比 Li/O$_2$ 电池，Na/O$_2$ 电池中因 Na$^+$ 可以更好地稳定 O$_2^-$ 中间体，所以电池中的副反应较少,体现在 Na/$O_2$ 电池首次充放电的库伦效率较高[75]。但是使用高比表面积的碳空气电极的电池在连续循环过程中,充电过电位会增加[76]。空气电极表面会出现碳酸盐类副产物的形成和堆积,这可能是由电解液,甚至碳类空气电极的分解造成的[77]。

此外如图 5.21 所示,Na/$O_2$ 电池中的放电产物 $NaO_2$ 也会与电解液反应,发生歧化反应或与黏结剂反应,导致副产物的生成。在醚类溶剂中,$NaO_2$ 与溶剂的副反应是容量衰减的主要原因。NMR 测试表明副产物主要有醋酸盐、甲酸钠、甲氧基乙酸酐和碳酸钠[78]。而通过 $^{23}$Na NMR 谱可以发现 $NaO_2$ 还可能与黏结剂 PVDF 反应,生成 NaF[77],并且在电池放电过程中或者完全放电后进行搁置,$NaO_2$ 也会分解[79,80]。但是由于 $NaO_2$ 歧化反应的速度远低于 $O_2^-$ 迁移导致的副反应发生速率,所以金属钠负极和醚类溶剂是影响 $NaO_2$ 稳定性的主要因素[81]。

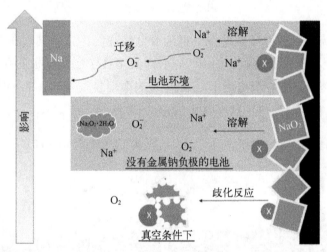

图 5.21 不同条件下,放电产物 $NaO_2$ 不稳定性的机理示意图[81]

### 5.2.5 研究现状

#### 5.2.5.1 空气电极

在 Na/$O_2$ 电池中,氧气作为正极活性物质在放电过程中被还原,并与钠离子结合生成固态的钠氧化合物。Na-$O_2$ 电池中的空气电极提供了一个三相反应区,发生氧气还原和氧气析出反应。此外,在 Na-$O_2$ 电池循环时,空气电极也用于存储放电产物。理想的空气电极除了具有高导电性、高化学稳定性、高比表面积和低成本等电极材料的一般特性外,还应具有足够的孔隙率、适当的孔体积和孔径分布。空气电极的多孔结构用于氧气的扩散,允许放电产物的形成和存储,并在充电期间分解放电产物。其结构影响放电产物的形貌和组成,而存储放电产物的能力直接决定了电极的放电容量,从而决定了整个电池的性能。因此空气电极在 $Na/O_2$ 电池中极其重要。为了获得更有利于氧气扩散和放电产物沉积的空气电极,目前主要的研究工作集中在优化空气电极的孔径、孔体积、比表面积、厚度和电导率等方面[60,82]。空气电极中的主要组成包括碳基材料[如石墨烯、杂原子掺杂石墨烯、碳纳米管(阵列)等]、过渡金属氧化物($NiCo_2O_4$、$CaMnO_3$、$Co_3O_4$、$RuO_2$、$MnCo_2O_4$等)、金属材料(铂金、金等)、相转移催化剂及可溶性催化剂(NaI、二茂铁等)。

1. 碳基材料

碳基材料具有较大的比表面积和较高的电导率,是空气电极基体的首选。Sun 等首次使用钻石状碳薄膜作为空气电极组装室温钠空气电池,其首次放电比容量为 $1\,884\ mA \cdot h \cdot g^{-1}$,循环 20 次之后容量衰减至 $1\,058\ mA \cdot h \cdot g^{-1}$。这主要是因为在碳酸酯类电解液中,放电过程中生成产物 $Na_2O_2$ 之外,还有 $Na_2CO_3$ 和 NaOCOR 副产物[58]。石墨烯及杂原子掺杂石墨烯对氧气析出反应具有很高的催化活性,而且其比表面积很大有利于放电产物的沉积。Liu 等使用自制的石墨烯纳米片作为 $Na/O_2$ 电池的空气电极催化剂,在醚类电解液中放电容量可达 $9\,268\ mA \cdot h \cdot g^{-1}$(电流密度为 $200\ mA \cdot g^{-1}$),其容量和循环稳定性都优于钻石状碳薄膜电极。选区电子衍射(SAED)的结果表明放电产物为 $Na_2O_2$,但是循环 10 次后难以分解的副产物在石墨烯表面不断累积,导致电池极化不断增加[83]。氮原子掺杂后的石墨烯(N-GNSs)不仅电导率得到提升,也具备了更多的活性位点,从而改善了其在 $Na/O_2$ 电池中的电催化活性[84]。使用掺氮石墨烯材料的 $Na/O_2$ 电池在 $75\ mA \cdot g^{-1}$ 的电流下,首次放电容量为 $8\,600\ mA \cdot h \cdot g^{-1}$,如图 5.22 所示。N-GNSs 作为催化剂,有利于生成颗粒较小(约 50 nm)且均匀分布的放电产物 $Na_2O_2$。而将氮掺杂石墨烯制备成 3D 气凝胶,可以在纳米尺度上进一步控制放电产物的均匀沉积、降低极化,获得优异的电化学性能(在 $100\ mA \cdot g^{-1}$ 电流下,放电容量为 $10\,905\ mA \cdot h \cdot g^{-1}$;限制容量为 $500\ mA \cdot h \cdot g^{-1}$ 时可循环 100 次)[85]。

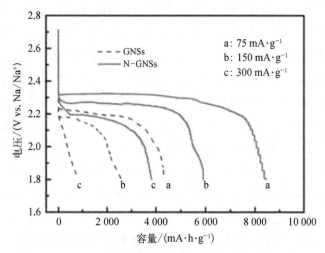

图 5.22 以 GNSs 和 N-GNSs 为空气电极的钠空气电池在不同电流下的放电曲线

碳纳米管也具有比表面积大、导电性高的优点。以碳纳米管纸为空气电极，在 NaTFSI/TEGDME 电解液中以 500 mA·g$^{-1}$ 电流放电，Na/O$_2$ 电池的首次放电比容量为 7 530 mA·h·g$^{-1}$(1.51 mA·h·cm$^{-2}$)，在 2.2 V 处有一个平稳的放电平台，极化约 200 mV。非原位 XRD 发现放电产物为 Na$_2$O$_2$·2H$_2$O[86]。Zhao 等使用碳纳米管阵列作为 Na/O$_2$ 电池的空气电极，限制容量为 750 mA·h·g$^{-1}$ (1.04 mA·h·cm$^{-2}$，约完全放电容量的 20%)，在 67 mA·g$^{-1}$ 电流下可循环 100 次，放电产物为立方状 NaO$_2$。但是随着循环次数增加，有 Na$_2$O$_2$·2H$_2$O 和 NaOH 副产物在电极上沉积。当空气电极表面预先沉积一层 NaO$_2$ 膜时，可以改善电极的倍率特性。在 667 mA·g$^{-1}$ 电流下，比容量为 1 500 mA·h·g$^{-1}$[87]。

如图 5.23 所示，Kwak 等制备高度有序介孔碳(ordered mesoporous carbon，OMC)作为 Na/O$_2$ 电池的空气电极。OMC 具有很高的比表面积(1 544 m$^2$·g$^{-1}$)和较窄的孔径(2.7 nm)。以 OMC 为空气电极的 Na/O$_2$ 电池，在 100 mA·g$^{-1}$ 电流下，首次放电比容量为 7 987 mA·h·g$^{-1}$，极化为 1.5 V，低于使用 SP 为电极的电池极化(1.8 V)。因使用碳酸酯类电解液，电池放电产物是 Na$_2$O$_2$/Na$_2$CO$_3$，但是也能实现可逆分解[88]。此外，在碳纸(carbon paper，CP)上垂直生长上氮掺杂的碳纳米管(NCNT-CP)，制备出 3D 无黏结剂的空气电极。在 0.1 mA·cm$^{-2}$ 电流下，放电容量是 CP 电极的 17 倍。这得益于 NCNT 的高比表面积和 CP 结构中的微米级的孔隙，其保证了氧气和钠离子向电极表面的输送。3D 结构促使在电极表面形成一层均匀的放电产物,但是该碳电极在充放电过程中也会发生副反应生成 $Na_2CO_3$,如图 5.24 所示[76]。

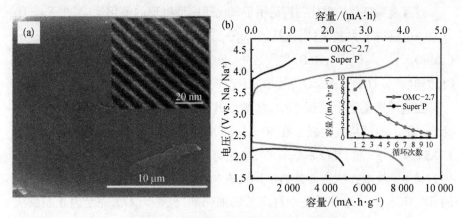

**图 5.23 介孔碳空气电极及 $Na/O_2$ 电池**

(a) 介孔碳空气电极的扫描电镜照片,内插图为透射电镜照片;(b) 在 100 $mA·g^{-1}$ 电流下,以 OMC 和 SP 为空气电极的钠空气电池的充放电曲线,内插图为循环性能[88]

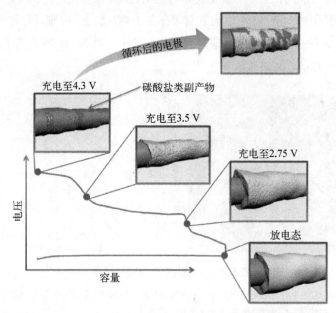

**图 5.24 以 NCNT-CP 为空气电极的钠空气电池的反应示意图[76]**

虽然碳基材料作为空气电极具有很多优势,但是在充放电过程中,仍存在被放电产物氧化生成 $Na_2CO_3$ 的现象,所以在优化碳基材料空气电极的比表面积、孔径、电导率等同时,对其稳定性也要进行考虑,才能达到 $Na/O_2$ 电池的长效循环。

**2. 过渡金属氧化物**

过渡金属氧化物催化剂广泛用于氧化还原型机理的催化反应,在 Na-$O_2$ 电池中也获得了大量关注,包括 $ZnCo_2O_4$[89]、$NiCo_2O_4$[90]、$VO_2$[61]、$MnCo_2O_4$[91]、$CaMnO_3$[92]、$Co_3O_4$[93]、$RuO_2$[94,95]、$\alpha$-$MnO_2$[96],以及复合金属氧化物,如核壳结构的 $Co_3O_4$@$MnCo_2O_{4.5}$[97]、CoO/CoP[98] 等。

在泡沫镍基底上沉积 $NiCo_2O_4$ 纳米片,制备出无碳、无黏结剂的电极作为 Na/$O_2$ 电池的空气电极。在 50 mA·$g^{-1}$ 电流下首次放电和充电容量分别为 1 185 mA·h·$g^{-1}$ 和 1 112 mA·h·$g^{-1}$,极化为 1.32 V。10 次循环后,容量保持率为 33.8%。放电产物主要是纳米片状的 $Na_2O_2$,但是仍会生成 $Na_2CO_3$ 副产物的,即 $NiCo_2O_4$ 纳米片虽是一种高效的催化剂,但是仍无法完全阻止副反应的发生[89]。如图 5.25 所示,在碳纤维上垂直生长 $Co_3O_4$ 纳米线制备无黏结剂、柔性空气电极($Co_3O_4$ nanowire on carbon textiles,COCT),在 Na/$O_2$ 电池中具有较高的催化活性,从而有效降低充电过电位。得益于 COCT 多孔电极中可用于沉积放电产物的较大孔体积,在 100 mA·$g^{-1}$ 电流下,放电容量为 4 687.2 mA·h·$g^{-1}$。放电产物是晶型较差的 $NaO_2$ 和 $Na_2O_2$ 的混合物,较为均匀地分布在 $Co_3O_4$ 纳米线电极上[93]。

 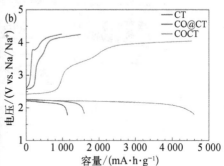

**图 5.25 $Co_3O_4$ 空气电极及性能**

(a)$Co_3O_4$ 纳米线构建的空气电极,内插图为无黏结剂、柔性的空气电极光学照片;(b)在 100 mA·$g^{-1}$ 电流下,不同空气电极的首次充放电曲线[93]

$RuO_2$ 在 Na-$O_2$ 电池中可以有效地降低充电极化,也可以调控放电产物的形貌和成分。在硼掺杂的还原氧化石墨烯上负载 $RuO_2$ 微米颗粒作为空气电极(m-$RuO_2$-B-rGO),于 50 μA·$cm^{-2}$ 的电流密度下,限制容量为

0.5 mA·h·cm$^{-2}$时可循环100次。放电产物为纳米级非晶的贫钠球形$Na_{2-x}O_2$，而没有$RuO_2$催化剂的rGO和B-rGO空气电极的放电产物则是微米颗粒的和膜状的$NaO_2$。由于$RuO_2$与氧的亲和力使得非晶态的$Na_{2-x}O_2$与$RuO_2$保持良好的电接触，导致$Na_{2-x}O_2$在低于3.1 V时就可以完全分解。此外，$RuO_2$提供了足够多的活性位点和反应空间，降低了放电产物和碳之间的副反应[94]。但是也有研究指出与CNTs空气电极生成微米级立方状$NaO_2$晶体不同（溶液-介质机理），将$RuO_2$纳米颗粒分散在CNTs上制备的$RuO_2$/CNT空气电极在ORR过程中会生成非晶的涂层状的$NaO_2$（表面-介质机理）。而在后续的析氧反应（oxygen evolution reaction，OER）过程中，$NaO_2$与副产物之间存在竞争分解。虽然$RuO_2$/CNT电极较CNTs(4.03 V)电极可以在较低的电位(3.66 V)分解反应产物，但是由于生成的膜状$NaO_2$活性较高，容易快速进行化学反应生成副产物，所以$RuO_2$/CNT电极难以在OER过程中起到积极的促进作用[95]。

同时对ORR和OER过程具有催化效应的催化剂叫做双功能催化剂。CoO/CoP超薄纳米片具有O-P互穿界面，如图5.26所示，由于掺杂的相互作用提高了CoO与CoP的导电性和电子转移效率，这在很大程度上是OER和ORR活性同时增强的原因。CoO/CoP超薄纳米片结合了CoP高OER活性和CoO高ORR活性的优点，使用其作为催化剂的空气电极在100 mA·g$^{-1}$的电流下，首次放电容量为12 654 mA·h·g$^{-1}$，并且具有良好的倍率特性。在500 mA·g$^{-1}$的电流下限制容量为500 mA·h·g$^{-1}$时，可循环65次[98]。此外，Liu等制备了具有核壳结构的$Co_3O_4$@$MnCo_2O_{4.5}$纳米立方颗粒，比表面积达

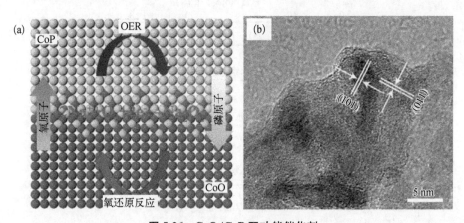

**图5.26 CoO/CoP双功能催化剂**

(a) CoO/CoP纳米片界面O-P互穿效应示意图；(b) CoO/CoP的透射电镜照片[98]

134.0 $m^2 \cdot g^{-1}$,具有良好的 ORR 和 OER 催化活性。在 50 $mA \cdot g^{-1}$ 电流下,电池放电容量为 8 400 $mA \cdot h \cdot g^{-1}$,远高于使用 $Co_3O_4$ 催化剂的电池容量(6 430 $mA \cdot h \cdot g^{-1}$),充电极化仅 0.45 V。在 300 $mA \cdot g^{-1}$ 的电流密度下极化仅 0.8 V,表现出良好的倍率性能。在 100 $mA \cdot g^{-1}$ 的电流密度下,限制容量 1 000 $mA \cdot h \cdot g^{-1}$ 时可循环 135 次[97]。

3. 金属材料

部分金属材料(Au、Ru、Pt、Pd)在锂空气电池中表现出较高的催化活性,因此也可作为空气电极催化剂在 $Na-O_2$ 电池中得到应用。如具有海绵状的微孔结构的纳米多孔 Au 电极(nanoporous gold, NPG)被用于水系和有机系 $Na/O_2$ 电池。图 5.27 为以 NPG 为空气电极的钠空气电池在不同电流密度下,在有机系和水系电解液中的首次充放电曲线。相比有机体系,其在水系 $Na/O_2$ 电池中具有更优异的性能,于 0.5~1.0 $mA \cdot cm^{-2}$ 的电流密度下极化约 0.6 V,有效提升了电池的倍率性能和功率特性[99]。通过使用 Au 电极也可以调控反应中间产物以控制最终产物的形貌:Au 的高表面能和对氧的亲和力被认为是电极催化活性的来源,有利于生成片状的 $NaO_2$[100]。Yadegari 等制备 3D 结构的双功能催化剂空气电极,电极中包括用于氧气和钠离子快速通过的大孔石墨烯框架、增加电极活性位点的氮掺杂碳纳米管、用作 ORR 和 OER 过程催化剂的介孔 $Mn_3O_4$ 和 Pd 纳米簇。介孔 $Mn_3O_4$ 不仅作为 ORR 的催化剂,还为放电产物提供了沉积的场所。Pd 纳米颗粒不仅改善了电极

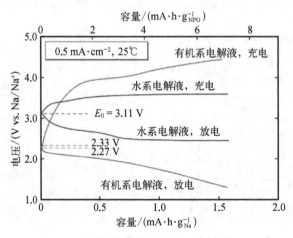

图 5.27 以 NPG 为空气电极的钠空气电池在 0.5 $mA \cdot cm^{-2}$、7 $mA \cdot h \cdot g_{NPG}^{-1}$ 条件下,在有机系和水系电解液中的首次充放电曲线[99]

与电解液界面的电子传输、降低充电过电位,而且还加速 $O_2$ 还原成 $O_2^-$、稳定超氧根离子促进 $NaO_2$ 的生成[101]。Zhang 等将 Pt 纳米颗粒作为催化剂负载在石墨烯纳米片(GNSs)上。使用其作为空气电极的钠氧电池在 $0.1\ mA\cdot cm^{-2}$ 电流下,首次放电容量为 $7\ 574\ mA\cdot h\cdot g^{-1}$,高于没有负载 Pt 的石墨烯空气电极($5\ 413\ mA\cdot h\cdot g^{-1}$)。在限制容量为 $1\ 000\ mA\cdot h\cdot g^{-1}$ 时可循环 10 次。但是在放电过程中,空气电极的孔被产物堵塞,催化活性位点被覆盖,从而导致催化性能下降[102]。Kang 等制备出的 Ru/CNT 空气电极在放电过程中生成贫钠的 $Na_{2-x}O_2$,可以稳定循环超过 100 次[103]。

以上使用的金属催化剂均为贵金属,价格昂贵。最近,Liu 等发现 Cu 在 $Na/O_2$ 电池中也有一定的催化活性。他们在固态 $Na/O_2$ 电池中将 CuO 纳米线作为空气正极,研究发现该体系中的 ORR 分为两个步骤:① CuO 经由 $Cu_2O$ 转化成金属 Cu;② 生成 $NaO_2$ 并发生歧化反应,产生 $Na_2O_2$ 和 $O_2$。在此过程中,CuO 转化生成的超细 Cu 颗粒促进了 ORR 过程中的单电子反应,从而形成 $NaO_2$。因空气电极中不含碳,所以循环过程中避免了碳酸盐副产物的生成[104]。

4. 相转移催化剂

质子相转移催化剂(proton phase-transfer catalyst,PPTC)对理解 $Na/O_2$ 电池中 $NaO_2$ 产物的形成有很大帮助。PPTC 溶于电解液,在电池循环过程中能够稳定和转移超氧根离子。任何一种无水的弱酸都可以作为 PPTC,常见的如 $H_2O$、苯甲酸或乙酸等。当 $Na/O_2$ 电池的电解液中存在 PPTC 时(以 $H_2O$ 为例),在放电过程中氧气先在碳电极表面被还原,生成超氧根离子 $O_2^-$。因为超氧根离子是强的 Brønsted 碱,可以从水和弱酸性基质中容易地提取质子,即 $O_2^-$ 易与电解液中的 $H_2O$ 反应生成 $HO_2$ 和 $OH^-$ ($O_2^- + H_2O \longrightarrow HO_2 + OH^-$)。$HO_2$ 溶于电解液,与 $Na^+$ 反应生成 $NaO_2$。在 PPTC 作用下,$Na/O_2$ 电池可以释放出更多的容量,生成微米级的立方 $NaO_2$。反之,在没有 PPTC 的情况下电池的容量很低,会生成膜状的 $NaO_2$。充电过程则相反,电解液中的质子与立方 $NaO_2$ 的表面反应生成 $HO_2$,释放出 $Na^+$;然后 $HO_2$ 转移至碳电极表面失去电子,氧化成 $O_2$。示意图如图 5.28 所示[105]。

5. 可溶性催化剂/液态催化剂

除了相转移催化剂之外,上述的催化剂均为不可溶的固态。而可溶性催化剂能够溶于电解液中,在电池循环过程中自由地移动,甚至移动至空气电极内部以促进非导电性的放电产物的分解。Yin 等在钠空气电池电解液

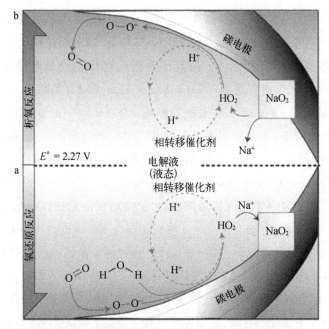

图 5.28 钠空气电池中,相转移催化剂的作用原理

中加入 NaI 作为可溶性催化剂,有效提升了电池的循环寿命。放电时,$Na^+$ 与氧气反应生成纳米片状的 $Na_2O_2$,放电平台为 2.2 V。充电时,$I^-$ 在正极侧被氧化成 $I_3^-$ 或者 $I_2$,然后迅速与 $Na_2O_2$ 反应重新生成 NaI,并释放出氧气,充电电位为 3.2 V。限制容量至 1 000 $mA·h·g^{-1}$ 电池可循环 150 次。其作用机理如图 5.29(a)所示[106]。同样,电解液中加入二茂铁后,也可以达到同样的效果,进一步提升电池寿命至 230 次。在充电过程中,二茂铁先被还原为二茂铁离子,然后与放电产物 $Na_2O_2$ 反应生成二茂铁,并释放出氧气[107]。

#### 5.2.5.2 电解液

在 5.2.1 小节中已经讨论了电解液对 $Na/O_2$ 电池放电产物的影响,也说明了电解液对提高和改善电池性能有很大的影响。根据电解液的溶剂,可以分为有机系电解液和水系电解液。

1. 有机系电解液

a) 碳酸酯类电解液

室温钠空气电池中首次使用的电解液即为碳酸酯类电解液(EC/DMC),在放电过程中生成的反应产物为 $Na_2O_2$,但是由于电解液不稳定,也会生成

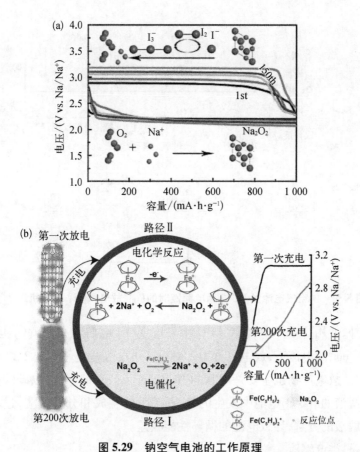

**图 5.29 钠空气电池的工作原理**

(a) NaI 作为催化剂[106];(b) 二茂铁作为催化剂[107]

碳酸盐的副产物[58]。此外,以 PC 为溶剂的 Na/$O_2$ 电池,首次放电容量约 2 800 mA·h·$g^{-1}$,放电平台为 2.3 V,放电产物主要为 $Na_2CO_3$;充电结束后,$Na_2CO_3$ 被完全分解,但是充电极化很大。可能的反应机理如图 5.30 所示。放电时:① $O_2$ 从空气电极处获得电子,生成高度活泼的 $O_2^-$;② 然后 $O_2^-$ 进攻碳酸酯中—$CH_2$ 基团的 C 原子;③ O—O 之间的不稳定性导致碳酸酯开环形成过氧烷基碳酸酯;④ 不稳定的过氧基团在氧气的存在下,通过不同的反应路径分解生成 $H_2O$、$CO_2$ 和一些副产物;⑤ 生成的 $CO_2$ 进一步与 $O_2^-$ 反应生成 $C_2O_6^{2-}$;⑥ 随后与 $Na^+$ 反应生成 $Na_2CO_3$ 和 $O_2$。充电时:① $Na_2CO_3$ 失去 $Na^+$ 和 $e^-$ 生成过氧自由基;② 为了平衡价态,过氧自由基二聚化生成 $Na_2C_2O_6$;③、④ 再失去 $Na^+$ 和 $e^-$ 进一步分解生成 $NaCO_4$ 自由基和 $CO_2$;⑤ 最终分解生成 $Na^+$、$O_2^-$ 和 $CO_2$;⑥ $O_2^-$ 非常活泼,加速碳酸酯类电解液的分解[108]。

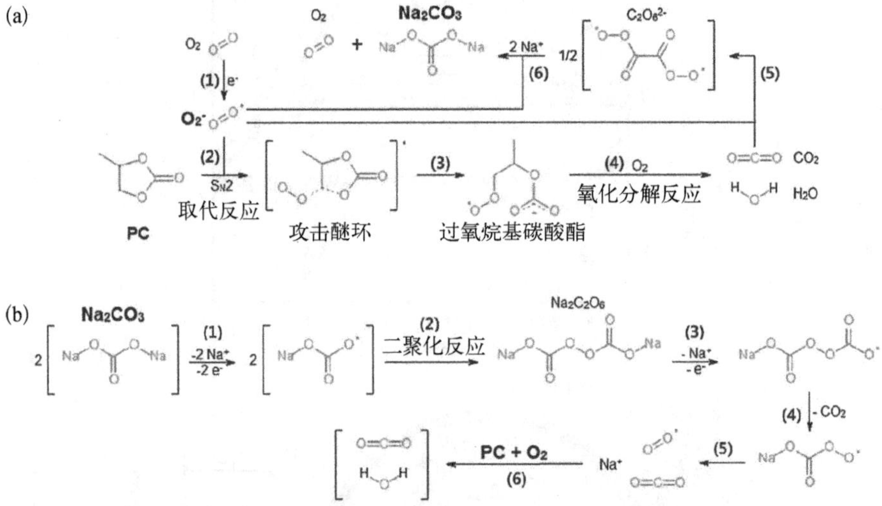

图 5.30 钠空气电池以 PC 基为电解液时的(a) 放电和(b) 充电机理[108]

此外，使用 1M NaTf/(EC+PC, 1:1, $V/V$) 电解液的 Na/$O_2$ 电池，在 0.05 mA/$cm^2$ 的电流下，放电容量为 2 800 mA·h·$g^{-1}$，放电平台为 2.29 V，极化为 1.8 V。放电产物也主要是球状的 $Na_2CO_3$[109]。总的来说，以碳酸酯类溶剂为电解液的 Na/$O_2$ 电池中发生的是 $Na_2CO_3$ 的生成和分解反应，过程中伴随着电解液的分解，导致电池的循环性能较差。

b）醚类电解液

相对于碳酸酯类电解液，醚类电解液的稳定性有所提高。常用的醚类溶剂有 DME、TEGDME、DEGDME 等。Liu 等以 DME 为溶剂考察了不同钠盐对钠空气电池性能的影响。相比使用 $NaPF_6$/DME 电解液的电池，使用 $NaClO_4$/DME 电解液会使得充放电电位更低，而放电容量也有所下降[82]。在 1 M $NaClO_4$/TEGDME 电解液中，Na-$O_2$ 电池的放电产物主要是 $Na_2O_2$·2$H_2O$，还存在少量的 NaOH。反应机理如图 5.31 所示。放电时：① $O_2$ 在电极上得到电子，生成 $O_2^-$；② $O_2^-$ 攻击电解液，并得到 TEGDME 中—$CH_2$ 基团的 H 原子；③ $O_2$ 气体进一步反应形成高度不稳定的过氧醚自由基；④ 过氧自由基在 $O_2$ 存在下分解生成 $H_2O$、$CO_2$ 和一些副产物；⑤ 同时，$O_2^-$ 与 $Na^+$ 反应生成 $NaO_2$；⑥ $NaO_2$ 再反应生成 $Na_2O_2$ 和 $O_2$ 气体。由于 $Na_2O_2$ 的吸水性较强，易与步骤④中生成的 $H_2O$ 结合生成 $Na_2O_2$·2$H_2O$，即步骤⑦。放电产物中的 NaOH 可能是由 $Na_2O_2$·2$H_2O$ 分解生成的。充电时：① $Na_2O_2$·2$H_2O$ 首先成 NaOH 和 $H_2O_2$，但目前并不清楚 NaOH 是如何分解的；② 然后 NaOH 中钠离子分离，生成 $H_2O_2$；③ 最后 $H_2O_2$ 自发生成 $H_2O$ 和 $O_2$[108]。Hartmann 等以 0.5 M $NaSO_3CF_3$/DEGDME 为电解液，发现 Na－$O_2$ 电池的放电产物为微米级 $NaO_2$ 立方颗粒，且具有极小的过电位（300 mV）[59]。Zhao 等以 0.5 M NaTf/TEGDME 为电解液，在 0.05 mA·$cm^{-2}$ 电流下，电池极化仅 0.24 V，能量效率接近 90%。在空气电极表面发现 1～2 μm 的立方 $NaO_2$ 产物（比例 92.8%）以及膜状的 $Na_2CO_3$（比例 7.2%），因而推断 TEGDME 是 Na/$O_2$ 电池比较稳定的溶剂[109]。

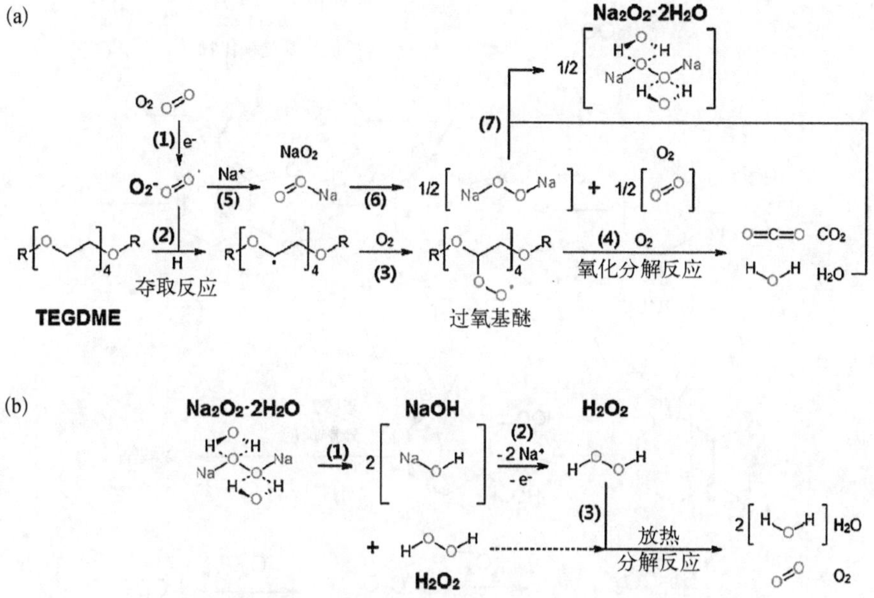

图 5.31　钠空气电池以 TEGDME 基为电解液时的（a）放电和（b）充电机理[108]

c）离子液体

离子液体具有高离子导电性、不易燃、极低的蒸气压以及高热稳定性等特点，在较宽的电压范围内具有很高的稳定性。但是由于其黏度较高，导致 $O_2$ 的溶解度和扩散能力降低，从而在一定程度上制约了其作为空气电池电解液的应用。Na/$PP_{13}$TFSI－NaTf/$O_2$ 电池在 0.05 mA·$cm^{-2}$ 的电流密度下，首次放电容量为 2 730 mA·h·$g^{-1}$，放电电压约为 2.05 V。放电曲线由两个部分组成，一个是在 2.29 V 的平台，一个是在 2.5～3.5 V 的一个斜坡。放电产物主要为 $NaO_2$，也存在少量的 NaOH、碳酸钠等副产物，其中 $NaO_2$ 所占比例仅

38.5%。可能的反应机理为超氧化物诱导 $PP_{13}^+$ 自氧化过程,如图 5.32 所示。在动力学上,超氧根离子氧化 $PP_{13}^+$ 成哌啶-过氧化物离子中间体,即步骤 1。因使用离子液体的 $Na/O_2$ 电池是在 60℃ 条件下进行测试的,温度提升导致脱氢反应的吉布斯自由能降低,有利于该反应的进行。因此,过氧化物会与过氧根离子快速反应开环。最后,开环的中间体极易被氧气和过氧根离子氧化,生成 $Na_2CO_3$、$CO_2$ 和 $H_2O$(步骤 2)[109]。

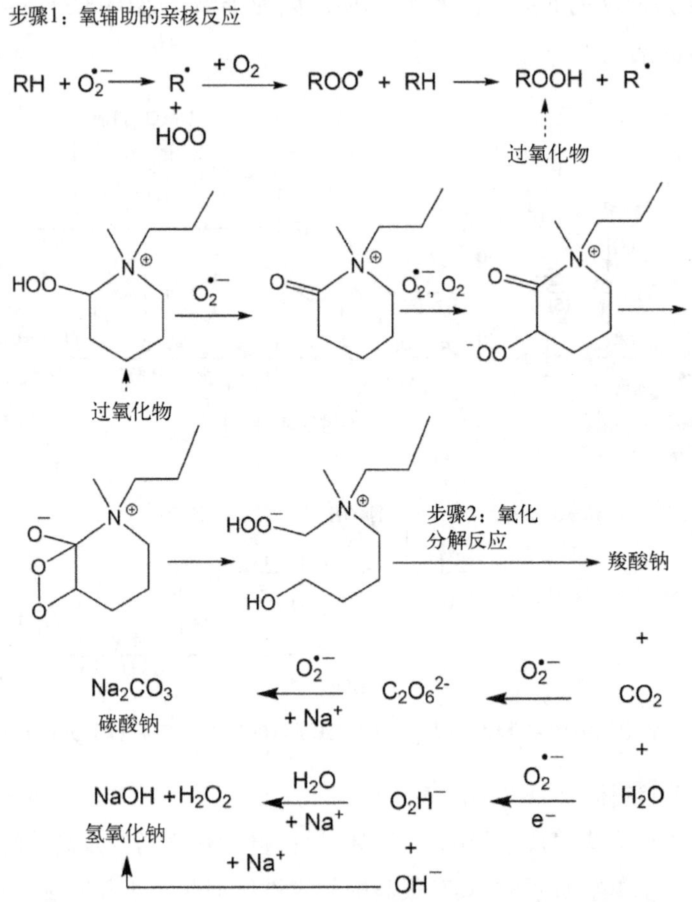

**图 5.32** 钠空气电池以 $PP_{13}TFSI$ 基为电解液时的放电机理[109]

Azaceta 等以 $PYR_{14}TFSI$ 离子液体为溶剂,研究不同金属离子与氧气的电化学反应,证明了 Lewis 软硬酸碱(Hard-Soft-Acid-Base, HSAB)理论能够很好地预测含有金属离子电解质中氧还原的还原电位。氧还原和金属氧化物的形成在软的和中等金属离子酸度的体系中易于发生,而受到钠(或锂)

等硬酸性阳离子的阻碍。在不同钠离子浓度的电解液中,氧气还原路径不同,在低浓度中,ORR 为溶解机制;在高浓度电解液中为表面机制[110]。此外,基于吡咯烷的离子液体,正丁基-N-甲基吡咯烷双(三氟甲基磺酰)酰亚胺($C_{4mpyr}$-TFSI)被证明能够实现可逆的氧还原反应。随着离子液体中 NaTFSI 浓度的增加,超氧化物优先与 $Na^+$ 发生相互作用/反应,电池的放电容量提高,循环稳定性增强,过电位下降。其原因是 $O_2^-$ 与 $Na^+$ 之间的相互作用增强,降低了电解质中 $NaO_2$ 的去溶剂化所需要的能量[111,112]。

除此之外,二甲基亚砜(DMSO)和乙腈(ACN)也曾被尝试用于 $Na/O_2$ 电池中,但是 DMSO 极易与金属钠反应,且蒸气压很高,导致电池性能迅速衰减[109,113,114]。但是在高浓度的 NaTFSI/DMSO 电解液中游离的 DMSO 分子很少,改善了电解液与金属钠之间的稳定性,使得 $Na/O_2$ 电池具有良好的可逆性[115]。基于上述讨论,寻找对超氧根离子/自由基高稳定性的电解液是构建长期稳定循环 $Na/O_2$ 电池的研究重点。

2. 水系电解液

在有机体系 $Na/O_2$ 电池中,放电产物会在空气电极表面沉积。随着放电的不断进行,放电产物会堵塞空气电极,阻碍 $O_2$ 传输,造成放电终止;或者覆盖在固态催化剂的表面,造成催化性能下降。如上文所述,$Na/O_2$ 电池中若使用水系电解液,其放电产物是 $H_2O$(酸性电解液)或者 NaOH(碱性电解液),两者均可溶于电解液,不会出现反应产物堵塞空气电极的现象,有利于提高 $Na/O_2$ 电池的能量密度、循环寿命和效率。但是金属钠与水系电解液会发生剧烈反应,所以在水系 $Na/O_2$ 电池中实际使用的是双相电解液,即金属钠负极侧为有机电解液,空气电极侧为水系电解液,中间使用固态电解质分隔开,如图 5.16 所示。按照空气电极侧水系电解液的 pH 的不同,又分为碱性电解液和酸性电解液。

a) 碱性电解液

$Na-O_2$ 电池中的碱性电解液一般是 NaOH 水溶液,固态电解质是 NASICON 型 $Na_3Zr_2Si_2PO_{12}$,如图 5.33 所示[116]。总的反应为 $Na + 1/4 O_2(g) + 1/2 H_2O(l) \rightleftharpoons NaOH(l)$。理论电压为 3.11 V,能量密度为 2 600 $W \cdot h \cdot kg^{-1}$,且极化较低。

Hayashi 等人首次构建碱性水系 $Na-O_2$ 电池,使用 Pt 网或者负载 Pd 的石墨片作为空气电极,获得约 600 $mA \cdot h \cdot g^{-1}$ 的放电比容量,最大输出功率为

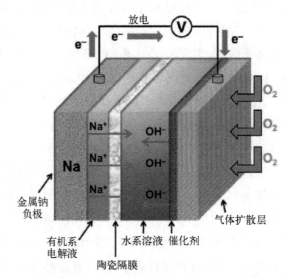

图 5.33　碱性电解液的水系 $Na/O_2$ 电池工作原理图[116]

$11\ mW\cdot cm^{-2}$。研究发现输出功率与 NASICON 陶瓷电解质的厚度、NaOH 的浓度以及空气电极的种类有关[116]。在该体系中,使用 $Mn_3O_4$ 作为空气电极催化剂,在室温下,最高输出功率可提升至 $21\ mW\cdot cm^{-2}$[117]。但是这两个电池均不可逆。通过优化空气电极可制备出可逆的碱性水系钠空气电池。Sahgong 等使用 0.1 M NaOH 水溶液,对比 Vulcan XC72R 和 Pt/C 催化剂涂覆的碳纸空气电极的电化学性能。在 $0.025\ mA\cdot cm^{-2}$ 的电流密度下放电 20 h,Pt/C 催化剂涂覆的碳纸空气电极具有较高且稳定的放电平台(2.85 V)和较低的极化(0.53 V),所以电压效率最高(84.3%)。而使用 Vulcan XC72R 涂覆的碳纸电极和无涂覆的碳纸电极的钠空气电池,其极化分别为 0.76 V 和 1 V,对应的电压效率分别为 78.0% 和 72.4%[118]。

Khan 等使用 $\alpha$-$MnO_2$ 作为催化剂实现了非贵金属催化剂的可逆水系钠空气电池,如图 5.34 所示。将海胆状的 $\alpha$-$MnO_2$ 负载在多孔还原氧化石墨烯包覆的碳毡上,作为钠空气电池的空气电极,0.1 M NaOH 水溶液为电解液。在 $15\ mA\cdot g^{-1}$ 的电流下放电 25 h,极化为 0.7 V,效率为 81%。当电流从 $10\ mA\cdot g^{-1}$ 升至 $30\ mA\cdot g^{-1}$ 时,极化略有增加,表现出良好的倍率性能,如图 5.34 所示。海胆状的 $\alpha$-$MnO_2$ 具有优异的电化学催化活性、高的比表面积,使用其作为催化剂具有和 Pt 相媲美的电化学性能[119]。$Co_3(PO_4)_2$ 作为水系钠空气电池催化剂,也表现出优于 Pt/C 电极的电化学性能。在 0.1 M NaOH 电解液中,电池的倍率性能随着电流密度的增加（0.01~0.05 mA·cm$^{-2}$），极化电位从 0.23 V 增加至 0.59 V[120]。以上水系钠空气电池使用的均为低浓度的 0.1 M NaOH 水溶液，Liang 等使用 1 M NaOH 水溶液作为电解液，在 1 mA·cm$^{-2}$ 的电流密度下，放电平台为 2.48 V，最高功率密度可达 13.8 mW·cm$^{-2}$[121]。

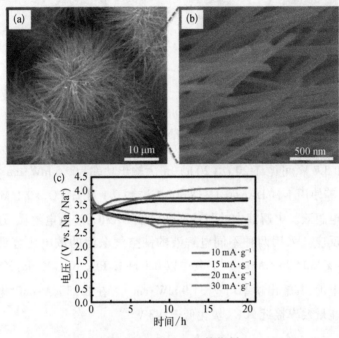

图 5.34 $\alpha$-MnO$_2$ 催化剂

(a) 海胆状 $\alpha$-MnO$_2$ 催化剂的扫描电镜图；(b)(a)图中的放大图；
(c) 在不同电流密度下的充放电曲线[119]

b) 酸性电解液

如上节所述，以碱性 NaOH 水溶液作为电解液具有一系列的优势，但是也存在以下问题：① 提升 NaOH 浓度可以提高电解液的电导率，但是碱性也会降低氧在电解液中的溶解度，间接地降低了电池的放电平台；② 在长期工作中，NaOH 浓度会急剧下降，导致内阻增大，出现电压滞后现象；③ NaOH 易与空气中的 CO$_2$ 反应，生成不易分解的 Na$_2$CO$_3$ 副产物。因此，可以使用酸性电解液来改善钠空气电池的性能，如图 5.35 所示[122]。

Hwang 等设计出一种电解液可流动的水系钠空气电池（图 5.53），当使用 0.1 M 柠檬酸（CA）+1 M NaNO$_3$ 溶液（pH≈1.8）作为电解液，引入 Pt/C 和 IrO$_2$ 作为催化剂时，在 0.1 mA·cm$^{-2}$ 电流密度下放电电位和充电电位分别

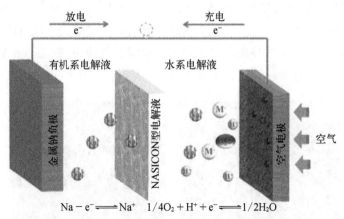

图 5.35 酸性电解液的水系 Na-$O_2$ 电池工作原理图[122]

为 3.3 V 和 3.7 V,可循环 20 次(20 h),最大输出功率为 5.5 mW·$cm^{-2}$[122]。

Kang 等使用 1 M HAc+0.1M NaAc 溶液和 0.1 M $H_3PO_4$+0.1 M $Na_2SO_4$ 溶液作为电解液。电解液中的弱酸不会腐蚀 NASICON 型电解质,还可以有效抑制副反应。采用两种不同电解液的钠空气电池的放电比容量分别为 881 mA·h·$g^{-1}$ 和 896 mA·h·$g^{-1}$。其中以 0.1 M $H_3PO_4$+0.1 M $Na_2SO_4$ 溶液为电解液的电池,其输出功率可达 34.9 mW·$cm^{-2}$。在 0.13 mA·$cm^{-2}$ 电流下循环 30 次,能量效率接近 90%,极化低于 0.3 V[123]。

## 5.3 室温钠硫电池

1962 年,Herbet 和 Ulam 首次将硫作为正极材料用于电池系统中。最近十年中,可充电锂硫电池因其高理论比能量得到了研究人员的广泛关注。从可持续发展和经济效益上考虑,钠硫电池也是值得关注的电化学体系。

目前高温钠硫电池已经在大型储能方面得以应用,其工作温度>300℃。在此温度下单质硫和金属钠都处于熔融状态,因此不会出现金属钠枝晶问题。但是高温钠硫电池也存在安全性、可靠性、维护等问题,阻碍了其大规模应用。室温钠硫电池(RT Na/S 电池)在 2006 年首次被报道[124],由金属钠负极、有机电解液和硫正极组成。电池充放电过程中包含了复杂的电化学反应,有中间产物长链多硫离子($Na_2S_n$, $4 \leq n \leq 8$)和短链多硫化物($Na_2S_n$, $1 \leq n < 4$)生成。常见的室温钠硫电池的充放电曲线如图5.36(a)所示[125],分别在2.2 V和1.65 V出现两个放电平台。充电时,在1.75 V和2.4 V处出现两个平台。由于充放电机理相似,室温钠硫电池也面临与锂硫电池类似的挑战,如硫的有效利用、飞梭效应、循环稳定性等问题。为了改善室温钠硫电池的电化学性能,研究者从硫正极的微观形貌方面着手设计了核壳结构的硫正极、1D结构的PAN-硫复合正极、小分子硫正极等,改善放电比容量和循环稳定性。进一步,从电解液、功能性隔膜、隔离层等也有相关的改进工作。此外,通过使用硫化钠($Na_2S$)和多硫化钠($Na_2S_6$)作为正极,也可以构建稳定的室温钠硫电池。

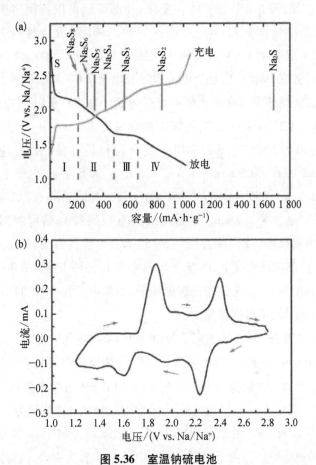

图5.36 室温钠硫电池

(a)室温钠硫电池的充放电曲线;(b)室温钠硫电池的CV曲线[125]

### 5.3.1 正极材料

固态单质硫一般以 $S_8$ 形式存在,在锂硫电池和钠硫电池的研究初期,也均使用 $S_8$ 形态的单质硫和醚类电解液。这种放电机制会生成可溶于醚类电解液的多硫化物,使得电池存在飞梭效应,导致电池的低库伦效率和短循环寿命。一般而言,可以通过硫正极结构的设计来抑制反应过程中产生的多硫化钠溶出与扩散,也可以采用小分子硫作为正极材料改善室温钠硫电池的循环性能。

在正极结构设计方面,将硫与多种形貌结构的碳材料进行复合是最常应用的策略,如采用介孔碳微球(iMCHS)作为硫载体。碳球内部相互连接的骨架提高了振实密度、结构稳定性和电子传导,而大量孔隙也提高了硫载量,并且在循环过程中缓解体积变化;外部碳层可以抑制多硫化物的溶出,抑制飞梭效应[图 5.37(a)]。制备的 S@iMCHS 复合材料中硫含量约 46%,从 2.3 V 放电至 1.6 V 时对应 $S_8$ 被还原为 $Na_2S_x$,$5 \leqslant x \leqslant 8$,从 1.0 V 放电至 0.8 V 时生成 $Na_2S$。但是当电池重新充电至 2.8 V 时,$Na_2S$ 并没有被分解,所以在首次循环中存在很大的不可逆容量。在 100 mA·$g^{-1}$ 电流下,首次放电容量高达 1 215 mA·h·$g^{-1}$,稳定可逆容量为 328 mA·h·$g^{-1}$,循环 200 次后容量保持率为 88.8%。S@iMCHS 复合材料具有良好的倍率特性。在 0.1 A·$g^{-1}$、0.2 A·$g^{-1}$、0.5 A·$g^{-1}$、1 A·$g^{-1}$、2 A·$g^{-1}$ 和 5 A·$g^{-1}$ 电流下,比容量分别为 391 mA·h·$g^{-1}$、386 mA·h·$g^{-1}$、352 mA·h·$g^{-1}$、305 mA·h·$g^{-1}$、174 mA·h·$g^{-1}$ 和 127 mA·h·$g^{-1}$[126]。Zhang 等制备出具有双层碳壳结构的多孔碳微球(PCMs)作为硫载体。PCMs 直径约 3~5 μm。与硫复合后,硫载量约 34%。在 100 mA·$g^{-1}$ 的电流密度下,PCMs-S 在前 50 次循环中容量从 700 mA·h·$g^{-1}$ 衰减至 390 mA·h·$g^{-1}$。并且在首次循环中,因放电产物 $Na_2S$ 的不可逆,导致有 400 mA·h·$g^{-1}$ 的不可逆容量[127]。

Xin 等发现小分子 $S_{2\sim4}$ 在室温下与钠具有较高的电化学活性。在 1.4 V 以上 $S_4$ 被还原成 $Na_2S_2$,在 1.4 V 以下继续反应生成 $Na_2S$。他们制备出具有电缆结构的硫碳复合材料,含硫量约 40%。在 0.1 C(167 mA·$g^{-1}$)的电流下首次放电比容量为 1 610 mA·h·$g^{-1}$,接近硫的理论比容量;首次充电容量为 1 148 mA·h·$g^{-1}$,库伦效率为 71.3%。在后续循环中,库伦效率接近 100%。20 次循环后容量约为 1 000 mA·h·$g^{-1}$。由于该复合结构中以 CNT 作为中心,使得该材料具有良好的倍率特性。在 1 C 和 2 C 下比容量仍有 900 mA·h·$g^{-1}$ 和 800 mA·h·$g^{-1}$,

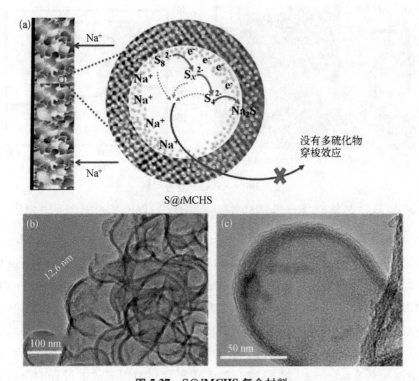

图 5.37 S@iMCHS 复合材料

(a) S@iMCHS 复合材料的示意图;(b)、(c) S@iMCHS 复合材料的透射电镜照片[126]

并且循环 200 次后,材料结构稳定。该复合材料使用 $S_{2\sim 4}$ 作为起始正极,当放电后再次充电时由于结构的限制不会生成 $S_8$ 大分子,也避免生成易溶于电解液的长链多硫离子,从而改善室温钠硫电池的循环性能[128]。

在锂硫电池中,S/PAN 材料具有优异的电化学稳定性。在室温钠硫电池中,该类材料也表现出优异的性能。Hwang 等先通过静电纺丝制备 1D 聚丙烯腈(PAN)纳米纤维,然后按照 20∶80 的质量比与单质硫混合,在 450℃下反应 6 h 制备 1D 的 c-PANS 复合材料(图 5.38)。该复合材料的直径约 150 nm,硫元素比例为 31.42wt.%,且硫主要与碳键和在一起,所以 c-PANS 体现出很好的热稳定性。使用 0.8 M $NaClO_4$/(EC+DEC,1∶1,$V/V$)作为电解液,在 1~3 V 内以 0.1 C 倍率循环,电池可逆容量为 251 mA·h·$g^{-1}$(按全部重量计算)。循环 500 次后容量保持率为 70%,且金属钠负极表面没有硫元素出现,说明 c-PANS 在循环过程中没有出现多硫化物的飞梭效应。当电流密度增加至 6 C 时,比容量为 72 mA·h·$g^{-1}$ [129]。

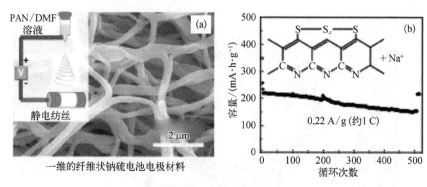

**图 5.38 c‑PANS 复合材料**

(a) 1D 的 c‑PANS 复合材料,内插图为制备示意图;(b) c‑PANS 复合材料的循环性能[129]

Fan 等将苯并[1,2‑B:4,5‑B']二噻吩‑4,8‑二酮(benzo[1,2‑b:4,5‑b']dithiophene‑4,8‑dione(BDTD))与单质硫混合后,在 500℃ 下反应 4 h 即得到具有共价硫的复合材料(covalent sulfur based carbonaceous materials,CSCM)。当 CSCM 中硫含量为 18 wt.% 时,可释放出 1 000 mA·h·g$^{-1}$ 的容量(基于硫计算)。循环 900 次,容量每次衰减为 0.053%,库伦效率接近 100%。而当硫含量增至 29% 时,可释放出 1 100 mA·h·g$^{-1}$ 的比容量,循环 50 次后,容量衰减至 678 mA·h·g$^{-1}$ [130]。这一类硫碳复合材料因充放电过程中没有单质硫参与反应,不会有长链多硫化物的溶解,因此都具有优异的循环稳定性。但是复合材料中的硫含量都较低,造成材料整体比容量下降。此外,Zhang 等还将硫涂覆在泡沫铜集流体上,制备一体化的 3D 硫正极,相比直接涂覆在铜箔上的硫电极,其电化学性能有所改善[131]。

除了单质硫或者硫碳复合材料之外,多硫化钠和硫化钠也可以作为钠硫电池的正极材料。通过单质硫粉和 $Na_2S$ 制备 $Na_2S_6$,滴加在 MWCNT 膜电极上制备多硫化物电极(硫含量 60wt.%),使用玻璃纤维隔膜组装室温钠硫电池。在 2.8~1.2 V 区间内循环时,首次放电比容量约 1 000 mA·h·g$^{-1}$,循环 30 次后约 400 mA·h·g$^{-1}$。其放电平台也有两个,对应长链多硫化物与短链多硫化物的反应。当限制电位在 1.8~2.8 V 时,仅发生单质硫到长链多硫化物($Na_2S_n$,4<n≤8)的反应,比容量约 260 mA·h·g$^{-1}$,循环 100 次后,容量几乎没有衰减,如图 5.39 所示。当限制电位在 2.2~1.2 V 时,放电生成 $Na_2S$,容量衰减迅速。循环 25 次后,容量仅剩 180 mA·h·g$^{-1}$。说明在室温钠硫电池中,容量的衰减基本发生在低电位下,即从 $Na_2S_n$(4<n≤8)生成 $Na_2S_n$(1<n≤4)和 $Na_2S$[132]。Manthiram 课题组将 $Na_2S$ 与 MWCNT 在 TEGDME 溶

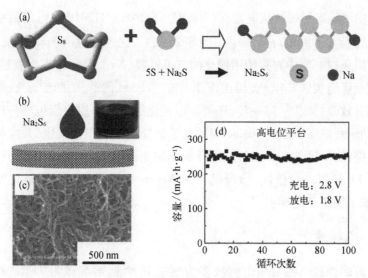

**图 5.39 Na₂S₆/MWCNT 正极**

(a) Na₂S₆ 制备示意图；(b) Na₂S₆/MWCNT 正极制备示意图；(c) MWCNT 正极的微观形貌；(d) 在 1.8~2.8 V 电压区间，Na₂S₆ 电池的循环性能[132]

剂中分散，最后涂覆在 MWCNT 膜电极上作为正极。在 C/10、C/3 倍率下，电池的首次放电比容量分别为 660 mA·h·g$^{-1}$ 和 540 mA·h·g$^{-1}$，循环 50 次后，容量分别为 560 mA·h·g$^{-1}$ 和 380 mA·h·g$^{-1}$ [133]。

### 5.3.2 隔膜

室温钠硫电池与锂硫电池相似，在反应过程中存在飞梭效应。Yu 等在硫正极与隔膜之间加入一层具有纳米结构的隔离层，可以有效改善飞梭效应，如图 5.40 所示[125]。该隔离层由碳纳米纤维、碳纳米管和泡沫碳组成，具有以下特点：① 具有 3D 纳米结构和大量弯曲的孔洞，阻止长链的多硫化钠向负极扩散；② 碳基隔离层具有电子导电性，可以作为正极的第二个集流体，在充放电末期电化学沉积硫或者硫化物；③ 隔离层在循环过程中可以缓解电极

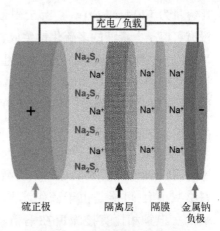

**图 5.40 加有隔离层的室温钠硫电池结构示意图**[125]

膨胀。使用隔离层的钠硫电池在($NaClO_4$+$NaNO_3$)/TEMDME 电解液中首次放电比容量大于 1 000 $mA·h·g^{-1}$,循环 20 次后,比容量约 400 $mA·h·g^{-1}$[125],该课题组还在电池中直接使用钠化的 Nafion 膜(Na-Nafion)作为隔膜,多硫化物为正极组装钠硫电池,相比使用常规 Celgard 隔膜的钠硫电池,循环性能得到有效改善[134]。进一步,还可以在钠化的 Nafion 膜表面包覆一层活性炭/碳纳米纤维层。通过 Nafion 膜的离子选择性抑制飞梭反应,并提供钠离子传输路径,而碳纳米纤维可以提升硫化钠正极的电化学活性。此外,对常规多孔 PP 隔膜进行改性,涂覆钠化的 Nafion 膜也可以抑制多硫化物的穿梭,增加了钠离子电导率[135]。

### 5.3.3 电解液

现有的钠硫电池常用电解液多为醚类电解液,溶剂多为 TEGDME,如:1 M $NaClO_4$/TEGDME[136]、(1.5 M $NaClO_4$+0.3 M $NaNO_3$)/TGMDME[137]、4 M $NaCF_3SO_3$/TEGDME[138]等。若使用小分子硫、共价硫正极材料,也可使用碳酸酯类电解液,如 1 M $NaClO_4$/(EC+DMC,6:4,$V/V$)[139]、1 M $NaClO_4$/(PC+EC,1:1,$V/V$,+5wt.%FEC)[140]。Wei 等在 1 M $NaClO_4$/(PC+EC,1:1)电解液中加入离子液体[1-methyl-3-propylimidazolium-chlorate ionic liquid tethered silica nanoparticle($SiO_2$-IL-$ClO_4$)]作为添加剂。离子液体在金属钠负极表面会形成一层致密的保护层,减少了钠与电解液的直接接触,从而减缓副反应的发生,如图 5.41 所示。电池在 0.1 C 倍率下首次放电比容量为 1 614 $mA·h·g^{-1}$。与全固态的反应历程类似,此电池在循环过程中没有可溶于电解液的多硫化钠生成,$Na_2S$ 是唯一的放电产物[141]。

Zhang 等通过原位的方法将硫生长在泡沫铜集流体上,制备硫纳米片正极。将硫粉(60%)、CMC(10%)、PAA(10%)、CNT(10%)、炭黑(10%)混成浆料,涂覆在泡沫铜上,然后在 150℃下真空保温 2 h,即可制备出硫纳米片,如图 5.42 所示。在 50 $mA·g^{-1}$ 的电流下,首次放电、充电容量分别为 3 189 $mA·h·g^{-1}$ 和 1 403 $mA·h·g^{-1}$,在放电过程中,依次生成 $Na_2S_5$、$Na_2S_4$、$Na_2S_2$ 和 $Na_2S$,然后充电过程中逐渐被氧化,在 2.8 V 时生成 $S_8$。该电极容量衰减很大,可能是由于硫纳米片直接与电解液接触,多硫化物溶解造成的。但是相比直接涂覆在铜箔、铝箔上的硫电极,其电化学性能有所改善[142]。

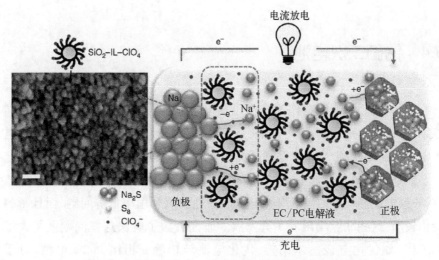

**图 5.41　使用 $SiO_2$-IL-$ClO_4$ 添加剂的钠硫电池示意图**

左侧为在含有 10 vol.% 的 $SiO_2$-IL-$ClO_4$ 添加剂的电解液中的金属钠负极的微观形貌，$SiO_2$-IL-$ClO_4$ 添加剂在钠负极表面形成一层致密的膜，尺度为 30 nm[141]

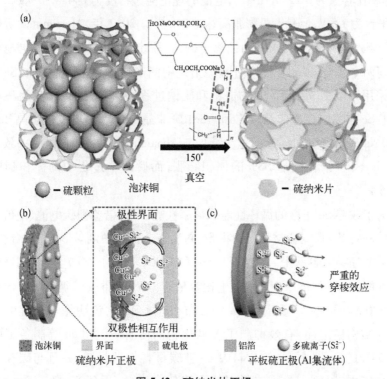

**图 5.42　硫纳米片正极**

(a) 硫纳米片的制备示意图；(b) 硫纳米片与平板硫正极的反应示意图[131]

## 5.4 钠硒二次电池

近几年,硒和硒化物作为金属可逆电池电极材料被广泛研究。相比同族元素硫,硒与硒化物具有体积能量密度较高、输出电位中等、环境友好、电子电导率高等特点[142],使得硒成为锂电池和钠电池的理想的正极材料之一。但是在金属基电池中,硒与硒化物存在多硒化物溶解现象,造成飞梭效应,导致电池循环寿命差、库伦效率低、活性物质利用率低等问题,而且硒的价格较高,这些缺点均限制了其发展。研究者为了解决这些问题做了大量的工作,如优化电极纳米结构、优化电池结构等。相比 Li/Se 电池,对于 Na/Se 电池的研究还较少。

Na/Se 电池在放电过程中生成钠多硒化物,Se 的理论比容量为 675 mA·h·$g^{-1}$,体积比容量为 3 253 A·h·$L^{-1}$,电池的理论能量密度为 644 W·h·$kg^{-1}$,理论放电平台为 1.5 V,但是电极膨胀高达 195%[143]。2012 年,Abouimrane 等研究室温下 Se 和 $Se_xS_y$ 作为正极的钠离子嵌入、脱出反应。Na/Se-C 电池放电时出现两个平台,说明在反应过程中出现中间产物,最终才生成 $Na_2Se$[144]。Li 等采用原位 TEM 研究 Se 的嵌钠和脱钠过程,发现嵌钠过程分为三个步骤:① Se 单晶转换成非晶态的 $Na_{0.5}Se$;② 非晶的 $Na_{0.5}Se$ 转变成多晶 $Na_2Se_2$ 相;③ $Na_2Se_2$ 转化成 $Na_2Se$。这个结果与 Abouimrane 等发表的结果一致。在生成 $Na_{0.5}Se$ 时,伴随着 58% 的体积膨胀,而后两个过程中的体积膨胀高达 336%[145]。

为了改善 Se 正极的循环性能和倍率性能,可以借鉴锂硫电池、钠硫电池的经验制备 Se/C 复合材料。如将 $Se_8$ 封装在介孔碳中制备 Se/C 复合材料,其在碳酸酯类电解液中[1 M $LiPF_6$/(EC+DEC,1∶1,$V/V$)]具有良好的电化学性能:0.25 C 倍率下首次放电比容量为 485 mA·h·$g^{-1}$,循环 380 次后容量为 340 mA·h·$g^{-1}$。循环后,Se 仍分布在介孔碳中,说明循环过程中保持良好的结构稳定性,有效抑制了多硒化物的溶解[143]。Luo 等制备了硒含量为 54% 的 Se/C 材料,该材料中 Se 被碳材料物理封装,并且与碳存在化学键合作用,避免了循环过程中的飞梭效应[146]。近年来,随着碳材料制备技术的发展,硒碳复合材料的性能也大幅提升。Yang 等制备出 Se/碳纳米管复合材料(SeCT),其中 Se 含量为 52%。该材料在 0.2 C 倍率下,可逆容量为 601 mA·h·g$^{-1}$;当电流上升至 20 C 时容量为 304 mA·h·g$^{-1}$,循环 1 000 次后容量衰减仅为 7%[147]。Xu 等使用金属有机化合物制备多孔碳材料(HPC)作为单质硒的骨架。这种中空结构的碳具有大量的微孔和介孔,便于 Se 的存储(硒含量 56%)。独特的结构改善了电子传输,也为 Se 循环过程中产生的体积膨胀提供容纳空间。此材料在 1 C 和 5 C 倍率下,比容量分别为 330 mA·h·g$^{-1}$ 和 260 mA·h·g$^{-1}$。在 2 C 倍率下循环 1 000 次后,比容量为 243 mA·h·g$^{-1}$,每圈容量衰减仅为 0.04%[148]。此外,Zhao 等使用 N、O 杂原子掺杂的多孔碳作为载体,同样使得 Na/Se 电池具有优异的性能[149]。

相比 Li/S 和 Na/S 电池,Na/Se 电池的体积能量密度和重量能量密度都较低,通过制备柔性、自支撑、无黏结剂的电极可以有效提升其能量密度。Yu 课题组在柔性电极方面做了很多的工作,先使用静电纺丝法制备介孔碳纤维(PCNFs)、微孔多通道碳纤维(MCNFs)作为柔性载体,然后与单质硒混合,高温硒化后即制备出柔性硒电极,其宏观形貌、微观形貌和电化学性能如图 5.43 所示。PCNFs 和 MCNFs 中独特的孔道结构可以抑制中间产物的溶剂,维持膜电极的结构稳定性,并缓解循环过程中的体积膨胀。PCNFs 的介孔提高了孔隙和多硒化合物之间的能垒,降低了多硒化合物的溶解。从 CV 曲线上看,Se@PCNFs 在放电时出现两个峰,意味着放电过程中出现中间产物,最后生成 Na$_2$Se。其在 0.05 A·g$^{-1}$ 的电流下首次放电比容量为 810 mA·h·g$^{-1}$,库伦效率为 73.5%。循环 80 次后容量维持在 520 mA·h·g$^{-1}$,在 1 A·g$^{-1}$ 电流下容量为 230 mA·h·g$^{-1}$[150]。MCNFs 中具有规则的孔道,有效改善放电产物多硒化物的溶解,并提高了材料的电子电导。Se@MCNF 复合材料在 0.1 A·g$^{-1}$ 电流下首次放电比容量为 889 mA·h·g$^{-1}$,首效为 72.2%。在 0.5 A·g$^{-1}$ 电流下循环 300 次后,容量保持率为 80%[151]。Wang 等使用碳纳米纤维布(CNF)作为载体,进一步提升柔性电极中的 Se 的载量至 72.1wt.%(4.4 mg·cm$^{-2}$)。3D 的 CNF 框架加速电子和钠离子的传输。电池中使用多孔碳包覆的玻璃纤维作为隔膜(碳载量 0.3 mg·cm$^{-2}$),使得 Na/CNF/Se 电池具有良好的静态搁置寿命和循环寿命,在搁置 6 个月后容量为首次放电容量的 93.4%[152]。

单质硒作为电极正极材料时,循环过程中多硒化物的溶解是影响其长效循环稳定性的主要原因。除了使用碳作为载体框架外,可以利用金属氧化物对硒化物的吸附作用,来抑制多硒化物的溶解。Ma 等通过电纺丝方

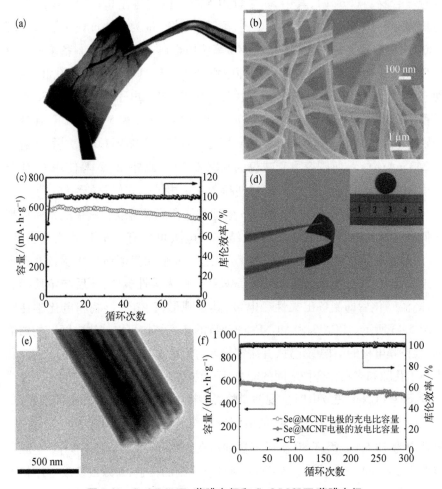

**图 5.43　Se@PCNFs 薄膜电极和 Se@MCNF 薄膜电极**

Se@PCNFs 薄膜电极：(a) 光学照片、(b) 微观形貌和 (c) 循环性能[150]；Se@MCNF 薄膜电极：(d) 光学照片、(e) 微观形貌和 (f) 循环性能[151]

法制备出柔性、多孔的碳纳米纤维毡,然后通过熔融扩散和蒸气沉积两个步骤制备出 Se 含量高达 67wt.% 的 Se/多孔氮掺杂碳纤维@Se(SC@Se)材料。该材料中 Se 呈现出非晶、短链状态,并与 C 之间存在 Se—C 键,提高了材料的电子电导率。最后,通过 ALD 在其表面沉积一层 $Al_2O_3$,如图 5.44 所示。当表面的 $Al_2O_3$ 层约为 3 nm 时,复合电极具有最佳的电化学性能。在 $0.5\ A\cdot g^{-1}$ 电流下,循环 1 000 次后容量为 $503.5\ mA\cdot h\cdot g^{-1}$,对应的容量保持率为 71.2%[153]。

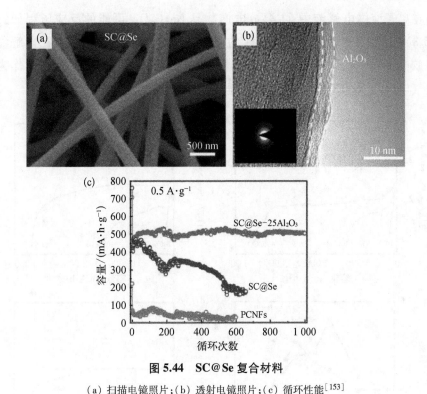

图 5.44 SC@Se 复合材料

(a) 扫描电镜照片；(b) 透射电镜照片；(c) 循环性能[153]

## 5.5 钠碳氧化物电池

金属空气电池具有高的能量而被广泛关注，但是为了避免电池中副反应的发生，目前基本都是使用纯氧作为反应气体。$CO_2$ 在有机溶剂中溶解度较高，且易与空气电池中的超氧根离子或者放电产物发生反应生成碳酸盐。由于碳酸盐的分解电位很高，因此造成金属空气电池效率降低和可逆性下降。金属/$CO_2$ 电池的研制成功，不仅消除了 $CO_2$ 在电池中的副作用，还可以将 $CO_2$ 变废为宝，资源化利用。Na/$CO_2$ 电池的理论放电平台为 2.35 V，比能量为 1 125 W·h·kg$^{-1}$。2013 年，Archer 课题组首次报道了 Na/($O_2$/$CO_2$)一次电池，使用 TEGDME 和离子液体作为电解液[154]。在两种电解液中，均是使用 $O_2$/$CO_2$ 混合气体的电池的比容量最高。使用 TEGDME 电解液的电池，放电产物是 $Na_2CO_3$ 和 $Na_2C_2O_4$，可能的反应历程如式(5.3)~式(5.7)所示：

而在离子液体电解液中,主要放电产物是 $Na_2C_2O_4$,可能的反应历程如式(5.8)~式(5.11)所示。$O_2$ 和 $CO_2$ 的比例会影响电池的放电比容量,电解液在放电过程中对产物种类的影响也很大,如图 5.45 所示。使用纯 $CO_2$ 作为空气电极的 $Na/CO_2$ 电池的反应机理如式(5.12)~式(5.15)所示[154]。

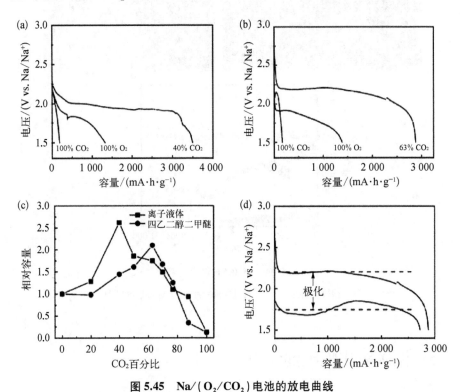

图 5.45 $Na/(O_2/CO_2)$ 电池的放电曲线

(a) 使用离子液体作为电解液;(b) 使用 TEGDME 基电解液;(c) $CO_2$ 含量对比容量的影响;(d) 使用 $O_2(37\%)/CO_2(63\%)$ 作为正极的 $Na/(O_2/CO_2)$ 电池的充放电曲线,电解液为 TEGDME 基电解液[154]

$$O_2 + e^- \longrightarrow O_2^{\cdot -} \tag{5.3}$$

$$O_2^{\cdot -} + CO_2 \longrightarrow CO_4^{\cdot -} \tag{5.4}$$

$$CO_4^{\cdot -} + CO_2 \longrightarrow C_2O_6^{\cdot -} \tag{5.5}$$

$$C_2O_6^{\cdot -} + O_2^{\cdot -} \longrightarrow C_2O_6^{2-} + O_2 \tag{5.6}$$

$$C_2O_6^{2-} + 2O_2^{\cdot -} + 4Na^+ \longrightarrow 2Na_2CO_3 + 2O_2 \tag{5.7}$$

$$O_2 + e^- \longrightarrow O_2^{\cdot -} \tag{5.8}$$

$$O_2 + 2e^- \longrightarrow O_2^{2-} \tag{5.9}$$

$$CO_2 + O_2^{2-} \longrightarrow CO_4^{2-} \tag{5.10}$$

$$CO_4^{2-} + CO_2 + 4Na^+ \longrightarrow Na_2C_2O_4 + O_2 \tag{5.11}$$

$$2CO_2 + 2e^- \longrightarrow C_2O_4^{2-} \tag{5.12}$$

$$2CO_2 + 2e^- \longrightarrow CO_3^{2-} + CO \tag{5.13}$$

$$C_2O_4^{2-} + 2Na^+ \longrightarrow Na_2C_2O_4 \tag{5.14}$$

$$CO_3^{2-} + 2Na^+ \longrightarrow Na_2CO_3 \tag{5.15}$$

除此之外,CO 也可以作为反应气体。Sun 等发现 CO 可以与金属钠组成 Na/CO 电池,在处理 CO 的同时还可以释放出能量[155]。理论上 Na-CO 电池按反应式(5.16)进行,理论比容量为 412 mA·h·g$^{-1}$ 和 1 352.6 W·h·kg$^{-1}$(基于 Na 和 CO 的重量计算)。

$$2Na + 3CO \longrightarrow Na_2CO_3 + 2C, \quad \Delta_r G_m^\ominus = -632.8 \text{ kJ} \cdot \text{mol}^{-1} \tag{5.16}$$

继 Archer 课题组首次报道了 Na/(O$_2$/CO$_2$)一次电池之后,该课题组又报道了使用无机-有机双相电解质(SiO$_2$-IL-TFSI/PC-NaTFSI)的 Na/(O$_2$/CO$_2$)可逆电池。该双相电解液添加有 10%的 SiO$_2$-IL,电解液的电压稳定窗口可提高 1 V,有效地改善了电解液的高压稳定性。电池中可能发生的反应为 Na+1/2H$_2$+CO$_2$+1/2O$_2$⟶NaHCO$_3$,$E$=2.88 V。其中的 H$_2$ 被认为是反应过程中因电解液分解和 SEI 膜形成的过程中生成的。在充电过程中,发现作为正极的乙炔黑因超氧根离子的攻击而被氧化,所以该电池只能循环了 20 次[156]。而当使用泡沫镍替代碳电极作为正极时,Na/(O$_2$/CO$_2$)电池的充放电过程中没有副反应发生,可逆性提高。在限制容量为 200 mA·h·g$^{-1}$ 时可循环 100 次。由于反应气体成分较为复杂,目前的反应机理仍有待进一步完善[157]。

Chen 课题组在 2016 年首次报道了 Na/CO$_2$ 可逆电池。该电池使用 1 M NaClO$_4$/TEGDME 电解液、玻璃纤维隔膜、镍网正极,如图 5.46 所示。其中电解液具有高离子电导率(0.178 S·m$^{-1}$)、对 Na 金属稳定、难挥发的特点;镍网上包覆了 TEGDME 处理后的 MWCNT(t-MWCNT,79 μg·cm$^{-2}$)。正极具有化学修饰的多孔三维网络结构,其不仅表现出极高的离子/电子传导、高效选择性的催化活性和充足的放电产物储存空间,而且处理过的电极具有极好的电解液润湿性,有效降低电池的极化作用,体现出大容量储电能力。Na/$CO_2$电池在 1 A·$g^{-1}$ 的电流下,可逆容量约 60 000 mA·h·$g^{-1}$(约 1 100 W·h·$kg^{-1}$)。限制容量为 1 000 mA·h·$g^{-1}$ 下稳定循环 200 次后,充电电位仍低于 3.7 V。在 4 A·$g^{-1}$ 的电流下,比容量为 4 000 mA·h·$g^{-1}$。电池循环过程中发生 4Na + 3$CO_2$ ⟶ 2$Na_2CO_3$ + C(非晶态)反应[158]。

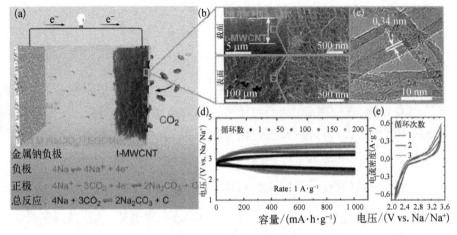

图 5.46　室温 Na/$CO_2$ 电池

(a) 室温 Na/$CO_2$ 电池的结构示意图与反应机理;(b) 正极的截面与表面微观形貌;(c) t-MWCNT 的透射电镜照片;(d) 1 A·$g^{-1}$ 电流下,Na/$CO_2$ 电池的充放电曲线;(e) 0.1 mV/s 扫速下,Na/$CO_2$ 电池的 CV 曲线[158]

在催化剂方面,Fang 等通过水热法在碳纤维上生长出 $Co_2MnO_x$ 纳米线,发现双金属氧化物 $Co_2MnO_x$ 可以改善 Na/$CO_2$ 电池的可逆性。当限制容量在 500 mA·h·$g^{-1}$ 和 1 000 mA·h·$g^{-1}$ 时,使用其为正极的 Na/$CO_2$ 电池可循环 75 和 48 次[159]。Guo 等制备了 Ru/科琴黑复合材料(Ru@KB)作为 Na/$CO_2$ 电池的正极。Ru 颗粒粒径约 5 nm,团聚形成 25~75 nm 的纳米球,分布在多孔 KB 表面,多孔的 KB 有利于放电产物的沉积和 $CO_2$ 的扩散。在 100 mA·$g^{-1}$ 电流下放电至 2 V,放电比容量为 11 537 mA·h·$g^{-1}$,充电电位约 4.0 V,避免了电解液的分解和正极碳的分解,库伦效率高达 94.1%[160]。

近年来,随着研究的深入,Chen 课题组制备了准固态 Na/$CO_2$ 电池,电解液使用聚合物电解质(composite polymer electrolyte, CPE),组分为 PVDF-

HFP-4%SiO$_2$/NaClO$_4$-TEGDME。负极为rGO-Na,将活化后的MCNTs作为空气电极。基于CPE具有高的离子电导率、不可燃和电解液的吸附能力,准固态Na/CO$_2$电池可以在500 mA·g$^{-1}$电流下循环400次(限制容量在1 000 mA·h·g$^{-1}$)。制备的1.1 A·h软包装电池比能量可达到232 W·h·kg$^{-1}$[161]。进一步的,相关课题组使用PEO/NaClO$_4$/3wt.%SiO$_2$组装450 mA·h的全固态软包电池,比能量为173 W·h·kg$^{-1}$。该柔性电池可以弯曲大于1 000次,可稳定工作80 h[162]。

相比Na/CO$_2$电池,对Na/CO电池的研究则更加稀少。Sun使用NaClO$_4$/TEGDME作为电解液,无黏结剂的多壁碳纳米管(MCNTs)作为空气电极制备了Na/CO电池。研究发现,电池放电时生成Na$_2$CO$_3$和C,但是充电时,Na$_2$CO$_3$分解生成Na和CO$_2$。当截止电压为1.6 V,Na/CO电池在50 mA·g$^{-1}$、100 mA·g$^{-1}$、200 mA·g$^{-1}$电流下,首次放电比容量分别为8 000 mA·h·g$^{-1}$、6 100 mA·h·g$^{-1}$、3 600 mA·h·g$^{-1}$(基于MCNTs的重量计算),放电平台约2.1 V,放电曲线如图5.47所示。这给CO气体的处理提供了一种新的方法[155]。

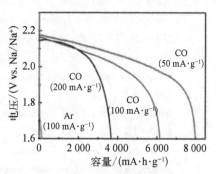

图5.47 Na-CO电池在不同电流密度下的放电曲线[155]

虽然Na/CO$_2$电池的比能量较高,但是现在仍处于研究初期阶段。目前的问题主要为:① CO$_2$还原过程(CRR)和CO$_2$析出过程(CER)之间的极化较大;② 充电过程中的可逆性差;③ 循环过程中容量衰减快。而导致这三个问题的因素有很多,如界面反应过程复杂、动力学缓慢、有效催化剂少、正极腐蚀和电解液分解造成的活性氧带来的副反应以及钠负极的不稳定性等。为了获得性能优异的Na/CO$_2$电池和进一步实用化,还需要研究者更多的努力。

## 参考文献

[1] Fan L, Li X. Recent advances in effective protection of sodium metal anode[J]. Nano Energy, 2018, 53: 630-642.

[2] Sun B, Xiong P, Maitra U, et al. Design strategies to enable the efficient use of sodium metal anodes in high-energy batteries[J]. Advanced Materials, 2020, 32(18): 1903891.

[3] Vyalikh A, Koroteev V O, Münchgesang W, et al. Effect of charge transfer upon Li- and Na-ion insertion in fine-grained graphitic material as probed by NMR[J]. ACS Applied Materials & Interfaces, 2019, 11(9): 9291-9300.

[4] Cao R, Mishra K, Li X, et al. Enabling room temperature sodium metal batteries[J]. Nano Energy, 2016, 30: 825-830.

[5] Su D, Kretschmer K, Wang G. Improved electrochemical performance of Na-ion batteries in ether-based electrolytes: A case study of ZnS nanospheres[J]. Advanced Energy Materials, 2016, 6(2): 1501785.

[6] Wang C, Wang L, Li F, et al. Bulk bismuth as a high-capacity and ultralong cycle-life anode for sodium-ion batteries by coupling with glyme-based electrolytes[J]. Advanced Materials, 2017, 29(35): 1702212.

[7] Zhang J, Wang D W, Lv W, et al. Ethers illume sodium-based battery chemistry: Uniqueness, surprise, and challenges[J]. Advanced Energy Materials, 2018, 8(26): 1801361.

[8] Seh Z W, Sun J, Sun Y, et al. A highly reversible room-temperature sodium metal anode[J]. ACS Central Science, 2015, 1(8): 449-455.

[9] Schafzahl L, Hanzu I, Wilkening M, et al. An electrolyte for reversible cycling of sodium metal and intercalation compounds[J]. ChemSusChem, 2017, 10(2): 401-408.

[10] Lee J, Lee Y, Lee J, et al. Ultraconcentrated sodium bis(fluorosulfonyl)imide-based electrolytes for high-performance sodium metal batteries[J]. ACS Applied Materials & Interfaces, 2017, 9(4): 3723-3732.

[11] Zheng J, Chen S, Zhao W, et al. Extremely stable sodium metal batteries enabled by localized high-concentration electrolytes[J]. ACS Energy Letters, 2018, 3(2): 315-321.

[12] Lee Y, Lee J, Lee J, et al. Fluoroethylene carbonate-based electrolyte with 1 M sodium bis(fluorosulfonyl)imide enables high-performance sodium metal electrodes[J]. ACS Applied Materials & Interfaces, 2018, 10(17): 15270-15280.

[13] Chen X, Shen X, Li B, et al. Ion-solvent complexes promote gas evolution from electrolytes on a sodium metal anode[J]. Angewandte Chemie International Edition, 2018, 57(3): 734-737.

[14] Rodriguez R, Loeffler K E, Nathan S S, et al. In situ optical imaging of sodium electrodeposition: Effects of fluoroethylene carbonate[J]. ACS Energy Letters, 2017, 2(9): 2051-2057.

[15] Wang S, Cai W, Sun Z, et al. Stable cycling of Na metal anodes in a carbonate electrolyte[J]. Chemical Communications, 2019, 55(95): 14375-14378.

[16] Li W, Yao H, Yan K, et al. The synergetic effect of lithium polysulfide and lithium nitrate to prevent lithium dendrite growth[J]. Nature Communications, 2015, 6(1): 7436.

[17] Wang H, Wang C, Matios E, et al. Facile stabilization of the sodium metal anode with additives: Unexpected key role of sodium polysulfide and adverse effect of sodium nitrate[J]. Angewandte Chemie, 2018, 130(26): 7860-7863.

[18] Zheng X, Fu H, Hu C, et al. Toward a stable sodium metal anode in carbonate electrolyte: A compact, inorganic alloy interface[J]. The Journal of Physical Chemistry Letters, 2019, 10(4): 707-714.

[19] Zhang Q, Lu Y, Miao L, et al. An alternative to lithium metal anodes: Non-dendritic and highly reversible sodium metal anodes for Li-Na hybrid batteries[J]. Angewandte Chemie International Edition, 2018, 57(45): 14796-14800.

[20] Shi Q, Zhong Y, Wu M, et al. High-performance sodium metal anodes enabled by a bifunctional potassium salt[J]. Angewandte Chemie, 2018, 130(29): 9207-9210.

[21] Wei S, Choudhury S, Xu J, et al. Highly stable sodium batteries enabled by functional ionic polymer membranes[J]. Advanced Materials, 2017, 29(12): 1605512.

[22] Choudhury S, Wei S, Ozhabes Y, et al. Designing solid-liquid interphases for sodium batteries[J]. Nature Communications, 2017, 8(1): 898.

[23] Tian H, Shao H, Chen Y, et al. Ultra-stable sodium metal-iodine batteries enabled by an in-situ solid electrolyte interphase[J]. Nano Energy, 2019, 57: 692-702.

[24] Zhao Y, Liang J, Sun Q, et al. In situ formation of highly controllable and stable $Na_3PS_4$ as a protective layer for Na metal anode[J]. Journal of Materials Chemistry A, 2019, 7(8): 4119-4125.

[25] Ma M, Lu Y, Yan Z, et al. In situ synthesis of a bismuth layer on a sodium metal anode for fast interfacial transport in sodium-oxygen batteries [J]. Batteries & Supercaps, 2019, 2(8): 663-667.

[26] Tu Z, Choudhury S, Zachman M J, et al. Fast ion transport at solid-solid interfaces in hybrid battery anodes[J]. Nature Energy, 2018, 3(4): 310-316.

[27] Wang G, Xiong X, Xie D, et al. A scalable approach for dendrite-free alkali metal anodes via room-temperature facile surface fluorination[J]. ACS Applied Materials & Interfaces, 2019, 11(5): 4962-4968.

[28] Luo W, Lin C F, Zhao O, et al. Ultrathin surface coating enables the stable sodium metal anode[J]. Advanced Energy Materials, 2017, 7(2): 1601526.

[29] Zhao Y, Goncharova L V, Lushington A, et al. Superior stable and long life sodium metal anodes achieved by atomic layer deposition[J]. Advanced Materials, 2017, 29(18): 1606663.

[30] Zhao Y, Goncharova L V, Zhang Q, et al. Inorganic-organic coating via molecular layer deposition enables long life sodium metal anode[J]. Nano Letters, 2017, 17(9): 5653-5659.

[31] Tian H, Seh Z W, Yan K, et al. Theoretical investigation of 2D layered materials as protective films for lithium and sodium metal anodes[J]. Advanced Energy Materials, 2017, 7(13): 1602528.

[32] Wang H, Wang C, Matios E, et al. Critical role of ultrathin graphene films with tunable thickness in enabling highly stable sodium metal anodes[J]. Nano Letters, 2017, 17(11): 6808-6815.

[33] Kim Y J, Lee H, Noh H, et al. Enhancing the cycling stability of sodium metal electrodes by building an inorganic-organic composite protective layer[J]. ACS Applied Materials & Interfaces, 2017, 9(7): 6000-6006.

[34] Liu S, Tang S, Zhang X, et al. Porous Al current collector for dendrite-free Na metal anodes[J]. Nano Letters, 2017, 17(9): 5862-5868.

[35] Sun J, Guo C, Cai Y, et al. Dendrite-free and long-life Na metal anode achieved by 3D porous Cu[J]. Electrochimica Acta, 2019, 309: 18-24.

[36] Lu Y, Zhang Q, Han M, et al. Stable Na plating/stripping electrochemistry realized by a 3D Cu current collector with thin nanowires[J]. Chemical Communications, 2017, 53(96): 12910-12913.

[37] Hou Z, Wang W, Chen Q, et al. Hybrid protective layer for stable sodium metal anodes at high utilization[J]. ACS Applied Materials & Interfaces, 2019, 11(41): 37693-37700.

[38] Choi H, Hwang D Y, Park J, et al. Reliable seawater battery anode: Controlled sodium nucleation via deactivation of the current collector surface[J]. Journal of Materials Chemistry A, 2018, 6(40): 19672-19680.

[39] Lee M E, Kwak H W, Kwak J H, et al. Catalytic pyroprotein seed layers for sodium metal anodes[J]. ACS Applied Materials & Interfaces, 2019, 11(13): 12401-12407.

[40] Tang S, Qiu Z, Wang X Y, et al. A room-temperature sodium metal anode enabled by a sodiophilic layer[J]. Nano Energy, 2018, 48: 101-106.

[41] Yang T Z, Qian T, Sun Y W, et al. Mega high utilization of sodium metal anodes enabled by single zinc atom sites[J]. Nano Letters, 2019, 19: 7827-7835.

[42] Qian Ji, Li Y, Zhang M L, et al. Protecting lithium/sodium metal anode with metal-organic framework based compact and robust shield[J]. Nano Energy, 2019, 60: 866-874.

[43] Wang A X, Hu X F, Tang H Q, et al. Processable and moldable sodium-metal anodes[J]. Angewandte Chemie International Edition, 2017, 56(39): 11921-11926.

[44] Hu X, Li Z, Zhao Y, et al. Quasi-solid state rechargeable $Na-CO_2$ batteries with reduced graphene oxide Na anodes[J]. Science Advances, 2017, 3(2): e1602396.

[45] Luo J M, Wang C L, Wang H, et al. Pillared MXene with ultralarge interlayer spacing as a stable matrix for high performance sodium metal anodes[J]. Advanced Functional Materials, 2019, 29(3): 1805946.

[46] Luo W, Zhang Y, Xu S M, et al. Encapsulation of metallic Na in an electrically conductive host with porous channels as a highly stable Na metal anode[J]. Nano Letters, 2017, 17(6): 3792-3797.

[47] Chi S S, Qi X G, Hu Y S, et al. 3D flexible carbon felt host for highly stable sodium metal anodes[J]. Advanced Energy Materials, 2018, 8(15): 1702764.

[48] Zhang J L, Wang W H, Shi R Y, et al. Three-dimensional carbon felt host for stable sodium metal anode[J]. Carbon, 2019, 155: 50-55.

[49] Xiong W S, Xia Y, Jiang Y, et al. Highly conductive and robust three-dimensional host with excellent alkali metal infiltration boosts ultrastable lithium and sodium metal anodes[J]. ACS Applied Materials & Interfaces, 2018, 10: 21254-21261.

[50] Xiong W S, Jiang Y, Xia Y, et al. A robust 3D host for sodium metal anodes with excellent machinability and cycling stability[J]. Chemical Communications, 2018, 54: 9406-9409.

[51] Zheng X Y, Li P, Cao Z, et al. Boosting the reversibility of sodium metal anode via heteroatom-doped hollow carbon fibers[J]. Small, 2019, 15: 1902688.

[52] Zheng Z J, Zeng X X, Ye H, et al. Nitrogen and oxygen Co-doped graphitized carbon fibers with sodiophilic-rich sites guide uniform sodium nucleation for ultrahigh-capacity sodium-metal anodes[J]. ACS Applied Materials & Interfaces, 2018, 10: 30417-30425.

[53] Zhao Y, Yang X, Kuo L Y, et al. High capacity, dendrite-free growth, and minimum volume change Na metal anode[J]. Small, 2018, 14(20): 1703717.

[54] Zhang D, Li B, Wang S, et al. Simultaneous formation of artificial SEI film and 3D host for stable metallic sodium anodes[J]. ACS Applied Materials & Interfaces, 2017, 9(46): 40265-40272.

[55] Wang H, Matios E, Wang C L, et al. Tin nanoparticles embedded in a carbon buffer layer as preferential nucleation sites for stable sodium metal anodes[J]. Journal of Materials Chemistry A, 2019, 7(41): 23747-23755.

[56] Yu J Z, Hu Y S, Pan F, et al. A class of liquid anode for rechargeable batteries with ultralong cycle life[J]. Nature Communications, 2017, 8: 14629.

[57] Peled E, Golodnitsky D, Mazor H, et al. Parameter analysis of a practical lithium- and sodium-air electric vehicle battery[J]. Journal of Power Sources, 2011, 196(16): 6835-6840.

[58] Sun Q, Yang Y, Fu Z W, et al. Electrochemical properties of room temperature sodium-air batteries with non-aqueous electrolyte[J]. Electrochemistry Communications, 2012, 16(1): 22-25.

[59] Hartmann P, Bender C L, Vracar M, et al. A rechargeable room-temperature sodium superoxide ($NaO_2$) battery[J]. Nature Materials, 2013, 12(3): 228-232.

[60] Zhao S, Qin B, Chan K Y, et al. Recent development of aprotic $Na-O_2$ batteries[J]. Batteries & Supercaps, 2019, 2(9): 725-742.

[61] Khan Z, Senthilkumar B, Park S O, et al. Carambola-shaped $VO_2$ nanostructures: A binder-free air electrode for an aqueous Na-air battery[J]. Journal of Materials Chemistry A, 2017, 5: 2037-2044.

[62] Liu C, Rehnlund D, Brant W R, et al. Growth of $NaO_2$ in highly efficient $Na-O_2$ batteries revealed by synchrotron in operando X-ray diffraction[J]. ACS Energy Letters, 2017, 2: 2440-2444.

[63] Aldous I M, Hardwick L J. Solvent-mediated control of the electrochemical discharge products of non-aqueous sodium-oxygen electrochemistry[J]. Angewandte Chemie International Edition, 2016, 55(29): 8254-8257.

[64] Lutz L, Wei Y, Grimaud A, et al. High capacity $NaO_2$ batteries-key parameters for solution-mediated discharge[J]. The Journal of Physical Chemistry C, 2016, 120(36): 20068-20076.

[65] Zhao N, Guo X. Cell chemistry of sodium-oxygen batteries with various nonaqueous electrolytes[J]. The Journal of Physical Chemistry C, 2015, 119(45): 25319-25326.

[66] Sun Q, Yadegari H, Banis M N, et al. Towards sodium-"air" battery: Revealing the critical role of humidity[J]. The Journal of Physical Chemistry C, 2015, 119(24): 13433-13441.

[67] Pinedo R, Weber D A, Bergner B J, et al. Insights into the chemical nature and formation mechanisms of discharge products in $Na-O_2$ batteries by means of operando X-ray diffraction[J]. The Journal of Physical Chemistry C, 2016, 120: 8472-8481.

[68] Bender C L, Hartmann P, Vraar M, et al. On the thermodynamics, the role of the carbon cathode, and the cycle life of the sodium superoxide ($NaO_2$) battery[J]. Advanced Energy Materials, 2014, 4(12): 1301863.

[69] Yadegari H, Franko C J, Banis M N, et al. How to control the discharge products in $Na-O_2$ cells: Direct evidence toward the role of functional groups at the air electrode surface[J]. Journal of Physical Chemistry Letters, 2017, 8: 4794-4800.

[70] Xia C, Black R, Fernandes R, et al. The critical role of phase-transfer catalysis in aprotic sodium oxygen batteries[J]. Nature Chemistry, 2015, 7: 496-501.

[71] Xia C, Fernandes R, Cho F H, et al. Direct evidence of solution-mediated superoxide transport and organic radical formation in sodium-oxygen batteries[J]. Journal of the American Chemical Society, 2016, 138(35): 11219-11226.

[72] Arcelus O, Li C, Rojo T, et al. Electronic structure of sodium superoxide bulk, (100) surface, and clusters using hybrid density functional: Relevance for $Na-O_2$ batteries[J]. The Journal of Physical Chemistry Letters, 2015, 6(11): 2027-2031.

[73] Nichols J E, Mccloskey B D. The sudden death phenomena in nonaqueous $Na-O_2$ batteries[J]. The Journal of Physical Chemistry C, 2017, 121(1): 85-96.

[74] Nichols J E, Knudsen K B, Mccloskey B D. Oxygen pressure influences spatial $NaO_2$ deposition and the sudden death mechanism in $Na-O_2$ batteries[J]. The Journal of

Physical Chemistry C, 2018, 122(25): 13462-13472.

[75] Bryan D M, Jeannette M G, Alan C L. Chemical and electrochemical differences in nonaqueous Li-$O_2$ and Na-$O_2$ batteries[J]. Journal of Physical Chemistry Letters, 2014, 5(7): 1230-1235.

[76] Yadegari H, Banis M N, Xiao B W, et al. Three-dimensional nanostructured air electrode for sodium-oxygen batteries: A mechanism study toward the cyclability of the cell[J]. Chemistry of Materials, 2015, 27(8): 3040-3047.

[77] Zoe E M R, Christopher J F, Kristopher J H, et al. Detection of electrochemical reaction products from the sodium-oxygen cell with solid-state $^{23}$-Na NMR spectroscopy [J]. Journal of the American Chemical Society, 2017, 139(2): 595-598.

[78] Black R, Shyamsunder A, Adeli P, et al. The nature and impact of side reactions in glyme-based sodium-oxygen batteries[J]. ChemSusChem, 2016, 9(14): 1795-1803.

[79] Landa-Medrano I, Pinedo R, Bi X X, et al. New insights into the instability of discharge products in Na-$O_2$ batteries[J]. ACS Applied Materials & Interfaces, 2016, 8(31): 20120-20127.

[80] Sheng C C, Yu F J, Wu Y P, et al. Disproportionation of sodium superoxide in Na-$O_2$ batteries[J]. Angewandte Chemie International Edition, 2018, 130(31): 10054-10058.

[81] Liu C, Carboni M, Brant W R, et al. On the stability of $NaO_2$ in Na-$O_2$ batteries[J]. ACS Applied Materials & Interfaces, 2018, 10: 13534-13541.

[82] Yin W W, Fu Z W. The potential of Na-air batteries[J]. ChemCatChem, 2017, 9(9): 1545-1553.

[83] Liu W, Sun Q, Yang Y, et al. An enhanced electrochemical performance of a sodium-air battery with graphene nanosheets as air electrode catalysts [J]. Chemical Communications, 2013, 49(19): 1951-1953.

[84] Li Y L, Yadegari H, Li X F, et al. Superior catalytic activity of nitrogen-doped graphene cathodes for high energy capacity sodium-air batteries [J]. Chemical Communications, 2013, 49(100): 11731-11733.

[85] Zhang S P, Wen Z Y, Jin J, et al. Controlling uniform deposition of discharge products at the nanoscale for rechargeable Na-$O_2$ batteries[J]. Journal of Materials Chemistry A, 2016, 4: 7238-7244.

[86] Jian Z L, Yong C, Li F J, et al. High capacity Na-$O_2$ batteries with carbon nanotube paper as binder-free air cathode[J]. Journal of Power Sources, 2014, 251: 466-469.

[87] Zhao N, Li C L, Guo X X. Long-life Na-$O_2$ batteries with high energy efficiency enabled by electrochemically splitting $NaO_2$ at a low overpotential [J]. Physical Chemistry Chemical Physics, 2014, 16(29): 15646-15652.

[88] Kwak W J, Chen Z, Yoon C S, et al. Nanoconfinement of low-conductivity products in rechargeable sodium-air batteries[J]. Nano Energy, 2015, 12: 123-130.

[89] Wang H, Song X, Wang H, et al. Synthesis of hollow porous $ZnCo_2O_4$ microspheres as

high-performance oxygen reduction reaction electrocatalyst[J]. International Journal of Hydrogen Energy, 2016, 41(30): 13024 - 13031.

[90] Liu W M, Yin W W, Ding F, et al. NiCo$_2$O$_4$ nanosheets supported on Ni foam for rechargeable nonaqueous sodium-air batteries[J]. Electrochemistry Communications, 2014, 45: 87 - 90.

[91] Kang Y, Zou D, Zhang J Y, et al. Dual-phase spinel MnCo$_2$O$_4$ nanocrystals with nitrogen-doped reduced graphene oxide as potential catalyst for hybrid Na-air batteries [J]. Electrochimica Acta, 2017, 244: 222 - 229.

[92] Hu Y X, Han X P, Zhao Q, et al. Porous perovskite calcium-manganese oxide microspheres as an efficient catalyst for rechargeable sodium-oxygen batteries [J]. Journal of Materials Chemistry A, 2015, 3: 3320 - 3324.

[93] Li N, Xu D, Bao D, et al. A binder-free, flexible cathode for rechargeable Na - O$_2$ batteries[J]. Chinese Journal of Catalysis, 2016, 37(7): 1172 - 1179.

[94] Wu F, Xing Y, Lai J N, et al. Micrometer-sized RuO$_2$ catalysts contributing to formation of amorphous Na-deficient sodium peroxide in Na - O$_2$ batteries [J]. Advanced Functional Materials, 2017, 27(30): 1700632.

[95] Mohammad F T, Misun H, Jiwon P, et al. Instability of non-crystalline NaO$_2$ film in Na - O$_2$ batteries: The controversial effect of RuO$_2$ catalyst[J]. The Journal of Physical Chemistry C, 2018, 122(34): 19678 - 19686.

[96] Rosenberg S, Hintennach A. In situ formation of α - MnO$_2$ nanowires as catalyst for sodium-air batteries[J]. Journal of Power Sources, 2015, 274: 1043 - 1048.

[97] Liu Y Z, Chi X W, Han Q, et al. Metal-organic framework-derived hierarchical Co$_3$O$_4$@MnCo$_2$O$_{4.5}$ nanocubes with enhanced electrocatalytic activity for Na - O$_2$ batteries[J]. Nanoscale, 2019,11: 5285 - 5294.

[98] Wang J K, Rui G, Zheng L R, et al. CoO/CoP heterostructured nanosheets with an O - P interpenetrated interface as a bifunctional electrocatalyst for Na - O$_2$ battery[J]. ACS Catalysis, 2018, 8(9): 8953 - 8960.

[99] Hashimoto T, Hayashi K. Aqueous and nonaqueous sodium-air cells with nanoporous gold cathode[J]. Electrochimica Acta, 2015, 182: 809 - 814.

[100] Lutz L, Corte D A D, Chen Y H, et al. The role of the electrode surface in Na-air batteries: Insights in electrochemical product formation and chemical growth of NaO$_2$ [J]. Advanced Energy Materials, 2018, 8(4): 1701581.

[101] Yadegari H, Banis M N, Lushington A, et al. A bifunctional solid state catalyst with enhanced cycling stability for Na and Li - O$_2$ cells: Revealing the role of solid state catalysts[J]. Energy & Environmental Science, 2017, 10(1): 286 - 295.

[102] Zhang S, Wen Z, Rui K, et al. Graphene nanosheets loaded with Pt nanoparticles with enhanced electrochemical performance for sodium-oxygen batteries[J]. Journal of Materials Chemistry A, 2015, 3(6): 2568 - 2571.

[103] Kang J H, Kwak W J, Aurbach D, et al. Sodium oxygen batteries: One step further

with catalysis by ruthenium nanoparticles[J]. Journal of Materials Chemistry A, 2017, 5(39): 20678-20686.

[104] Liu Q, Yang T, Du C, et al. In situ imaging the oxygen reduction reactions of solid state Na-$O_2$ batteries with CuO nanowires as the air cathode[J]. Nano Letters, 2018, 18(6): 3723-3730.

[105] Xia C, Black R, Fernandes R, et al. The critical role of phase-transfer catalysis in aprotic sodium oxygen batteries[J]. Nature Chemistry, 2015, 7(6): 496-501.

[106] Yin W W, Shadike Z, Yang Y, et al. A long-life Na-air battery based on a soluble NaI catalyst[J]. Chemical Communications, 2015, 51(12): 2324-2327.

[107] Yin W W, Yue J L, Cao M H, et al. Dual catalytic behavior of a soluble ferrocene as an electrocatalyst and in the electrochemistry for Na-air batteries[J]. Journal of Materials Chemistry A, 2015, 3(37): 19027-19032.

[108] Kim J, Lim H D, Gwon H, et al. Sodium-oxygen batteries with alkyl-carbonate and ether based electrolytes[J]. Physical Chemistry Chemical Physics, 2013, 15(10): 3623-3629.

[109] Zhao N, Guo X. Cell chemistry of sodium-oxygen batteries with various nonaqueous electrolytes[J]. The Journal of Physical Chemistry C, 2015, 119(45): 25319-25326.

[110] Azaceta E, Lutz L, Grimaud A, et al. Electrochemical reduction of oxygen in aprotic ionic liquids containing metal cations: A case study on the Na-$O_2$ system[J]. ChemSusChem, 2017, 10(7): 1616-1623.

[111] Pozo-Gonzalo C, Howlett P C, MacFarlane D R, et al. Highly reversible oxygen to superoxide redox reaction in a sodium-containing ionic liquid[J]. Electrochemistry Communications, 2017, 74: 14-18.

[112] Zhang Y, Ortiz-Vitoriano N, Acebedo B, et al. Elucidating the impact of sodium salt concentration on the cathode-electrolyte interface of Na-air batteries[J]. The Journal of Physical Chemistry C, 2018, 122(27): 15276-15286.

[113] Lutz L, Alves Dalla Corte D, Tang M, et al. Role of electrolyte anions in the Na-$O_2$ battery: Implications for NaO$_2$ solvation and the stability of the sodium solid electrolyte interphase in glyme ethers[J]. Chemistry of Materials, 2017, 29(14): 6066-6075.

[114] Dilimon V S, Hwang C, Cho Y G, et al. Superoxide stability for reversible Na-$O_2$ electrochemistry[J]. Scientific Reports, 2017, 7(1): 17635.

[115] He M, Lau K C, Ren X, et al. Concentrated electrolyte for the sodium-oxygen battery: Solvation structure and improved cycle life[J]. Angewandte Chemie International Edition, 2016, 55(49): 15536-15540.

[116] Hayashi K, Shima K, Sugiyama F. A mixed aqueous/aprotic sodium/air cell using a NASICON ceramic separator[J]. Journal of the Electrochemical Society, 2013, 160(9): A1467-A1472.

[117] Liang F, Hayashi K. A high-energy-density mixed-aprotic-aqueous sodium-air cell

with a ceramic separator and a porous carbon electrode[J]. Journal of The Electrochemical Society, 2015, 162(7): A1215-A1219.

[118] Sahgong S H, Senthilkumar S T, Kim K, et al. Rechargeable aqueous Na-air batteries: Highly improved voltage efficiency by use of catalysts[J]. Electrochemistry Communications, 2015, 61: 53-56.

[119] Khan Z, Park S, Hwang S M, et al. Hierarchical urchin-shaped α-$MnO_2$ on graphene-coated carbon microfibers: A binder-free electrode for rechargeable aqueous Na-air battery[J]. NPG Asia Materials, 2016, 8(7): e294.

[120] Senthilkumar B, Khan Z, Park S, et al. Exploration of cobalt phosphate as a potential catalyst for rechargeable aqueous sodium-air battery[J]. Journal of Power Sources, 2016, 311: 29-34.

[121] Liang F, Watanabe T, Hayashi K, et al. Liquid exfoliation graphene sheets as catalysts for hybrid sodium-air cells[J]. Materials Letters, 2017, 187: 32-35.

[122] Hwang S M, Go W, Yu H, et al. Hybrid Na-air flow batteries using an acidic catholyte: Effect of the catholyte pH on the cell performance[J]. Journal of Materials Chemistry A, 2017, 5(23): 11592-11600.

[123] Kang Y, Su F, Zhang Q, et al. Novel high-energy-density rechargeable hybrid sodium-air cell with acidic electrolyte[J]. ACS Applied Materials & Interfaces, 2018, 10(28): 23748-23756.

[124] Park C W, Ahn J H, Ryu H S, et al. Room-temperature solid-state sodium/sulfur battery[J]. Electrochemical and Solid State Letters, 2006, 9(3): A123.

[125] Yu X, Manthiram A. Capacity enhancement and discharge mechanisms of room-temperature sodium-sulfur batteries[J]. ChemElectroChem, 2014, 1(8): 1275-1280.

[126] Wang Y X, Yang J, Lai W, et al. Achieving high-performance room-temperature sodium-sulfur batteries with S@ interconnected mesoporous carbon hollow nanospheres[J]. Journal of the American Chemical Society, 2016, 138(51): 16576-16579.

[127] Zhang L, Zhang B, Dou Y, et al. Self-assembling hollow carbon nanobeads into double-shell microspheres as a hierarchical sulfur host for sustainable room-temperature sodium-sulfur batteries[J]. ACS Applied Materials & Interfaces, 2018, 10(24): 20422-20428.

[128] Xin S, Yin Y X, Guo Y G, et al. A high-energy room-temperature sodium-sulfur battery[J]. Advanced Materials, 2014, 26(8): 1261-1265.

[129] Hwang T H, Jung D S, Kim J S, et al. One-dimensional carbon-sulfur composite fibers for Na-S rechargeable batteries operating at room temperature[J]. Nano Letters, 2013, 13(9): 4532-4538.

[130] Fan L, Ma R, Yang Y, et al. Covalent sulfur for advanced room temperature sodium-sulfur batteries[J]. Nano Energy, 2016, 28: 304-310.

[131] Zhang B W, Liu Y D, Wang Y X, et al. In situ grown s nanosheets on Cu foam: An

ultrahigh electroactive cathode for room-temperature Na – S batteries[J]. ACS Applied Materials & Interfaces, 2017, 9(29): 24446 – 24450.

[132] Yu X, Manthiram A. Room-temperature sodium-sulfur batteries with liquid-phase sodium polysulfide catholytes and binder-free multiwall carbon nanotube fabric electrodes [J]. The Journal of Physical Chemistry C, 2014, 118(40): 22952 – 22959.

[133] Yu X, Manthiram A. $Na_2$S-carbon nanotube fabric electrodes for room-temperature sodium-sulfur batteries[J]. Chemistry — A European Journal, 2015, 21(11): 4233 – 4237.

[134] Yu X, Manthiram A. Ambient-temperature sodium-sulfur batteries with a sodiated nafion membrane and a carbon nanofiber-activated carbon composite electrode[J]. Advanced Energy Materials, 2015, 5(12): 1500350.

[135] Yu X, Manthiram A. Performance enhancement and mechanistic studies of room-temperature sodium-sulfur batteries with a carbon-coated functional nafion separator and a $Na_2$S/activated carbon nanofiber cathode[J]. Chemistry of Materials, 2016, 28(3): 896 – 905.

[136] Bauer I, Kohl M, Althues H, et al. Shuttle suppression in room temperature sodium-sulfur batteries using ion selective polymer membranes [J]. Chemical Communications, 2014, 50(24): 3208 – 3210.

[137] Yu X, Manthiram A. Capacity enhancement and discharge mechanisms of room-temperature sodium-sulfur batteries[J]. ChemElectroChem, 2014, 1(8): 1275 – 1280.

[138] Lee D J, Park J W, Hasa I, et al. Alternative materials for sodium ion-sulphur batteries[J]. Journal of Materials Chemistry A, 2013, 1(17): 5256 – 5261.

[139] Fan L, Ma R, Yang Y, et al. Covalent sulfur for advanced room temperature sodium-sulfur batteries[J]. Nano Energy, 2016, 28: 304 – 310.

[140] Zhang L, Zhang B, Dou Y, et al. Self-assembling hollow carbon nanobeads into double-shell microspheres as a hierarchical sulfur host for sustainable room-temperature sodium-sulfur batteries[J]. ACS Applied Materials & Interfaces, 2018, 10(24): 20422 – 20428.

[141] Wei S, Xu S, Agrawral A, et al. A stable room-temperature sodium-sulfur battery [J]. Nature Communications, 2016, 7(1): 11722.

[142] Luo C, Xu Y, Zhu Y, et al. Selenium@mesoporous carbon composite with superior lithium and sodium storage capacity[J]. ACS Nano, 2013, 7(9): 8003 – 8010.

[143] Gu X, Tang T, Liu X, et al. Rechargeable metal batteries based on selenium cathodes: Progress, challenges and perspectives[J]. Journal of Materials Chemistry A, 2019, 7(19): 11566 – 11583.

[144] Abouimrane A, Dambournet D, Chapman K W, et al. A new class of lithium and sodium rechargeable batteries based on selenium and selenium-sulfur as a positive electrode[J]. Journal of the American chemical society, 2012, 134(10): 4505 –

4508.

[145] Li Q, Liu H, Yao Z, et al. Electrochemistry of selenium with sodium and lithium: Kinetics and reaction mechanism[J]. ACS Nano, 2016, 10(9): 8788-8795.

[146] Luo C, Wang J, Suo L, et al. In situ formed carbon bonded and encapsulated selenium composites for Li-Se and Na-Se batteries[J]. Journal of Materials Chemistry A, 2015, 3(2): 555-561.

[147] Yang X, Wang H, Yu D Y W, et al. Vacuum calcination induced conversion of selenium/carbon wires to tubes for high-performance sodium-selenium batteries[J]. Advanced Functional Materials, 2018, 28(8): 1706609.

[148] Xu Q, Liu H, Du W, et al. Metal-organic complex derived hierarchical porous carbon as host matrix for rechargeable Na-Se batteries[J]. Electrochimica Acta, 2018, 276: 21-27.

[149] Zhao X, Yin L, Zhang T, et al. Heteroatoms dual-doped hierarchical porous carbon-selenium composite for durable Li-Se and Na-Se batteries[J]. Nano Energy, 2018, 49: 137-146.

[150] Zeng L, Zeng W, Jiang Y, et al. A flexible porous carbon nanofibers-selenium cathode with superior electrochemical performance for both Li-Se and Na-Se batteries[J]. Advanced Energy Materials, 2015, 5(4): 1401377.

[151] Yuan B, Sun X, Zeng L, et al. A freestanding and long-life sodium-selenium cathode by encapsulation of selenium into microporous multichannel carbon nanofibers[J]. Small, 2018, 14(9): 1703252.

[152] Wang H, Jiang Y, Manthiram A. Long cycle life, low self-discharge sodium-selenium batteries with high selenium loading and suppressed polyselenide shuttling[J]. Advanced Energy Materials, 2018, 8(7): 1701953.

[153] Ma D, Li Y, Yang J, et al. Atomic layer deposition-enabled ultrastable freestanding carbon-selenium cathodes with high mass loading for sodium-selenium battery[J]. Nano Energy, 2018, 43: 317-325.

[154] Das S K, Xu S, Archer L A. Carbon dioxide assist for non-aqueous sodium-oxygen batteries[J]. Electrochemistry Communications, 2013, 27: 59-62.

[155] Sun J, Zhao Y, Yang H, et al. Na-CO batteries: Devices to trap CO[J]. Chemical Communications, 2017, 53(67): 9312-9315.

[156] Xu S, Lu Y, Wang H, et al. A rechargeable Na-$CO_2/O_2$ battery enabled by stable nanoparticle hybrid electrolytes[J]. Journal of Materials Chemistry A, 2014, 2(42): 17723-17729.

[157] Xu S, Wei S, Wang H, et al. The sodium-oxygen/carbon dioxide electrochemical cell[J]. ChemSusChem, 2016, 9(13): 1600-1606.

[158] Hu X, Sun J, Li Z, et al. Rechargeable room-temperature Na-$CO_2$ batteries[J]. Angewandte Chemie International Edition, 2016, 55(22): 6482-6486.

[159] Fang C, Luo J, Jin C, et al. Enhancing catalyzed decomposition of $Na_2CO_3$ with

  $Co_2MnO_x$ nanowire-decorated carbon fibers for advanced $Na-CO_2$ batteries[J]. ACS Applied Materials & Interfaces, 2018, 10(20): 17240-17248.

[160] Guo L, Li B, Thirumal V, et al. Advanced rechargeable $Na-CO_2$ batteries enabled by a ruthenium@porous carbon composite cathode with enhanced $Na_2CO_3$ reversibility [J]. Chemical Communications, 2019, 55(55): 7946-7949.

[161] Hu X, Li Z, Zhao Y, et al. Quasi-solid state rechargeable $Na-CO_2$ batteries with reduced graphene oxide Na anodes[J]. Science Advances, 2017, 3(2): e1602396.

[162] Wang X, Zhang X, Lu Y, et al. Flexible and tailorable $Na-CO_2$ batteries based on an all-solid-state polymer electrolyte[J]. ChemElectroChem, 2018, 5(23): 3628-3632.

# 第6章 钠离子电池电解质

作为钠离子电池的血液,钠离子电解质在钠离子电池/钠电池中起着传输钠离子的作用,实现能量的存储和释放。本章将根据电解质的状态,从液体电解液(主要为有机电解液)和固体电解质,分别介绍应用在钠离子电池/钠电池中常见的电解质。

## 6.1 有机电解液

电解液是负责钠离子传输的介质,对于钠离子电池的电化学性能(例如,倍率、容量、循环寿命和安全性)至关重要。一般来说,钠离子电池的电解液应满足以下要求:

(1) 适应电池工作的宽温度范围。电解液应该在较宽的温度范围内保持液态。因此,电解液的熔点和沸点应分别低于和高于工作温度。

(2) 高离子电导率。为了确保在电池运行过程中 $Na^+$ 的快速运输,需要高离子电导率。因此,优化的电解质应显示出平衡的黏度和介电常数。另外,在宽温度范围内也需要较高的离子电导率。为了支持常规的电池操作,环境温度下的离子电导率应为 $5\sim10$ mS·cm$^{-1}$。

(3) 电化学和化学稳定性。电化学稳定性即为氧化/还原反应极限之间的(电化学窗口)之间的电压范围。根据以前的研究,电化学窗口与电解质的最低未占据分子轨道(lowest unoccupied molecular orbital, LUMO)和最高占据分子轨道(highest occupied molecular orbital, HOMO)的能隙($E_g$)紧密相关。同时,电解质应能够在阳极和阴极上形成具有高钠离子电导率的稳定中间相。此外,电解液应该对其他电池组件具有较好的化学稳定性。

(4) 环保。电解液应符合低毒、无污染等环保特性。

### 6.1.1 钠盐

一般来说,作为钠离子电池电解液中的钠盐,应该具有以下几个特性:① 在所用溶剂中的溶解度较高;② 电化学稳定性高;③ 化学稳定性高;④ 对电池中的其他组分兼容性好;⑤ 无毒,高安全性。钠盐通常比锂盐具有更高的熔点,这使钠盐比锂盐更易于干燥,并且热稳定性更高,在安全性方面也有望带来优势。与 $Li^+$ 相比,$Na^+$ 具有较大的离子半径,因此钠盐可溶于低介电常数的溶剂中,钠盐的种类也较锂盐更多[1]。通常,钠盐阴离子是由具有电负性的外围配体与稳定的中心原子耦合而成[2]。钠盐的性质很大程度上取决于阴离子的性质。在目前的研究中,很少有关于不同钠盐的比较研究。Bhide 等使用常规的 EC:DMC 溶剂体系比较了 $NaPF_6$、$NaClO_4$、NaTfO 和 NaTFSI,并测量了离子电导率与盐浓度的关系。对于 NaTfO 和 $NaClO_4$ 而言,其依赖性比 $NaPF_6$ 更为明显。对于 0.6 M $NaPF_6$,所获得的最大电导率为 6.8 $mS·cm^{-1}$,对于 1 M $NaClO_4$,所获得的最大电导率为 5.0 $mS·cm^{-1}$,而 0.8 M NaTfO 的电导率太低[3]。表 6.1 列出了常见的钠盐的物理性质,常用的 Na 盐主要是三氟甲磺酸钠(NaTfO)、高氯酸钠($NaClO_4$)、Na bis(三氟甲磺酰基)酰亚胺(NaTFSI)、六氟磷酸钠($NaPF_6$)和双(氟磺酰基)酰亚胺(NaFSI)。$NaClO_4$ 具有电导率高、成本低、与电池其他组分兼容性好的优点,但其高毒性、高爆炸风险和易吸水的缺点限制了其广泛的应用。$NaPF_6$ 在 PC 溶剂中具有较高的例子电导率,但与 $LiPF_6$ 相似,$NaPF_6$ 对 $H_2O$ 敏感,热分解温度低,容易生成 HF 等有害物质,劣化电池性能[4]。研究发现 $NaPF_6$ 在许多单一溶剂中的溶解度较低,配制使用 $NaPF_6$ 盐的多组分溶剂通常需要添加具有高介电常数的 EC 溶剂。NaTFSI 和 NaFSI 具有较大的阴离子半径,因而更容易溶解且离子电导率更高,它们的主要缺点是严重腐蚀 Al 集流体[5]。还值得一提的是,一些新颖的 Na 盐,例如 4,5-二氰基-2-(三氟甲基)咪唑啉酸钠(NaTDI)、4,5-二氰基-2-(五氟乙基)咪唑啉酸钠(NaPDI)、二氟草酸硼酸钠(NaDFOB)和双草酸硼酸钠(NaBOB)也已被开发出来[6]。NaDFOB 与各种溶剂都具有较好的相容性,展现出更好的电化学性能。其他一些含 F 和杂环结构的钠盐,如 NaTDI 和 NaPDI,同样具有良好的电化学性能。这两种盐都具有较高的热稳定性,且氧化电位高达 4.5 V vs. $Na/Na^+$,不腐蚀铝箔[7]。与 LiBOB 相似,NaBOB 具有优异的负极成膜特性,但溶解度偏低[8]。

表 6.1　常见的钠盐的物理性质

| 钠　盐 | 分子量/(g·mol$^{-1}$) | 分解温度/℃ | 电导率/(mS·cm$^{-1}$) |
| --- | --- | --- | --- |
| NaClO$_4$ | 122.4 | 468 | 6.4 |
| NaBF$_4$ | 109.8 | 384 | — |
| NaPF$_6$ | 167.9 | 300 | 7.98 |
| NaTfO | 172.1 | 248 | — |
| NaTFSI | 303.1 | 257 | 6.2 |
| NaFSI | 203.3 | 118 | — |

通常电解液中钠盐的浓度在 1 M 左右。最近研究较多的高浓度电解液意味着在传统商用电解液体系中增加钠盐的含量至较高浓度（一般为 3 M 以上）。随着钠盐浓度的增加，阴阳离子以及溶剂分子的相互作用会增强，同时游离的溶剂分子显著下降。在传统稀电解液体系中，只有少量的阴离子可以与阳离子直接配位形成溶剂分离离子对（solvent-separated ion pair，SSIP），同时还留有大量的游离溶剂分子，这些溶剂分子导致负极形成以有机物为主导的 SEI。伴随着钠盐的增加，更多的阴离子开始参与溶剂化，在电解液中主要以接触离子对（contact ion pair，CIPs）以及阴阳离子聚集体（aggregate，AGG）的形式存在，在此条件下形成的 SEI 主要以无机物组分为主导。

2016 年，张继光及其团队提出了一种高浓度电解液（4 M NaFSI/DME）以抑制钠枝晶的生长，通过对钠离子的脱嵌进行测试，发现其库伦效率高达 99%，并且在循环期间没有明显的枝晶生成。另外，通过 XRD 以及 XPS 测试可以发现其 SEI 的主要组成成分为 NaF，这对于稳定电极/电解液界面有着极大的好处[9]。2019 年，Patra 将 3 M NaFSI（EC+PC）电解液应用于 Na/HC 电池中，在保证了电解液对于电导率和黏度的基本要求后，其负极表面可以形成稳定的 SEI，这使得 HC 的首圈库伦效率达到 85%，并且以 99.9% 的效率稳定循环，500 圈后容量保持率达 95%[10]。

总体来说，高浓度电解液的应用可以使得电极表面形成富含无机物的 SEI，从而稳定界面，提高电池总体电化学性能。然而增加钠盐的浓度会引起离子电导率的降低以及黏度的升高，同时增大钠离子电池的成本，这对于钠离子电池的实际应用十分不利，还需要人们对其进行进一步的优化与探索。

### 6.1.2　溶剂

溶剂在电解液中起到了溶解钠盐并形成溶剂化钠离子的作用，因此，对于溶剂的要求与电解液的整体要求是一致的。目前用于钠离子电池的有机电解液中溶剂的研究主要集中在酯和醚上,主要包括碳酸乙烯酯(EC)、碳酸丙烯酯(PC)、碳酸二甲酯(DMC)、碳酸二乙酯(DEC)、碳酸甲乙酯(EMC)、二甲氧基乙烷(DME)、1,3-二氧戊环(DOL)、二甘醇二甲醚(DEGDME)和四甘醇二甲醚(TEGDME)。常见溶剂的物理特性如表 6.2 所示。针对钠离子电池的特性,砜、腈、硅和氟化基溶剂凭借其高闪点也可能得到应用,并表现出较好的安全性[11-13]。

表 6.2 常见溶剂的物理性质

| 溶剂 | 熔点/℃ | 沸点/℃ | 闪点/℃ | 黏度/(cP,25℃) | 介电常数(25℃) |
| --- | --- | --- | --- | --- | --- |
| EC | 36.4 | 248 | 160 | 1.9 | 89.78 |
| PC | -48.8 | 242 | 132 | 2.53 | 64.92 |
| DMC | 4.6 | 91 | 18 | 0.59 | 3.107 |
| DEC | -74.3 | 126 | 31 | 0.75 | 2.805 |
| EMC | -53 | 110 | — | 0.65 | 2.958 |
| DME | -58 | 84 | 0 | 0.46 | 7.18 |
| DEGDME | -61 | 162 | 57 | 1.06 | 7.4 |
| TEGDME | -46 | 216 | 111 | 3.39 | 7.53 |

为了促进钠盐的溶解并获得较高的离子电导率,钠盐通常会被溶解于具有高介电常数(例如 PC、EC)和低黏度(例如 DMC、DEC 和 EMC)的混合溶剂中。共溶剂体系的协同作用可以改善电解液的离子电导率、黏度、电化学稳定性窗口以整体提高钠离子电池的电化学性能及安全性。此外,由于钠离子电池和锂离子电池原理的高度相似,开发用于钠离子电池的电解液可以借鉴锂离子电池的经验和知识。但是在这个过程中需要高度谨慎地注意锂和钠金属之间的反应性差异。

PC 由于其高介电常数和宽液程而成为最先应用于锂电池和钠电池中的溶剂。但是由于在充电过程中溶剂化的 PC 会嵌入石墨层间,导致石墨的剥离,PC 在锂离子电池中的地位很快就被能够钝化石墨表面的 EC 取代了[14]。硬碳(HC)是目前唯一商业化可行的钠离子电池的负极材料。针对硬碳负极,PC 仍然是使用的主要溶剂,并且是有关钠离子电池文献中约 60%电解质配方的基础。尽管如此,在纯 PC 基电解液中测试时,HC 由于 SEI 膜的持续破碎和再生表现出不理想的循环性能和较低的库仑效率[15]。EC 在室温下为无色晶体,其结构类似于 PC,但介电常数远高于 PC,甚至高于水。此外,EC 具有很高的热稳定性,当温度达到 200℃时很少分解,但在碱性条件下很容易分解。

2005 年,Alcántara 等在不同的电解液混合物和 $NaClO_4$ 盐中测试了无定形碳负极并得出结论,使用 THF(tetrahydrofuran)可以提高负极半电池的性能,但不幸的是,它的稳定电化学窗口太窄,无法实现实际应用[16]。2011 年,Komaba 等使用 1 M $NaClO_4$ 测试不同溶剂的性能后发现,EC:DEC 或 PC 的性能优于 EC:DMC 或 EC:EMC[17]。Vidal-Abarca 等提出 EC:DEC 混合溶剂相较于 PC 溶剂可以改善 $Na_{1.8}FePO_4F$ 正极的性能。1 M $NaPF_6$/PC 电解液在低电压下发生电化学分解,而 EC:DEC 电解液的电化学稳定窗口则更宽[18]。

DEC、DMC 和 EMC 是三种常用的线性碳酸酯溶剂,它们的黏度低于环状酸酯,因此线型碳酸酯通常与环状碳酸酯结合使用以获得更好的电解质性能[19]。DMC 具有轻微毒性,可与水或酒精形成共沸物,具有一定的反应活性,可用于羰基化和甲基化试剂的合成。DEC 具有与 DMC 相似的结构。它的熔点很低,只有 -74.3℃,低温性能较好,毒性高于 DMC。EMC 是另一种线性碳酸盐溶剂,具有与 DMC 和 DEC 相似的物理化学性质,但热稳定性较差,在碱性条件下易发生酯交换反应生成 DMC 和 DEC。

在钠离子电池溶剂的研究中,可以借用 Lewis 酸度/碱度概念(溶剂的电子受体/给体能力)。溶剂的受体(AN)和供体(DN)数与其 HOMO/LUMO 水平相关。此外,溶剂的酸度(碱度)也将决定其溶剂化性能。强(低)酸度/碱度导致阴离子/阳离子容易(难)溶剂化。从而决定溶剂-溶剂和离子-溶剂的相互作用。而 $Li^+$ 是一种比 $Na^+$ 更强的酸,会影响离子与溶剂的相互作用[2,20,21]。

醚类溶剂由于其氧化稳定性窗口较低而难以实际应用。近年来对锂和钠金属负极的研究表明,与酯基电解质相比,醚类在负极形成的 SEI 更薄,初始库仑效率(initial coulombic efficiency, ICE)更高[21],这使人们重新关注醚类溶剂的应用价值。已有很多文献报道了负极的储钠性能在醚类电解液中得到了改善。Zhang 等研究了在酯类和醚类电解液中 rGO 表面形成的 SEI 的差异[22]。结果表明,使用 1 M NaTfO 盐时,使用醚类电解液的钠离子电池具有更高的可逆容量和更长的循环寿命。在酯类电解液中较差的电化学性能主要是由于负极表面发生了大量的副反应,不能形成均匀的 SEI 层。Li 等研究了 TiO$_2$ 负极在 DEGDME 电解液中形成的界面层[23]。将 EC/DEC 溶剂替换为 DEGDME 可以降低电池的极化,降低电荷转移阻抗。TiO$_2$ 负极半电池展现出了更高的容量保持率和更好的倍率性能。原位 XRD 测试表明,TiO$_2$ 在醚类电解液中的钠化过程比在碳酸酯电解液中的钠化过程更为完整。

除了传统的有机溶剂外,离子液体近年来也因其优异的特性受到人们的广泛关注。离子液体通常具有与电解质溶剂要求相匹配的几种特性。液相线范围大,热和电化学稳定性好,极性控制性强,黏度低且密度高,没有或仅有极低的蒸气压(因此不易燃),这是离子液体的最重要特性。由于上述优点,离子液体是离子的极佳溶剂,并且本质上具有高离子电导率。

离子液体中的常见阳离子主要包括季铵盐离子、季盐离子、咪唑鎓盐离子等,在目前研究的离子液体中,阳离子主要是咪唑阳离子。根据构成离子液体的阴离子的不同,离子液体可分为两大类:卤代盐和非卤代盐。卤代盐离子液体研究较早,一般通过将固体卤代盐与 AlCl$_3$ 混合制得离子液体。卤化物离子液体具有离子液体的许多优点,但对水极为敏感,需要在完全真空或惰性气氛中进行实验处理;非卤代盐离子液体具有固定的组成,并且大多数对水和空气稳定。这些阴离子主要包括:$BF_4^-$、$PF_6^-$、$CF_3COO^-$、$C_3F_7COO^-$、$CF_3SO_3^-$、$C_4F_9SO_3^-$、$(C_4F_9SO_2)N^-$、$(C_2F_5SO_2)N^-$、$SbF_6^-$、$AsF_6^-$、$CB_{11}H_{12}^-$、$MeSO_4^-$、$C_8H_{17}SO_4^-$ 等[24]。

近几年来,有机电解质(例如 EC、PC、DEC、DMC 和 DME)与钠盐结合已被普遍用于钠二次电池中并获得了良好的性能。最近的研究表明,在电解液中添加离子液体会获得更加出色的循环和倍增性能。这是因为离子液体电解质可以形成更稳定的 SEI 膜,这使 Na$^+$ 扩散更容易,并且能在正极侧形成稳定的钝化层,从而防止了 Al 集流体被电解质腐蚀[25,26]。

目前,钠离子电池的研究基本都是在室温(25℃)下进行的。但是,也有不少研究报告称,离子液体电解质在较宽的温度范围内(-30～300℃)均能明显改善钠离子电池的循环性能。Hwang 等将 Na$_3$V$_2$(PO$_4$)$_3$/C 材料与 Na[双(氟磺酰基)酰胺]-[1-乙基-3-甲基咪唑鎓][双(氟磺酰基)酰胺]离子液体电解质充分结合,在低温(-30℃)环境下获得了出色的循环的倍率性能[27]。Ding 等通过在电解液中添加不挥发且不易燃的 Na[FSA]-[C$_3$C$_1$pyrr][FSA]离子液体,结果证明,钠离子电池在 90℃ 的高温和 0℃ 以下低温环境下均具有长的循环寿命,同时也说明离子液体电解质在高温环境下更能发挥出性能[28]。

但是目前离子液体应用于钠离子电池电解液中也具有一定的难度。第一，几乎所有的离子液体都具有相当高的黏度，在室温下约为数十 cP，并且在掺入电荷载体(即钠盐)后黏度进一步增加。并且会形成更强的离子-离子相互作用，这使钠离子的迁移成为一个复杂的问题。目前针对离子液体黏度高的问题，也有了相关的研究。首先离子液体凝胶聚合物具有优良的机械强度和低泄漏率，因此可以使用离子液体凝胶聚合物电解质构建安全的全固态钠二次电池[29,30]。将水或有机溶剂与离子液体按照一定比例混合也是改善高黏度的一种方法[31]。这种想法实际应用中更值得深入研究。

第二个主要缺点是离子液体的价格昂贵，难以实现低成本钠离子电池的要求。此外，难以制备出纯的离子液体也是应用的一大难处[32,33]。尽管离子液体有着以上缺点，但是离子液体有望在恶劣的环境条件下提升钠离子电池的电化学性能，所以需要综合考虑离子液体的价格和离子液体的独特性能优势，以实现其真正的价值。

### 6.1.3 添加剂

添加剂被认为是调节电解质特定性能最简单、有效、经济的方法。根据其功能，电解质添加剂可分为成膜添加剂(氟代碳酸乙烯酯(FEC)、碳酸亚乙烯酯(VC)等)，阻燃添加剂(磷酸三甲酯(TMP)、磷酸三乙酯(TEP)、甲基膦酸三甲酯(DMMP)、乙氧基五氟环磷腈(PFPN)等)和过充电保护添加剂(联苯(BP)等)。添加剂的使用有利于改善钠离子电池的电化学和安全性能[34,35]，在选择添加剂时，通常要考虑以下因素：① 添加剂的制备合成成本相对较低；② 添加剂应只应达到预期的效果，对电解液的其他性能影响较小；③ 不同添加剂之间最好具有协同效应；④ 合成工艺简单，环境友好。

随着理论计算方法的普及和成熟，成膜添加剂的性质可以从分子的能量角度进行预测。分子的最高占据轨道(HOMO)能、最低空轨道(LUMO)能、化学硬度、电子结合能和电子亲和势等是筛选成膜添加剂的重要参数。如图 6.1 所示，理论上，正极的化学势($\mu_C$)高于理想电解质的 HOMO 能，负极的化学势($\mu_A$)应低于理想电解质的 LUMO 能，以尽量减少电极和电解质之间的副反应。当钠盐和溶剂在极化的电极上是动力学稳定的，电解液可

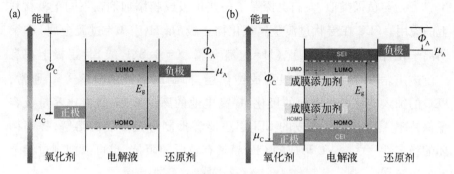

**图 6.1 电池中电解质和正负极的能极关系**
(a) 理想电解质;(b) 实际电解质中电解质和正负极的能级关系[35]

以获得最大的电化学窗口[35]。但实际上大多数负极的 $\mu_A$ 高于电解液的 LUMO 能,导致电解液的还原分解和 SEI 层的形成[36]。高电压正极的 $\mu_C$ 低于电解质的 HOMO 能,引起类似于负极的电解液分解和界面层形成[37]。成膜添加剂的设计目标是在正极或负极上建立稳定的电极/电解液界面。添加剂的前线轨道能通常希望处于电解质的 HOMO 和 LUMO 能间。负极成膜添加剂的 LUMO 能应低于电解质的 LUMO 能,允许添加剂优先还原分解形成 SEI 层。相应的,正极成膜添加剂应具有比电解液更高的 HOMO 能。需要说明的是,优先分解并不能保证稳定界面层的形成,分解的产物还应稳定附着在电极表面,允许锂离子通过,阻止电子传导,并在电池环境中具有高的化学稳定性[38]。

在发展钠离子电池的过程中,人们开发了很多新型负极材料,包括碳质负极、合金负极、转化类负极等。对广泛应用的硬碳(HC)负极而言,FEC 是目前为止研究最多且行之有效的添加剂。FEC 可以在 HC 表面形成一层坚韧的 SEI 层,抑制副反应的发生,缓解负极的体积波动,延长电池的使用寿命[39]。$RbPF_6$ 和 $CsPF_6$ 也被应用于 HC 负极以在负极表面形成一层富含 P-和 C-F 类化合物的 SEI 层[40]。在合金化负极和转化负极中,FEC 对电池性能依旧有明显提升[41-43]。除 FEC 外,VC 在某些体系中也表现出较好的性能,提高 SEI 中有机物的含量[44]。对金属锂负极而言,FEC 也能够形成稳定的 SEI 层[45]。KTFSI 添加剂得益于其静电屏蔽机制,在构建含 Li-N 化合物的 SEI 层时,能够抑制钠枝晶的生长[46]。$SnCl_2$、$SbF_3$ 等添加剂可以在金属钠表面形成一层合金,阻止钠金属和电解液的直接接触,从而抑制副反应的发生[47,48]。与负极类似,人们也探寻了一些正极成膜添加剂在不同正极材料上的应用。FEC 在层状过渡金属氧化物正极 $Na_xMO_2$(M = 过渡金属)和聚阴离子化合物[$NaM(XO_n)$](M = 过渡金属,X = B、S、P 或 Si)正极上都有广泛应用。FEC 可以在正极形成钝化层,抑制电解液的分解[49]。通常,FEC 的加入能够减小电池的极化,提高电池的库伦效率、放电比容量及容量保持率[49-51]。FEC 形成的 CEI 层还能够抑制过渡金属的溶解,提高循环的稳定性[52,53]。VC 形成的 CEI 膜具有较低的阻抗,也可以抑制过渡金属的溶解[54]。

通过选取适当的添加剂将其益处有机地结合起来,同时在正极和负极上构建稳定的界面层,也是促进钠离子电池发展应用的有效途径。Yan 等研究了 1,3-丙砜(PS)、丁二腈(SN)、NaDFOB 和 VC 四种添加剂在 HC/NVPF 电池内的协同作用[55],如图 6.2 所示。适量的 VC 可以在负极上形成稳定的 SEI,但大量添加 VC 会导致其在正极表面严重的氧化分解。类似地,当 NaODFB 的含量大于 3%时会在正极表面形成较厚的沉积物,增加电池的内

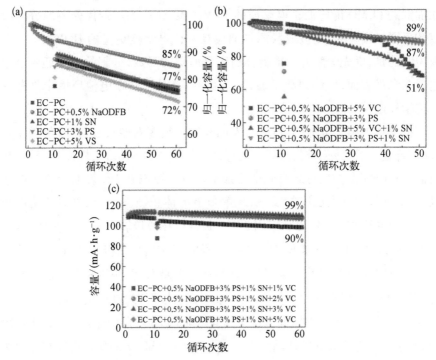

图 6.2 使用不同添加剂的 HC/NVPF 电池的循环稳定性对比[55]

阻。PS 的作用则是提高 SEI 层中硫酸盐的含量。SN 和 VC 的结合有助于在正极上形成稳定的 CEI。通过选取四种添加剂合适的量,可以实现单一添加剂无法实现的高循环稳定性。

阻燃剂通常用于降低非水电解质的可燃性。电解液的开始和持续燃烧需要持续不断的链式反应。阻燃添加剂通常用于去除电解液热分解过程中形成的具有高反应活性自由基,以减缓或阻断燃烧的继续进行[56,57]。Feng 等研究了四种广泛使用的阻燃剂,TMP、DMMP、三(2,2,2-三氟乙基)亚磷酸酯(TFEP)和甲基九氟丁基醚(MFE)在钠离子电池中的应用[58]。但除 MFE 外其他三种阻燃剂对金属钠都不稳定,且一些阻燃剂还会降低电解液的离子电导率,不利于实际应用。五氟乙氧基环三磷腈(EFPN)是另一种具有优异阻燃性能的添加剂,加入 5% 即可实现电解液的完全不燃,且对金属钠负极具有良好的化学稳定性[59]。

过充电保护添加剂可以有效地抑制或减慢电压升高,防止因为过充引发的安全问题。根据其工作机理,过充电保护添加剂可分为氧化还原穿梭添加剂和电化学聚合添加剂。在过充条件下,氧化还原梭在正极表面氧化后转化为相应的自由基阳离子。由此产生的自由基扩散到负极表面,然后被还原。随着自由基在正极和负极之间不断穿梭,电池的电压可以维持在氧化还原梭的氧化电位,不会进一步升高。钠电池活性组分的反应性通常较锂电池更强,因此锂电池中应用的氧化还原梭可能并不适用于钠电池。适用于钠离子电池的氧化还原梭添加剂如高氯酸三氨基环丙烷(TAC·$ClO_4$),可以允许 $Na_3V_2(PO_4)_3$ 正极过充 400%[60]。电化学聚合添加剂在特征电位下会在电极上聚合形成绝缘层,可避免副反应的进一步发生。联苯(BP)是典型的电化学聚合添加剂,在 4.3 V(vs. Na/$Na^+$)电压下发生电聚合生成绝缘的聚合物层,耗尽多余的电荷并阻止电流的进一步传导[61]。且 BP 的添加量对电池容量衰减的影响较小。

为了满足应用要求,各种添加剂单独的作用及协同作用需要更多的实验研究和理论计算。目前钠电池中使用的添加剂大多数直接取自锂离子电池。但由于锂和钠化学性质的差异及使用材料的不同,适用于锂电池的添加剂并不一定适用于钠电池,因此需要高度谨慎地设计和使用。为进一步开发用于钠离子电池的新型添加剂,迫切需要探索针对钠电池的新型添加剂设计方法。

## 6.2 固体电解质

近年来,各领域对能量存储设备的需求不断增加,推动了除锂离子电池外的其他可充放电电池的蓬勃发展。其中钠离子电池引起了人们的广泛关注,它较锂离子电池有成本低、资源丰富等优势。但由于钠离子电池使用的电解液溶剂(如醚或碳酸酯)具有可燃性,电解液的泄露会带来很大的安全隐患。相比之下,固态钠电池由于较高的稳定性、无泄漏,易于直接堆放等优点,表现出更大的应用潜力。因此,开发适合钠电池的固态电解质(SSE)具有重要意义。事实上,在 20 世纪 60 年代和 80 年代,高温钠硫电池和钠过渡金属卤化物电池已使用固态 $\beta$-氧化铝作为电解质。这些电池系统均已成功应用于大规模储能。近年来,为了满足固态钠电池在室温下的广泛应用,越来越多的各类 SSE 被开发出来。

到目前为止,报道的钠电池 SSE 可分为无机固态电解质(igorganic solid electrolyte, ISE)和聚合物固态电解质(solid polymer electrolyte, SPE)。除了 $\beta$-氧化铝之外,ISE 还包括钠超离子导体(NASICON)、硫化物和络合氢化物。ISE 一般表现出优异的离子电导率($>10^{-4}$ S·cm$^{-1}$)、高离子迁移数,强机械性能和热稳定性。然而它们粗糙的表面和固有的刚性必然会导致其与电极材料的不良接触。与 ISE 相比,聚环氧乙烷(PEO)等 SPE 与电极材料具有良好的接触性。此外,有机聚合物电解质具有良好的成膜性能,易于制造。然而,SPE 在室温下离子电导率低($10^{-6} \sim 10^{-8}$ S·cm$^{-1}$)、机械强度差、离子转移数低。为了解决这一问题,可以通过加入陶瓷类填料(如 $SiO_2$、$Al_2O_3$、$ZrO_2$),在聚合物基体中形成更多的非晶态区域来增强离子传输,从而提高离子电导率。

室温下 SSE 的高离子电导率是衡量电解质使用性的重要参数。代表性 SSE 的离子电导率汇总如图 6.3 所示[62]。然而在室温下,没有一种材料具有高离子电导率,且均难及液体电解质的电导率(红色椭圆形)。与 SPE 相比,ISE 在相对较低的温度范围内显示出更高的离子电导率。在本节中,我们将概述现有的钠离子固态电解质,并讨论其独特的离子传输机制和基本特性。

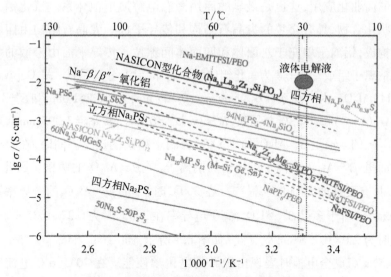

**图 6.3 钠基固态电解质(SSE)的离子电导率**

虚线框表示室温,红色椭圆表示液体电解质[62]

## 6.2.1 无机固体电解质

室温下具有高离子电导率和高 $Na^+$ 迁移数的 ISE 可以有效改善电池的循环性能,提高电池的功率密度。此外,具有较高机械强度的 ISE 抑制了树枝状钠枝晶的生长,但是其较差的化学/电化学稳定性可能导致电解质与电极材料之间不可避免的副反应,从而产生较大的界面阻抗。

在 ISE 中,迁移离子从一个位置移动或跳到其相邻位置需要克服较高的能垒,这对材料的离子迁移率和电导率有很大影响。钠离子扩散机制通常遵循肖特基和弗伦克尔点缺陷模型,且发生在相邻的扩散位点上。因此,大量的迁移离子、可用的相邻位点/缺陷,较低的迁移能垒,以及合适的扩散路径/通道,是高离子电导率不可或缺的因素。例如,在 $NaZr_2(PO_4)_3$ 钠超离子导体中,用 $Si^{4+}$ 取代 $P^{5+}$ 可以增加 $Na^+$ 迁移数,从而提高其离子电导率。

### 6.2.1.1 氧化物固态电解质

**1. 氧化铝电解质**

由于高离子电导率和可忽略的电子电导率,$Na-\beta/\beta''-Al_2O_3$ 已被广泛应用于电化学储能器件。$Na-\beta/\beta''-Al_2O_3$ 的出现极大地促进了高温 Na/S

电池的商业化应用,这也是最早的商用固态电解质电池体系。氧化铝是一种层状化合物,具有交替的尖晶石结构和传导平面。尖晶石结构由四层氧交错构成,铝离子填充于八面体和四面体间隙位。传导平面由松散的氧离子和钠离子组成。图6.4为氧化铝的两种晶体结构,分别是$\beta\text{-}Al_2O_3$[$Na_2O\cdot(8\sim11)Al_2O_3$,六方晶系,$P6_3/mmc$,$a_0=0.559$ nm,$c_0=2.261$ nm]和$\beta''\text{-}Al_2O_3$[$Na_2O\cdot(5\sim7)Al_2O_3$,菱方晶系,$R\text{-}3m$,$a_0=0.560$ nm,$c_0=3.395$ nm],其中$\beta''\text{-}Al_2O_3$的$c$轴是$\beta\text{-}Al_2O_3$的1.5倍,更利于离子的迁移。同时,在每个导电平面里,$\beta''\text{-}Al_2O_3$有两个可移动的钠离子,是$\beta\text{-}Al_2O_3$的两倍。因此,$\beta''\text{-}Al_2O_3$具有更高的离子电导率[63]。在300℃时,单晶$\beta''\text{-}Al_2O_3$的电导率达到1 S·cm$^{-1}$。对于多晶$\beta''\text{-}Al_2O_3$,离子电导率在300℃时为0.22~0.35 S·cm$^{-1}$,室温时为$2.0\times10^{-3}$ S·cm$^{-1}$[64,65]。如图6.5所示,$Na_{0.66}Ni_{0.33}Mn_{0.67}O_2/Na\text{-}\beta''\text{-}Al_2O_3/Na$组成全电池时表现出优异的电化学性能。在70℃、6 C电流密度下,该电池稳定循环10 000次,容量保持率为90%。同时,室温电化学性能也表现优异,0.5 C可稳定循环100次[66]。

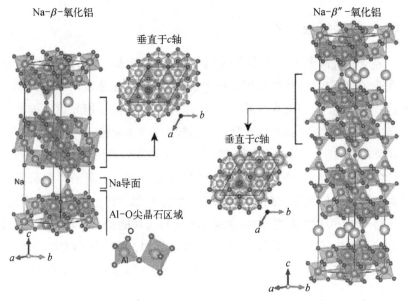

图6.4 $\beta\text{-}Al_2O_3$和$\beta''\text{-}Al_2O_3$的晶胞结构[63]

通常,$\beta''\text{-}Al_2O_3$是由$\alpha\text{-}Al_2O_3$和$Na_2CO_3$经高温固相反应合成。前驱体先经过球磨、干燥和1 200℃下热处理数小时,然后再次研磨,最终在1 600℃高温烧结30分钟高温合成$\beta''\text{-}Al_2O_3$相[67]。但是,这种方法有几个缺点:

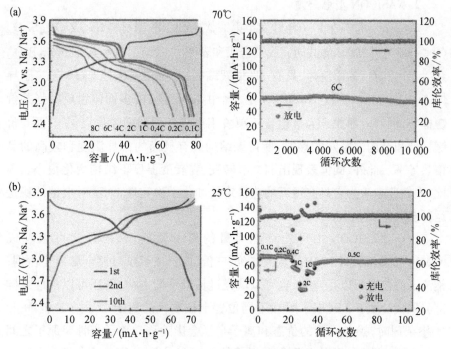

图 6.5　Na$_{0.66}$Ni$_{0.33}$Mn$_{0.67}$O$_2$/Na-$\beta''$-Al$_2$O$_3$/Na 固态电池电化学性能[66]

① 难以控制钠的流失与晶粒生长；② 沿着晶界生长的 NaAlO$_2$，具有一定的水分敏感性；③ 高温合成过程中生成的 $\beta$-Al$_2$O$_3$ 杂相，降低了 $\beta''$-Al$_2$O$_3$ 的离子电导率。

迄今为止，溶胶-凝胶法[68]、共沉淀法[69]、溶液燃烧法[70]、喷雾冷冻/冻干法[71]、微波加热法[72]等多种方法被广泛应用于合成均相的 $\beta''$-Al$_2$O$_3$。尽管如此，$\beta$-Al$_2$O$_3$ 仍不能完全去除，而且通常需要高纯度的化学前驱体和复杂的生产过程，这使得它们在经济上比固相反应法更不可行。选择合适的前驱体是另一种获得均相 $\beta''$-Al$_2$O$_3$ 的有效途径，如利用廉价的羟基氧化铝作为原料来合成 $\beta''$-Al$_2$O$_3$。据报道，这种方法可以显著降低烧结温度，降低钠的损耗，同时提高 $\beta''$-Al$_2$O$_3$ 占比。此外，各种化合物如 Li$_2$O、MgO、TiO$_2$、ZrO$_2$、Y$_2$O$_3$、MnO$_2$、SiO$_2$、Fe$_2$O$_3$ 等被广泛用作抑制 Na-$\beta$-Al$_2$O$_3$ 相形成的稳定剂。在间隙位置的过量钠也促进了 Na-$\beta''$-Al$_2$O$_3$ 相的形成。

除导电性能外，$\beta''$-Al$_2$O$_3$ 还易与水发生反应，因此还需探索如何保护材料不受化学腐蚀，提高室温下 $\beta''$-Al$_2$O$_3$ 的稳定性。

## 2. NASICON 型电解质

Goodenough 等在1976年开发了第一款NASICON型材料 $Na_{1+x}Zr_2P_{3-x}Si_xO_{12}$ ($0 \leqslant x \leqslant 3$),并和 Hong 共同完成了合成和表征[73]。结果显示其是 $NaZr_2P_3O_{12}$ 和 $Na_4Zr_2Si_3O_{12}$ 的固溶体,具有 3D 框架结构,并有望突破原有 2D 超离子导体 $Al_2O_3$ 性能的局限。NASICON 是一个由相互连接的多面体组成的强共价键框架,框架内形成了大量适合于单价阳离子迁移的间隙位点[74]。强共价键框架和结构内空穴的存在,使得该结构具有较高的德拜温度和较高的晶格热导率。此外,固体表现出弱二级转变,在转变温度下结构变化很小。因此,人们普遍认为它具有很高的热稳定性和化学稳定性,而这对电池的稳定运行至关重要。

由于 NASICON 中可能存在大量的离子置换,一般公式可以写成 $NaMM'(PO_4)_3$;M 和 M'位点被二价、三价、四价或五价过渡金属离子占据;钠离子的位置可以是空穴,也可以填充过量以平衡电荷;磷还可以被硅或砷部分取代。表6.3 列出了可在不同位置上被取代的离子[75]。在选择 M 和 M'掺杂剂时,掺杂元素的价态和离子半径会影响移动离子与骨架原子之间的库仑相互作用,因此必须仔细考虑掺杂元素的价态和离子半径。合适的选择可以扩大离子通道,减少移动离子与邻近离子之间的库仑相互作用,获得更高的密度和更小的晶界阻力。

表 6.3　$NaMM'(PO_4)_3$ 的每个位置上可以被取代的离子列表[75]

| 位 置 | 在 $NaMM'(PO_4)_3$ 中可取代的离子 |
| --- | --- |
| Na | $Li^+$、$Na^+$、$Ag^+$、$K^+$、镧系元素…… |
| M 或 M' | $Na^+$、$V^{5+}$、$Nb^{5+}$、$Ta^{5+}$、$Ge^{4+}$、$Zr^{4+}$、$Sn^{4+}$、$Th^{4+}$、$U^{4+}$、$Nb^{4+}$、$Hf^{4+}$、$Al^{3+}$、$Cr^{3+}$、$Ga^{3+}$、$Fe^{3+}$、$Sc^{3+}$、$In^{3+}$、$Lu^{3+}$、$Y^{3+}$、$La^{3+}$、$V^{3+}$、$Ce^{3+}$、$Eu^{3+}$、$Y^{3+}$、$Yb^{3+}$、$Er^{3+}$、$Dy^{3+}$、$Tb^{3+}$、$Gd^{3+}$、$Mg^{2+}$、$Zn^{2+}$、$Cu^{2+}$、$Co^{2+}$、$Zn^{2+}$、$Mn^{2+}$、$Fe^{2+}$…… |
| P | $Si^{4+}$、$As^{5+}$…… |

成分和合成方法的不同产生了不同的 NASICON 晶体结构,如菱形晶系(常规的 NASICON 结构)、单斜、三斜、斜方晶系等(图 6.6)[76]。经典的 NASICON 型 $NaZr_2P_3O_{12}$,结构稳定为菱形结构,是由 $ZrO_6$ 正八面体、$PO_4$ 四面体共角形成的三维框架。框架内的互连通道为移动钠离子提供了可用的传导通道[图 6.6(a)]。合成 NASICON 的方法有固态反应法[77]、溶胶凝胶法[78]、水热法[78]和喷雾冷冻/冷冻干燥法[79]等。固态反应法是其中使用较

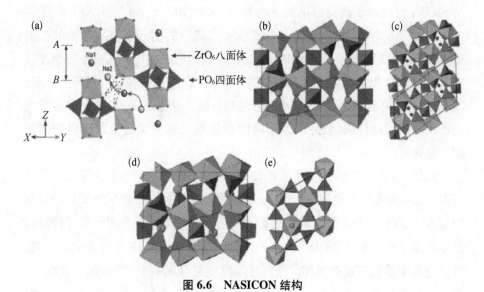

**图 6.6 NASICON 结构**

(a) 菱形(常规的 NASICON 结构)[71];(b) 单斜[76];(c) 三斜[76];(d) 斜方[76];
(e) corundum-like 对称[76]

为普遍的,前驱物经过球磨、干燥后在 900℃下煅烧几个小时,然后在 1 100℃以上的温度烧结 20 小时或更长时间,最终获得良好结晶的产物。与氧化铝相似,固相反应的产物是不均匀的,因此常采用溶胶-凝胶法或水热法以获得更均匀的产物。

典型 NASICON 的离子电导率在环境温度和 300℃下分别为 $10^{-4}$ S·cm$^{-1}$ 和 $10^{-1}$ S·cm$^{-1}$。最近报道的室温下最高电导率为 $Na_{3.35}La_{0.35}Zr_{1.65}Si_2PO_{12}$ 提供的 $3.4\times10^{-3}$ S·cm$^{-1}$,略高于室温 $\beta''-Al_2O_3$。由于 NASICON 型电解质多存在较大的晶界电阻,导致该类材料实际的离子电导率并不十分理想。改善 NASICON 电导率的策略如下:不含 $ZrO_2$ 等杂质的纯相 NASICON 的合成、微观结构(晶粒尺寸)的优化、掺杂物离子的替换产生的离子迁移活化能的降低或孔隙率的降低。

不同掺杂的 NASICON 相可以用通用公式 $AMP_3O_{12}$ 来描述。不同的成分会导致离子电导率差异巨大(几个数量级),其中 M 位点的有效离子半径一般接近 0.72 Å。因此最接近该离子半径的掺杂离子为 $Sc^{3+}$(0.745 Å)和 $Zr^{4+}$(0.720 Å)。可利用液相协助的固态反应法制备 Sc 取代的 $Na_{3.4}Sc_{0.4}Zr_{1.6}Si_2PO_{12}$,其钠离子电导率室温下达 $4.0\times10^{-3}$ S·cm$^{-1}$,实现了较快的钠离子传导。但昂贵的 Sc 限制了该材料的实际应用[80]。最近,一个自发形成的复合

NASICON 材料由于其高的钠离子电导率($3.4\times10^{-3}$ S·cm$^{-1}$)引起了广泛讨论[81]。在 $Na_3Zr_2Si_2PO_{12}$ 相中,半径更大 $La^{3+}$ 离子的引入未占用原始的晶胞位点,而是形成了新相 $Na_3La(PO_4)_2$。新形成的第二相可以在三个方面改善离子电导:① 提高原始相可移动钠离子浓度;② 提高两相复合材料的密度;③ 促进离子沿晶界的传输,减小晶界电阻。需要注意的是,异质元素的替代会产生不同的最佳煅烧温度,而不同的最佳煅烧温度又会导致陶瓷烧结密度的变化[82]。

此外,除了元素掺杂,低熔点添加剂的引入,控制反应速率调节晶粒尺寸等方法也可降低晶界电阻,提高离子电导率。Noi 等[83]通过在液相烧结过程中加入低熔点 $Na_3BO_3$ 获得了高密度、高离子电导率的 $Na_3Zr_2PSi_2O_{12}$ 陶瓷相,其室温离子电导率达 $1\times10^{-3}$ S·cm$^{-1}$。Shao 等[84]利用 NaF 作为合成添加剂,反应过程中原位形成玻璃相。最终玻璃陶瓷复合电解质产物 $Na_3Zr_2PSi_2O_{12}$ 离子电导率从单相的 $4.5\times10^{-4}$ S·cm$^{-1}$ 增加到 $3.6\times10^{-3}$ S·cm$^{-1}$。

最初普遍认为 NASICON 在潮湿环境下是稳定的,但后来发现其次级非晶相 $Na_3PO_4$ 的溶解和 $H_3O^+$、$Na^+$ 之间的离子交换可能会引起副反应。此外,固态电解质与钠接触不稳定。因此,需要进一步研究电极与固体电解质的界面稳定性问题。Goodenough 等证明在以 $Na_3Zr_2PO_4(SiO_4)_2$ 为电解质的电池中加入干燥聚合物膜作为中间层,在 65℃、0.2 C 条件下,比容量为 102 mA·h·g$^{-1}$,并可稳定循环 70 次[85]。离子液体作为润湿剂很好地改善了 NASICON 电解质的循环性能,10 C 电流密度下,室温比容量达 90 mA·h·g$^{-1}$,并可稳定循环 10 000 次[82]。

### 6.2.1.2 硫化物固态电解质

虽然氧化物固态电解质可实现高离子电导率和电化学稳定性,但其室温下离子电导率的不足促使更多人寻找其他的潜在材料,其中最有吸引力的候选材料是基于硫酸盐的固态电解质[86]。首先,硫的原子半径较大、电负性小于氧,导致钠与硫之间的静电力较小,因此硫基电解质通常比氧基电解质表现出更快的钠离子传导。其次,硫化物基电解质的合成温度低于氧化物基电解质,生产成本低。在实际的电池组装过程中,氧化物基电解质需要热压才能实现良好的电极电解质接触,而硫化物基电解质冷压条件下即可实现良好的电极电解质接触。

### 1. $Na_3PS_4$型电解质

Tatsumisago 等率先开发了一种 $Li_2S-P_2S_5$ 固体电解质,提供了高离子电导率和宽电化学窗口。受 $Li_2S-P_2S_5$ 体系的启发,该小组成功合成了四方 $Na_3PS_4$ 相($P42_1c;a_0=6.9520$ Å,$c_0=7.0757$ Å)和立方 $Na_3PS_4$ 相($I\bar{4}3m;a_0=6.9965$ Å)[图 6.7(a)、(b)][87]。虽然 $Na_2S-P_2S_5$ 玻璃相在 X 射线粉末衍射(XRD)分析中出现了宽峰,但该玻璃相在 270℃和 420℃热处理后分别生成了立方相和四方相[图 6.7(c)]。在三种不同的相中,立方相 $Na_3PS_4$ 在室温下离子电导率最高为 $2\times10^{-4}$ S·cm$^{-1}$,活化能最低为 27 kJ·mol$^{-1}$。四方 $Na_3PS_4$ 的晶格参数与立方 $Na_3PS_4$ 的晶格参数仅相差 0.1 Å 左右。然而,与四方相相比,沿着 Na1 和 Na2 位点的 3D 通路被认为是立方体相电导率高的原因[图 6.7(b)]。基于此电解质,组装成的 Na-Sn/$Na_3PS_4$/$TiS_2$ 全固态钠电池的可逆容量为 90 mA·h·g$^{-1}$[图 6.7(d)]。

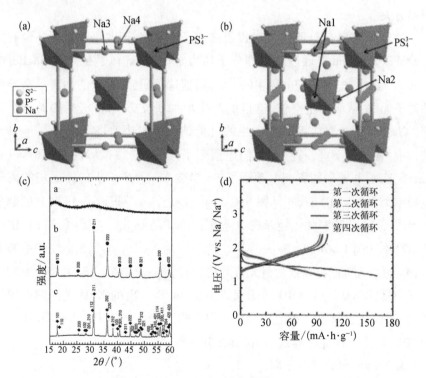

**图 6.7 $Na_3PS_4$ 电解质**

(a)四方 $Na_3PS_4$ 结构模型;(b)立方 $Na_3PS_4$ 的结构模型;(c)上:$Na_3PS_4$ 玻璃相的 XRD 谱图,中:立方 $Na_3PS_4$ 玻璃-陶瓷相的 XRD 谱图,下:四方 $Na_3PS_4$ 玻璃-陶瓷相的 XRD 谱图;(d)采用 Na-Sn/$Na_3PS_4$ 玻璃-陶瓷相/$TiS_2$ 的全固态可充电钠电池室温充放电曲线(电流密度 0.013 mA·cm$^{-2}$)[87]

随着立方 $Na_3PS_4$ 相固态电解质的发展,人们开始关注离子电导率的优化研究。如制备过程中采用球磨和热处理[88]。75 mol.% $Na_2S$ 和 25 mol.% $P_2S_5$ 前驱体通过机械研磨 1.5 h,在 270℃ 下热处理 2 h 时后得到的立方 $Na_3PS_4$ 相离子电导率为 $4.6×10^{-4}$ S·$cm^{-1}$,活化能为 19 kJ·$mol^{-1}$[89]。

2. $Na_3PS_4$ 相的阳离子取代

部分阳离子取代 $Na_3PS_4$ 可进一步提高离子电导率。2014 年 Hayashi 等报道了 Si 部分取代 P,制备了 $(100-x)Na_3PS_4·xNa_4SiS_4$[90],并对不同 $x$ 含量的取代产物进行了检验($x=0$、5、10、25、67、100)。根据 XRD 分析,在 $x=10$ 时,结构发生了显著的变化。当 $x$ 超过 10 时,出现了未知相,结构明显偏离了立方 $Na_3PS_4$ 相[图 6.7(a)]。通过不同 $x$ 值下的离子电导率的测定,发现 $x=6$ 时离子电导率最大,为 $7.4×10^{-4}$ S·$cm^{-1}$,$x$ 超过 10 时离子电导率显著下降[图 6.8(b)]。离子电导率的降低可能与部分取代导致的 $Na_3PS_4$ 结构的坍塌有关。

虽然通过 Si 部分取代 P 可以提高离子电导率,但改进的原因并没有完全论证清楚。Zhu 等通过从头算分子动力学模拟,解释了在立方 $Na_3PS_4$ 中引入 Si 是如何提高离子电导率的[91]。根据这项研究,过量的钠离子会导致钠离子无序,从而产生空位,空位的产生增加了立方 $Na_3PS_4$ 相的离子电导率。$Na_4SiS_4$ 部分取代 $Na_3PS_4$ 产生的过量钠离子成功地将空位引入 $Na_3PS_4$ 结构中[图 6.8(c)]。此外,他们还预测了其他 $M^{4+}$ 掺杂(M = Ge 和 Sn)对 $Na_3PS_4$ 离子电导率的影响。预测了 Sn 掺杂 $Na_{3.0625}Sn_{0.0625}P_{0.9375}S_4$ 相的离子电导率为 $1.08×10^{-2}$ S·$cm^{-1}$[图 6.8(d)]。最近,Yu 等报道了 As 对 P 的部分替代[91],通过 270℃ 的热处理成功合成了 $Na_3P_{1-x}As_xS_4$。当 $x=0.38$ 时,钠离子电导率达到 $1.46×10^{-3}$ S·$cm^{-1}$[92]。除了增加 $Na_3P_{0.62}As_{0.38}S_4$ 的离子电导率外,As 的掺入也能提高抗微量元素的稳定性。$Na_3P_{0.62}As_{0.38}S_4$ 在 15% 湿度的空气中暴露 100 h 后,XRD 谱图保持不变,而 $Na_3PS_4$ 的 XRD 谱图则出现了新的峰(说明成分发生变化)。Yu 等构建的 Na - Sn/$Na_3P_{0.62}As_{0.38}S_4$/$TiS_2$ 全固态电池,第一次充电容量达 163 mA·h·$g^{-1}$。

3. $Na_3PS_4$ 相的阴离子取代

相较于阳离子取代,Ong 等的研究表明阴离子取代对离子扩散率的影响更大[93]。理论研究表明 Se 取代的锂的硫化物电解质的离子电导率与原始的相比有显著的提高[93,94]。后来,Zhang 等通过实验证明了 Se 取代立方 $Na_3PS_4$

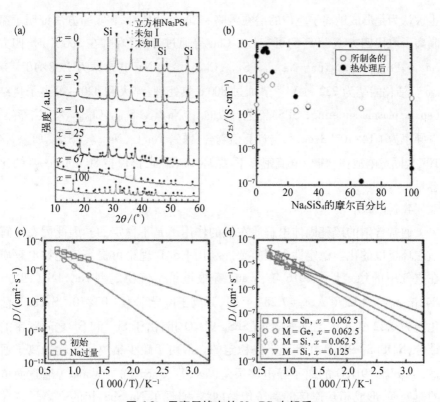

**图 6.8　用离子掺杂的 $Na_3PS_4$ 电解质**

(a) $(100-x)Na_3PS_4 \cdot xNa_4 \cdot SiS_4$ 的 XRD 衍射谱；(b) $(100-x)Na_3PS_4 \cdot xNa_4 \cdot SiS_4$ 样品 Arrhenius 曲线[91]；(c) 含 $Na^+$ 过量和原始结构的立方 $Na_3PS_4$ 的 Arrhenius 曲线；(d) 掺杂 $Na_{3+x}M_xP_{1-x}S_4$ 的 Arrhenius 曲线（M=Si、Ge 或 Sn）[91]

的可行性，并提出 Se 取代 $Na_3PS_4$ 离子电导率增加的原因[95]。首先，硒的原子半径大于硫化物的 S 原子半径，因此硒的取代会导致晶格增大，从而导致离子传导速度加快。其次，由于 $Se^{2-}$ 的极化率高于 $S^{2-}$，阴离子晶格与移动 $Na^+$ 之间的结合能会减弱，使得离子传导更快。研究还表明，对于 $Na_3PSe_{4-x}S_x$ 体系，在 $x=0$ 时离子电导率最大（$1.16\times10^{-3}\ S\cdot cm^{-1}$）（图 6.9）。

除了硒阴离子取代外，卤化物掺杂

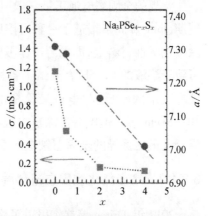

**图 6.9　室温下不同 $x$ 的 $Na_3PSe_{4-x}S_x$ 相的离子电导率[95]**

也被认为是形成钠离子空位的潜在策略。Chu 等用计算和实验方法证明了氯阴离子取代四方 $Na_3PS_4$ 的可行性。Chu 等通过计算预测,在 300 K 时,四方 $Na_{2.9375}PS_{3.9375}Cl_{0.0625}$(t-$Na_{2.9375}PS_{3.9375}Cl_{0.0625}$)的 $Na^+$ 电导率为 $1.38\times10^{-3}$ S·$cm^{-1}$,活化能垒为 232 $meV$[96]。通过 800℃ 热处理、淬火和 420℃ 等离子烧结(spark plasma sintering,SPS)工艺合成的 t-$Na_{2.9375}PS_{3.9375}Cl_{0.0625}$ 室温下离子电导率为 $1.14\times10^{-3}$ S·$cm^{-1}$,与计算值吻合良好。Na/t-$Na_{2.9375}PS_{3.9375}Cl_{0.0625}$/$TiS_2$ 全固态电池在 0.1 C 电流密度下,循环 10 圈后,仍保持 80 mA·h·$g^{-1}$ 的比容量。

4. $Na_3SbS_4$

通常含磷的硫基固体电解质在氧的作用下是不稳定的。因此固态电解质在环境里的化学稳定性也很重要。利用 HSAB 理论可提高硫化物电解质在空气中的稳定性。2016 年,Wang 等报道了空气稳定型 $Na_3SbS_4$(四方;$P42_1c$;$a_0$ = 7.152 70 Å,$c_0$ = 7.287 4 Å),其离子电导率为 $1.03\times10^{-3}$ S·$cm^{-1}$,活化能为 0.22 eV。该灵感来自 $Na_3SbS_4·9H_2O$ 相,由于 $Sb^{5+}$ 和 $S^{2-}$ 之间紧密的结合,$Na_3SbS_4·9H_2O$ 在环境下是稳定的。但由于缺少钠离子传输的离子通道,$Na_3SbS_4·9H_2O$ 的离子导电率很差($5\times10^{-7}$ S·$cm^{-1}$)。Wang 等通过简单的热处理,形成相互连接的离子传输网络,实现了 $Na_3SbS_4$ 相的高离子电导率($1.05\times10^{-3}$ S·$cm^{-1}$)(图 6.10)。[97,98] 在稳定性试验中,将热处理后的 $Na_3SbS_4$ 暴露在 20% 湿度的空气中,通过 XRD 分析,未观察到明显的结构坍塌[图 6.10(b)]。

常规的全固态电池正极一般通过机械混合活性材料和电解质制备而来。近期,Jung 和同事报道了一种可溶解的 $Na_3SbS_4$ 钠离子导体[99]。将 $Na_3SbS_4$ 涂覆在活性材料上,即电解质涂覆电极,实现了溶液法制备正极。为了制备可溶于溶液的 $Na_3SbS_4$,测试了各种溶液和热处理条件。由于 $Na_3SbS_4$ 与溶液有一定的副反应,电解液涂覆电极的离子电导率较低($1.1\times10^{-5}\sim2.6\times10^{-5}$ S·$cm^{-1}$)。但电解液涂覆电极的 $Na_3SbS_4$ 分布会更加均匀,其表现出较混合电极更优异的全固态钠电池性能[图 6.10(c)、(d)]。

### 6.2.1.3 络合氢化物固态电解质

2012 年,Orimo 等首次报道了络合氢化物可作为钠离子固体电解质[100]。其中,$NaAlH_4$ 和 $Na_3AlH_6$ 的室温离子电导率较低,分别只有 $2.1\times10^{-10}$ S·$cm^{-1}$

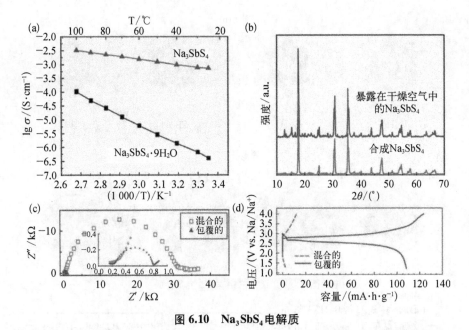

图 6.10 Na$_3$SbS$_4$ 电解质

(a) Na$_3$SbS$_4$·9H$_2$O 和 Na$_3$SbS$_4$ 的 Arrhenius 图；(b) 改性的 Na$_3$SbS$_4$ 和干燥空气暴露的 Na$_3$SbS$_4$ 的 XRD 图谱[98,99]；(c) Na$_3$SbS$_4$ 全固态电池的 Nyquist 图；(d) 初始充放曲线[99]

和 $6.4×10^{-7}$ S·cm$^{-1}$。随后，Orimo 等将 NaBH$_4$ 和 NaNH$_2$ 以摩尔比 1:1 混合，形成的 Na$_2$(BH$_4$)(NH$_2$) 新相表现出较高的离子电导率（$3×10^{-6}$ S·cm$^{-1}$）。后证明这可以归因于 Na$^+$ 空位的特定反钙钛矿结构。

相比于小阴离子（如 BH$_4^-$ 和 NH$_2^-$），复杂的大阴离子氢化物，如 B$_{12}$H$_{12}^{2-}$ 和 B$_{10}$H$_{10}^{2-}$（图 6.11），表现出较高的离子电导率，特别是在有序-无序结构相变温度以上。例如，在 573 K，Na$_2$B$_{12}$H$_{12}$ 为无序体心立方相（cation-vacancy-rich 结构），可提供一个较高的离子导电率（>0.1 S·cm$^{-1}$）[101]。然而，相变温度太高，不能满足实际应用温度的需求。因此，络合氢化物的改性主要集中在降低络合氢化物的相变温度，如阴离子的化学修饰、阴离子混合和微晶纳米尺寸/无序转变[102-104]。如图 6.11(b) 所示，Na$_2$B$_{12}$H$_{12}$ 和 Na$_2$B$_{10}$H$_{10}$ 引入碳修饰后降低了相变温度：NaCB$_{11}$H$_{12}$（380 K）与 Na$_2$B$_{12}$H$_{12}$（529 K）；NaCB$_9$H$_{10}$（290 K）与 Na$_2$B$_{10}$H$_{10}$（380 K）[105]。C 取代后，相变温度的降低归因于局部静态阳离子-阴离子相互作用的改变、取向偏好和阴离子的旋转动力学。然而，当 H 原子完全被卤素取代，形成 Na$_2$B$_{12}$X$_{12}$（X=Cl、Br、I）时，阴离子的大小/质量和共价结合卤素原子的各向异性电子密度[图 6.11(c)]会升高，导致相变温度远高

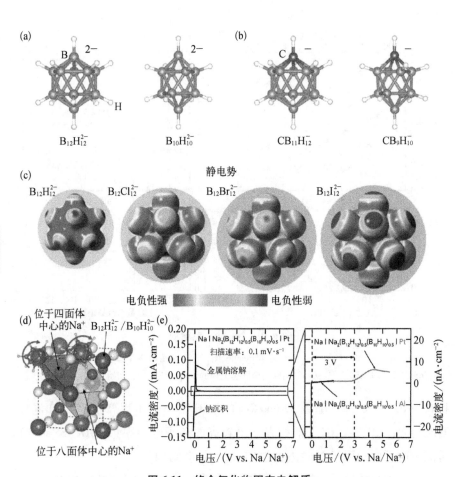

**图 6.11 络合氢化物固态电解质**

(a) $B_{12}H_{12}^{2-}$ 和 $B_{10}H_{10}^{2-}$ 阴离子分子结构;(b) $CB_{11}H_{12}^{-}$ 和 $CB_9H_{10}^{-}$ 阴离子分子结构;(c) 表面静电势图[106];(d) $Na_2(B_{12}H_{12})_{0.5}(B_{10}H_{10})_{0.5}$ 晶胞结构;(e) 通过 CV 试验得到的电化学稳定窗口[103]

于 $Na_2B_{12}H_{12}$[107]。最近的研究表明,掺杂不同的阴离子有助于降低相变温度。将两种不同的阴离子混合得到的 $Na_2(B_{12}H_{12})_{0.5}(B_{10}H_{10})_{0.5}$[图 6.11(d)]在 20℃展现出高离子电导率 $9×10^{-4}$ S·cm$^{-1}$,且并没有明显的结构相变(在-70~80℃温度范围内)[103]。此外,唐和同事们发现球磨后晶粒尺寸的减小和无序化转变对降低转变温度是有效的,在室温下即可实现高离子电导率[104]。

除了离子电导率,在使用固态钠电池时应考虑氢化物的化学/电化学稳定性。虽然 $Na_2B_{10}H_{10}$ 倾向于吸收 $H_2O$,但室温下它在空气中可保持稳定。$Na_2(B_{12}H_{12})_{0.5}(B_{10}H_{10})_{0.5}$ 的电化学稳定窗口约为 3 V(相对 $Na/Na^+$)

[图 6.11(e)][103]。很明显，$Na_2(B_{12}H_{12})_{0.5}(B_{10}H_{10})_{0.5}$ 电解质不适用于大于 3 V 的高工作电压正极。如何提高络合物氢化物的稳定性，并将其应用于各种固态钠电池中是今后研究的重点。

### 6.2.2 聚合物固态电解质

聚合物电解质的制备方法是将金属盐溶解在相对分子量较高的聚合物中。碱离子被聚合物链溶剂化，并随着分子链的运动而移动，从而实现离子传导。然而，聚合物链的移动受温度的影响。例如聚合物电解质的离子电导率通常在 80℃ 以上的条件下可达到 $10^{-4} \sim 10^{-3}$ S·cm$^{-1}$。与液态电解质相比，聚合物电解质拥有独特的优势，如优异的成膜特性、热稳定性等。同时，聚合物电解质良好的柔性对于缓解电极的体积变化很有优势，使其成为柔性 SSE 有力的竞争者。常用的聚合物固态电解质包括 PEO、聚甲基丙烯酸甲酯（PMMA）、聚偏二氟乙烯（PVDF）、聚亚乙烯基、聚氯乙烯、聚环氧丙烷、聚丙烯腈（PAN）、聚乙烯醇（PVA）等。其中 PEO 是目前应用最广泛的聚合物电解质。

聚合物中的极性基团（如 O、N、S、C=O、C=N）对溶解钠盐和形成聚合物-盐对十分重要。事实上，较高的介电常数往往有利于无机盐的解离。普遍认为，SPE 中的离子传导主要发生在聚合物的非晶态区域，该区域的分子链可以在高于其玻璃化转变温度（$T_g$）下振荡，从而产生离子传导。如图 6.12 所示，钠离子首先位于与聚合物的极性基团（如 PEO 中的 O）协调的位置；在电场作用下，分子链的分段运动提供可供钠离子迁移的空间。在电场的持续影响下，钠离子沿着长链从一个配位位点移动/跳跃到邻近的活性位点，实现离子传输[108]。

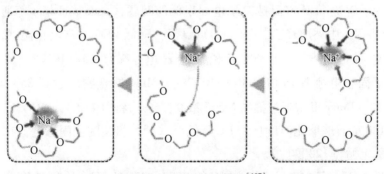

图 6.12　钠离子传输原理[107]

#### 6.2.2.1 PEO 聚合物电解质

1973 年,PEO 与溶解的碱金属盐被发现可提供一定的离子电导[108]。1988 年报道了第一代 PEO 基固态电池。$NaClO_4$ 盐溶解在 PEO 相中,室温下显示出 $3×10^{-6}$ $S·cm^{-1}$ 的离子电导率[109]。随后,其他钠盐也被广泛研究,如 $NaPF_6$、$NaClO_4$、$NaCF_3SO_3$、NaSCN、$NaBF_4$、NaTCP 等。在这些盐中,NaTFSI 和 NaFSI 的离子电导率在 80℃ 以上为 $10^{-4}$ $S·cm^{-1}$,但室温下有限的离子电导率还是会限制 PEO 的实际使用。

#### 6.2.2.2 非 PEO 基聚合物电解质

PEO 对钠盐的溶解度高,结构和化学稳定性好,在非晶态区域(熔点以上)的离子电导率高,是目前应用最广泛的 SPE。但 PEO 的氧化电位低,机械性能差,常温下结晶度高,室温离子电导率低。通过碳氮取代活性基团形成的 PAN 也是一种常见的 SPE 电解质。$NaCF_3SO_3$-PAN 的室温离子电导率较高,为 $7.13×10^{-4}$ $S·cm^{-1}$,活化能较低,为 0.23 eV。这可能是由于 PAN 中 $Na^+$ 与氮原子的相互作用较弱。但 PAN 成形难度大,机械强度差。半结晶聚合物 PVA 固体电解质具有易于制备、介电常数高、成纤性好等优点,也得到了越来越多的关注。用溶液浇铸法制备的不同质量比 NaBr-PVA 电解质,在 NaBr-PVA 比例为 3∶7 时显示出一个高的离子电导率($1.36×10^{-4}$ $S·cm^{-1}$,40℃)[110]。

此外,此类聚合物固态电解质具有良好的机械弹性,也可用做分离电极或抑制电极材料变形的缓冲层,但其室温离子电导率还是远远不够的。

#### 6.2.2.3 低温聚合物固态电解质

为了解决 SPE 室温钠离子电导率低的问题,Chandrasekaran 等通过在 PEO/$NaClO_4$ 中添加聚乙二醇(PEG)低聚物,降低 PEO 基玻璃化温度,以提高其室温离子电导率,在 35℃ 近室温时离子电导率为 $3.07×10^{-5}$ $S·cm^{-1}$。组装的全固态电池 Na/(PEO/PEG/$NaClO_4$)/$MnO_2$ 能量密度达到 350 $W·h·kg^{-1}$[111]。Brandell 等通过提高 NaFSI 浓度(35%),将 $[P(CL)_{20}-P(TMC)_{80}]$/NaFSI 电解质玻璃化温度从 -11℃ 降低至 -64℃,组装的全固态电池在 22℃ 时能稳定循环 120 圈[112]。

近期,通过简单离子交换法制备的 PFSA-Na($Na^+$ 型的全氟磺酸薄膜)在宽温度范围内(-15~85℃)均显示出高离子电导率,室温下的离子电导率高达 $1.59×10^{-4}$ S·cm$^{-1}$,-15℃的极低温度下离子电导率也可达 $4.88×10^{-5}$ S·cm$^{-1}$。并展现了出色的热稳定性和机械柔韧性。基于 PFSA-Na 膜和普鲁士蓝正极的固态电池体现出优良的倍率性能。如图 6.13 所示,8 C 的电流密度下,室温比容量达 87.5 mA·h·g$^{-1}$。并可在 1 C 的电流密度下稳定循环 1 100 次,每次循环的容量衰减仅约 0.014%。即使在 -35℃ 的较低温度下,所组装的固态钠电池的循环性能也比使用液体电解液更稳定[113]。

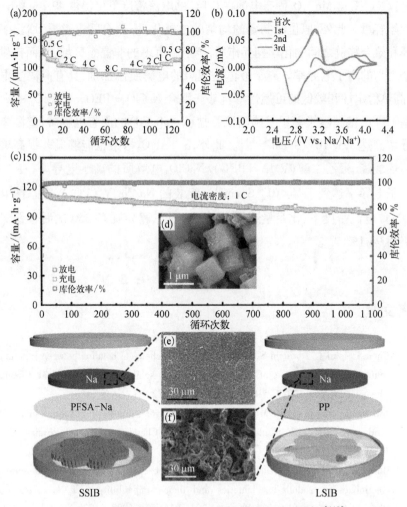

图 6.13 基于 PFSA-Na 固态电解质的电化学性能[113]

(a) 倍率性能;(b) CV 曲线;(c) 长效循环稳定性,电流:1 C;(d) 1 C 倍率下,循环 1 100 次后的正极微观形貌;1 C 倍率下,循环 20 次后的钠负极微观形貌;(e) 固态电池;(f) 液态电池

### 6.2.2.4 掺杂改性

为了进一步提高 SPE 的离子电导率,增加聚合物固态电解质的机械强度,可采用掺杂改性,如添加增塑剂、离子液体、无机絮凝剂等。与固态聚合物电解质相比,掺杂可增加非晶态区域的离子电导率,提供良好的柔韧性和化学/热稳定性等。纳米 $TiO_2$ 掺杂 $NaClO_4$-PEO 电解质后,60℃下钠离子电导率从 $1.35×10^{-4}$ $S·cm^{-1}$ 增加到 $2.64×10^{-4}$ $S·cm^{-1}$ [114]。$Na/(NaClO_4/PEO/TiO_2)/Na_{2/3}Co_{2/3}Mn_{1/3}O_2$ 固态电池在 0.1 C 的电流密度下可提供 49.2 $mA·h·g^{-1}$ 的初始容量。此外,原位法制备的均匀的二氧化硅-聚合物电解质,增强了无机环和聚合物链之间的化学相互作用,产生了更多的非晶态区域,从而提供了一个更高的离子电导率。离子液体是理想的电解质添加剂,具有高离子电导率、高热稳定性和较低的可燃性等优势。混合 $NaClO_4$-PEO-$5\%SiO_2$-$x\%$1-甲基-3-己基咪唑类氟甲基磺酰亚胺盐($x=50,70$)的固态电解质,室温离子电导率高达 $1.3×10^{-3}$ $S·cm^{-1}$ [115]。此外,$\alpha$-$Al_2O_3$ 掺杂也能够显著提高聚甲基丙烯酸酯-聚乙二醇(PMA-PEG)/$NaClO_4$ 电解质的离子电导率,在 70℃ 下离子电导率达到 $1.46×10^{-4}$ $S·cm^{-1}$。组装的 $Na/Na_3V_2(PO_4)_3$ 固态钠电池在 0.5 C 电流密度下,比容量达到 85 $mA·h·g^{-1}$,稳定循环 350 次后容量保持率仍为 94.1%[116]。

## 参考文献

[1] Chen S, Ishii J, Horiuchi S, et al. Difference in chemical bonding between lithium and sodium salts: Influence of covalency on their solubility[J]. Physical Chemistry Chemical Physics, 2017, 19(26): 17366-17372.

[2] Jónsson E, Johansson P. Modern battery electrolytes: Ion-ion interactions in $Li^+/Na^+$ conductors from DFT calculations[J]. Physical Chemistry Chemical Physics, 2012, 14(30): 10774-10779.

[3] Bhide A, Hofmann J, Dürr A K, et al. Electrochemical stability of non-aqueous electrolytes for sodium-ion batteries and their compatibility with $Na_{0.7}CoO_2$[J]. Physical Chemistry Chemical Physics, 2014, 16(5): 1987-1998.

[4] Ponrouch A, Marchante E, Courty M, et al. In search of an optimized electrolyte for Na-ion batteries[J]. Energy & Environmental Science, 2012, 5(9): 8572-8583.

[5] Eshetu G G, Grugeon S, Kim H, et al. Comprehensive insights into the reactivity of electrolytes based on sodium ions[J]. ChemSusChem, 2016, 9(5): 462–471.

[6] Ponrouch A, Monti D, Boschin A, et al. Non-aqueous electrolytes for sodium-ion batteries[J]. Journal of Materials Chemistry A, 2015, 3(1): 22–42.

[7] Bitner-Michalska A, Krztoń-Maziopa A, Żukowska G, et al. Liquid electrolytes containing new tailored salts for sodium-ion batteries[J]. Electrochimica Acta, 2016, 222: 108–115.

[8] Mogensen R, Colbin S, Menon A S, et al. Sodium bis (oxalato) borate in trimethyl phosphate: A fire-extinguishing, fluorine-free, and low-cost electrolyte for full-cell sodium-ion batteries[J]. ACS Applied Energy Materials, 2020, 3(5): 4974–4982.

[9] Cao R, Mishra K, Li X, et al. Enabling room temperature sodium metal batteries[J]. Nano Energy, 2016, 30: 825–830.

[10] Patra J, Huang H T, Xue W, et al. Moderately concentrated electrolyte improves solid-electrolyte interphase and sodium storage performance of hard carbon[J]. Energy Storage Materials, 2019, 16: 146–154.

[11] Plewa-Marczewska A, Trzeciak T, Bitner A, et al. New tailored sodium salts for battery applications[J]. Chemistry of Materials, 2014, 26(17): 4908–4914.

[12] Chen J, Huang Z, Wang C, et al. Sodium-difluoro (oxalato) borate (NaDFOB): A new electrolyte salt for Na-ion batteries[J]. Chemical Communications, 2015, 51(48): 9809–9812.

[13] Wang L, Han W, Ge C, et al. Functionalized carboxyl carbon/NaBOB composite as highly conductive electrolyte for sodium ion batteries[J]. ChemistrySelect, 2018, 3(32): 9293–9300.

[14] Fong R, Von Sacken U, Dahn J R. Studies of lithium intercalation into carbons using nonaqueous electrochemical cells[J]. Journal of the Electrochemical Society, 1990, 137(7): 2009–2013.

[15] Ponrouch A, Marchante E, Courty M, et al. In search of an optimized electrolyte for Na-ion batteries[J]. Energy & Environmental Science, 2012, 5(9): 8572–8583.

[16] Alcántara R, Lavela P, Ortiz G F, et al. Carbon microspheres obtained from resorcinol-formaldehyde as high-capacity electrodes for sodium-ion batteries[J]. Electrochemical and Solid State Letters, 2005, 8(4): A222–A225.

[17] Komaba S, Murata W, Ishikawa T, et al. Electrochemical Na insertion and solid electrolyte interphase for hard-carbon electrodes and application to Na-ion batteries[J]. Advanced Functional Materials, 2011, 21(20): 3859–3867.

[18] Vidal-Abarca C, Lavela P, Tirado J L, et al. Improving the cyclability of sodium-ion cathodes by selection of electrolyte solvent[J]. Journal of Power Sources, 2012, 197: 314–318.

[19] Izutsu K. Electrochemistry in nonaqueous solutions[M]. New Jersey: Wiley-VCH Verlag GmbH & Co. KGaA: 2009-09-23.

[20] Pearson R G. Hard and soft acids and bases[J]. Journal of the American Chemical Society, 1963, 85(22): 3533-3539.

[21] Lee M, Hong J, Lopez J, et al. High-performance sodium-organic battery by realizing four-sodium storage in disodium rhodizonate[J]. Nature Energy, 2017, 2(11): 861-868.

[22] Zhang J, Wang D W, Lv W, et al. Achieving superb sodium storage performance on carbon anodes through an ether-derived solid electrolyte interphase[J]. Energy & Environmental Science, 2017, 10(1): 370-376.

[23] Li K, Zhang J, Lin D, et al. Evolution of the electrochemical interface in sodium ion batteries with ether electrolytes[J]. Nature Communications, 2019, 10(1): 725.

[24] Ruether T, Bhatt A I, Best A, et al. Electrolytes for lithium (sodium) batteries based on ionic liquids: Highlighting the key role played by the anion[J]. Batteries & Supercaps, 2020, 3(9): 793-827.

[25] Elia G A, Ulissi U, Jeong S, et al. Exceptional long-life performance of lithium-ion batteries using ionic liquid-based electrolytes[J]. Energy & Environmental Science, 2016, 9(10): 3210-3220.

[26] Molina P D, Evans T, Xu S, et al. Optimized silicon electrode architecture, interface, and microgeometry for next-generation lithium-ion batteries[J]. Advanced Materials, 2016, 28(1): 188-193.

[27] Hwang J, Matsumoto K, Hagiwara R. $Na_3V_2(PO_4)_3/C$ positive electrodes with high energy and power densities for sodium secondary batteries with ionic liquid electrolytes that operate across wide temperature ranges[J]. Advanced Sustainable Systems, 2018, 2(5): 1700171.

[28] Ding C, Nohira T, Fukunaga A, et al. Charge-discharge performance of an ionic liquid-based sodium secondary battery in a wide temperature range[J]. Electrochemistry, 2015, 83(2): 91-94.

[29] Boschin A, Johansson P. Plasticization of NaX-PEO solid polymer electrolytes by Pyr13X ionic liquids[J]. Electrochimica Acta, 2016, 211: 1006-1015.

[30] Singh V K, Chaurasia S K, Singh R K. Development of ionic liquid mediated novel polymer electrolyte membranes for application in Na-ion batteries[J]. RSC Advances, 2016, 6(46): 40199-40210.

[31] Ferdousi S A, Hilder M, Basile A, et al. Water as an effective additive for high-energy-density Na metal batteries? Studies in a superconcentrated ionic liquid electrolyte[J]. ChemSusChem, 2019, 12(8): 1700-1711.

[32] Matic A, Scrosati B. Ionic liquids for energy applications[J]. MRS Bulletin, 2013, 38(7): 533-537.

[33] Armand M, Endres F, Macfarlane D R, et al. Ionic-liquid materials for the electrochemical challenges of the future[J]. Nature Materials, 2009, 8(8): 621-629.

[34] Sun Y, Shi P, Xiang H, et al. High-safety nonaqueous electrolytes and interphases for

sodium-ion batteries[J]. Small, 2019, 15(14): 1805479.

[35] Eshetu G G, Martinez-Ibañez M, Sánchez-Diez E, et al. Electrolyte additives for room-temperature, sodium-based, rechargeable batteries [J]. Chemistry — An Asian Journal, 2018, 13(19): 2770-2780.

[36] Peled E. The electrochemical behavior of alkali and alkaline earth metals in nonaqueous battery systems — The solid electrolyte interphase model [J]. Journal of The Electrochemical Society, 1979, 126(12): 2047.

[37] Gauthier M, Carney T J, Grimaud A, et al. Electrode-electrolyte interface in Li-ion batteries: Current understanding and new insights [J]. The Journal of Physical Chemistry Letters, 2015, 6(22): 4653-4672.

[38] Mogensen R, Brandell D, Younesi R. Solubility of the solid electrolyte interphase (SEI) in sodium ion batteries[J]. ACS Energy Letters, 2016, 1(6): 1173-1178.

[39] Dahbi M, Nakano T, Yabuuchi N, et al. Effect of hexafluorophosphate and fluoroethylene carbonate on electrochemical performance and the surface layer of hard carbon for sodium-ion batteries[J]. ChemElectroChem, 2016, 3(11): 1856-1867.

[40] Che H, Liu J, Wang H, et al. Rubidium and cesium ions as electrolyte additive for improving performance of hard carbon anode in sodium-ion battery [J]. Electrochemistry Communications, 2017, 83: 20-23.

[41] Sadan M K, Choi S H, Kim H H, et al. Effect of sodium salts on the cycling performance of tin anode in sodium ion batteries[J]. Ionics, 2018, 24(3): 753-761.

[42] Li X, Hector A L, Owen J R, et al. Evaluation of nanocrystalline $Sn_3N_4$ derived from ammonolysis of $Sn(NEt_2)_4$ as a negative electrode material for Li-ion and Na-ion batteries[J]. Journal of Materials Chemistry A, 2016, 4(14): 5081-5087.

[43] Kim I T, Kim S O, Manthiram A. Effect of TiC addition on SnSb-C composite anodes for sodium-ion batteries[J]. Journal of Power Sources, 2014, 269: 848-854.

[44] Dahbi M, Yabuuchi N, Fukunishi M, et al. Black phosphorus as a high-capacity, high-capability negative electrode for sodium-ion batteries: Investigation of the electrode/electrolyte interface [J]. Chemistry of Materials, 2016, 28(6): 1625-1635.

[45] Lee Y, Lee J, Lee J, et al. Fluoroethylene carbonate-based electrolyte with 1 M sodium bis(fluorosulfonyl)imide enables high-performance sodium metal electrodes[J]. ACS Applied Materials & Interfaces, 2018, 10(17): 15270-15280.

[46] Shi Q, Zhong Y, Wu M, et al. High-performance sodium metal anodes enabled by a bifunctional potassium salt[J]. Angewandte Chemie, 2018, 57 (29): 9069-9072.

[47] Zheng X, Fu H, Hu C, et al. Toward a stable sodium metal anode in carbonate electrolyte: A compact, inorganic alloy interface[J]. The Journal of Physical Chemistry Letters, 2019, 10(4): 707-714.

[48] Xu Z, Yang J, Zhang T, et al. Stable Na metal anode enabled by a reinforced multistructural SEI layer [J]. Advanced Functional Materials, 2019, 29 (27):

1901924.

[49] Simone V, Lecarme L, Simonin L, et al. Identification and quantification of the main electrolyte decomposition by-product in Na-ion batteries through FEC: Towards an improvement of safety and lifetime[J]. Journal of The Electrochemical Society, 2016, 164(2): A145 – A150.

[50] Yabuuchi N, Matsuura Y, Ishikawa T, et al. Phosphorus electrodes in sodium cells: Small volume expansion by sodiation and the surface-stabilization mechanism in aprotic solvent[J]. ChemElectroChem, 2014, 1(3): 580 – 589.

[51] Dall'Asta V, Buchholz D, Chagas L G, et al. Aqueous processing of $Na_{0.44}MnO_2$ cathode material for the development of greener Na-ion batteries[J]. ACS Applied Materials & Interfaces, 2017, 9(40): 34891 – 34899.

[52] Shen B, Xu M, Niu Y, et al. Sodium-rich ferric pyrophosphate cathode for stationary room-temperature sodium-ion batteries[J]. ACS Applied Materials & Interfaces, 2018, 10(1): 502 – 508.

[53] Chen M, Chen L, Hu Z, et al. Carbon-coated $Na_{3.32}Fe_{2.34}(P_2O_7)_2$ cathode material for high-rate and long-life sodium-ion batteries[J]. Advanced Materials, 2017, 29(21): 1605535.

[54] Kumar P R, Jung Y H, Moorthy B, et al. Effect of electrolyte additives on $NaTi_2(PO_4)_3$-C//$Na_3V_2O_{2x}(PO_4)_2F_{3-2x}$-MWCNT aqueous rechargeable sodium ion battery performance[J]. Journal of The Electrochemical Society, 2016, 163(7): A1484 – A1492.

[55] Yan G, Reeves K, Foix D, et al. A new electrolyte formulation for securing high temperature cycling and storage performances of Na-ion batteries[J]. Advanced Energy Materials, 2019, 9(41): 1901431.

[56] Yang C, Xin S, Mai L, et al. Materials design for high-safety sodium-ion battery[J]. Advanced Energy Materials, 2021, 11(2): 2000974.

[57] Eshetu G G, Elia G A, Armand M, et al. Electrolytes and interphases in sodium-based rechargeable batteries: Recent advances and perspectives[J]. Advanced Energy Materials, 2020, 10(20): 2000093.

[58] Feng J, Zhang Z, Li L, et al. Ether-based nonflammable electrolyte for room temperature sodium battery[J]. Journal of Power Sources, 2015, 284: 222 – 226.

[59] Feng J, An Y, Ci L, et al. Nonflammable electrolyte for safer non-aqueous sodium batteries[J]. Journal of Materials Chemistry A, 2015, 3(28): 14539 – 14544.

[60] Ji W, Huang H, Zhang X, et al. A redox-active organic salt for safer Na-ion batteries [J]. Nano Energy, 2020, 72: 104705.

[61] Feng J, Ci L, Xiong S. Biphenyl as overcharge protection additive for nonaqueous sodium batteries[J]. RSC Advances, 2015, 5(117): 96649 – 96652.

[62] Zhao C, Liu L, Qi X, et al. Solid-state sodium batteries[J]. Advanced Energy Materials, 2018, 8(17): 1703012.

[63] Chi C, Katsui H, Goto T. Effect of Li addition on the formation of Na－β/β″-alumina film by laser chemical vapor deposition[J]. Ceramics International, 2017, 43(1): 1278－1283.

[64] Hueso K B, Armand M, Rojo T. High temperature sodium batteries: Status, challenges and future trends[J]. Energy & Environmental Science, 2013, 6(3): 734－749.

[65] Yang Z, Zhang J, Kintner-Meyer M C W, et al. Electrochemical energy storage for green grid[J]. Chemical Reviews, 2011, 111(5): 3577－3613.

[66] Liu L, Qi X, Ma Q, et al. Toothpaste-like electrode: A novel approach to optimize the interface for solid-state sodium-ion batteries with ultralong cycle life[J]. ACS Applied Materials & Interfaces, 2016, 8(48): 32631－32636.

[67] Lee S T, Lee D H, Lee S M, et al. Effects of calcium impurity on phase relationship, ionic conductivity and microstructure of $Na^+$－β/β″-alumina solid electrolyte[J]. Bulletin of Materials Science, 2016, 39(3): 729－735.

[68] Jayaraman V, Gnanasekaran T, Periaswami G. Low-temperature synthesis of β-aluminas by a sol-gel technique[J]. Materials Letters, 1997, 30(2－3): 157－162.

[69] Takahashi T, Kuwabara K. $β-Al_2O_3$ synthesis from $m-Al_2O_3$[J]. Journal of Applied Electrochemistry, 1980, 10(3): 291－297.

[70] Mathews T. Solution combustion synthesis of magnesium compensated sodium-β-aluminas[J]. Materials Science and Engineering: B, 2000, 78(1): 39－43.

[71] Pekarsky A, Nicholson P S. The relative stability of spray-frozen/freeze-dried $β″-Al_2O_3$ powders[J]. Materials Research Bulletin, 1980, 15(10): 1517－1524.

[72] Park H C, Lee Y B, Lee S G, et al. Synthesis of beta-alumina powders by microwave heating from solution-derived precipitates[J]. Ceramics International, 2005, 31(2): 293－296.

[73] Hong H Y P. Crystal structures and crystal chemistry in the system $Na_{1+x}Zr_2Si_xP_{3-x}O_{12}$[J]. Materials Research Bulletin, 1976, 11(2): 173－182.

[74] Goodenough J B, Hong H Y P, Kafalas J A. Fast $Na^+$-ion transport in skeleton structures[J]. Materials Research Bulletin, 1976, 11(2): 203－220.

[75] Kumar P P, Yashonath S. Ionic conduction in the solid state[J]. Journal of Chemical Sciences, 2006, 118(1): 135－154.

[76] Anantharamulu N, Rao K K, Rambabu G, et al. A wide-ranging review on Nasicon type materials[J]. Journal of Materials Science, 2011, 46(9): 2821－2837.

[77] Agrawal D K. NZP: A new family of low thermal expansion ceramics[J]. Transactions of the Indian Ceramic Society, 1996, 55(1): 1－8.

[78] Perthuis H, Colomban P. Sol-gel routes leading to NASICON ceramics[J]. Ceramics International, 1986, 12(1): 39－52.

[79] Yong Y, Wenqin P. Hydrothermal synthesis and characterization of sodium dititanim triphosphate[J]. Journal of the Chemical Society, Chemical Communications, 1990 (10): 764－765.

[80] Visco S J, Kennedy J H. Investigation of $Na_5GdSi_4O_{12}$(NGS) NASICON and highly doped NGS NASICON prepared by spray-freeze/freeze-dry methods using complex plane analysis[J]. Solid State Ionics, 1983, 9: 885-889.

[81] Ma Q, Guin M, Naqash S, et al. Scandium-substituted $Na_3Zr_2(SiO_4)_2(PO_4)$ prepared by a solution-assisted solid-state reaction method as sodium-ion conductors[J]. Chemistry of Materials, 2016, 28(13): 4821-4828.

[82] Zhang Z, Zhang Q, Shi J, et al. A self-forming composite electrolyte for solid-state sodium battery with ultralong cycle life[J]. Advanced Energy Materials, 2017, 7(4): 1601196.

[83] Fuentes R O, Figueiredo F, Marques F M B, et al. Reaction of NASICON with water [J]. Solid State Ionics, 2001, 139(3-4): 309-314.

[84] Borodin O, Smith G D. Mechanism of ion transport in amorphous poly (ethylene oxide)/LiTFSI from molecular dynamics simulations[J]. Macromolecules, 2006, 39(4): 1620-1629.

[85] Berthier C, Gorecki W, Minier M, et al. Microscopic investigation of ionic conductivity in alkali metal salts-poly (ethylene oxide) adducts[J]. Solid State Ionics, 1983, 11(1): 91-95.

[86] Zhou W, Li Y, Xin S, et al. Rechargeable sodium all-solid-state battery[J]. ACS Central Science, 2017, 3(1): 52-57.

[87] Hayashi A, Noi K, Sakuda A, et al. Superionic glass-ceramic electrolytes for room-temperature rechargeable sodium batteries[J]. Nature Communications, 2012, 3(1): 856.

[88] Noi K, Hayashi A, Tatsumisago M. Structure and properties of the $Na_2S-P_2S_5$ glasses and glass-ceramics prepared by mechanical milling[J]. Journal of Power Sources, 2014, 269: 260-265.

[89] Hayashi A, Noi K, Tanibata N, et al. High sodium ion conductivity of glass-ceramic electrolytes with cubic $Na_3PS_4$[J]. Journal of Power Sources, 2014, 258: 420-423.

[90] Tanibata N, Noi K, Hayashi A, et al. Preparation and characterization of highly sodium ion conducting $Na_3PS_4-Na_4SiS_4$ solid electrolytes[J]. RSC Advances, 2014, 4(33): 17120-17123.

[91] Zhu Z, Chu I H, Deng Z, et al. Role of $Na^+$ interstitials and dopants in enhancing the $Na^+$ conductivity of the cubic $Na_3PS_4$ superionic conductor[J]. Chemistry of Materials, 2015, 27(24): 8318-8325.

[92] Yu Z, Shang S L, Seo J H, et al. Exceptionally high ionic conductivity in $Na_3P_{0.62}As_{0.38}S_4$ with improved moisture stability for solid-state sodium-ion batteries[J]. Advanced Materials, 2017, 29(16): 1605561.

[93] Ong S P, Mo Y, Richards W D, et al. Phase stability, electrochemical stability and ionic conductivity of the $Li_{10\pm1}MP_2X_{12}$(M=Ge, Si, Sn, Al or P, and X=O, S or Se) family of superionic conductors[J]. Energy & Environmental Science, 2013, 6(1):

148-156.

[94] Bo S H, Wang Y, Kim J C, et al. Computational and experimental investigations of Na-ion conduction in cubic $Na_3PSe_4$[J]. Chemistry of Materials, 2016, 28(1): 252-258.

[95] Zhang L, Yang K, Mi J, et al. $Na_3PSe_4$: A novel chalcogenide solid electrolyte with high ionic conductivity[J]. Advanced Energy Materials, 2015, 5(24): 1501294.

[96] Chu I H, Kompella C S, Nguyen H, et al. Room-temperature all-solid-state rechargeable sodium-ion batteries with a Cl-doped $Na_3PS_4$ superionic conductor[J]. Scientific Reports, 2016, 6(1): 33733.

[97] Wang H, Chen Y, Hood Z D, et al. An air-stable $Na_3SbS_4$ superionic conductor prepared by a rapid and economic synthetic procedure[J]. Angewandte Chemie, 2016, 128(30): 8693-8697.

[98] Zhang L, Zhang D, Yang K, et al. Vacancy-contained tetragonal $Na_3SbS_4$ superionic conductor[J]. Advanced Science, 2016, 3(10): 1600089.

[99] Banerjee A, Park K H, Heo J W, et al. $Na_3SbS_4$: A solution processable sodium superionic conductor for all-solid-state sodium-ion batteries[J]. Angewandte Chemie, 2016, 128(33): 9786-9790.

[100] Oguchi H, Matsuo M, Kuromoto S, et al. Sodium-ion conduction in complex hydrides $NaAlH_4$ and $Na_3AlH_6$[J]. Journal of Applied Physics, 2012, 111(3): 224103.

[101] Udovic T J, Matsuo M, Unemoto A, et al. Sodium superionic conduction in $Na_2B_{12}H_{12}$[J]. Chemical Communications, 2014, 50(28): 3750-3752.

[102] Dimitrievska M, Shea P, Kweon K E, et al. Carbon incorporation and anion dynamics as synergistic drivers for ultrafast diffusion in superionic $LiCB_{11}H_{12}$ and $NaCB_{11}H_{12}$[J]. Advanced Energy Materials, 2018, 8(15): 1703422.

[103] Duchêne L, Kühnel R S, Rentsch D, et al. A highly stable sodium solid-state electrolyte based on a dodeca/deca-borate equimolar mixture[J]. Chemical Communications, 2017, 53(30): 4195-4198.

[104] Tang W S, Matsuo M, Wu H, et al. Stabilizing lithium and sodium fast-ion conduction in solid polyhedral-borate salts at device-relevant temperatures[J]. Energy Storage Materials, 2016, 4: 79-83.

[105] Tang W S, Unemoto A, Zhou W, et al. Unparalleled lithium and sodium superionic conduction in solid electrolytes with large monovalent cage-like anions[J]. Energy & Environmental Science, 2015, 8(12): 3637-3645.

[106] Hansen B R S, Paskevicius M, Jørgensen M, et al. Halogenated sodium-closo-dodecaboranes as solid-state ion conductors[J]. Chemistry of Materials, 2017, 29(8): 3423-3430.

[107] Varzi A, Raccichini R, Passerini S, et al. Challenges and prospects of the role of solid electrolytes in the revitalization of lithium metal batteries[J]. Journal of Materials Chemistry A, 2016, 4(44): 17251-17259.

[108] Vashishta P, Mundy J N, Shenoy G K. Fast ion transport in solids: Electrodes and electrolytes: Proceedings of the international conference on fast ion transport in solids, electrodes, and electrolytes[M]. Lake Geneva: North Holland, 1979.

[109] West K, Zachau-Christiansen B, Jacobsen T, et al. Poly(ethylene oxide)-sodium perchlorate electrolytes in solid-state sodium cells[J]. British Polymer Journal, 1988, 20(3): 243-246.

[110] Bruce P G, Freunberger S A, Hardwick L J, et al. Li-$O_2$ and Li-S batteries with high energy storage[J]. Nature Materials, 2012, 11(1): 19-29.

[111] Chandrasekaran R, Selladurai S. Preparation and characterization of a new polymer electrolyte (PEO: $NaClO_3$) for battery application[J]. Journal of Solid State Electrochemistry, 2001, 5(5): 355-361.

[112] Sångeland C, Younesi R, Mindemark J, et al. Towards room temperature operation of all-solid-state Na-ion batteries through polyester-polycarbonate-based polymer electrolytes[J]. Energy Storage Materials, 2019, 19: 31-38.

[113] Du G, Tao M, Li J, et al. Low-operating temperature, high-rate and durable solid-state sodium-ion battery based on polymer electrolyte and Prussian blue cathode[J]. Advanced Energy Materials, 2020, 10(5): 1903351.

[114] Ni'mah Y L, Cheng M Y, Cheng J H, et al. Solid-state polymer nanocomposite electrolyte of $TiO_2$/PEO/$NaClO_4$ for sodium ion batteries[J]. Journal of Power Sources, 2015, 278: 375-381.

[115] Song S, Kotobuki M, Zheng F, et al. A hybrid polymer/oxide/ionic-liquid solid electrolyte for Na-metal batteries[J]. Journal of Materials Chemistry A, 2017, 5(14): 6424-6431.

[116] Zhang X, Wang X, Liu S, et al. A novel PMA/PEG-based composite polymer electrolyte for all-solid-state sodium ion batteries[J]. Nano Research, 2018, 11(12): 6244-6251.

# 第7章 市场化进程中的钠离子电池

钠离子电池(SIBs)由于其丰富的钠资源、优越的安全性以及与商用锂离子电池相似的电化学性能，被认为是最有前途的适用于大型储能系统的电源体系。尽管学术界对钠离子电池进行了长期的研究，但实现钠离子电池的广泛商业化和大规模生产仍然是一个巨大的挑战。这主要包括关键材料的选择和电池的设计，在发挥钠离子电池优势的同时确保其可靠性和安全性。

## 7.1 水系钠离子电池

水系钠离子电池以其安全、成本低、倍率性能好、环境友好等优点而备受关注。水系离子电池由于采用中性的盐水溶液作为电解质，既避免了有机电解质的易燃问题，又克服了传统水系电池的高污染、短寿命(如铅酸电池)和价格昂贵(镍氢电池)的缺点，是能够满足大型储能技术要求的理想体系。水系电解质有更快的离子迁移速率，更便宜，更安全，电池更容易制造以及可以使用更厚的电极等特点。

水系钠离子电池还可以分为两类：① 电容负极/嵌入正极型非对称型电容电池。在这类电池中，负极采用高比表面活性炭材料，反应原理为钠离子在表面的吸附/脱附反应；正极则采用高电势嵌钠化合物，反应过程为钠离子的嵌入脱出机理。因此，这类电池又称为混合型水系钠离子电容电池。电池的能量密度较低，结构简单，易于制造，是产业化的一种选择方案。② 嵌入负极/嵌入正极钠离子电池，此类电池就是与有机系锂/钠离子电池相似的"摇椅式"水系钠离子电池。正极仍然采用高电势的嵌钠化合物，反应过程是钠离子的嵌入脱出机理。而负极则选取低电势的嵌钠化合物，反应过程也是钠离子的嵌入脱出机理。具有较高的能量密度和电池电压,更适合储能系统的要求。然而,由于存在水电解的副反应,电池的循环性能稳定性是挑战。目前有报道的水系钠离子电池的厂家有:美国 Aquion Energy 公司、恩力(ENPOWER)、贲安能源科技(上海)有限公司、Faradion、法国 RS2E 研究小组等。

美国 Aquion Energy 公司是全球第一家批量生产水系锂钠混合离子电池的公司。电池成本低廉,预期 300 美元·$(kW \cdot h)^{-1}$,不到锂离子电池使用成本的三分之一。第三方测试表明,Aquion Energy 的电池可以实现持续 5 000 次以上的充放电循环,且效率均在 85% 以上[1]。阳极为活性炭,阴极为钠锰基材料,电解质为 $Na_2SO_4$ 水溶液。钠离子的电化学特性与锂离子非常相似,但钠离子在水溶液中的离子传导率要比锂优良很多。此外,与使用有机电解质的电池相比,水溶液电解质不会限制电池中离子的扩散,因此极板不需要做得很薄,有利于降低成本,同时制造工艺也更加简单。更吸引人的是,Aquion 的钠离子电池所使用的材料都环保无毒,电池可以 100% 回收。样品电池能量约 30 $W \cdot h$,可用电压为 0.5~1.8 V,工作温度为 -10~60℃,无须维护。可通过电池单体任意扩展至任何尺寸的电池模块。

贲安能源科技(上海)有限公司生产的水系钠离子基本单元为 BA-S1-48 电池堆。在 5 A 充电 5 A 放电下额定容量为 53 $A \cdot h$,可提供 2.5 $kW \cdot h$ 的能量,工作电压为 48 V。最大电流为 20 A,循环寿命大于 3 500 次,工作稳定为 -5~50℃。

## 7.2 有机系钠离子电池

有机钠离子电池是目前学术界研究的热点,也是企业界重点关注的对象。虽然其仍然面临电极材料和电解质优化等多方面的挑战。但是钠离子电池的结构和生产工艺与目前商业化锂离子电池的相似性使得其大规模生产时能够使用现成的锂离子电池生产线,采用经典的圆柱电池或软包电池设计。而这种兼容性能够有力的推动钠离子电池的商业化进程[2]。目前,国内外都有能源公司对钠离子电池进行商业化开发,主要的情况如下。

Novasis Energies 公司使用 $Na_xMnFe(CN)_6$ 作为正极材料,并实现了材料的产业化(百公斤/批次)。制备的软包电池可进行 10 C 放电,在 45℃ 下循环 1 000 次后,容量保持率为 80%。研制的第二代软包装电池工作温度为 -40~25℃(1 C 放电),在-40℃下电池容量是 25℃下的 70%。电池可以通过针刺实验和过充实验等安全性检测,具有优异的循环性能和安全性。

Faradion 公司总部位于英国,是钠离子电池技术行业的领先者。Faradion 优先开发高能量密度的电池,其原型电池能量密度超过 140 W·h·kg$^{-1}$,10 A·h 软包的能量密度为155 W·h·kg$^{-1}$[3]。该公司制备了一款电动自行车,如图 7.1 所示。电池使用硬碳负极和层状正极材料,能量达 428 W·h。目前,该公司获得澳大利亚 ICM 公司的一份订单,同时也与印度公司 Infraprime Logistics Technologies(IPLTech)建立新型合作伙伴关系,为印度商用车市场生产高能量钠离子电池。

**图 7.1** Faradion 公司制备的钠离子电池为动力的电动自行车(欧洲夏普实验室)

Sharp Laboratories of Europe Ltd. 开发的钠离子电池使用 NaNi$_{1/3}$Fe$_{1/6}$Mn$_{1/3}$Mg$_{1/12}$Sn$_{1/12}$O$_2$ 正极和 HC 负极。3.3 A·h 的软包电池能量密度为311 W·h·L$^{-1}$,循环 150 次后容量保持率为 94%。4.2 A·h 的软包电池体积能量密度为252 W·h·L$^{-1}$[4]。使用 Na$_{0.9}$[Cu$_{0.22}$Fe$_{0.30}$Mn$_{0.48}$]O$_2$ 为正极的 2 A·h 软包电池,能量密度高达 100 W·h·kg$^{-1}$[5]。

在国内,在研究机构和商业公司的共同推动下,钠离子电池商业化的进程也正在加速。中科海钠科技有限公司作为钠离子电池领域的领军企业,是国内首家也是国际上为数不多的几家专注钠离子电池研发和制造的高新技术企业之一,公司的核心技术来自中科院物理所清洁能源实验室。公司完成了全球首辆钠离子电池低速电动车示范和首座 100 kW·h 钠离子电池储能电站示范(图 7.2)。该公司生产 3 A·h 的 26500 型圆柱钠离子电池、2 A·h 的 21700 型圆柱钠离子电池、4 A·h 的 32650 圆柱钠离子电池,工作温度均为 -20~55℃,最大放电电流为 3 C。还有不同型号、尺寸的软包装钠离子电池[6]。此外,中聚电池有限公司以 $NaFeMO_2$ 为正极、硬碳为负极,组装 1~10 A·h 的软包装电池,能量密度达 100~120 W·h·kg$^{-1}$,通过优化电解液,提高首次库伦效率至 78.2%。工作温度为 -20~55℃。循环 1 000 次时容量保持率为 80%。上海汉行科技有限公司和辽宁星空钠电电池有限公司也在钠离子电池电极材料和电池量产开发方向进行攻关,申请了多项相关专利。

图 7.2 中科海钠科技有限公司的钠离子电池低速电动车示范和首座 100 kW·h 钠离子电池储能电站示范

钠离子电池因钠元素存储量大导致其具有很大的潜在价格优势,适合应用于大规模储能和低速电动车等领域。从 2010 年对钠离子电池的研究再次兴起到如今,研究者在学术上取得了许多突破性成果,也逐渐将这些成果进行产业化开发,从而推动了钠离子电池的商业化。水系钠离子电池虽然具有相对较低的成本和较长的循环寿命,但由于其极低的能量密度,在大规模电能存储中的实际应用中的竞争力较弱。有机钠离子电池的能量密度可达 150 W·h·kg$^{-1}$,且能够与商业化的锂离子电池生产设备相兼容,因而具有更佳的商业化价值。从目前来看,其大规模的生产应用还需要进一步改善正负极之间的匹配、寻找优化的电解液、黏接剂和隔膜,以及降低电极活性材料的生产成本和电池的制造成本。此外,电池的安全性也需要得到特别的重视[6,7]。

## 参考文献

[1] 贾旭平. 美国 Aquion Energy 公司钠离子电池[J]. 电源技术, 2012, 36: 925-926.

[2] Bauer A, Song J, Vail S, et al. The Scale-up and commercialization of nonaqueous Na-ion battery technologies[J]. Advanced Energy Materials, 2018, 8(17): 1702869.

[3] Rudola A, Rennie A J R, Heap R, et al. Commercialisation of high energy density sodium-ion batteries: Faradion's journey and outlook[J]. Journal of Materials Chemistry A, 2021, 9: 8279-8302.

[4] Smith K, Treacher J, Ledwoch D, et al. Novel high energy density sodium layered oxide cathode materials: From material to cells[J]. ECS Transactions, 2017, 75(22): 13.

[5] Li Y, Hu Y S, Qi X, et al. Advanced sodium-ion batteries using superior low cost pyrolyzed anthracite anode: Towards practical applications[J]. Energy Storage Materials, 2016, 5: 191-197.

[6] Niu Y B, Yin Y X, Guo Y G. Nonaqueous sodium-ion full cells: Status, strategies, and prospects[J]. Small, 2019, 15(32): 1900233.

[7] Sun Y, Shi P, Xiang H, et al. High-safety nonaqueous electrolytes and interphases for sodium-ion batteries[J]. Small, 2019, 15(14): 1805479.